写真とイラストで追う航空戦史

The Legend of I.J.N. Night Fighter SQ "Sen-To812"

海軍戦闘第八一二飛行隊

日本海軍夜間戦闘機隊"芙蓉部隊"異聞

with photo & illustlated

吉野泰貴 著

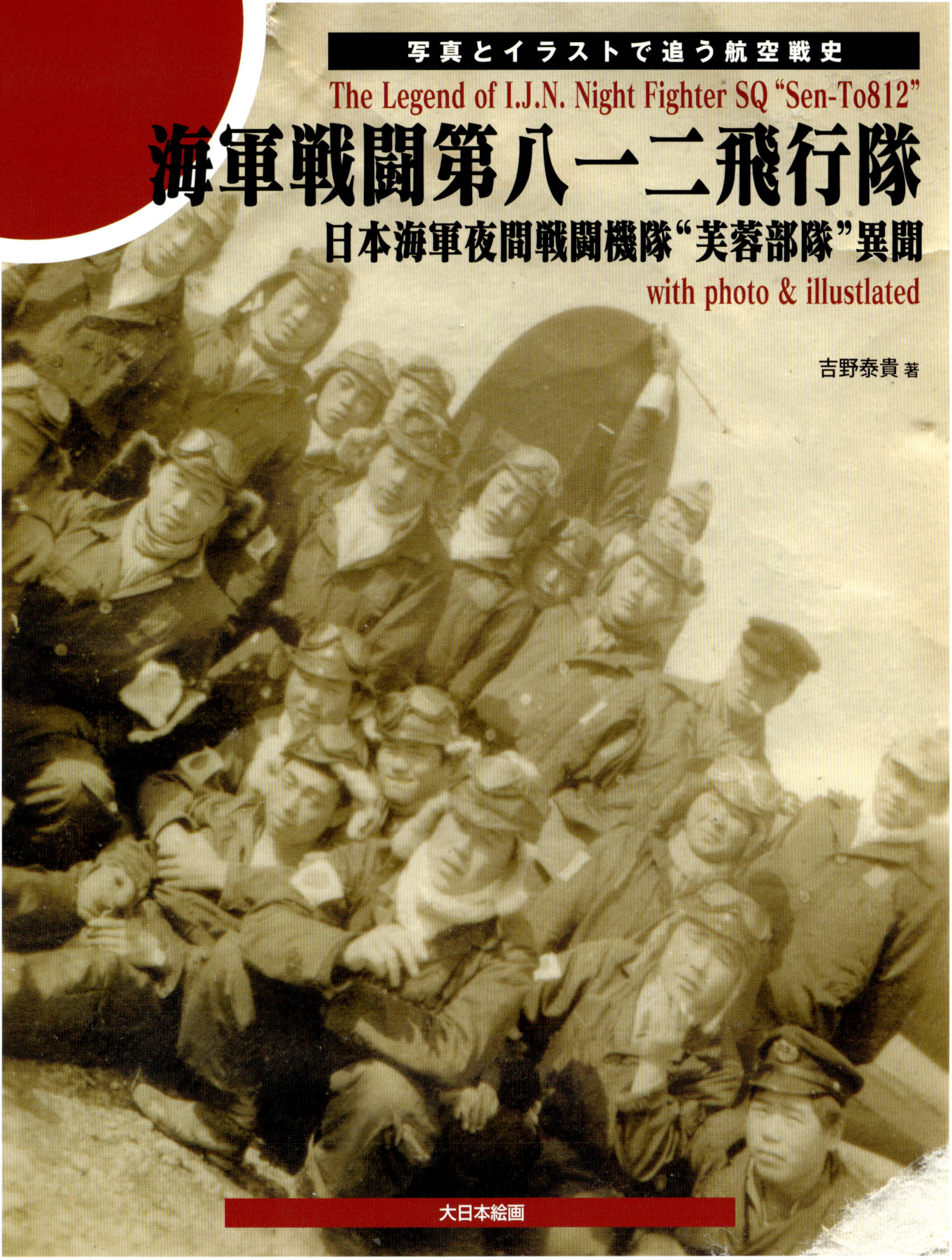

大日本絵画

邦 九二式航空兵器観察筐 第 0002 號
夜間戦闘機(彗星)

〔イラスト・解説／佐藤邦彦〕

戦闘812が構成した海軍夜間戦闘機隊“芙蓉部隊”の主装備機は『彗星』夜戦と『零戦』だ。ここではこだわりの造りを見せ、こだわりの運用をした芙蓉部隊の『彗星』（一二型と一二戊型を基本とする）の細部についてを、お馴じみ佐藤邦彦氏による図解で紹介する。

▶操縦席前方胴体を輪切りにして後方から見た機銃配置と弾倉・打殻放出筒の関係を図示したもの。爆弾倉が中央になることから薬莢の打殻放出筒が左右に配置されていることが分かる。

打殻放出筒

▼本稿の操縦席イラストは芙蓉部隊の戦友会が編集した『芙蓉部隊戦いの譜』に掲載されている、戦闘804作成のスケッチ図を参考としている。

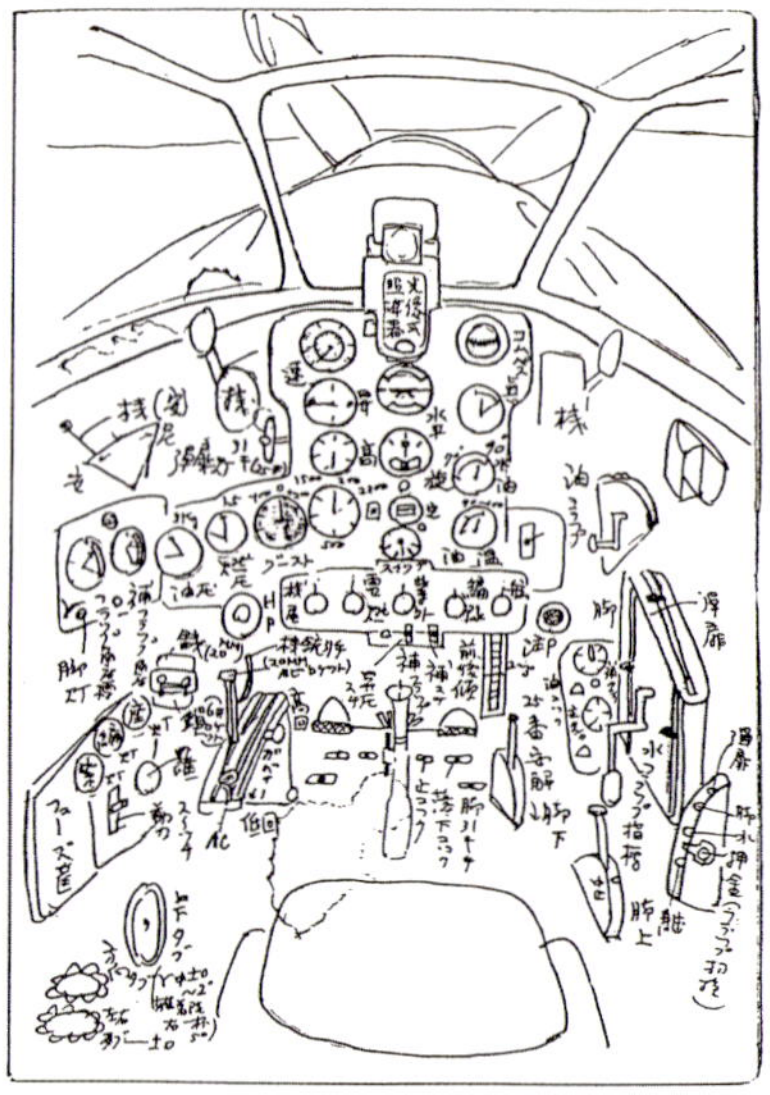

一一型、一二型が搭載した筒型の「二式射爆照準器」を撤去して光像式の「九八式射爆照準器」を搭載するには、じつは照準器取付け部の大改造をしなければならない。図はその簡易型として推定した取付け基部。

◀九七式7.7㎜固定機銃。薬莢の打殻放出が外側になることから、『零戦』とは左右銃の配置が逆になり、装填レバーも外側になる。

板を曲げてレバー操作の「逃げ」としている。

▲7.7㎜機銃に刻印される銘板の1例。

操縦席&スイッチ類

照準器は一一型の場合を想定して描いてある。

▲冷気取入れ口。操縦席用と偵察席用に胴体右側に設けられている。

▼フラップ開度指示器

▼補助フラップ開度指示器。補助フラップは急降下抵抗板としても使われるもの。

▲暖房調節装置。操縦席左の膝の位置にあった。

▲(燃料)手動ポンプ。主計器盤左側に配置。

▲操縦席右前部に設置された燃料管制計器盤。燃料計や切り替えコックなどはここに集中して配置されている。

◀注射ポンプ。主計器盤右側に配置。

左舷レバー類

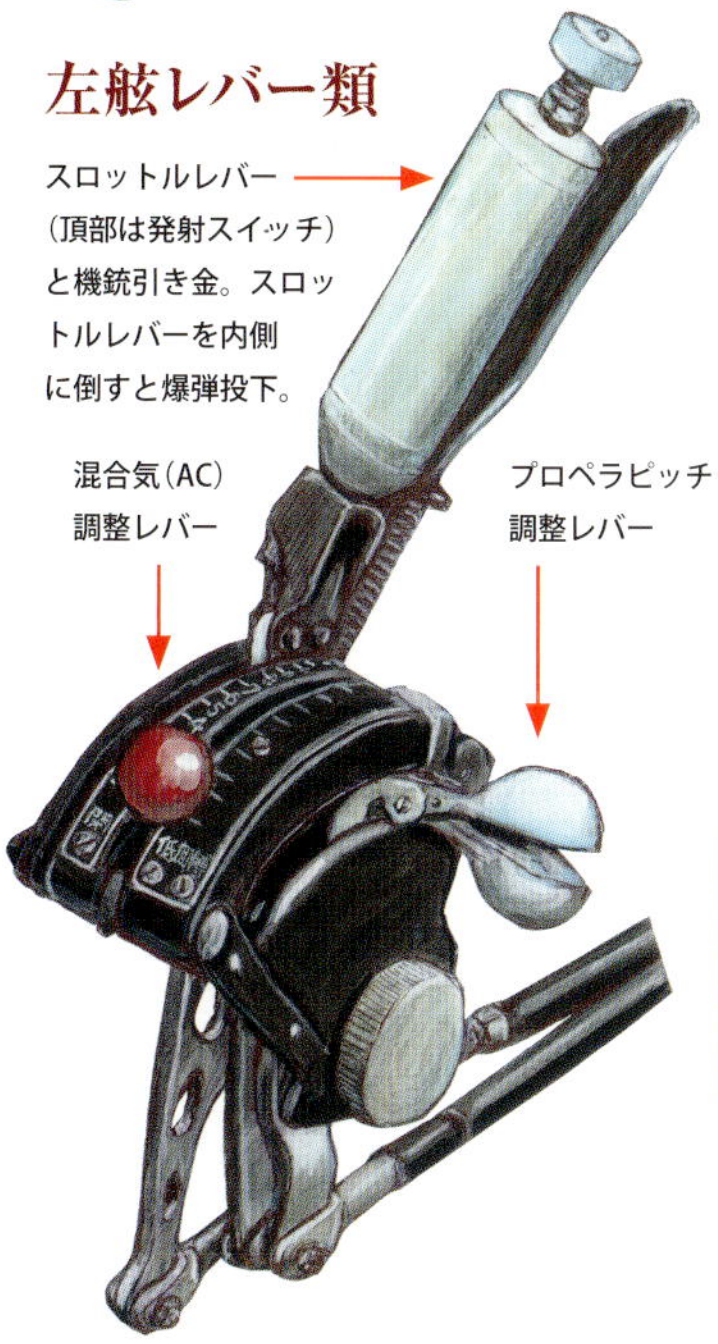

スロットルレバー
(頂部は発射スイッチ)
と機銃引き金。スロットルレバーを内側に倒すと爆弾投下。

混合気(AC)
調整レバー

プロペラピッチ
調整レバー

◀操縦桿の頂部にはフラップ操作ボタンが配置されている。

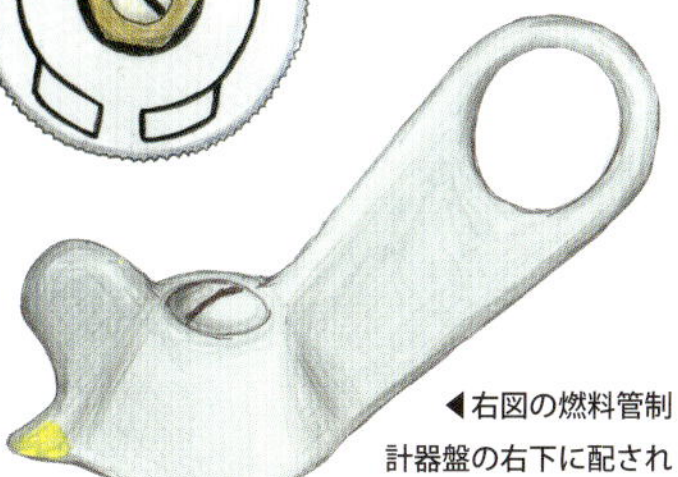

◀右図の燃料管制計器盤の右下に配された燃料切替レバー。

◀芙蓉部隊では20㎜斜め銃や28号ロケット弾など、多くの弾種を搭載して使用した。それらの切替レバーを前頁冒頭のスケッチ図を元に、実際の運用を想定して再現したもの。

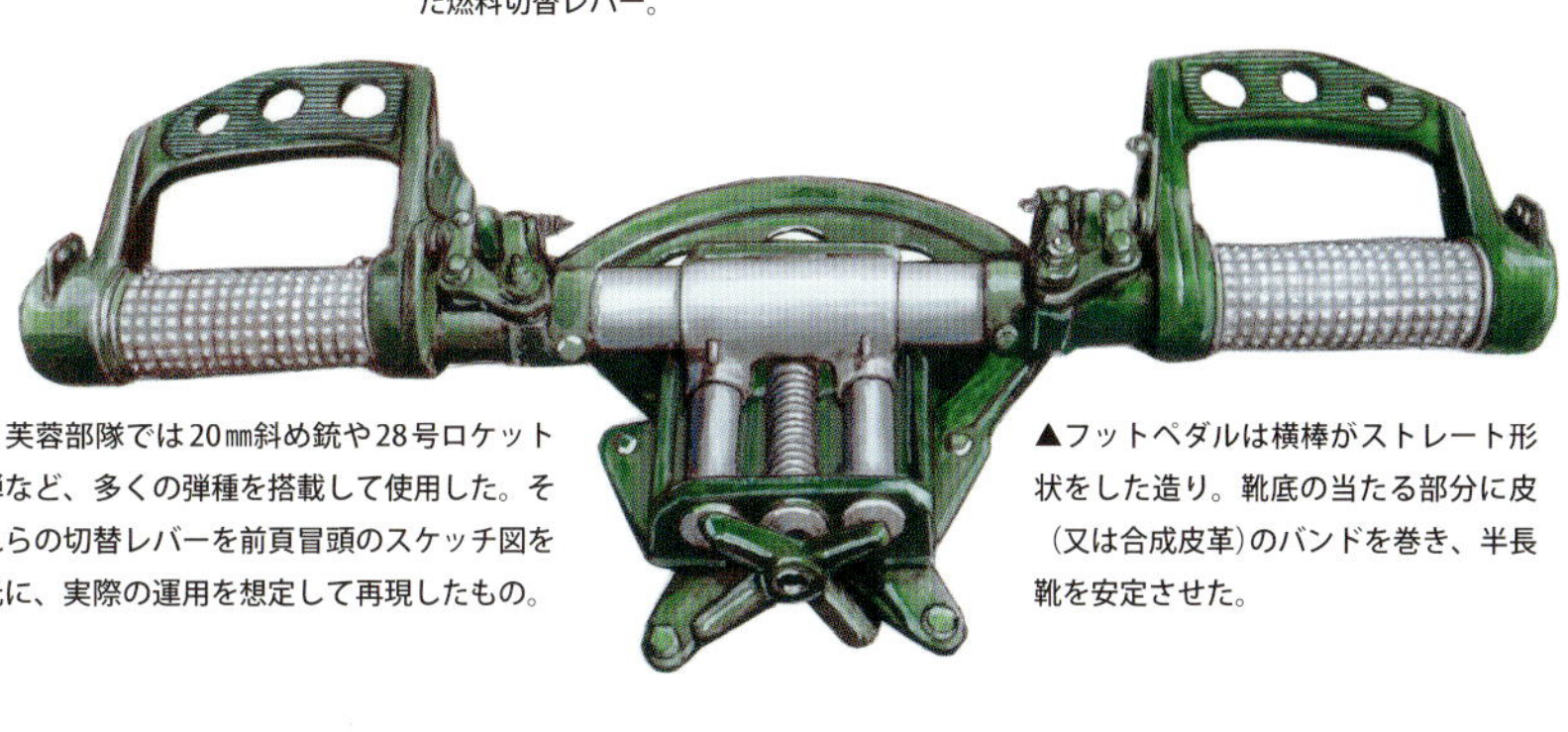

▲フットペダルは横棒がストレート形状をした造り。靴底の当たる部分に皮(又は合成皮革)のバンドを巻き、半長靴を安定させた。

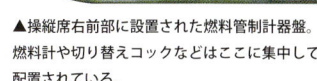

芙蓉部隊の使用した爆弾

芙蓉部隊で使用した各種爆弾を外観図で紹介する。データは資料として入手できたものに留まる。各爆弾の詳細についてははP.104、P.132参照。

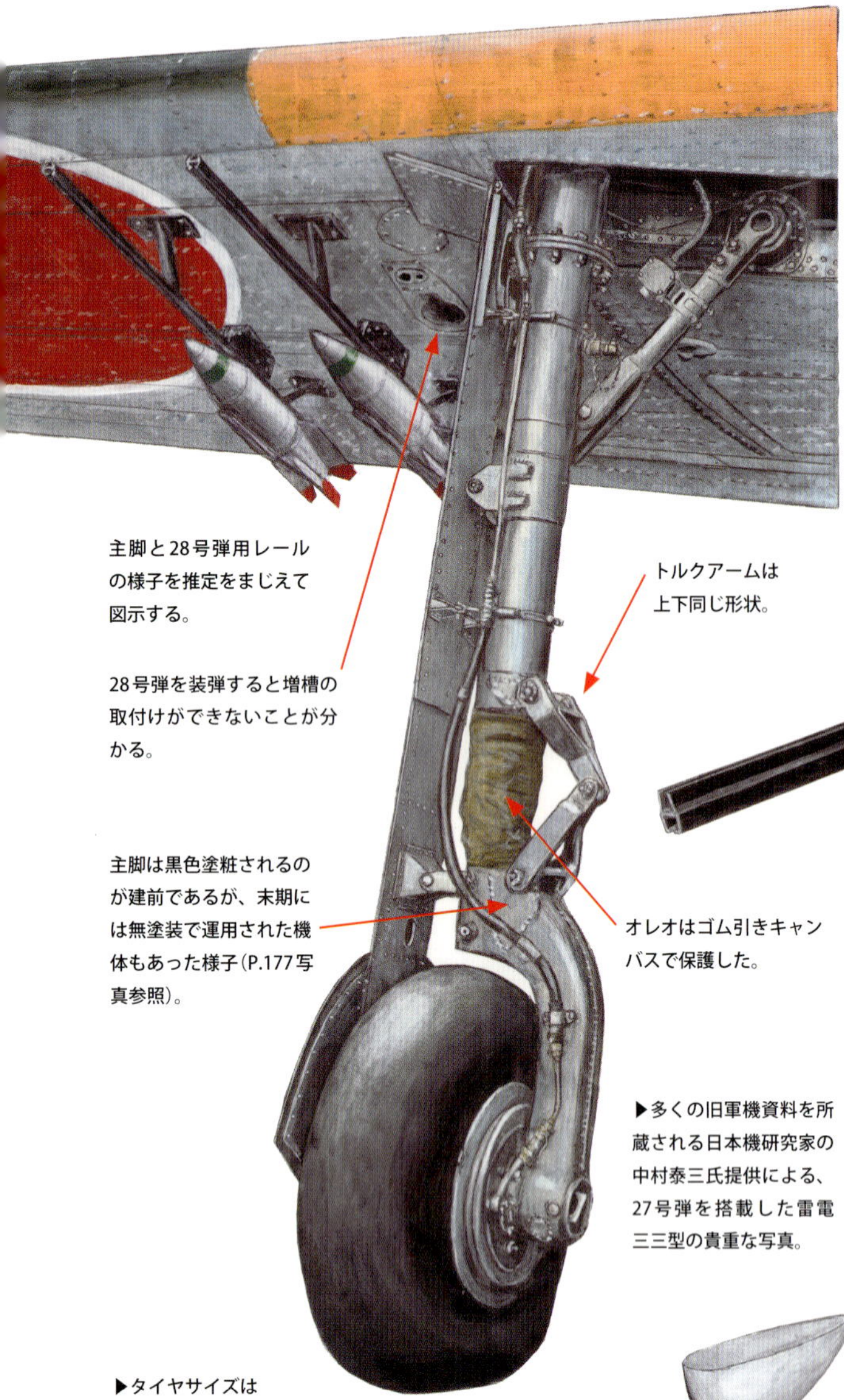

主脚と28号弾用レールの様子を推定をまじえて図示する。

28号弾を装弾すると増槽の取付けができないことが分かる。

主脚は黒色塗粧されるのが建前であるが、末期には無塗装で運用された機体もあった様子（P.177写真参照）。

トルクアームは上下同じ形状。

オレオはゴム引きキャンバスで保護した。

▶タイヤサイズは600㎜×175㎜で『零戦』と同じ

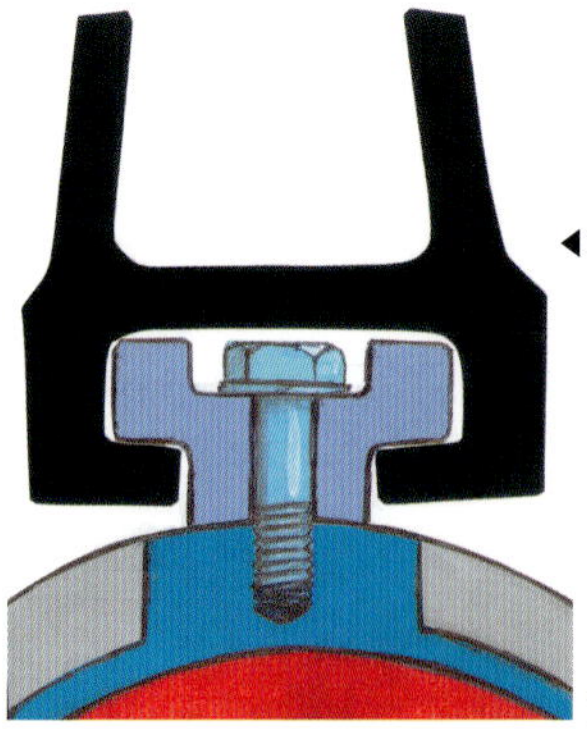

◀28号弾のT形鈎とレールの関係を示す断面図。

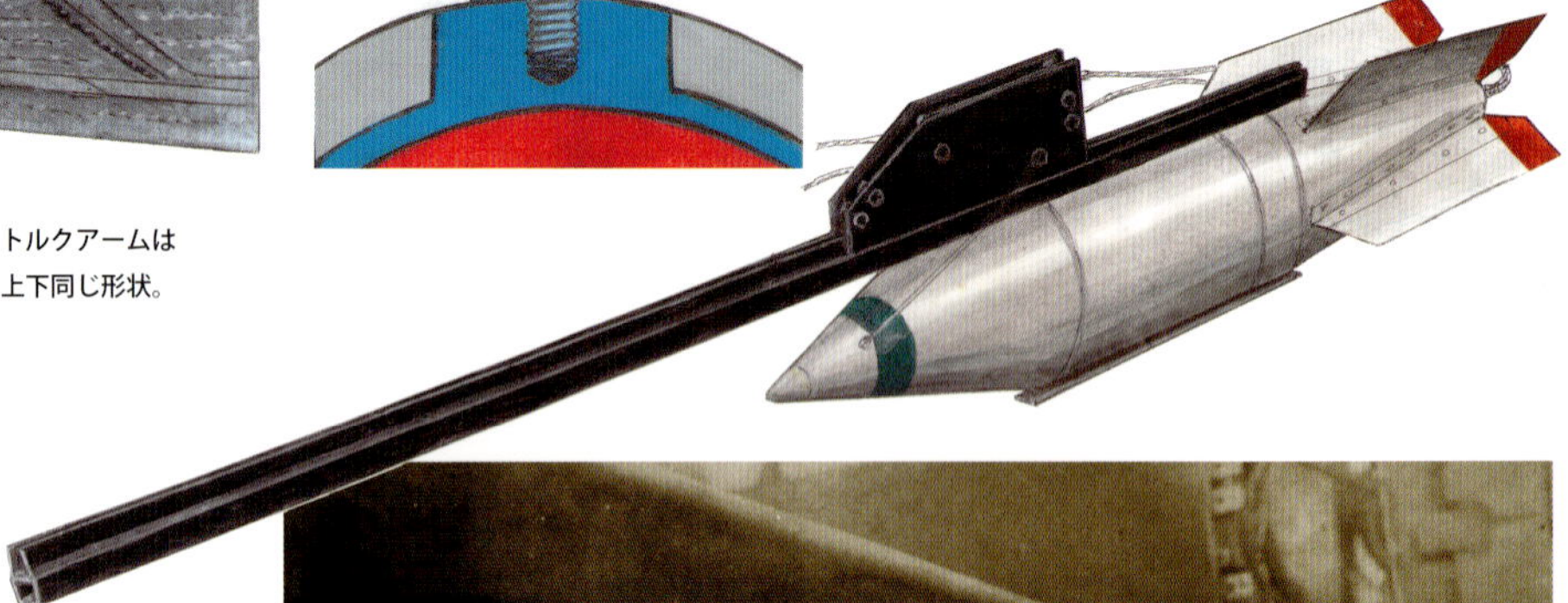

▼「三式一番二八号弾一型」
直径120㎜、全長718㎜、レール長1300㎜

▶多くの旧軍機資料を所蔵される日本機研究家の中村泰三氏提供による、27号弾を搭載した雷電三三型の貴重な写真。

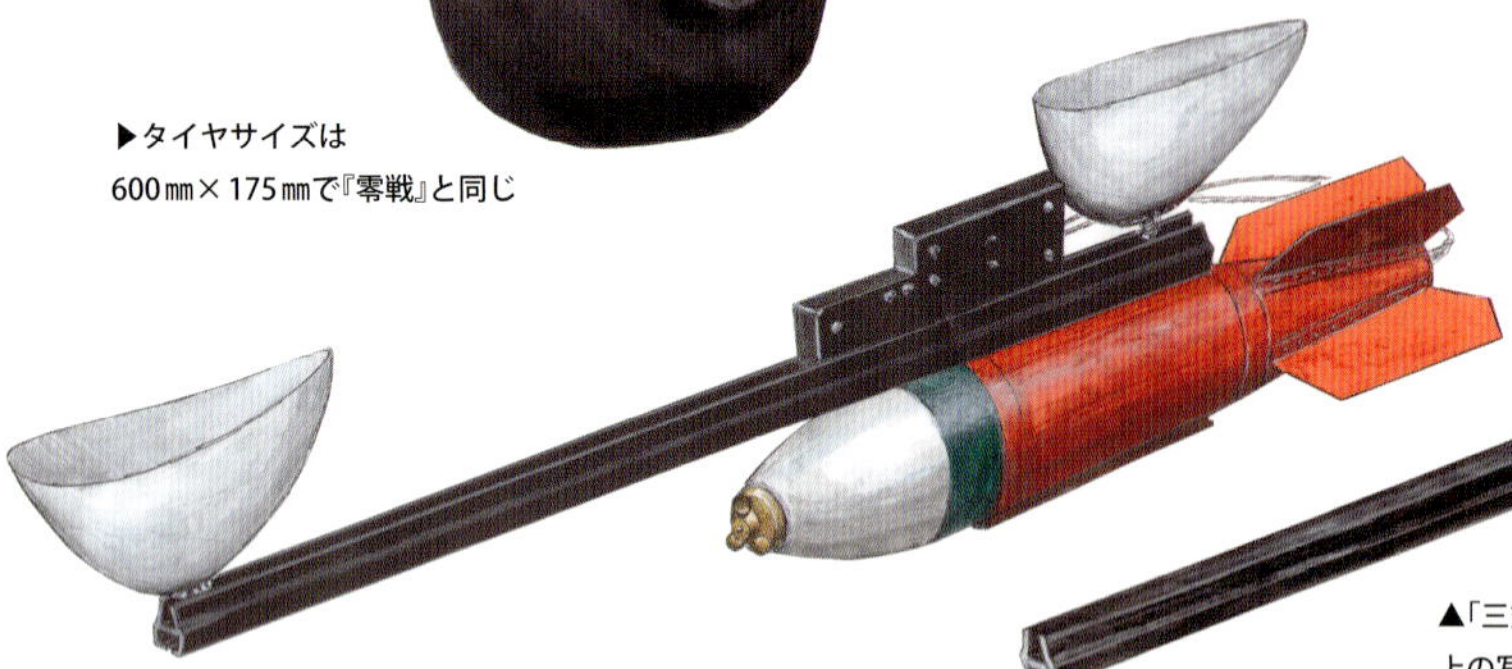

▲「（仮称）三式一番二八号弾㊪」
直径100㎜、全長720㎜

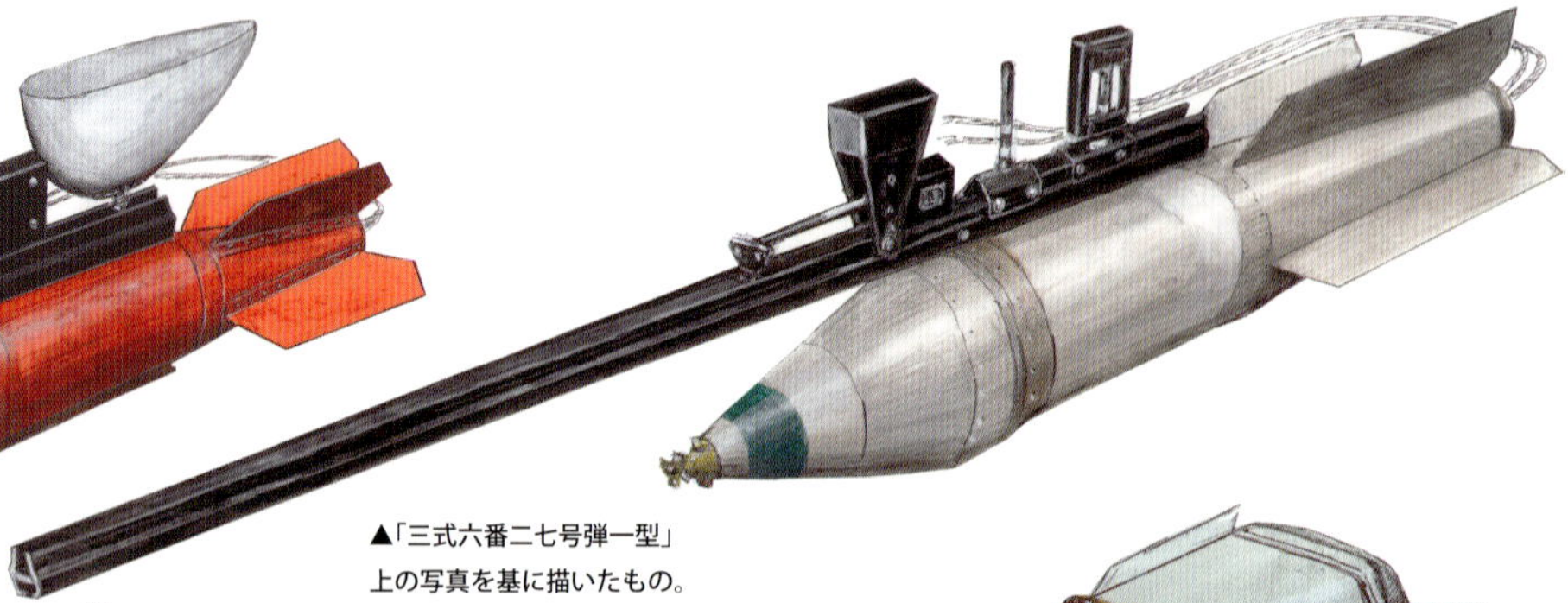

▲「三式六番二七号弾一型」
上の写真を基に描いたもの。
直径210㎜、全長1359㎜、レール長2m余り

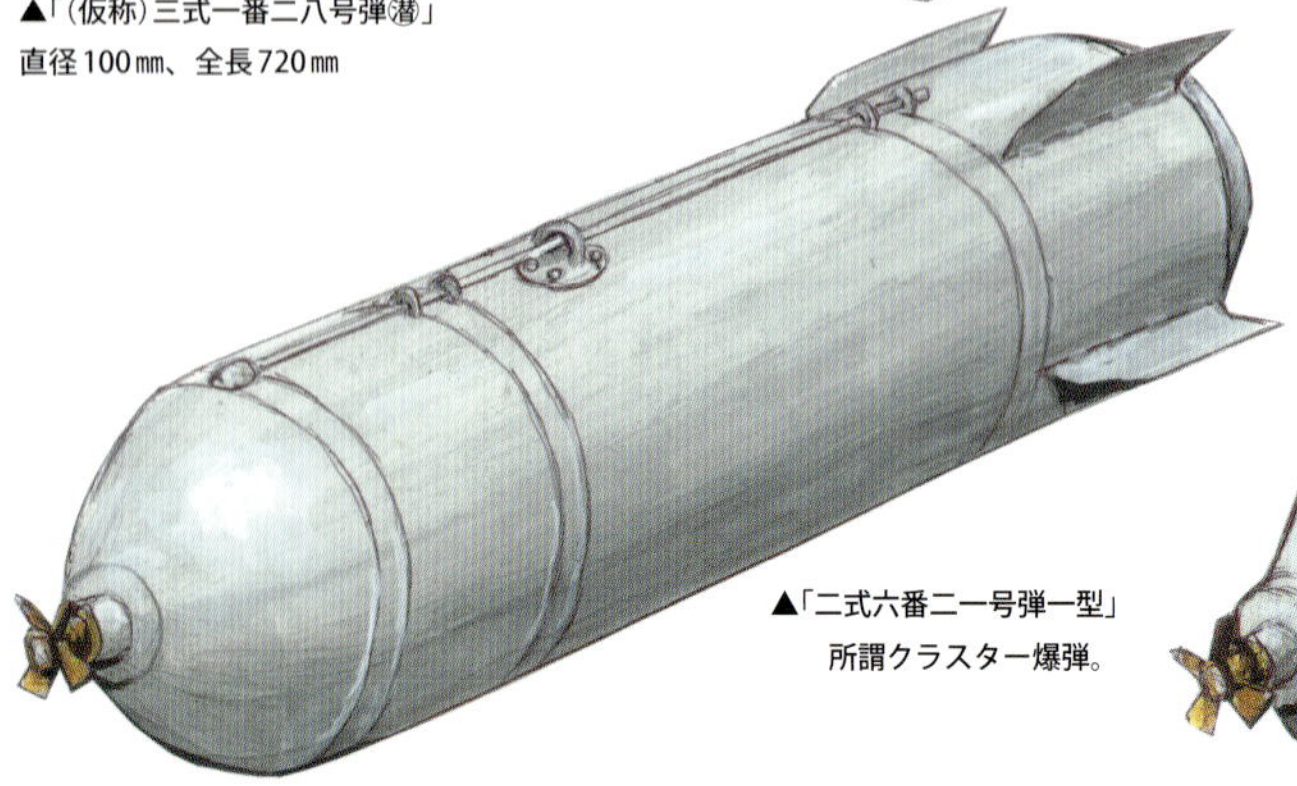

▲「二式六番二一号弾一型」
所謂クラスター爆弾。

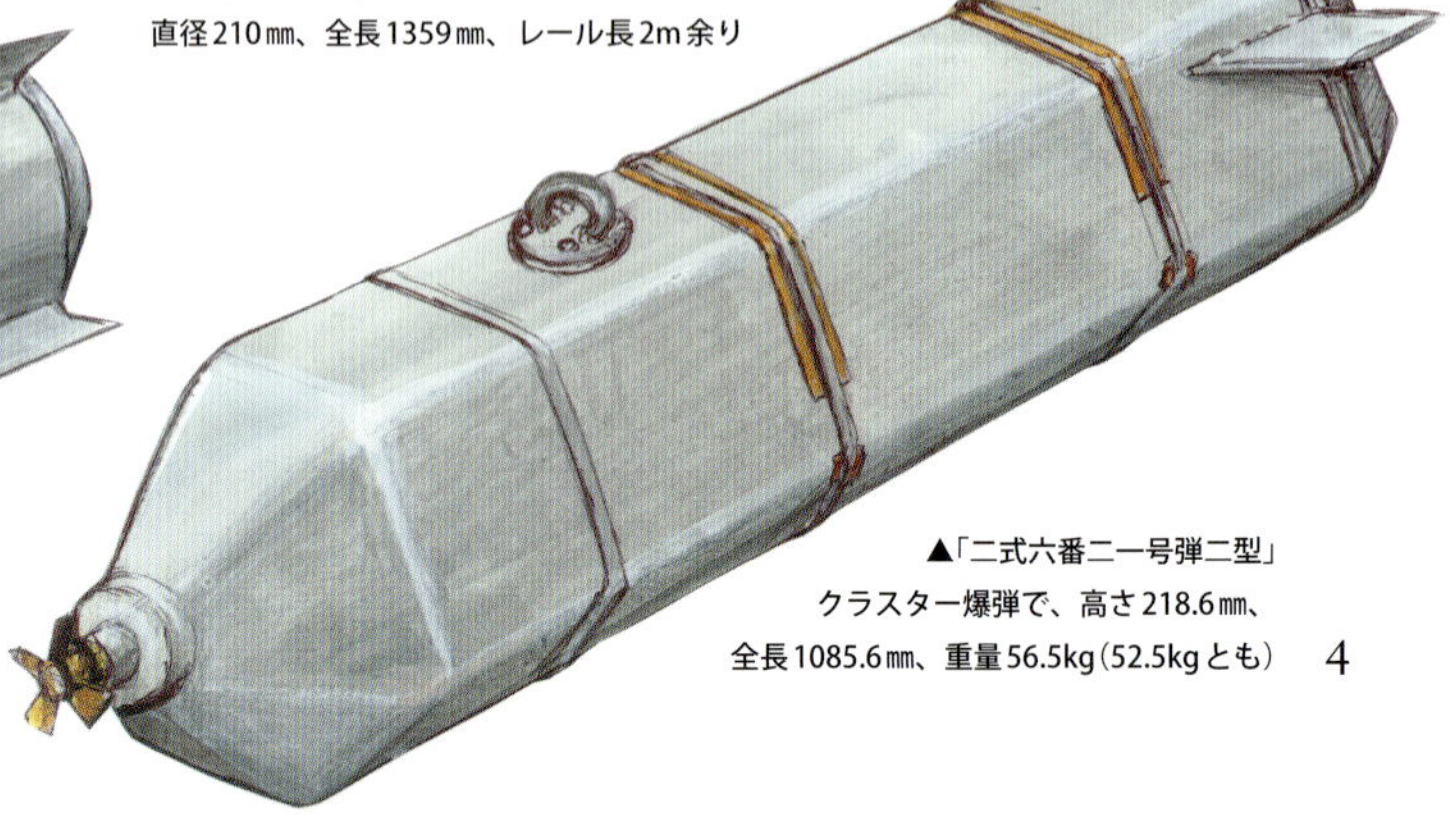

▲「二式六番二一号弾二型」
クラスター爆弾で、高さ218.6㎜、
全長1085.6㎜、重量56.5kg（52.5kgとも）

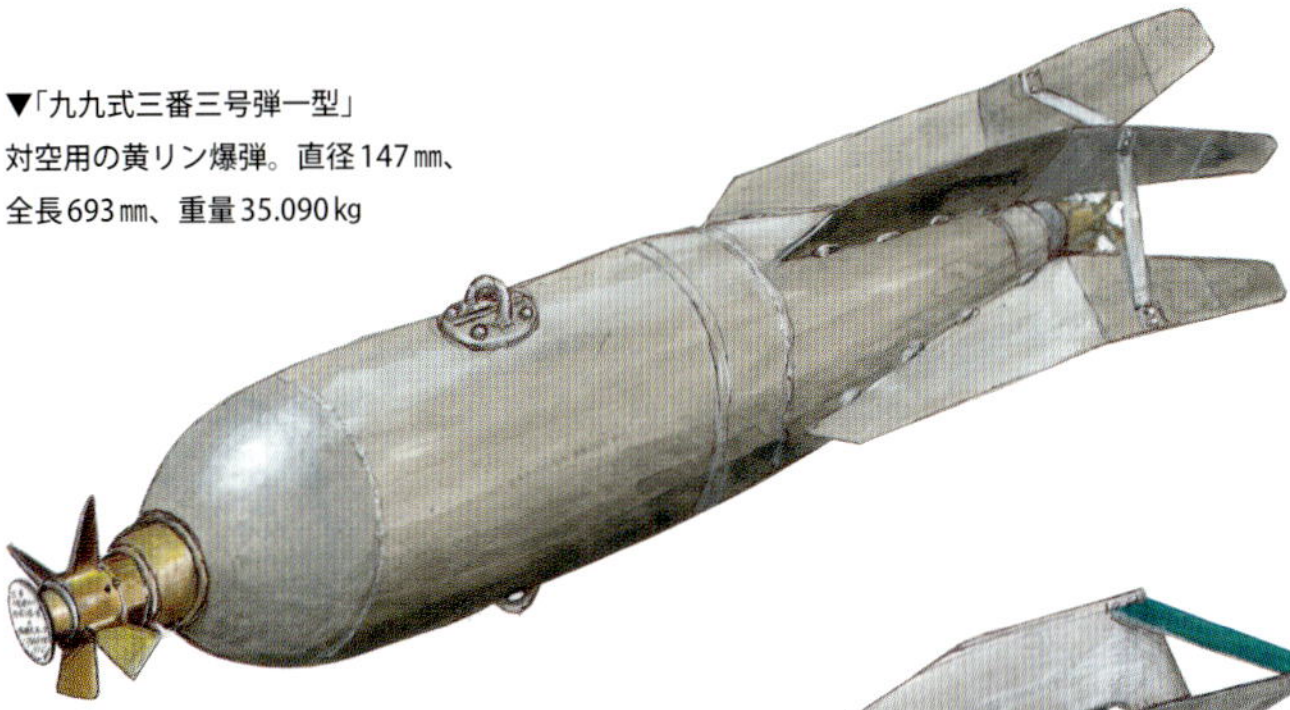

▼「九九式三番三号弾一型」
対空用の黄リン爆弾。直径147㎜、
全長693㎜、重量35.090kg

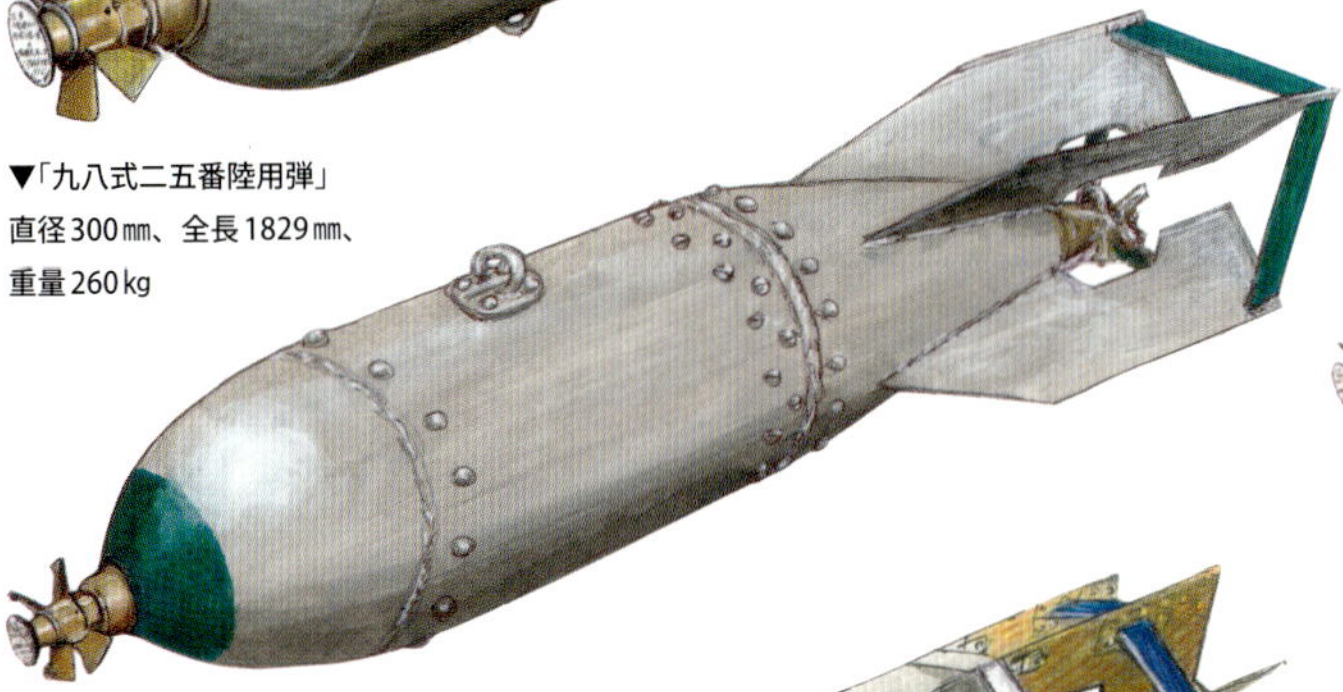

▼「九八式二五番陸用弾」
直径300㎜、全長1829㎜、
重量260kg

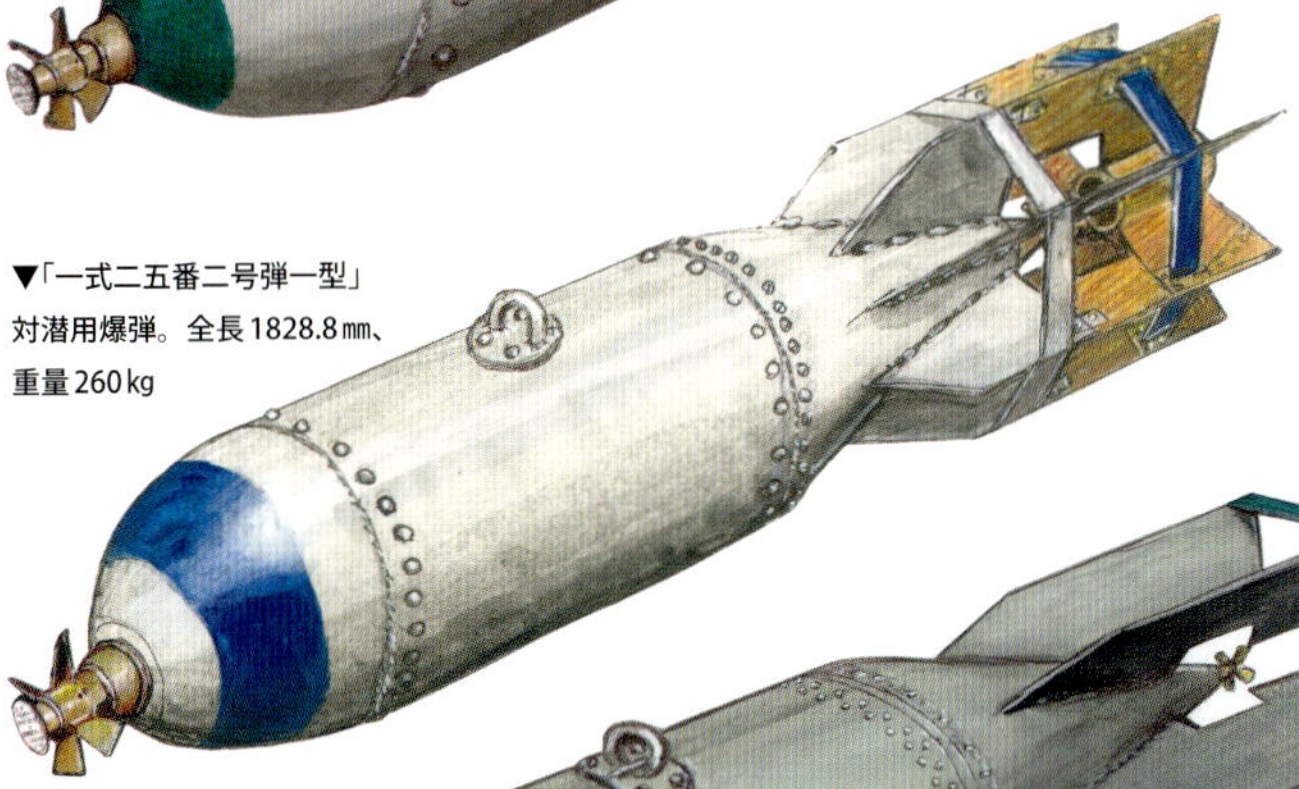

▼「一式二五番二号弾一型」
対潜用爆弾。全長1828.8㎜、
重量260kg

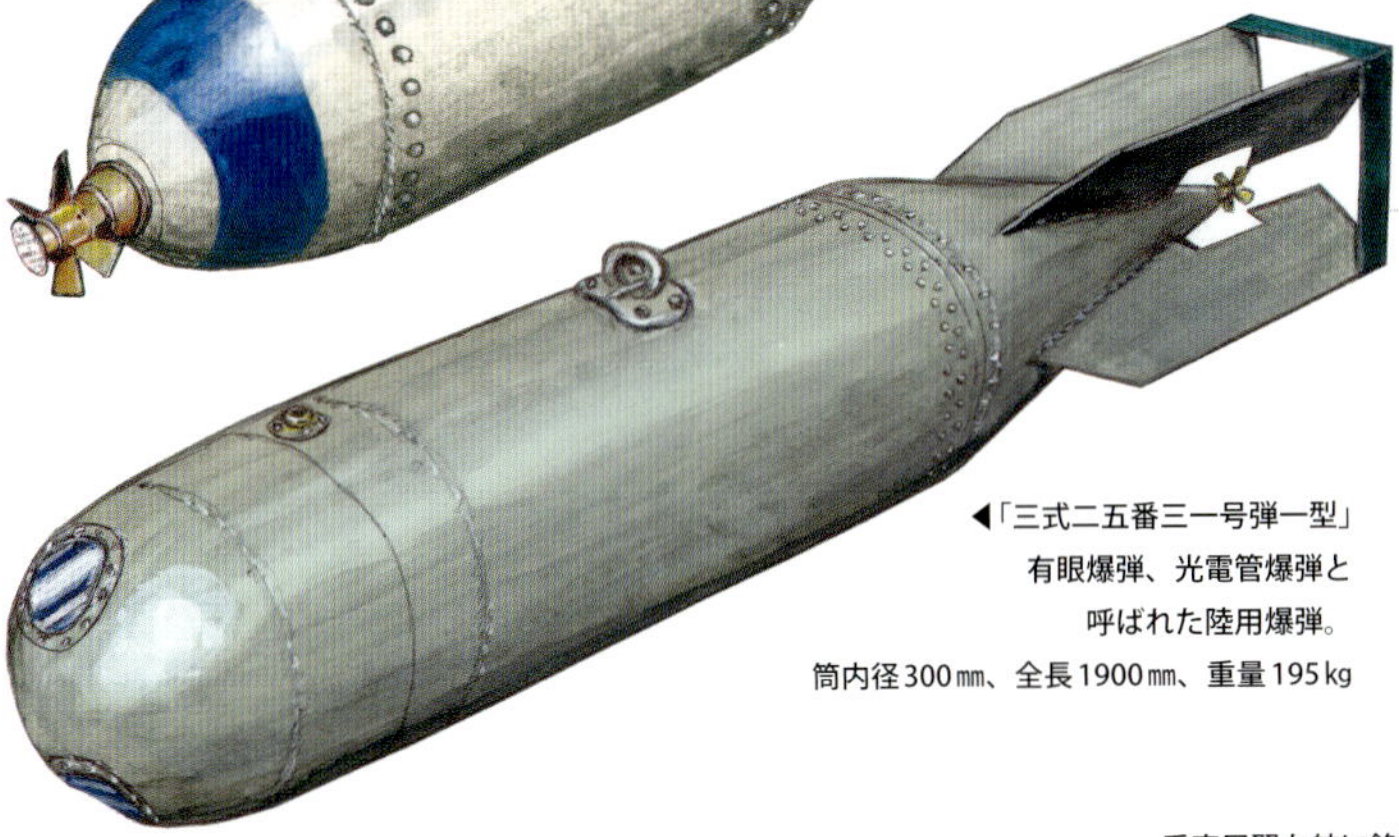

◀「三式二五番三一号弾一型」
有眼爆弾、光電管爆弾と
呼ばれた陸用爆弾。
筒内径300㎜、全長1900㎜、重量195kg

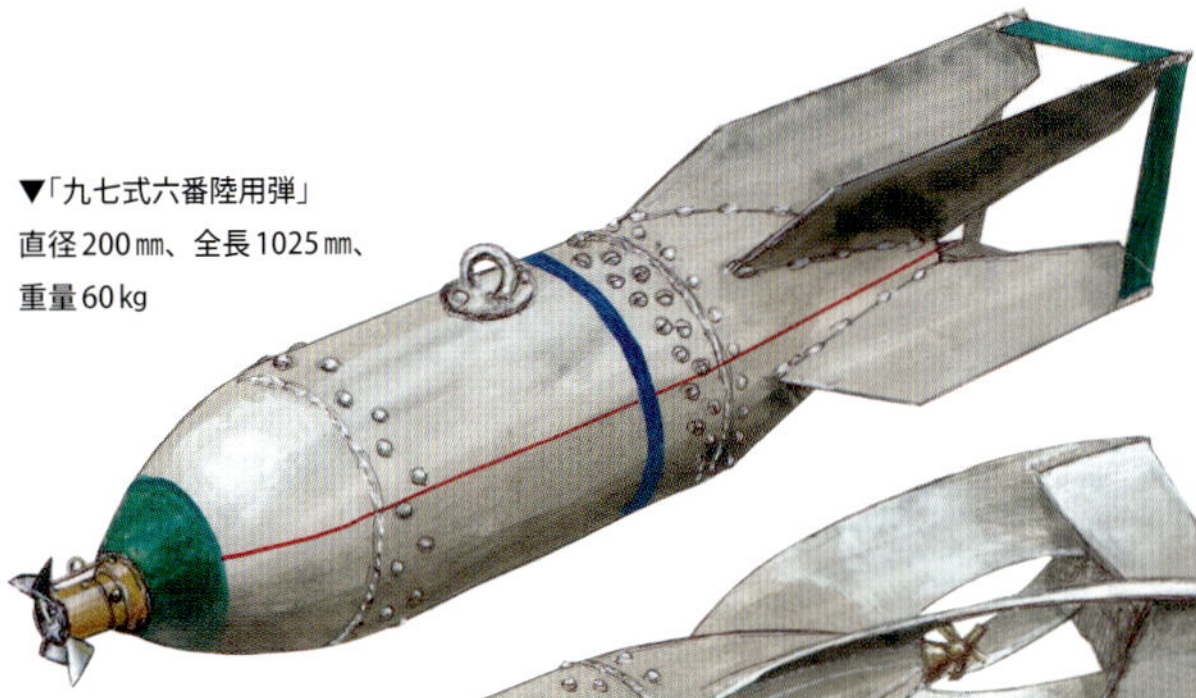

▼「九七式六番陸用弾」
直径200㎜、全長1025㎜、
重量60kg

▲「二式二五番三号弾一型」
重量246kg

▶後部からねじれと
その補強法を見る

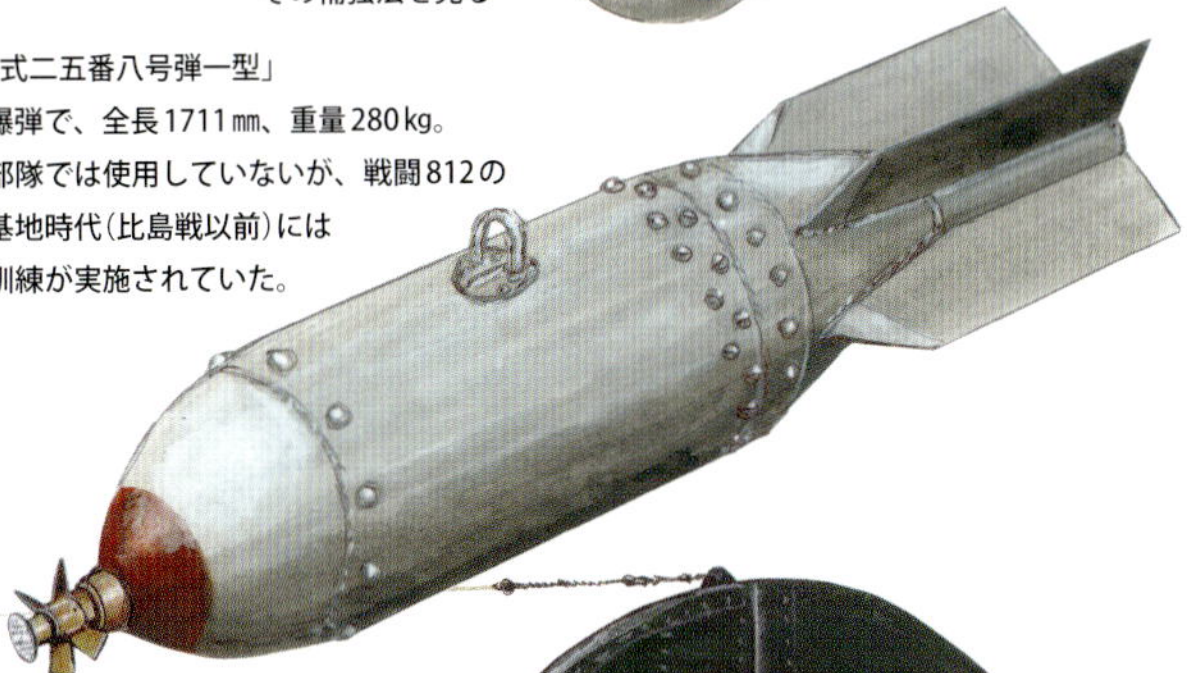

▼「三式二五番八号弾一型」
反跳爆弾で、全長1711㎜、重量280kg。
芙蓉部隊では使用していないが、戦闘812の
千歳基地時代(比島戦以前)には
その訓練が実施されていた。

尾部周辺

芙蓉部隊機の『彗星』を
モチーフとして
尾部を示した。

垂直尾翼左舷に銘板が付く。

方向舵左舷にも銘板が付く。羽布部には
セルロイドの「のぞき窓」様の銘板とな
る。(宮崎賢治氏の考証参考)

この点検窓は左舷のみ

尾輪は固定式。一二型後期
生産機からこうした仕様に
なった(前期生産機も固定式
だが、形状が異なる)。

▼機体データステンシルは三三型しかはっきりした例が見
当たらない。推測でステンシル例を示す。

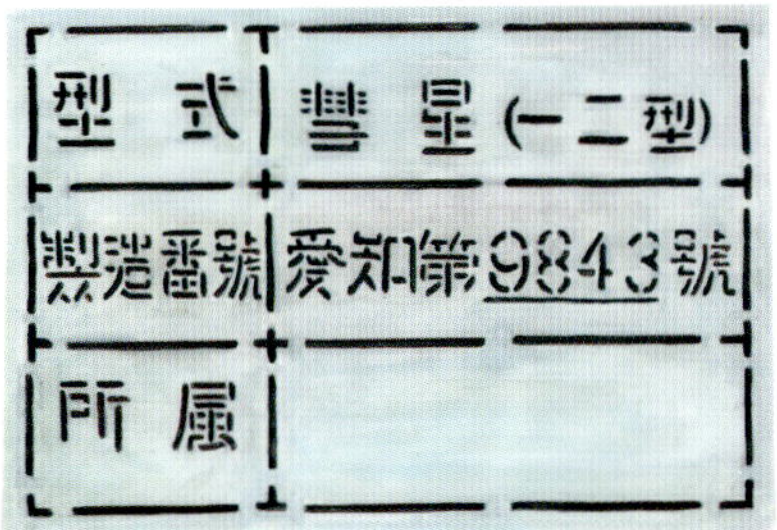

▶「担ぎ棒」挿入口の蓋の
イメージ図。丸い穴を塞ぐ
が、飛行時の風圧を利用し
て閉める構想が分かる

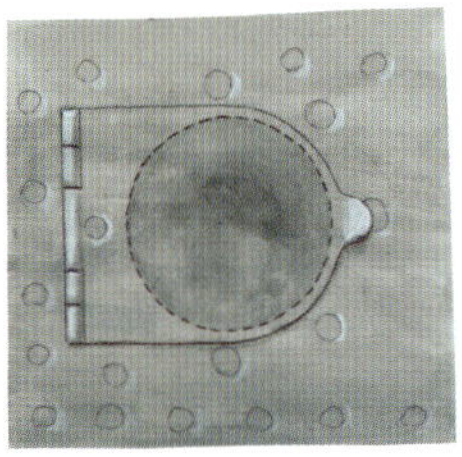

海軍戦闘第八一二（はちひとふた）飛行隊
主装備機【月光/彗星夜戦】の塗装とマーキング
Painting Schemes and Markings of I.J.N. Night Fighter SQ "Sen-To812"

カラーイラスト / 西川幸伸　Color illustrations by Yukinobu NISHIKAWA
解説 / 吉野泰貴　text by Yasutaka YOSHINO

二〇三空夜戦隊に源流を持つ海軍戦闘第八一二飛行隊の主装備機は『月光』と『彗星夜戦』。ここでは残された数少ない写真からわかる2機の『月光』と、沖縄作戦当時に使用された『彗星夜戦』の姿を、戦闘詳報に記載された機番号やその他のデータを元に描かれた西川幸伸氏のイラストにより紹介する。

1. 月光一一型前期生産機　〔741-64〕
第51航空戦隊附夜戦隊所属機
室住賢一一飛曹 - 池田秀一二飛曹搭乗
昭和19年6月

▲昭和19年6月に厚木基地近郊で不時着した第51航空戦隊附夜戦隊所属の『月光』。搭乗していたのは302空月光隊の隊員だが、その尾翼には741と記入されており、この74は51航戦司令部麾下飛行隊を、1はその1番隊である同夜戦隊を意味するので、補充機として準備されていたものと思われる。

2. 月光一一甲型後期生産機　〔53-85〕
第153海軍航空隊所属機
昭和19年末

▲昭和19年11月下旬にフィリピンに進出した戦闘812は戦闘804飛行隊と協同で作戦を行なった。本機は日本軍が撤退したあと、クラーク近郊と思われる飛行場の片隅に残置された153空の『月光』。812、804どちらの飛行機隊の保有機か不明だが、機材不足の中、両飛行隊の隊員により交互に使用されたはずだ。

3. 彗星一二型〔夜戦風防改修機〕〔131-32〕

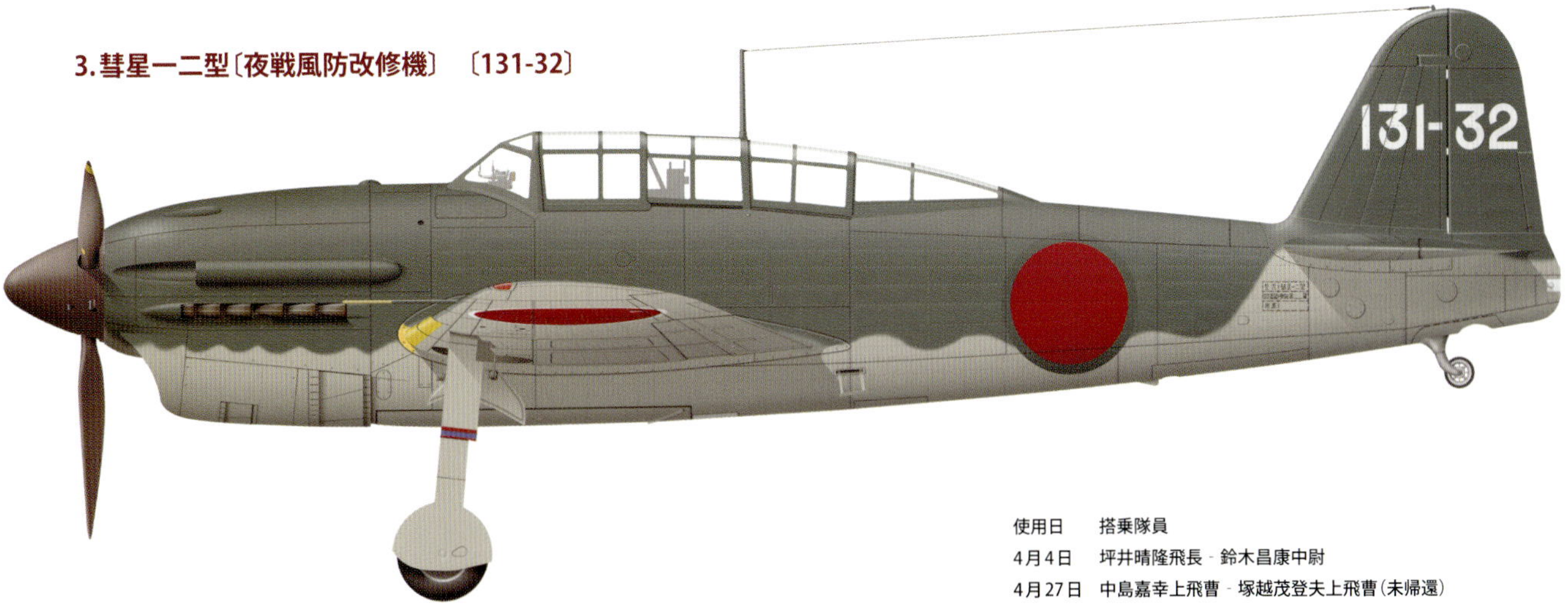

使用日	搭乗隊員
4月4日	坪井晴隆飛長 - 鈴木昌康中尉
4月27日	中島嘉幸上飛曹 - 塚越茂登夫上飛曹(未帰還)

4. 彗星一二戊型〔二八号爆弾搭載仕様〕〔131-34〕

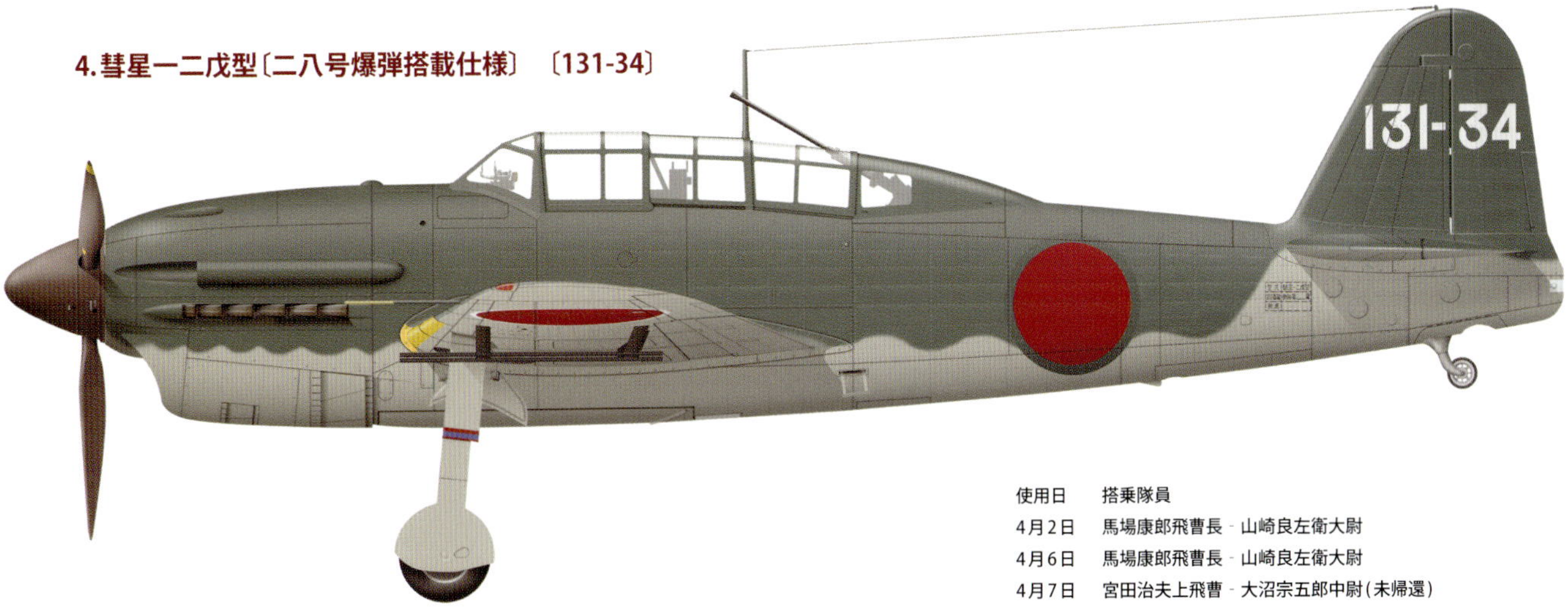

使用日	搭乗隊員
4月2日	馬場康郎飛曹長 - 山崎良左衛大尉
4月6日	馬場康郎飛曹長 - 山崎良左衛大尉
4月7日	宮田治夫上飛曹 - 大沼宗五郎中尉(未帰還)

5. 彗星一二戊型〔二八号爆弾搭載仕様〕〔131-37〕

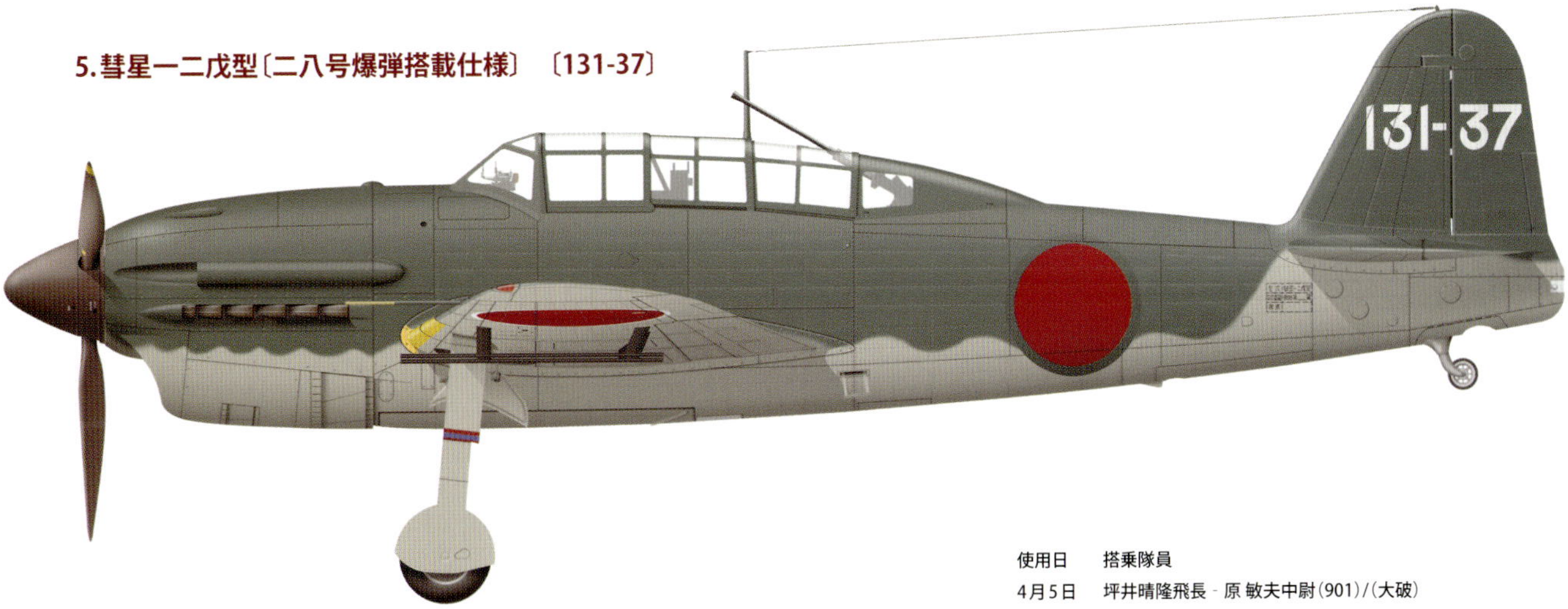

使用日	搭乗隊員
4月5日	坪井晴隆飛長 - 原 敏夫中尉(901)/(大破)

※4月5日の作戦では二八号弾4発も搭載。

6. 彗星一二戊型〔二八号爆弾搭載仕様〕
第11航空廠 製造番号第3114号機 〔131-52〕

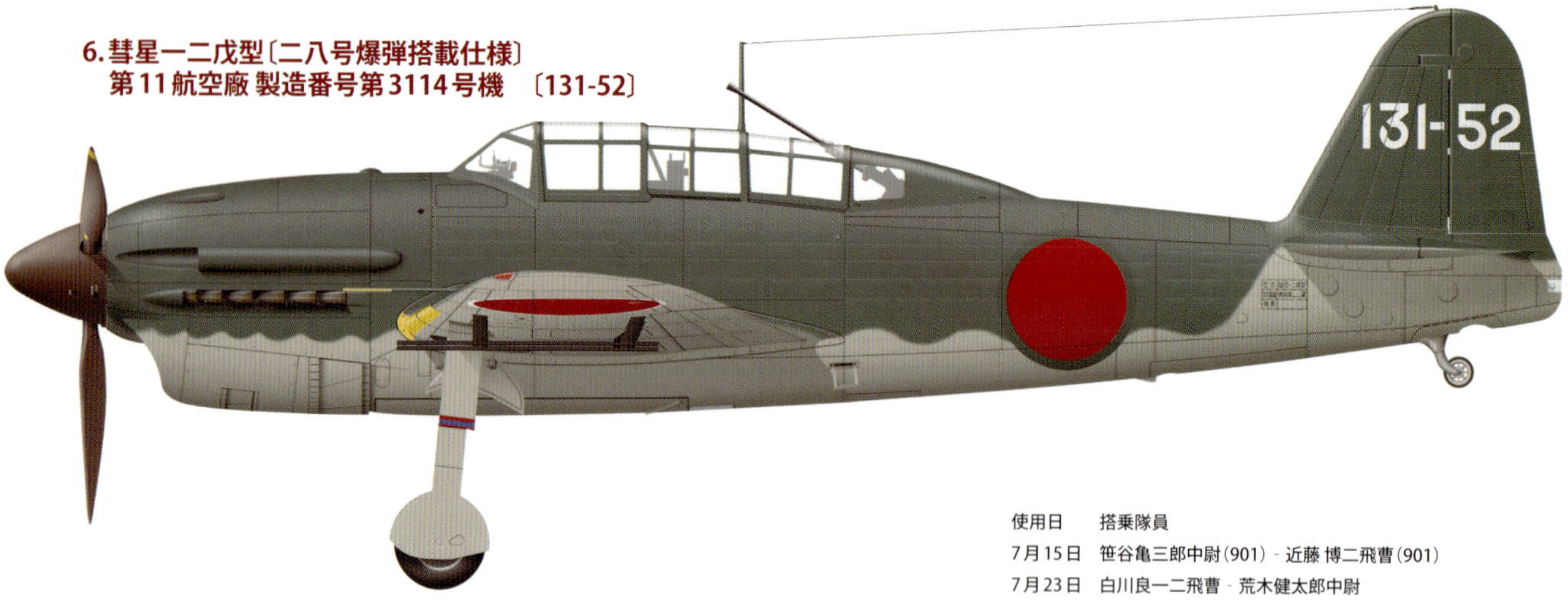

使用日	搭乗隊員
7月15日	笹谷亀三郎中尉(901)‐近藤 博二飛曹(901)
7月23日	白川良一二飛曹‐荒木健太郎中尉

7. 彗星一二型〔二八号爆弾搭載仕様〕 〔131-56〕

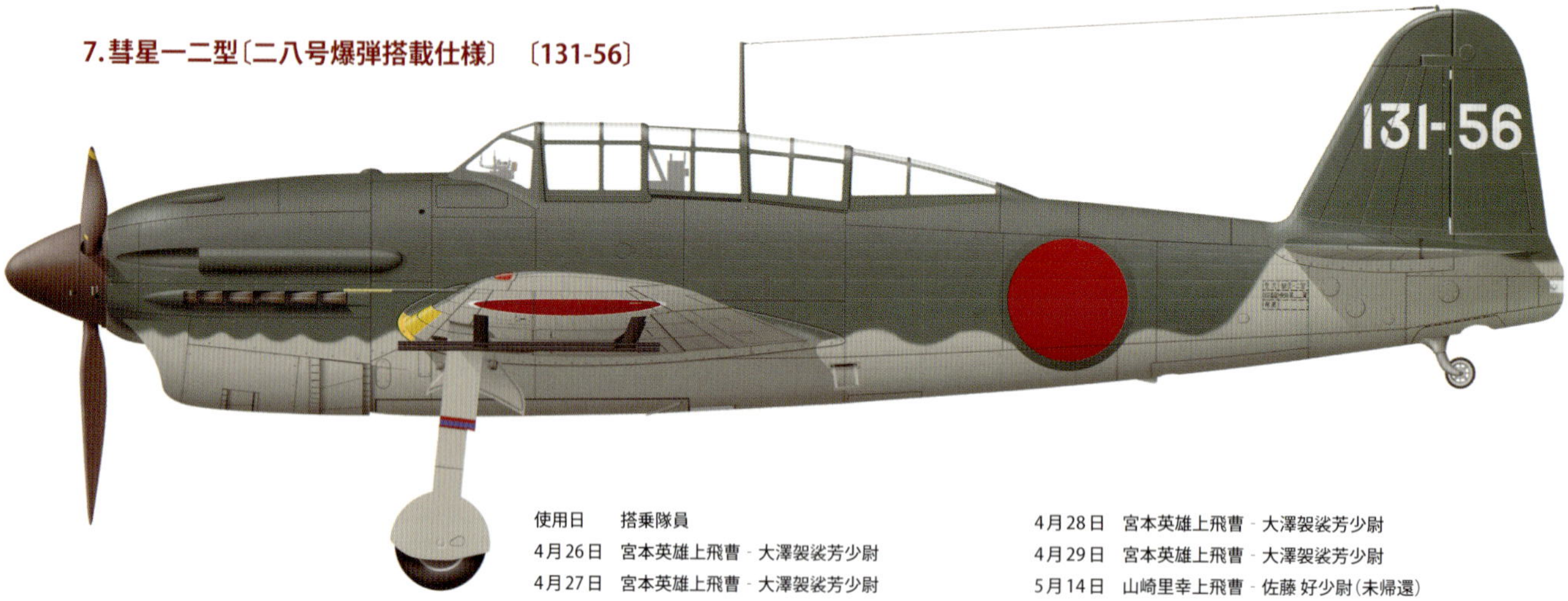

使用日	搭乗隊員
4月26日	宮本英雄上飛曹‐大澤袈裟芳少尉
4月27日	宮本英雄上飛曹‐大澤袈裟芳少尉
4月28日	宮本英雄上飛曹‐大澤袈裟芳少尉
4月29日	宮本英雄上飛曹‐大澤袈裟芳少尉
5月14日	山崎里幸上飛曹‐佐藤 好少尉(未帰還)

8. 彗星一二型〔夜戦風防改修機〕 〔131-61〕

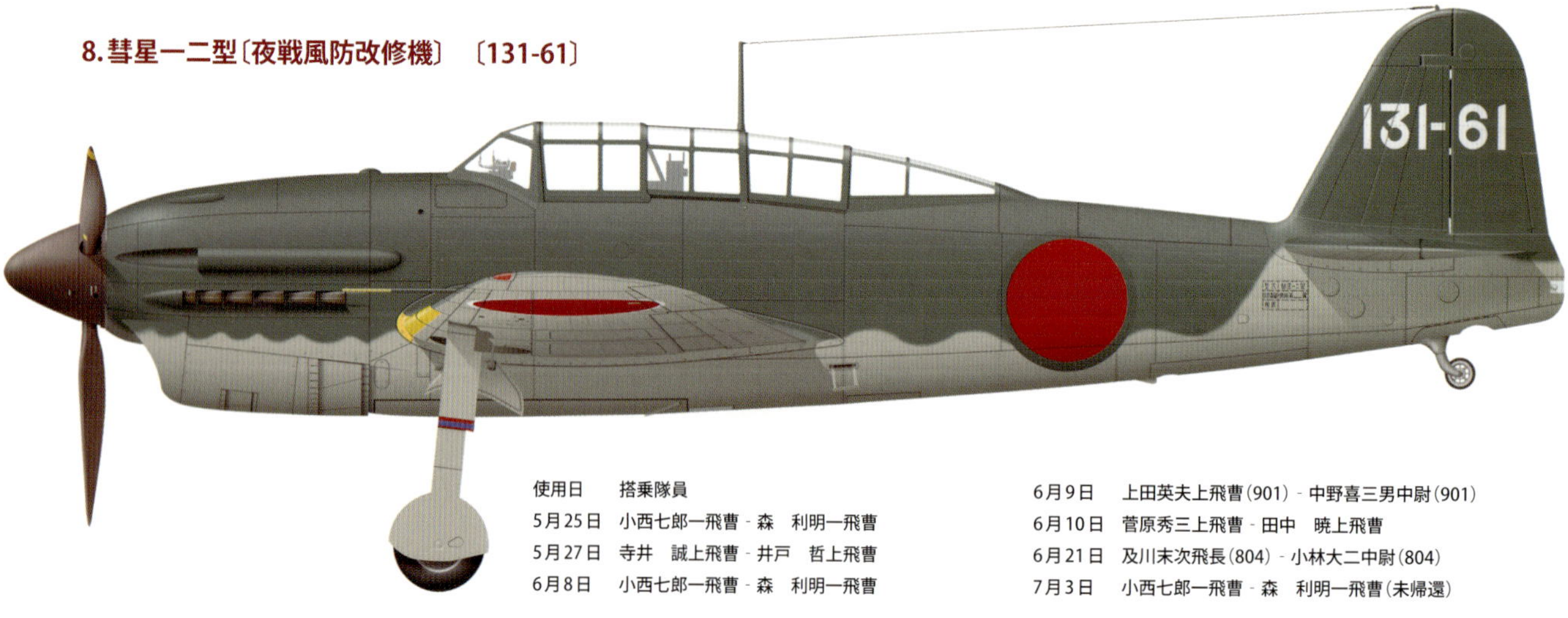

使用日	搭乗隊員
5月25日	小西七郎一飛曹‐森　利明一飛曹
5月27日	寺井　誠上飛曹‐井戸　哲上飛曹
6月8日	小西七郎一飛曹‐森　利明一飛曹
6月9日	上田英夫上飛曹(901)‐中野喜三男中尉(901)
6月10日	菅原秀三上飛曹‐田中　暁上飛曹
6月21日	及川末次飛長(804)‐小林大二中尉(804)
7月3日	小西七郎一飛曹‐森　利明一飛曹(未帰還)

9. 二式艦上偵察機一二型〔夜戦風防改修機〕〔131-62〕

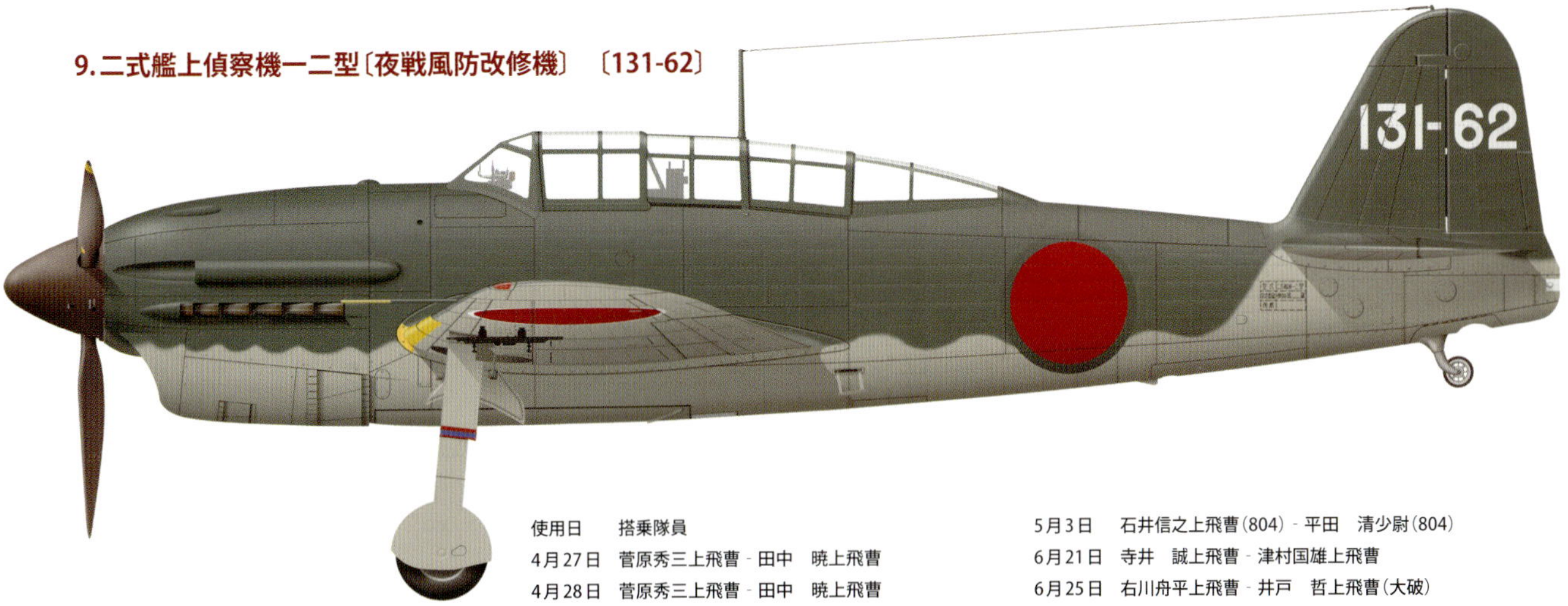

使用日	搭乗隊員
4月27日	菅原秀三上飛曹 - 田中　暁上飛曹
4月28日	菅原秀三上飛曹 - 田中　暁上飛曹
5月3日	石井信之上飛曹（804） - 平田　清少尉（804）
6月21日	寺井　誠上飛曹 - 津村国雄上飛曹
6月25日	右川舟平上飛曹 - 井戸　哲上飛曹（大破）

10. 彗星一二戊型〔131-67〕
第11航空廠 製造番号第3169号機

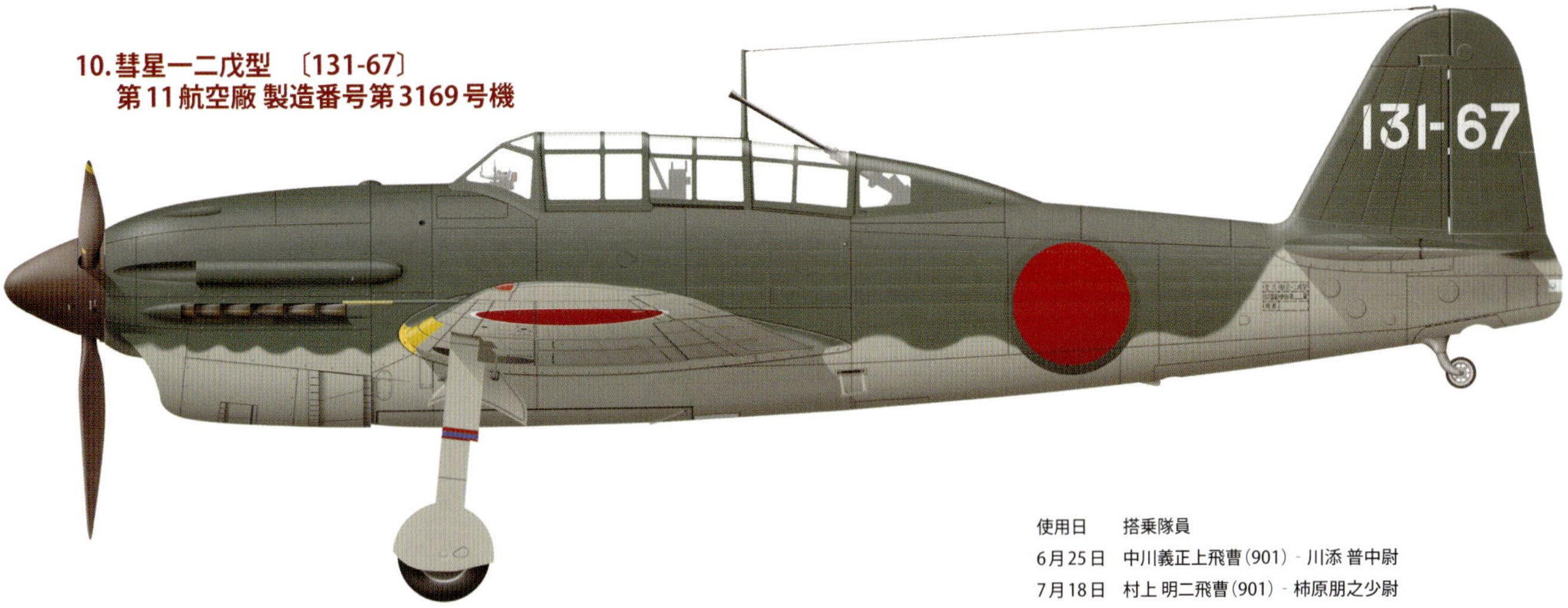

使用日	搭乗隊員
6月25日	中川義正上飛曹（901） - 川添 普中尉
7月18日	村上 明二飛曹（901） - 柿原朋之少尉

11. 二式艦上偵察機一二型〔131-68〕

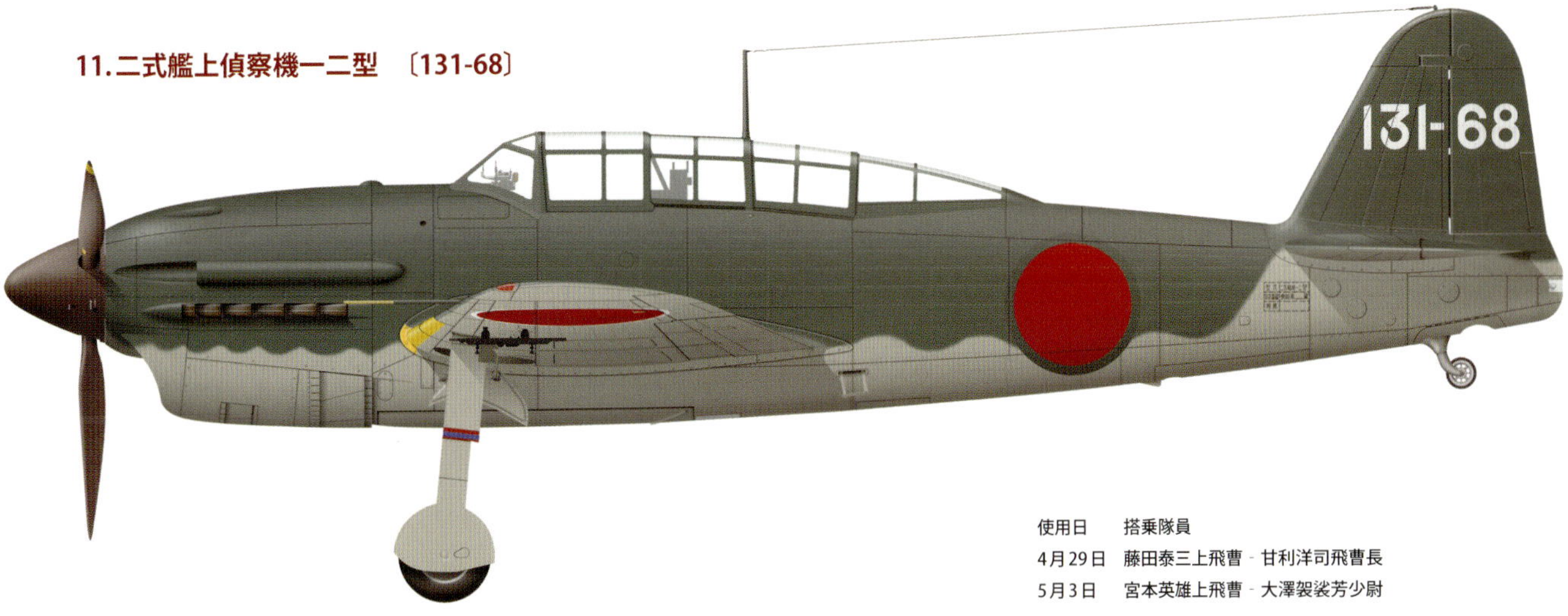

使用日	搭乗隊員
4月29日	藤田泰三上飛曹 - 甘利洋司飛曹長
5月3日	宮本英雄上飛曹 - 大澤袈裟芳少尉

12. 彗星一二戊型〔二八号爆弾搭載仕様〕〔131-80〕

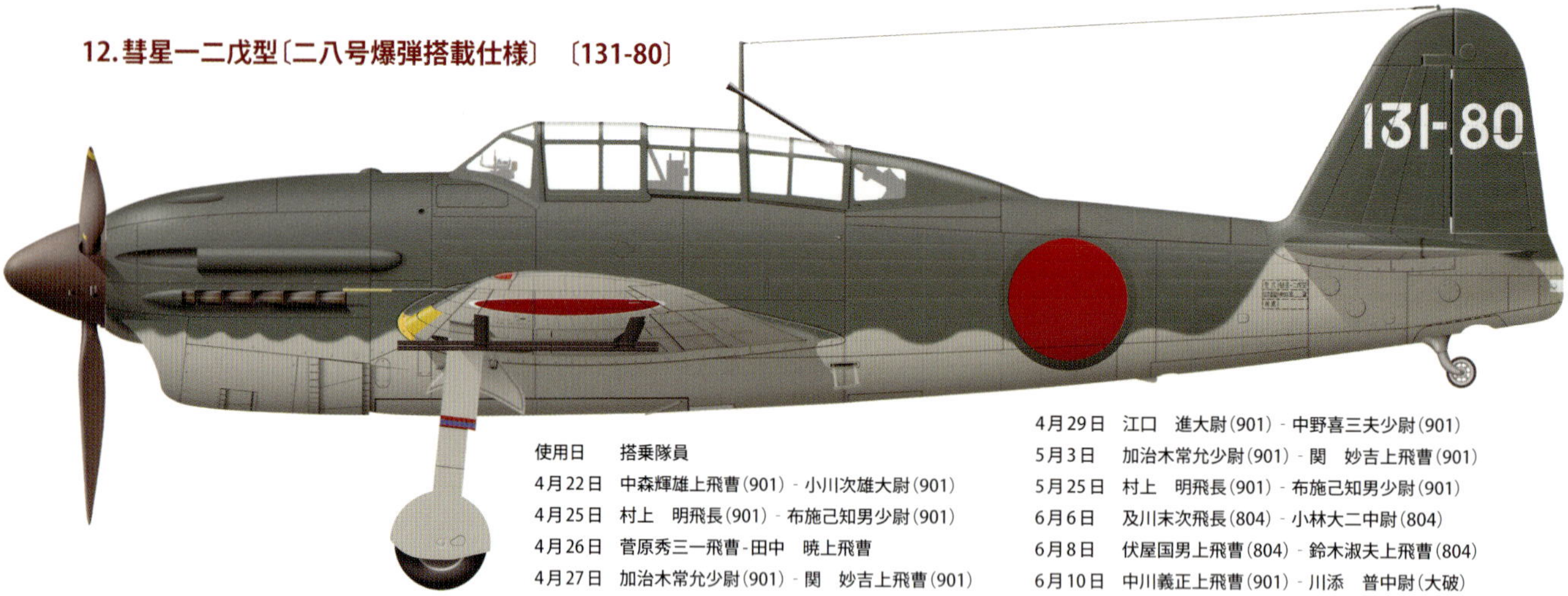

使用日	搭乗隊員
4月22日	中森輝雄上飛曹（901）- 小川次雄大尉（901）
4月25日	村上　明飛長（901）- 布施己知男少尉（901）
4月26日	菅原秀三一飛曹 - 田中　暁上飛曹
4月27日	加治木常允少尉（901）- 関　妙吉上飛曹（901）
4月28日	中森輝雄上飛曹（901）- 小川次雄大尉（901）
4月29日	江口　進大尉（901）- 中野喜三夫少尉（901）
5月3日	加治木常允少尉（901）- 関　妙吉上飛曹（901）
5月25日	村上　明飛長（901）- 布施己知男少尉（901）
6月6日	及川末次飛長（804）- 小林大二中尉（804）
6月8日	伏屋国男上飛曹（804）- 鈴木淑夫上飛曹（804）
6月10日	中川義正上飛曹（901）- 川添　普中尉（大破）

※本機はもともと戦闘901の保有機

13. 彗星一二型〔夜戦風防改修機〕〔131-87〕

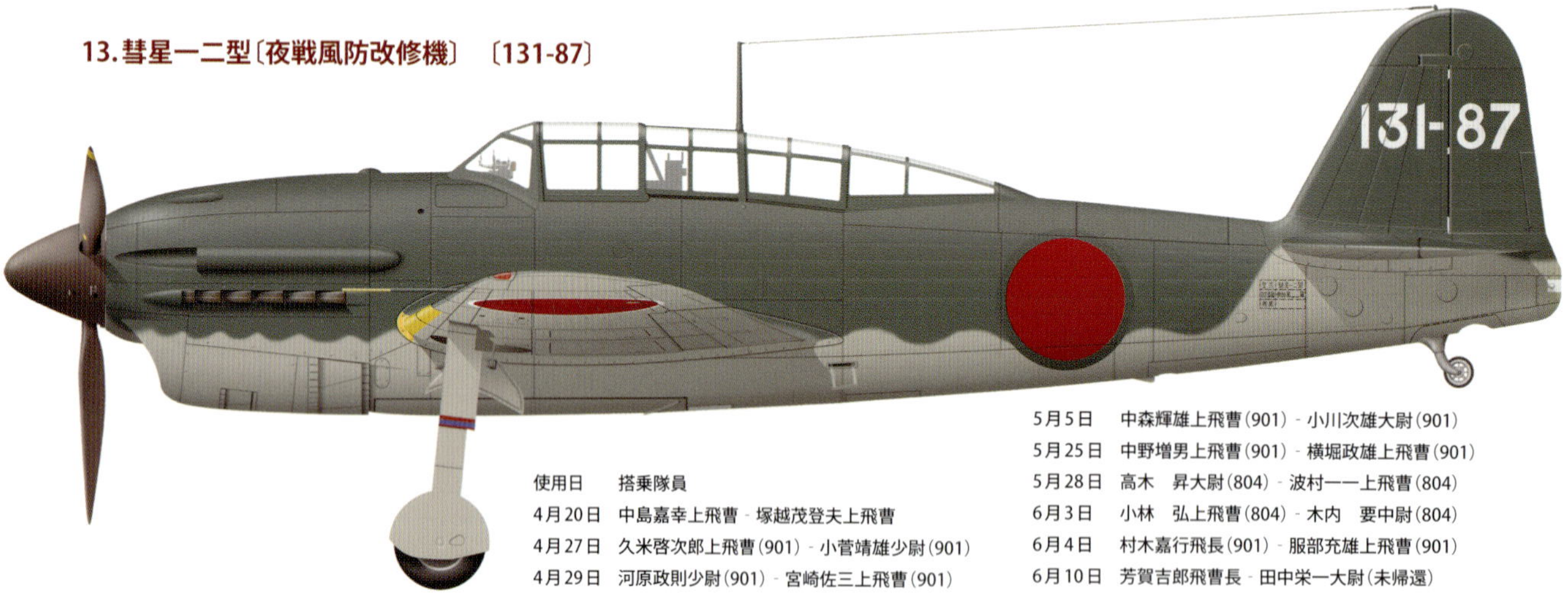

使用日	搭乗隊員
4月20日	中島嘉幸上飛曹 - 塚越茂登夫上飛曹
4月27日	久米啓次郎上飛曹（901）- 小菅靖雄少尉（901）
4月29日	河原政則少尉（901）- 宮崎佐三上飛曹（901）
5月3日	菅原秀三一飛曹 - 田中　暁上飛曹
5月5日	中森輝雄上飛曹（901）- 小川次雄大尉（901）
5月25日	中野増男上飛曹（901）- 横堀政雄上飛曹（901）
5月28日	高木　昇大尉（804）- 波村一一上飛曹（804）
6月3日	小林　弘上飛曹（804）- 木内　要中尉（804）
6月4日	村木嘉行飛長（901）- 服部充雄上飛曹（901）
6月10日	芳賀吉郎飛曹長 - 田中栄一大尉（未帰還）

※本機はもともと戦闘901の保有機

14. 彗星一二戊型〔131-106〕第11航空廠 製造番号第3181号機

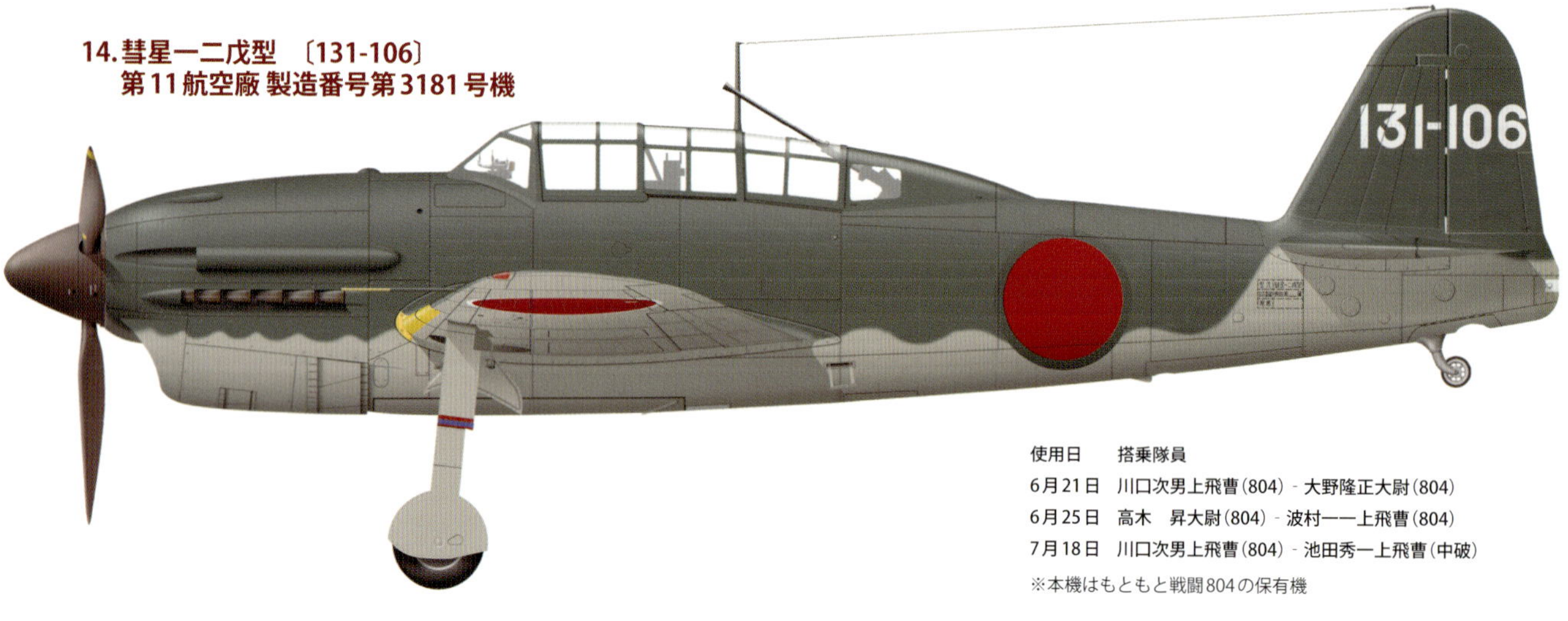

使用日	搭乗隊員
6月21日	川口次男上飛曹（804）- 大野隆正大尉（804）
6月25日	高木　昇大尉（804）- 波村一一上飛曹（804）
7月18日	川口次男上飛曹（804）- 池田秀一上飛曹（中破）

※本機はもともと戦闘804の保有機

15. 彗星一二戊型〔二八号爆弾搭載仕様〕〔131-131〕

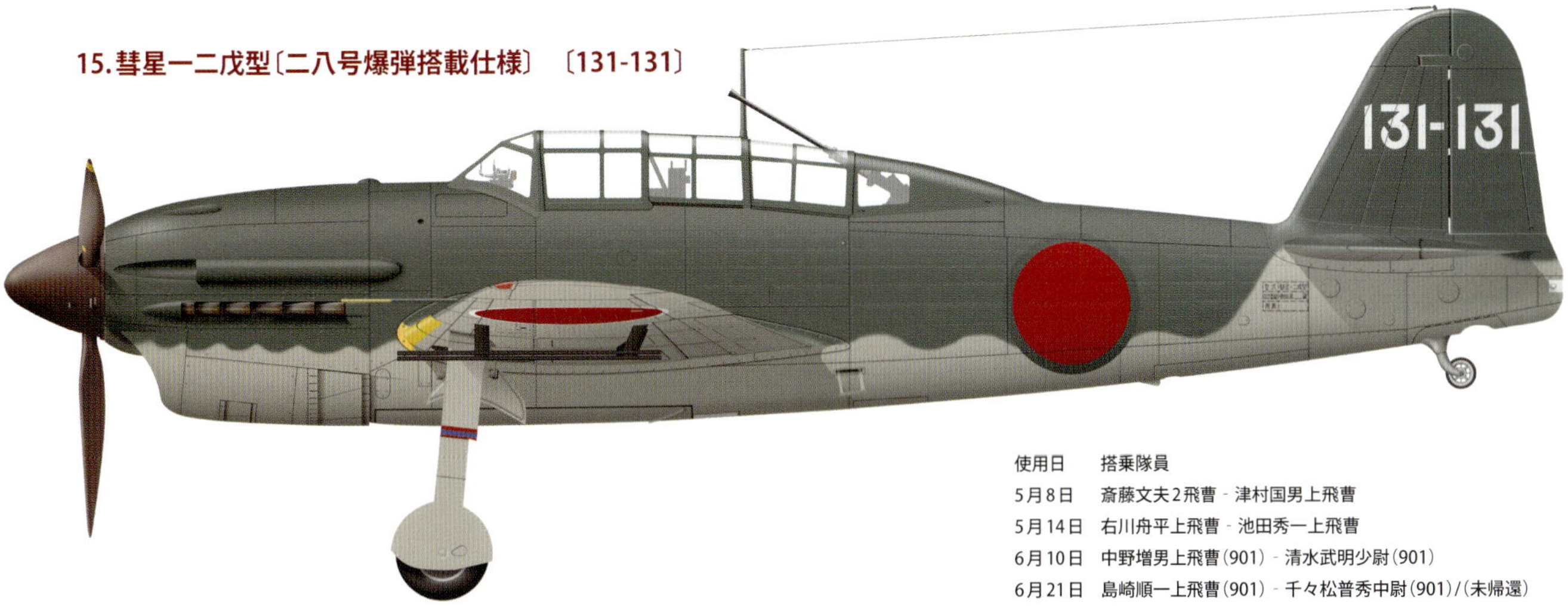

使用日	搭乗隊員
5月8日	斎藤文夫2飛曹 - 津村国男上飛曹
5月14日	右川舟平上飛曹 - 池田秀一上飛曹
6月10日	中野増男上飛曹(901) - 清水武明少尉(901)
6月21日	島崎順一上飛曹(901) - 千々松普秀中尉(901)/(未帰還)

16. 彗星一二型〔二八号爆弾搭載仕様〕〔131-132〕

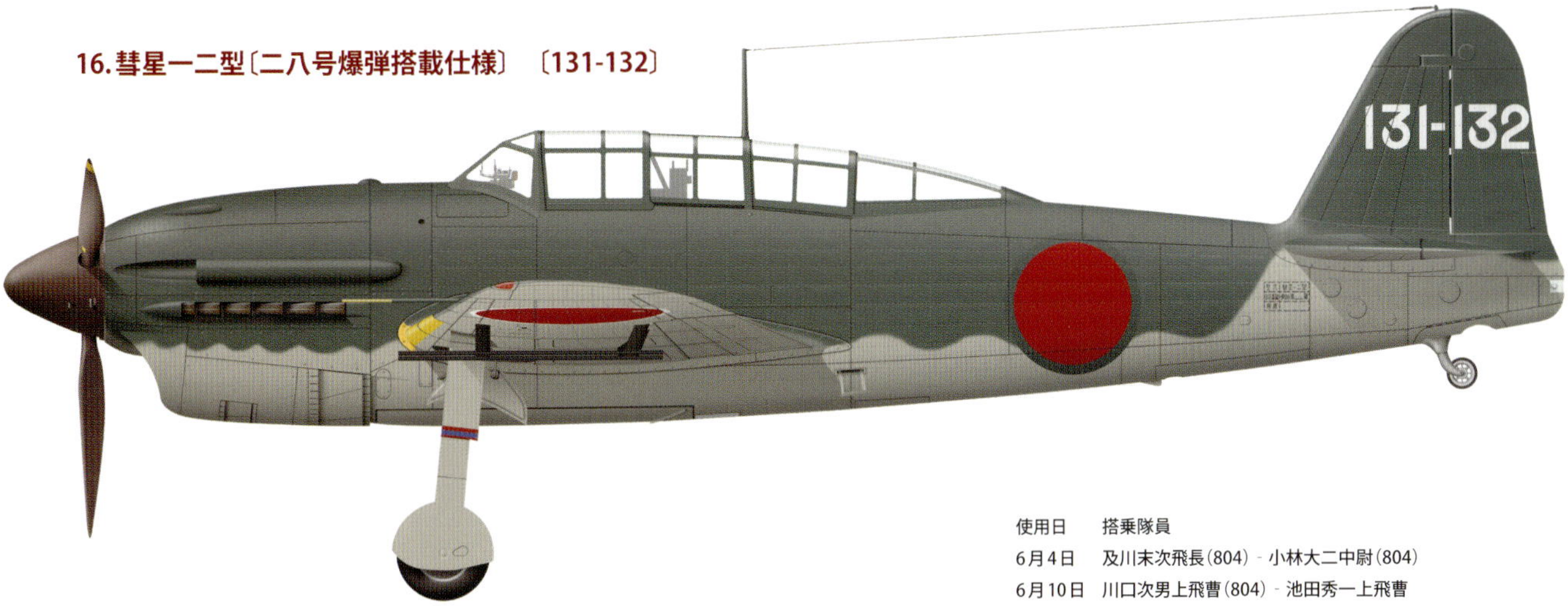

使用日	搭乗隊員
6月4日	及川末次飛長(804) - 小林大二中尉(804)
6月10日	川口次男上飛曹(804) - 池田秀一上飛曹

17. 彗星一二戊型　〔131-135〕
第11航空廠 製造番号第3181号機

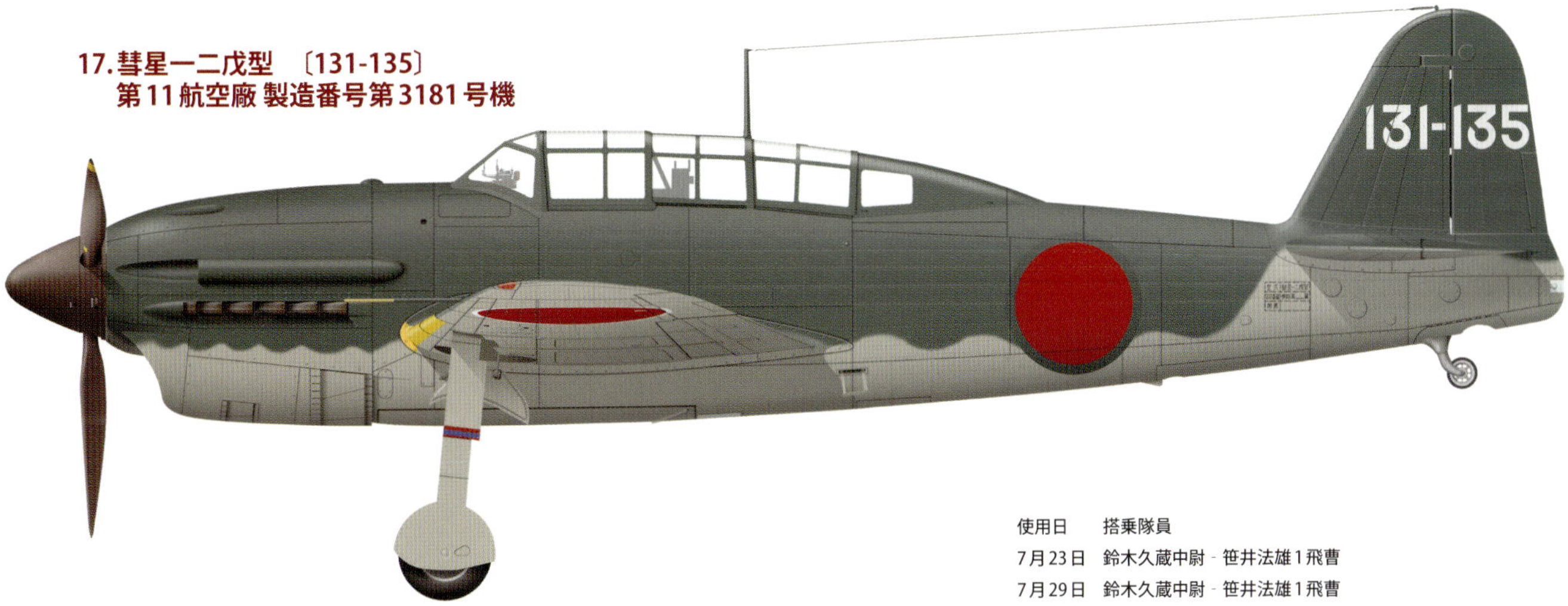

使用日	搭乗隊員
7月23日	鈴木久蔵中尉 - 笹井法雄1飛曹
7月29日	鈴木久蔵中尉 - 笹井法雄1飛曹

18.彗星一二戊型〔二八号爆弾搭載仕様〕〔131-136〕
第11航空廠 製造番号第3107号機

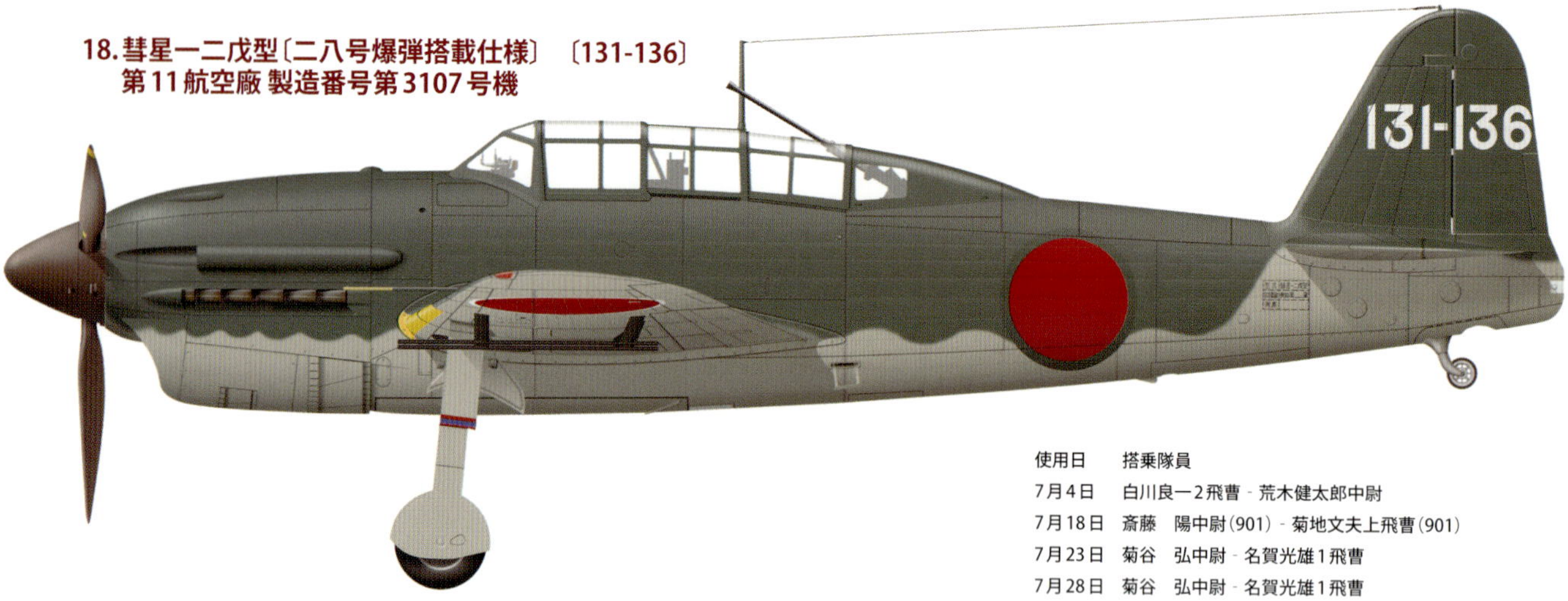

使用日	搭乗隊員
7月4日	白川良一2飛曹 - 荒木健太郎中尉
7月18日	斎藤 陽中尉(901) - 菊地文夫上飛曹(901)
7月23日	菊谷 弘中尉 - 名賀光雄1飛曹
7月28日	菊谷 弘中尉 - 名賀光雄1飛曹

19.彗星一二戊型 〔斜め銃撤去〕〔131-139〕
第11航空廠 製造番号第3153号機

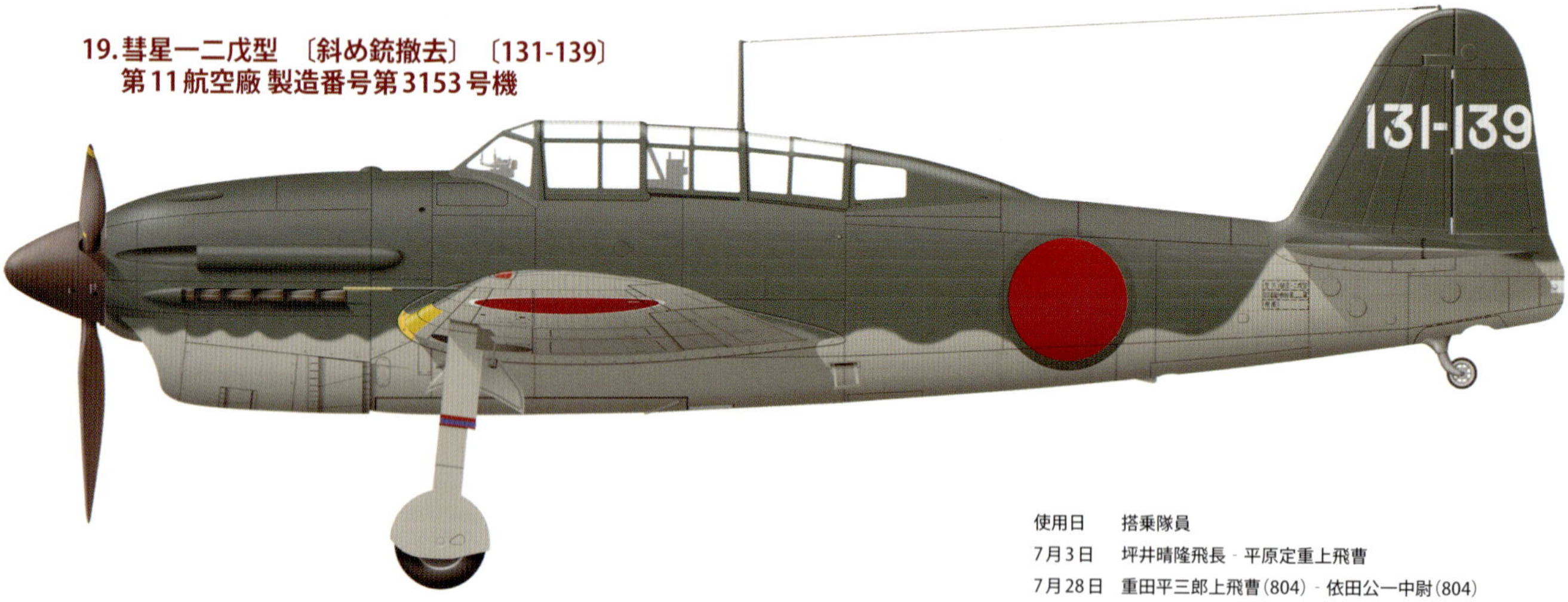

使用日	搭乗隊員
7月3日	坪井晴隆飛長 - 平原定重上飛曹
7月28日	重田平三郎上飛曹(804) - 依田公一中尉(804)

20.彗星一二戊型〔二八号爆弾搭載仕様〕〔131-151〕
第11航空廠 製造番号第3177号機

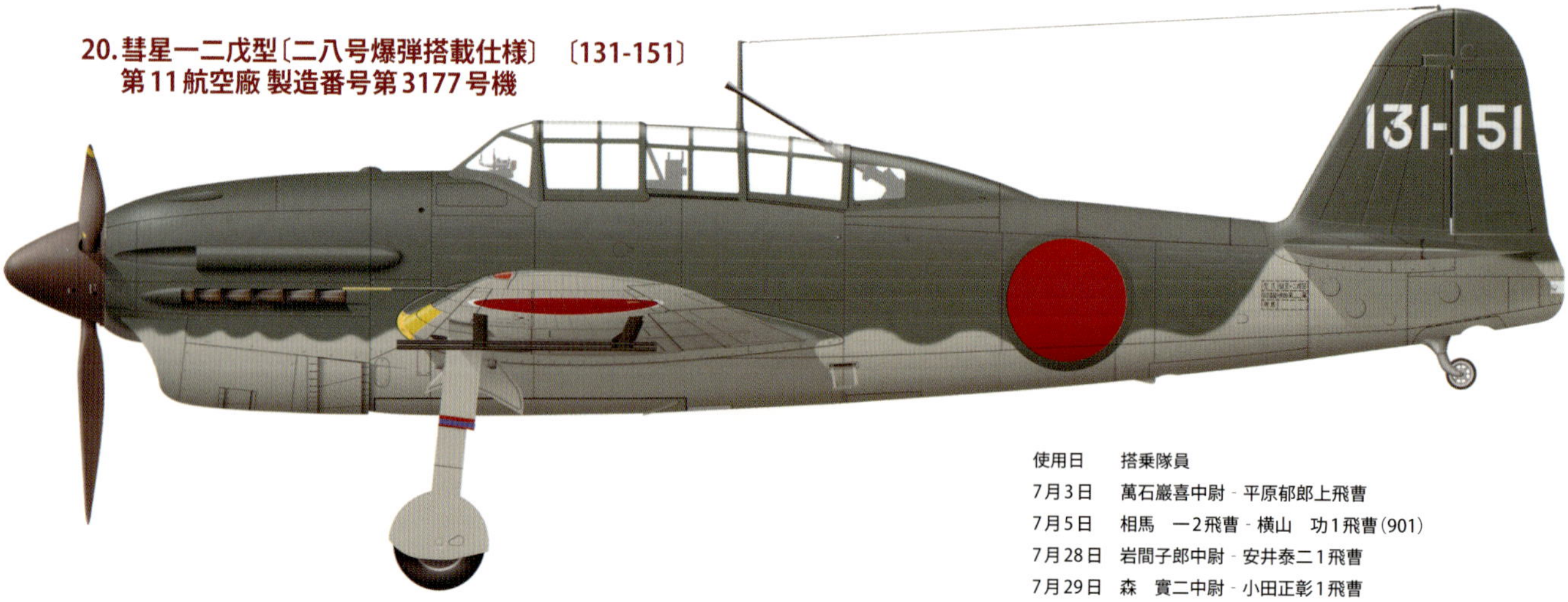

使用日	搭乗隊員
7月3日	萬石巌喜中尉 - 平原郁郎上飛曹
7月5日	相馬 一2飛曹 - 横山 功1飛曹(901)
7月28日	岩間子郎中尉 - 安井泰二1飛曹
7月29日	森 實二中尉 - 小田正彰1飛曹

21. 彗星一一型 〔131-222〕
愛知航空機 製造番号3185号機

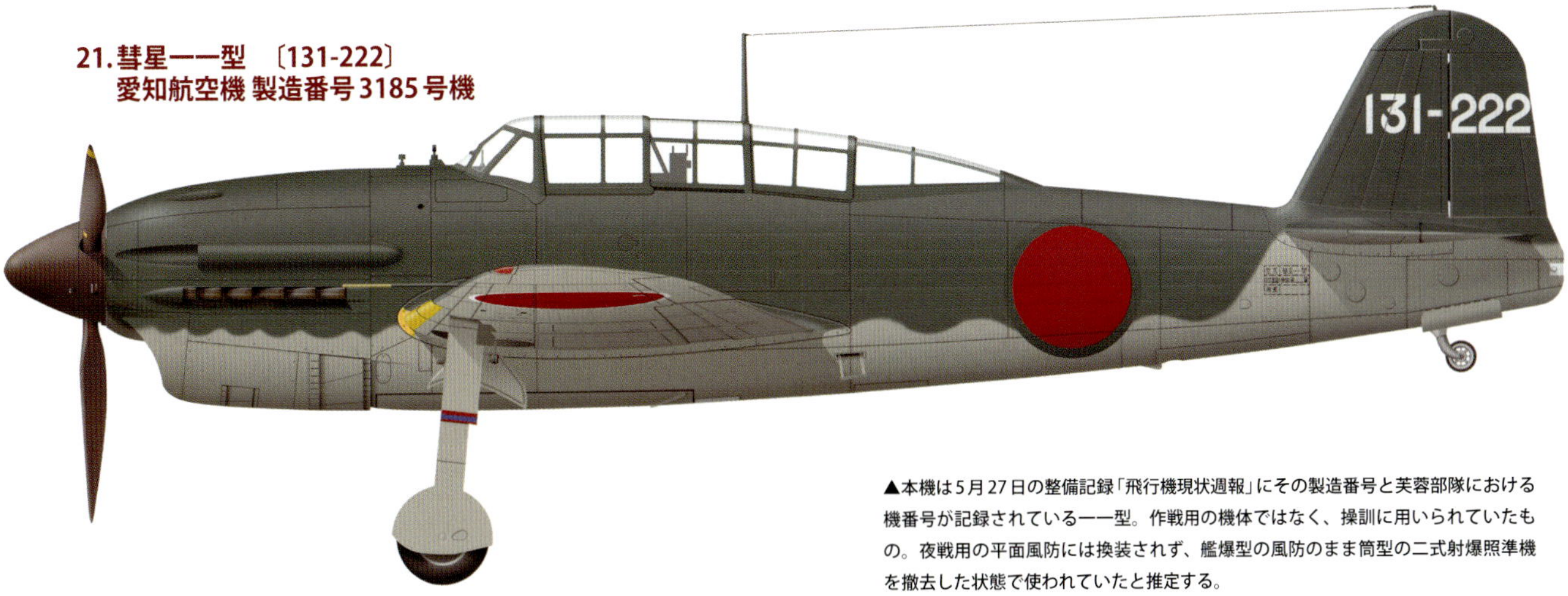

▲本機は5月27日の整備記録「飛行機現状週報」にその製造番号と芙蓉部隊における機番号が記録されている一一型。作戦用の機体ではなく、操訓に用いられていたもの。夜戦用の平面風防には換装されず、艦爆型の風防のまま筒型の二式射爆照準機を撤去した状態で使われていたと推定する。

22. 彗星一二型 〔131-154〕
愛知航空機 製造番号3185号機

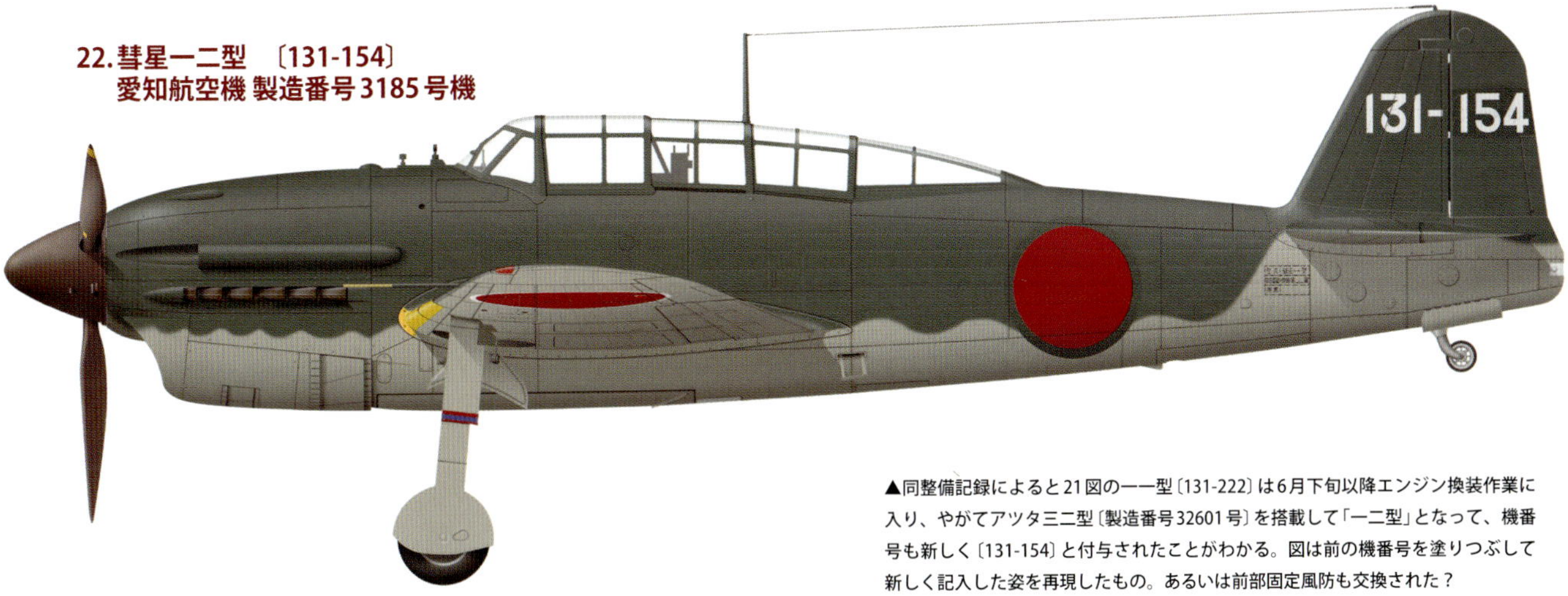

▲同整備記録によると21図の一一型〔131-222〕は6月下旬以降エンジン換装作業に入り、やがてアツタ三二型〔製造番号32601号〕を搭載して「一二型」となって、機番号も新しく〔131-154〕と付与されたことがわかる。図は前の機番号を塗りつぶして新しく記入した姿を再現したもの。あるいは前部固定風防も交換された？

参考までに以下にその整備記録の該当行を列挙する。こうしたエンジン換装による「一一型改修一二型」に〔131-213→131-111〕となった「愛知航空機 製造番号1520号機（戦闘804所属）」、〔131-231→131-180〕となった「愛知航空機 製造番号3194号機（戦闘901所属）」のケースがある。

5月27日現状表

6月　3日現状表
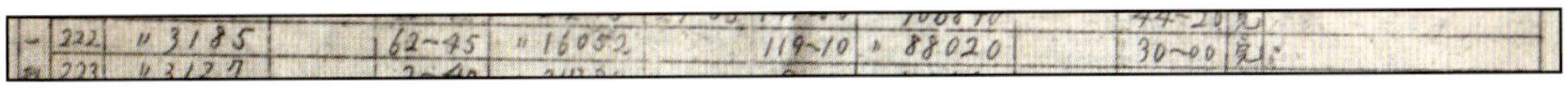

6月10日現状表

6月24日現状表

7月　1日現状表

◀E・P換装中

7月　8日現状表

◀E搭載中

7月15日現状表

◀一二型と区分。新機番付与。

7月22日現状表
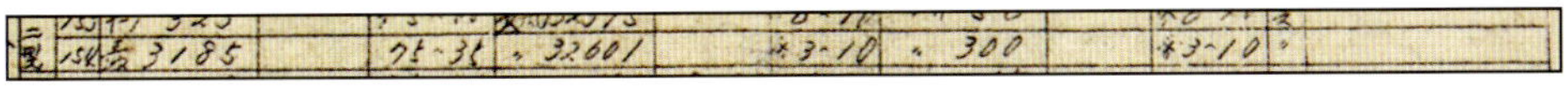

※E…エンジン　P…プロペラ

大井川河口附近上空から眼下の静浜基地、そして遠く芙蓉峰を臨む。現在はT-7(↑)を用いてパイロットの初等教育を担当している。

芙蓉部隊 戦闘八一二揺籃の地

藤枝基地は今、

航空自衛隊静浜基地は、かつて芙蓉部隊が訓練に励み、沖縄作戦のため前進後も母屋としての役割を果たしていた藤枝基地の後身。ここでは現代に残る戦士たちの足跡を紹介する。

協力／航空自衛隊 静浜基地 広報室
静岡県芙蓉会

芙蓉の碑

昭和53年、静浜基地に関東空芙蓉部隊之碑、いわゆる芙蓉之碑が建立された。以来、その碑前では静岡県芙蓉会の尽力で欠かさず慰霊祭が催行されてきた。現在のもの(写真)は長らく後世に残していけるよう、平成8年に黒御影石で置き換えられた2代目。その脚部には芙蓉部隊の装備機であった『彗星』と『零戦』の姿が刻印されている。

航空自衛隊 静浜基地ホームページアドレス:http://www.mod.go.jp/asdf/shizuhama/shizuhama.html

還ってきた彗星の心臓
アツタAE1P

昭和57年、焼津で引き上げられたアツタ三二型〔AE1P〕。訓練中に沖合いに不時着水した芙蓉部隊の彗星のエンジンで、焼津漁協での展示ののち、当基地での保存に落ち着いた。プロペラはこのエンジンとは分離して手入れがなされ、教材として格納庫内に保存されている。

戦闘八一二の奮闘を今に伝える

▶静浜基地の史料館には芙蓉部隊や海軍航空に関する資料が展示されている。写真は戦闘第812飛行隊の先任搭乗員として下士官たちの先頭に立って戦った井戸 哲氏寄贈の双眼鏡。

◀こちらも井戸氏寄贈の精工社製の天測時計。本来はバンドがつき、腕時計として使用する。その裏（写真左下）には「空兵第二三三三号」と刻印されている。

ⓐ左側に刻印された社章は東京芝浦電気（株）を表わす。

ⓑ右側の鏡体にはレンズの倍率と「空技廠」の文字が刻印。

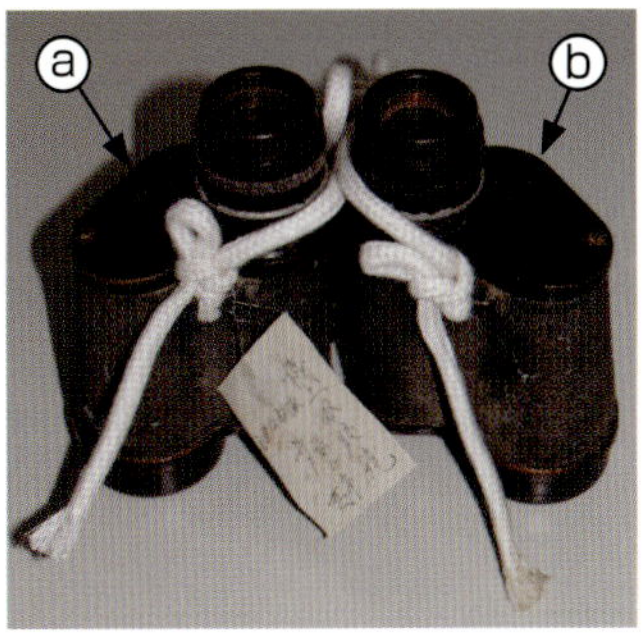

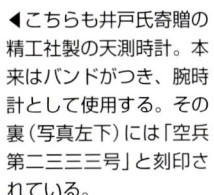

もののふたちの魂、還る 岩川基地跡「芙蓉之塔」

秘匿基地として昭和20年5月から終戦まで、米軍にその存在を察知されることなく機能した岩川基地は現在の鹿児島県曽於市に所在した。基地跡は戦後の開拓で農地となったが、その一角に芙蓉之塔が建立されている。

◀▲昭和52年11月に元隊員の平松光雄氏らの尽力で岩川基地跡に建立された「芙蓉之塔」。頂部の球体は、戦没隊員たちの魂と平和を表わしている。

◀芙蓉之塔の台座正面には戦没隊員たちの名が刻まれている。

▶平成９年の芙蓉之塔保存会の発足とともに、基地跡の史跡を案内する看板も一新された。

◀岩川基地は戦後に開拓されて畑地に帰り、芙蓉之塔周辺にもこうしたのどかな風景が広がっている。

慰霊祭

▶かつて芙蓉部隊の隊員たちが多く集って行なわれた慰霊祭の風景。

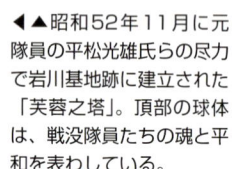

目次

〔本文中の地図、線図は著者作成〕

はじめに

古来、力弱き者が、力の強い者と戦わなければならなくなった際に、自らにより戦いを有利に導くために選んだ舞台は〝夜〟であった。

それは、戦闘集団の長たる者が、自らの戦力と敵方の戦力を緻密に計算、吟味した結果、彼我の戦力差がそのまま勝敗に繋がりかねない昼間における正面からの激突を避けるためにしばしば執られた手段であり、近代戦闘においてもそれは同様な傾向にあった。

ところが、第二次世界大戦における各種電波兵器の登場と発達は、戦力を測る要素に純粋な兵器の性能やその数だけでなく科学技術の差を加えることとなり、夜間は必ずしも「科学力の低い弱者」が戦闘を有利に運べる場とはならなくなった。

太平洋での海と空の戦いはそれを如実に表していた。

開戦以来、日米両軍は昼夜を分かたぬ戦いをくり広げたが、昼間の戦いが米側の優勢に運ぶようになるにつれ、日本側の昼間行動は次第に困難なものとなり、攻撃は黎明や薄暮を含んだ夜間に限られるようになっていった。

ところが、活路を求めた夜空には電探（電波探信義。いわゆるレーダー）をはじめとする敵の電波兵器が待ち受けていたのである。地上や艦上の電探で管制された米軍戦闘機は、また自らも電探を装備して侵入する日本軍機を捕捉、困難な夜間空戦にもかかわらず着実に撃墜戦果を報じ、夜の制空権も掌握した。

日本海軍の夜間戦闘機も欧米のそれと同様に、夜間爆撃にやってくる敵機を撃退するために生み出された機種であった。その代表たるものが〝斜め銃〟を装備した『月光』である。

しかし、日本海軍、とくに聯合艦隊の指揮下にあった夜間戦闘機隊の多くは夜間防空だけでなく「夜間索敵」や「夜間攻撃」という副次的任務にもまた従事していた。やがてその比重は逆転し、昭和19年夏から始まったフィリピン決戦では夜間戦闘機隊が海軍攻撃兵力の重要な一翼を担うにいたった。

そして同年10月以降、神風特別攻撃隊をはじめとする陸海軍の航空特攻が出現してからは、よりその存在感を増したと言える。

さて、終戦からすでに66年の時を経た今日、日本海軍夜間戦闘機隊『芙蓉部隊（ふようぶたい）』は、大戦末期の当時、常道と化していた航空体当たり特攻作戦を真っ向から否定した反骨の指揮官、美濃部正（みのべ・ただし）少佐が率いて「夜戦による正攻法をもって、粘り強く戦い抜いた部隊」としてその名を知られるにいたっている。美濃部氏の夜間銃爆撃戦法の発案から実現までの紆余曲折、その活躍については、すでにさまざまな著作、研究によって記述されており、ひとつの歴史的事実になりつつあるといえよう。

『海軍戦闘第八一二（はちひとふた）飛行隊』は、『戦闘九〇一（きゅうまるひと）』、『戦闘八〇四（はちまるよん）』とともにその中核にあった夜間戦闘飛行隊である。

これら3個飛行隊はともにフィリピン決戦を戦った部隊であったが、なかでも『戦闘八一二』が戦場に馳せ参じたのは戦いが激化し、日本側の敗勢が明らかになった昭和19年11月下旬のことであった。

それからわずか1ヶ月あまりのうちに戦線は瓦解。

からくも内地へ脱出した『戦闘八一二』は、およそ1ヶ月という短い期間で人員を集め、新装備機材である『彗星』夜戦に機種改変を行なうや、他の2隊とともに力を結集して沖縄航空決戦に加わり、物量、科学力を誇る米軍を相手に南西の夜空を戦った。

前述したように芙蓉部隊は今や「特攻を拒否した」部隊として広く知られているが、それは決して〝逃げ〟ではなく、彼らの戦いはまた、特攻隊とは異なる過酷な作戦の連続であった。

それではその戦い様（ざま）とはいかなるものであったのか？

本書はわずか1年にも満たない『戦闘八一二』の歴史の内、とくに昭和20年2月から終戦までの期間に焦点を当てて記述するものである。

拙い研究、文章ではあるが、若き士官、下士官・兵隊員たちが当時いかなる活動をし、いかなる生活をしていたか、また何を思い、戦ったのかについて筆者が見聞した史料、談話を元に粉飾することなく述べてみたい。

それにより今はなき好漢たちの〝在りし日の姿〟を、戦史の1ページに確と留めることができれば幸いである。

吉野泰貴

〔凡例〕

・文中の用語はとくに断りのない限り日本海軍、あるいは海軍航空で慣用的に使われたものに準拠した。とくに難解なものに関してはその都度、説明を付与してある。ただし、航空基地については○○空と略記した場合に組織としての航空隊名と混同しやすいので「基地」としてある。

・各部隊名ははじめに正式名を記述し、都度略記してある。ただし、芙蓉部隊の3個飛行隊に関しては戦闘をSと略さずに記述した。また、本文中は漢数字表記だが、キャプションや添付図においては場合に応じてアラビア数字を用いている。

例：第一五三海軍航空隊→一五三空
　　第一三一海軍航空隊→一三一空
　　戦闘第四〇七飛行隊→戦闘四〇七、S四〇七
　　攻撃第四〇五飛行隊→攻撃四〇五、K四〇五
　　偵察第一一飛行隊→偵察一一、T一一

・時間表記は午前零時を〇〇〇〇、午前8時を〇八〇〇、午後1時を一三〇〇などと海軍で使われていた表記を使用した。

・夜間作戦では作戦中、あるいは準備中にひと晩越えてしまうことが多々ある。こうした際には24／25日と表記してある。

〔わかりづらい海軍用語〕

指揮官所定

指揮官が上部組織からあらかじめ指示されていた命令に則って自らの隷下部隊に作戦を行なわせること。作戦命令というのは短時日のものだけではなく、長期にわたって指定されていることが多く、こういった際に「指揮官所定により○○攻撃を実施」などという言い方をされた。

軍隊区分／兵力部署

戦時編制により建制化（規定）されている艦隊編制を作戦に応じて組合わせ、作戦部隊を編成すること。例えば第五航空艦隊と第三航空艦隊を組み合わせ天航空部隊を編成することを「部署する」などといった。また第三航空艦隊の軍隊区分上の呼称を第七基地航空部隊という、などというように用例される語句。

●日本海軍航空隊関係階級呼称一覧（大佐以下）

		昭和4年5月10日制定	昭和16年6月1日改定	昭和17年11月1日改定	陸軍階級との対比
Capt	士官	大佐	大佐	大佐	大佐
CDR		中佐	中佐	中佐	中佐
LCDR		少佐	少佐	少佐	少佐
LT		大尉/特務大尉/予備大尉	大尉/特務大尉/予備大尉	大尉	大尉
LTJG		中尉/特務中尉/予備中尉	中尉/特務中尉/予備中尉	中尉	中尉
ENS		少尉/特務少尉/予備少尉	少尉/特務少尉/予備少尉	少尉	少尉
WO	准士官	航空兵曹長(空曹長)	飛行兵曹長(飛曹長)	飛行兵曹長(飛曹長)	准尉
PO1c	下士官	1等航空兵曹(1空曹)	1等飛行兵曹(1飛曹)	上等飛行兵曹(上飛曹)	曹長
PO2c		2等航空兵曹(2空曹)	2等飛行兵曹(2飛曹)	1等飛行兵曹(1飛曹)	軍曹
PO3c		3等航空兵曹(3空曹)	3等飛行兵曹(3飛曹)	2等飛行兵曹(2飛曹)	伍長
Sea1c	兵	1等航空兵(1空)	1等飛行兵(1飛)	飛行兵長(飛長)	兵長
Sea2c		2等航空兵(2空)	2等飛行兵(2飛)	上等飛行兵(上飛)	上等兵
Sea3c		3等航空兵(3空)	3等飛行兵(3飛)	1等飛行兵(1飛)	1等兵
Sea4c		4等航空兵(4空)	4等飛行兵(4飛)	2等飛行兵(2飛)	2等兵

大戦中の日本海軍の階級呼称は昭和17年11月1日付けの改定で大きく変わった。とくに兵についてが著しく、これにより旧「1等飛行兵（1飛）」は「飛行兵長（飛長）」という新呼称になるのだが、この改定をよく理解していないと2階級進級したような錯覚を覚える（実際には同一階級のまま）。またこの時に通常の1階級進級をした者は「1等飛行兵」から「2等飛行兵曹」となる訳で、3階級も4階級も飛んだように見える煩雑さを見せる。

第一章

芙蓉峰を見上げて

～藤枝海軍航空基地～

思いがけない転勤

「おい坪井、転勤だ。すぐ用意しろ」

神奈川県厚木基地に展開する第三〇二海軍航空隊第二飛行隊『彗星』夜戦分隊に所属していた坪井晴隆飛長（特乙2期）が、分隊長の藤田秀忠大尉（海兵69期）から、すまなそうにそう告げられたのは昭和20年2月8日のこと。ちょうど日課となっていた『B‐29』邀撃哨戒から帰着し、指揮所にいた藤田分隊長に「異常なし」との報告をした時であった。

たったひとりでの転勤。

行き先は静岡県藤枝基地に展開しているという「戦闘第八一二飛行隊」とのこと。

カイゼル髭をたくわえた藤田分隊長は、坪井飛長の肩を叩いて一言

「俺はやりたくねぇんだが、仕方ねぇ……」

とつぶやき、そのいかつい髭面をほころばせながらさらに「退隊は明朝」と付け加えた。

坪井晴隆少年が乙種〔特〕第2期飛行予科練習生として629名の同期生と共に岩国海軍航空隊へ入隊し、海軍二等飛行兵を拝命したのは昭和18年6月1日のことである。

乙種〔特〕飛行予科練習生、略称「特乙（トクオツ）」とは、すでに海軍の軍籍にある下士官・兵の中から飛行適性のある者を選抜して飛行兵とする「丙種飛行予科練習生制度」が、その第17期をもって閉鎖されることに鑑み、これを補うため、「乙種飛行予科練習生」採用試験の合格者の中から「年齢十七歳以上の者（定員に満たざる場合は制限を十六歳六ヶ月まで引き下げるものとする）」を特別に選抜して「特乙」とし、丙飛に準じた短期間の基礎教育（つまり予科練教程）を経て飛行練習生とする新しい制度であり、昭和18年4月1日にその第1期生が岩国航空隊に入隊したのが始まりである。

同年11月12日、6ヶ月に満たない短期間の予科練教育を終え、大村空での3ヶ月の第35期飛行練習生・中間練習機操縦教程、続く宮崎空での3ヶ月の実用機教程・陸上攻撃機操縦専修を経て、坪井上等飛行兵（当時）が三〇二空の陸偵隊に配属されたのは海軍に入隊してよりわずか1年後の昭和19年6月中旬のことだった。同じ時期に入隊した乙飛20期生（昭和18年5月1日、2，948名入隊）が逼迫した戦局から飛行練習生になれず、ついに空を飛べなかったことを考えればいかに促成な搭乗員養成制度であったか理解できる。なお、彼ら特乙2期生の修了した飛練35期は甲種飛行予科練習生第11期生の三重空入隊組と同じ飛行経歴だ。

三〇二空陸偵隊で陸攻操縦専修から転じて『彗星（偵察型の『二式艦偵』も『彗星』と呼ばれていた）』操縦員となった坪井上飛は、訓練に、空輸任務にと携わって着々と飛行時間を稼ぎ、同年12月に陸偵隊が解散した際には同じ三〇二空の『彗星』夜戦分隊へ編入されて、藤田分隊長の指揮の下、本格的な本土防空作戦に参加するまでに成長していた。

昭和20年2月といえば、前年から始まったマリアナ方面からの『B‐29』による昼間高々度空襲が真っ盛りのころ。そんな中での思いがけない転勤に対して、若いながらも三〇二空邀撃戦力の一翼を担っていると自負していた飛長は内心、「何で自分だけが…！」と不満に思いながらも、気を取り直して転勤の身支度にとりかかった。

翌朝は即時待機を実施している飛行場で、藤田分隊長以下、多くの隊員たちがズラーッと並んで隊列を作り、帽振れで見送ってくれた。ひとり転勤する坪井飛長は敬礼をしながら隊列の面々と順々に顔を合わせ、無言の挨拶を交わして通り過ぎていく。こういった際に仰々しい別れの言葉を発することは映画や作り話のなかだけの話。

盛大な見送りを受けて送り出される飛長の胸中には三〇二空に配属されて以来の様々な思い出が去来したが、その感傷にひたる間もないあわただしい離隊劇であった。

東海道線を乗り継いでその日のうちに藤枝基地へたどり着いてみると「戦闘第八一二飛行隊」とは名ばかりの存在で、そこには装備する飛行機はおろか隊長も幹部もおらず、水上機からの転科だという下士官隊員が2、3人いるだけといった状況である。

実は前年11月から参加したフィリピン航空作戦で壊滅的打撃を受けた戦闘八一二は、1月に内地への転進命令を受け、改めて再編成に取りかかることとなっていた。

坪井飛長はその再編要員のひとりとして転勤を命ぜられたのである。

厚木基地近くの丹沢山地と思われる上空を編隊を組んで飛行する302空第2飛行隊『彗星』夜戦分隊の『彗星』。手前は20㎜斜め銃を搭載した一二戊型で、奥は艦爆型の一二型のようだ。

▼302空『彗星』夜戦分隊から戦闘812へ配属された坪井晴隆飛長(特乙2期)。写真は302空時代、首から提げた航空時計(右肩)とマスコット(左肩)、そして手袋に記入した「坪井」がよく見えるようポーズを決めて。

302空『彗星』夜戦分隊分隊長(彗星隊の実質のトップ)の藤田秀忠大尉(海兵69期)はカイゼル髭をたくわえた親分肌の大人物。坪井飛長に突然の転勤を告げた。左奥は同じ第2飛行隊の『月光』。

夜戦の雄、戦闘八一二の源流

戦闘八一二が夜間戦闘機『月光』を装備する夜戦飛行隊として、北方の守りに就く第五一航空戦隊司令部附夜間戦闘機隊を基幹として千歳基地で編成されたのは昭和19年10月1日付けのこと。

日本海軍の夜間戦闘機隊は「鎮守府所属」のものと「聯合艦隊所属」のもののふたつに大別される。前者は厚木基地（横須賀鎮守府）・岩国基地（呉鎮守府）・大村基地（佐世保鎮守府）にそれぞれ展開する三〇二空・三三二空・三五二空固有の夜戦隊であり、各鎮守府所轄の日本本土防空の任に携わるものである。

これに対し聯合艦隊に所属する夜間戦闘機隊は必要に応じて戦線各所へ移動展開し、友軍の艦隊泊地や航空基地の夜間邀撃を行なうための兵力であり、戦闘八一二はこちらに分類される特設飛行隊であった。

その元は北千島の防衛兵力である二〇三空零戦隊の夜間邀撃兵力として、昭和19年3月29日に三〇二空夜戦隊から『月光』3機3ペアが選抜されたことが始まりである。操縦員の前原真信飛曹長（甲飛2期）、馬場康郎上飛曹（操練46期）、佐藤忠義上飛曹（乙飛12期）と、偵察員の甘利洋司飛曹長（甲飛2期）、田中竹雄上飛曹（偵練39期）、宮崎国三一飛曹（普電52期）というのがその陣容であった。このうち前原飛曹長と馬場上飛曹、田中上飛曹、そして宮崎一飛曹の4人は開戦時に第三航空隊陸偵隊（あるいはそれから分派された二二航戦司令部附陸偵隊）に所属して南西方面を「神風偵察機（陸軍の九七司偵の海軍型である『九八陸偵』をこう呼んだ）」で飛び回った勇士たちであり、また甘利飛曹長は重巡『利根』水偵隊で幾多の艦隊決戦に参加した猛者であった。

二五一空から発祥し、人員機材とともに手探りで実用化にこぎつけた夜間戦闘機『月光』のソロモン戦線での実績には目を見張るものがあり、急速にこの夜間邀撃戦力を拡充するため五一航戦麾下の厚木空に夜戦乗り養成部門が創設されたのは昭和18年7月のこと。

厚木空は練習航空隊で飛行学生を修了した士官や飛行練習生教程を終えた下士官・兵搭乗員の内、基地航空隊に充当する予定の人員をふたつに分け、一方をすぐさま実施部隊へ配属するかたわら、もう一方に再度訓練を施して、より技倆の高い搭乗員を補充するという役割を担うために昭和18年4月1日に十一航艦の下へ新編成された錬成航空隊。7月1日付けの戦時編制改定で新設された五一航戦へ、陸攻養成を担当する豊橋空とともに編入されると同時に夜戦錬成部門が創設されたのである（空母部隊への供給人員を担当したのが五〇航戦）。

これにより厚木空の下で『零戦』などの昼間戦闘機とともに『月光』用の搭乗員が養成されることとなったが、後者については飛行学生や飛練を終えたばかりの人員だけではなく、すでに開戦劈頭から実施部隊で活躍していた陸偵や水偵の搭乗員から多くの転科者が召集されており、この中に前述の前原飛曹長ら6人がいたのである。錬成を終えた人員は実施部隊へ転勤して夜戦隊の基幹員となる者、残って次の錬成員の教官、教員となる者に二分され、陸続と海軍夜戦隊の搭乗員が養成されていった。

ところが、昭和19年2月に、それまで北東方面に展開していた兵力が、消耗著しい南東方面に転用されることとなると、同方面の守備へ五一航戦を充当することが決定、厚木空も二〇三空と改称されて実施部隊になり、夜戦乗り養成は三〇二空が引き継ぐこととなった。

前記した三〇二空夜戦隊から『月光』3機3ペアの兵力が抽出されたのはこの時のことである。

4月18日には『月光』3機、輸送機3機が占守島片岡基地（別称第一占守基地）へ進出、「第一月光隊」と称されて基地防空の任にあたることとなった様子が、現在残る「第五一航空戦隊戦時日誌」に記録されている。

それから1週間ほど経った4月25日〇〇五〇、前原飛曹長-宮崎一飛曹ペアと佐藤上飛曹-田中上飛曹ペアの搭乗する『月光』2機は占守島上空夜間哨戒に発進し、三好野上空で敵1機を発見したが捕捉できずに見失い、続いて〇二〇〇には探照灯に照射された1機を発見、これの追蹤に移ったがこちらの高度が低くて捕り逃がし、降着時に1機が中破してしまった。

この数日後の5月1日付けで彼ら夜戦兵力は二〇三空から分離されて「五一航戦司令部附夜間戦闘機隊」となっている。

ついで5月5日二一三〇には馬場上飛曹-甘利飛曹長ペアと佐藤上飛曹-田中上飛曹ペアの乗る『月光』2機が同じく占守島上空夜間哨戒に発進し、二二二二に探照灯に照らされた敵機を発見したがやはり捕捉できずに見失い、またもや降着時に1機が中破した。

それから1週間あまりが経った5月13日、ついに初戦果が挙がった。この日も占守島上空夜間哨戒に任じた2機の『月光』のうち、二一一九に発進した馬場上飛曹-甘利飛曹長ペアが陰ノ澗東方洋上でロッキード『PV-1』

昭和17年夏ごろ、22航戦へ派遣されていた隊員も合流した第3航空隊陸偵分隊の下士官搭乗員たち。前列左から宮崎国三一飛（普電52期）☆、光森幸弘一飛（普電52期）、太田時光一飛（普電52期）。2列目左から広瀬武男二飛曹（操練41期）、田中竹雄二飛曹（偵練39期）☆、寺本猛雄一飛曹（甲飛1期）、白根好雄二飛曹（甲飛5期）、前原真信一飛曹（甲飛2期）☆、柴岡直治三飛曹（操練49期）。3列目左から宮原清一飛（乙飛10期）、馬場康郎二飛曹（操練46期）☆。☆印を付けた4名が、のちに203空夜戦隊のメンバーとなった。後方は当時“神風偵察機”の愛称で親しまれた『九八式陸上偵察機』一二型。

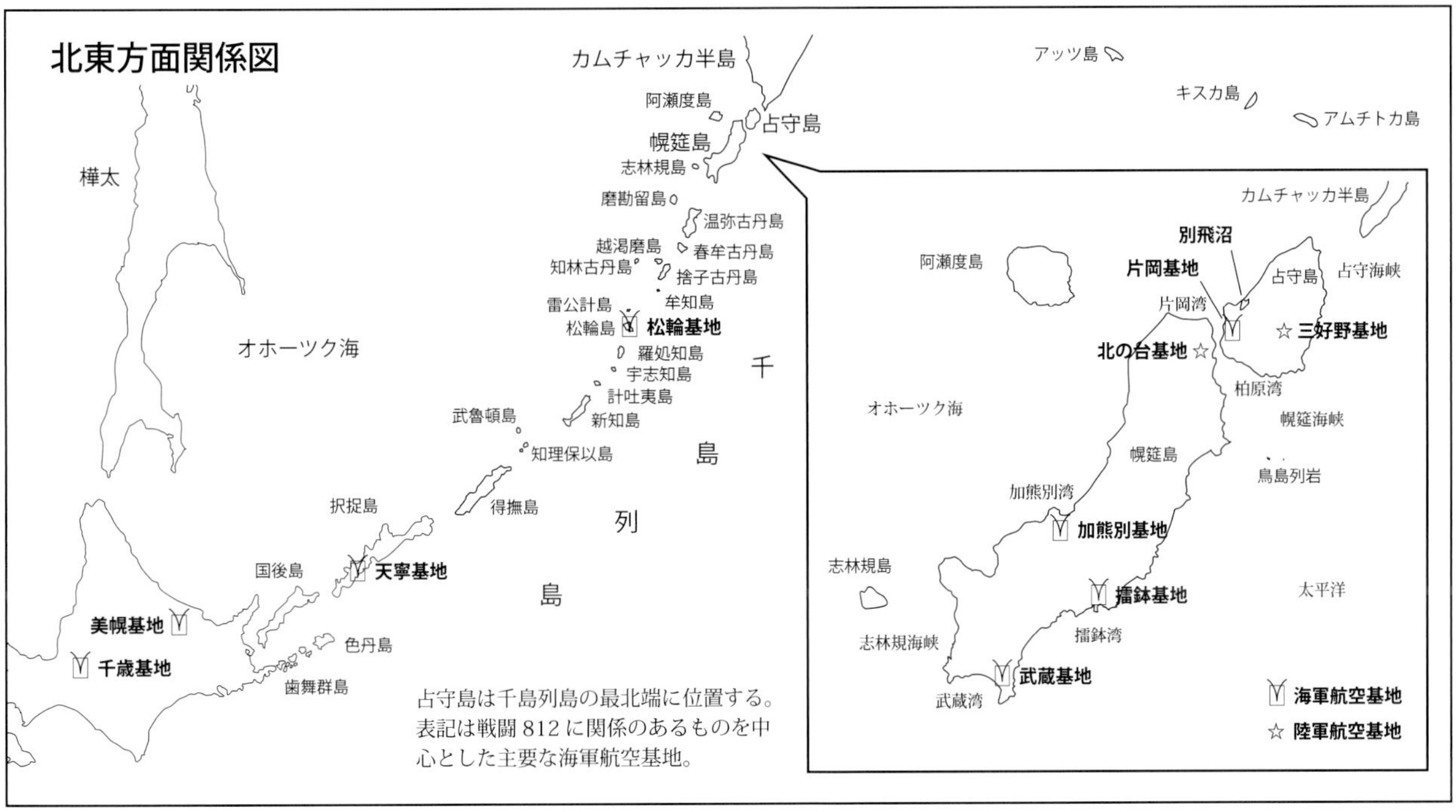

占守島は千島列島の最北端に位置する。表記は戦闘812に関係のあるものを中心とした主要な海軍航空基地。

と判断される1機を捕捉、二一三九にこれを見事に撃墜したのである。ところが、続いて二二〇五に発進した前原飛曹長 - 宮崎国三上飛曹（5月1日進級）ペアの乗るもう1機の『月光』は発進後連絡がなく、ついに未帰還となってしまった。甘利飛曹長機は二二五〇に無事帰着。彼らの戦果となった『PV - 1』の損失は米側も認めており、彼我の記録が一致する数少ないケースのひとつとなっている。

その後も『月光』1機で占守島上空哨戒を実施していたが会敵の機会はなく、5月23日には丙戦関係員として熊谷吉松中尉が五一航戦司令部に着任。梶田義雄一飛曹（乙飛16期）、久保田光享一飛曹（甲飛10期）、土田勇飛長（丙飛17期）らが5月下旬から6月上旬の内に片岡へ進出し、6月14日以降、占守島上空哨戒に加わるなど人員も増えた。熊谷中尉は航空船練習生第8期出身の特務士官で、飛行船が廃止された際に偵察員へ転科するという珍しい経歴の持ち主であった。

そんな中の6月26日、二三〇〇に幌莚島が敵の艦砲射撃を受けるにおよび、佐藤上飛曹 - 田中飛曹長ペアの搭乗する『月光』1機が27日〇一四五にこの索敵に発進したが、天候不良もあり敵を見ずに〇五二〇に帰着、その際に機体は大破し、『月光』の使用可能機数は1機となってしまった。

その後、北方特有の短い夏を挟んで戦力は着々と増強され、9月以降は『月光』の保有機数も9機となった。

人事面でも9月1日付けで海兵68期の徳倉正志大尉が五一航戦司令部附と発令され千歳基地に着任、隊長格となって夜戦隊を率いることとなる。

水上機操縦専修の徳倉大尉は、これまでに九三四空分隊長として『零式水偵』で南西方面を飛び回ったのち、軽巡『大淀』水偵隊分隊長を経て重巡『愛宕』水偵隊の飛行長に就任。「あ」号作戦（マリアナ沖海戦）を戦ったあと三二二空附、ついで三〇二空附となり陸上機へ転科した人物である（ただし実際には三二二空へ着任していない様子）。

昭和19年3月25日に第35期飛行練習生偵察術専修を修了した甲飛11期の池田秀一二飛曹や平原郁郎二飛曹も徳倉大尉の着任と前後して三〇二空から配属されてきた。すでに三〇二空木更津派遣隊での錬成訓練を終え、6月に厚木基地へ異動してからは第一搭乗配置となって哨戒任務にも就いていた池田二飛曹は8月に転勤を申し渡され、当初は梶田義雄一飛曹と千葉県香取基地で『月光』を受け取って赴任するはずだったが、どうしても部品が揃わないとのことで空輸を一〇〇一空に託し、鉄道を乗り継いでやっとのことで千歳

昭和19年6月、エンジン不調により厚木基地近郊の畑地に胴体着陸を敢行した302空第2飛行隊『月光』分隊の室住賢一一飛曹（丙飛16期）-池田秀一二飛曹（甲飛11期）ペア搭乗の『月光』一一型前期生産型〔741-64〕。尾翼の部隊記号のうち「74」は51航戦司令部を、「1」はその1番隊の意で、すなわち51航戦司令部附夜戦隊所属機を表わしており、それへの補充機だったのかもしれない。8月になり、池田二飛曹自身も51航戦司令部附夜戦隊へ配属される。

基地に着任したという。

以後、池田二飛曹や平原二飛曹は若いながらも部隊の中核を担ってともに比島から沖縄にいたるまでの激戦を戦い抜くこととなる。

9月1日に制定された「機密第二基地航空部隊N空襲部隊命令作第四号」では第一兵力部署(常時配備)における『月光』の兵力配分は第一占守に3機、第一美幌に6機とされており基地防空を主任務として、第一美幌の6機にはさらに哨戒、索敵、触接の任務が加えられていた。これが決戦配備ともいえる第二兵力部署(甲作戦配備)、同じく第三兵力部署(捷四号作戦第一兵力部署)では第一美幌に9機の集中配備となり、七〇一空の艦攻12機、五〇二空の『彗星』9機とともに「第一偵察部隊」を編成、当該空域の哨戒、索敵、触接にあたることとなっていた。

この機種使用基準の項には

「敵機動部隊出没後、当該方面ニ對スル昼間索敵及触接ハ彗星又ハ月光ヲ使用シ、夜間ノ触接索敵ハ電探装備ノ陸攻ヲ使用スルヲ例トス」

と記述されており、夜間戦闘機である『月光』を昼間の索敵や触接に使用する方針が明示されている。これまでの五一航戦附夜戦隊にはなかった用法だが『月光』の前身が『二式陸上偵察機』であったことを考えれば別段不自然な任務ではない。

しかし、偵察機として登場した当時でもすでに二線級の速度性能しかなかった本機にとっては少し荷の重い任務と言わねばならず、この後に行なわれたフィリピン方面作戦では同様な使われ方をした戦闘九〇一や戦闘八〇四の『月光』が一瞬にして全滅する憂き目を見るのである(もともと日本海軍には索敵や触接に高速機を用いる思想がなかった)。

9月13日と17日には久しぶりに占守島上空哨戒が実施されたが敵を見ずに終わり、その後は千歳に後退、10月1日付けで五一航戦司令部附夜戦隊は特設飛行隊の「戦闘第八一二飛行隊」に改編、再編成され、飛行隊長には正式に徳倉大尉が補された。

栄光の戦闘八一二はここに誕生した。

フィリピン決戦

戦闘八一二の開隊間もない10月中旬、本土を南西にはるか離れたフィリピン方面では戦雲が急を告げていた。

10月10日に突如として出現した米空母機動部隊は沖縄を空襲、これに対して日本海軍が「T攻撃部隊」を中心とする精鋭を投入した台湾沖航空戦を経て、同月17日に米軍はフィリピン中部のレイテ湾口に位置するスルアン島などに上陸。すぐさま大本営陸海軍部はフィリピン決戦を意味する捷一号作戦発動を命じたが、さらに20日にはレイテ島への米軍の上陸をみた。ここに陸・海・空における決戦が繰り広げられることとなったのである。

この時、フィリピンに展開する第一航空艦隊の麾下には一五三空戦闘第九〇一飛行隊と一四一空戦闘第八〇四飛行隊というふたつの夜戦飛行隊があり、昼夜間の邀撃はもちろんのこと索敵や哨戒にも使用されていたが、米軍のレイテ上陸以後は輸送船団への攻撃がその任務に加わることとなった。これによりマニラ郊外のニコルス基地に展開していた戦闘九〇一の消耗はとくに激しく、1ヶ月に渡る作戦行動により次第に戦力を疲弊していく。とくに機動部隊索敵や昼間作戦での消耗は顕著で、『月光』の性能限界を示すには充分過ぎるものであったが、戦力が枯渇している今の状況では他に代わる兵力はなく、また戦術の向き不向きを論じていられる場合でもなかった。

10月中旬の台湾沖航空戦からわずか1ヶ月の戦いで海軍航空部隊各隊は戦力を大きく消耗、名ばかりの存在と化した部隊も少なくはなく、このような戦況を受けて11月15日付け、同じく20日付けで海軍全体の戦時編制改定が行なわれることとなった。他方面での作戦に備えて、あるいは錬成のため本土に留まっていた基地航空隊、解隊された六五三空や縮小された六〇一空など艦隊航空隊からの増勢を図ったのである。

これにより戦闘八一二は11月15日付けで一五三空指揮下へ編制替えとなり、飛行隊長の徳倉正志大尉直率の下に稼動全力でフィリピンへの移動を開始。同日付けで五一航戦司令部附夜戦隊時代に丙戦関係員として、戦闘八一二編成時には分隊長となったベテランの熊谷吉松中尉が戦闘八五一分隊長として転出、代わりに戦闘八五一からは分隊長の江口進大尉(海兵70期)が戦闘八一二分隊長に、下士官も塚越茂登夫一飛曹(乙飛16期)らが転入。塚越一飛曹は横空夜戦隊、次いで戦闘八五一隊員として江口大尉率いる硫黄島派遣隊での邀撃戦にも参加したことのある偵察員である。

こうして人員の入れ替えを行ない、池田二飛曹らにとっては古巣である厚木基地で必要な機材をそろえながら移動した戦闘八一二は、台湾を経由して11月下旬にようやくニコルスへ進出した。

この期日というのが判然としないが、二航艦首席参謀であった柴田文三氏が書き残した日記形式のメモの11月28日の項に「月光、台南15キ（筆者註：機）中、本日6キ進出」と記述されており、これが戦闘八一二第1陣のフィリピン進出日と見てよさそうだ（それまでは保有機はゼロに近い）。

こうして決戦場に馳せ参じた戦闘八一二は、すでにそれまでにも戦闘九〇一とともに作戦に従事していた戦闘八〇四（飛行隊長：川畑栄一大尉・海兵69期）と協同での作戦行動をすぐさま開始する。これにより元から一五三空麾下にあった、美濃部正少佐（海兵64期）が飛行隊長を務める戦闘九〇一は七五二空所属となり、戦力再建を図るため入れ替わって11月末に内地へ帰還していった。再進出予定は翌20年1月15日。

この時、一航艦の命令により戦闘九〇一の隊員は内地帰還組と現地残留組に分けられて、井戸哲上飛曹（普電52期）や津村国雄上飛曹（乙飛14期）、飯田西三郎上飛曹（乙飛16期）、藤田泰三一飛曹（予備練13期）、『零夜戦』の西村實二飛曹（丙飛8期）、山本亨二飛曹（丙飛8期）、那須幸七二飛曹（丙飛12期）など一部が残留、戦闘八一二に編入されてフィリピンに踏みとどまり、引き続き戦うこととなった。同じく『零夜戦』の操縦員で、偵察一〇二から戦闘九〇一へ派遣されていた本多満男少尉（予学13期）もこの時に戦闘八一二附となった（辞令は11月15日付け）。

なお、戦闘八〇四も同じく11月15日付けで一五三空所属となっている。

フィリピンに進出した戦闘八一二の任務は、マニラ上空へ夜間来襲する敵重爆の邀撃という本来の役目はもとより、敵海上兵力への夜間索敵、『月光』の斜め下方銃や二五番爆弾、六番爆弾を用いてのレイテ島タクロバンなどの敵勢力圏への積極的な夜間攻撃や魚雷艇狩りと多岐に渡った。

日付は判然としないが（進出当日というので11月28日？）、馬場康郎飛曹長・池田秀一一飛曹（11月1日進級）ペアの搭乗する『月光』がニコルスで夜間邀撃を実施している。バイ湖北端付近、高度4000mでマニラ方面へと向かう大型機を発見して追撃に入った馬場飛曹長機は、地上からの味方撃ちを避けるために機体下部に取り付けたサイレンを鳴らしながら接敵、マニラ市の手前でこれを捕捉すると後下方に占位し、斜め銃で2撃。池田一飛曹が敵機の尾部への命中弾を確認、オレンジ色の炎を見たのも束の間、瞬時に消火に成功した敵機は増速して離脱していった。

フィリピン方面夜戦展開計画

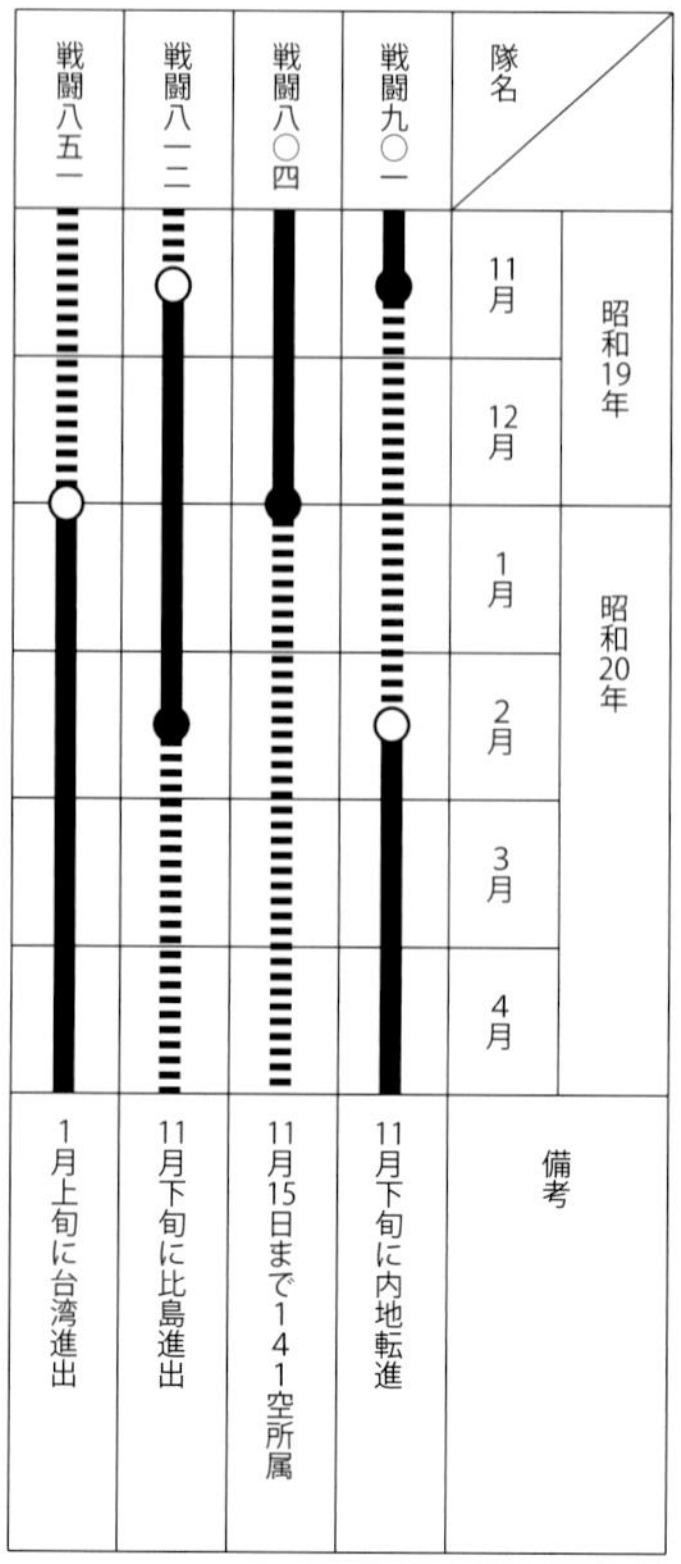

● 内地帰還再編成開始時期　○ 比島進出時期　■ 比島展開中　≡ 錬成中

※第2航空艦隊首席参謀であった柴田文三氏のメモに記載された「第1聯合基地航空部隊機密第26號」をもとに調整したもの。備考の記事は筆者追加。各夜戦飛行隊の所属航空隊は153空に集約され、常に2個飛行隊が展開するようになっていた様子がわかる。

また、レイテ島タクロバンへの夜間攻撃は夕方ニコルスを発進、タクロバンを爆撃してセブに降着、すぐに燃料と爆弾を搭載し離陸、折り返しに再びタクロバンを爆撃して黎明にニコルスへ戻ってくるという段取りであったが、12月15日にミンドロ島の南西岸、サンホセに米軍が上陸すると攻撃の目はこちらへ向けられることとなった。なお、大本営では12月18日をもってレイテ戦に見切りをつけ、ルソン決戦へと移行する決定がなされている。

サンホセはニコルスからわずか40分の飛行で到達する距離だ。ミンドロ島にはもともと日本側の陸上兵力が配されておらず、無血上陸した米軍が急速に整備を推し進め、次期ルソン決戦への足がかりとするのは明白であった。

前掲の柴田資料による12月17日現在の在ニコルスの『月光』はわずかに3機で、クラークに1機、セブに3機との記述も見られるが、この計7機が戦闘八一二、戦闘八〇四をあわせた可動全力であり、セブ派遣隊の指揮官は戦闘八〇四の川畑隊長。二手に分かれた両隊は、少ない機体へ交代で乗り組んでの出撃を実施した。池田一飛曹が戦闘八〇四の重田兵三郎上飛曹（乙飛13期）との両飛行隊混成ペアで出撃を繰り返したのもこのころのことである。

19日にはこのミンドロ攻撃に出撃した佐藤忠義上飛曹・柴田英夫中尉ペアが未帰還となった。佐藤上飛曹は二〇三空『月光』隊の3機が選抜された際

フィリピン主要陸海軍航空基地図

昭和19年7月にマリアナ決戦に敗退した日本陸海軍は、北千島を含む日本本土から沖縄、台湾、そしてフィリピンを連ねる防衛線を構築しての、次なる決戦「捷号作戦」準備を整え始めた。日本海軍ではマリアナ決戦に引き続き機動基地航空兵力たる第1航空艦隊をフィリピンに展開させせつつ再建することとし、航空基地の急速整備へ注力。それまで第2線としてのんびりとしたムードであったフィリピンはにわかに緊張度を高めたのである。

図は昭和19年10月の「捷一号作戦」発動前後にフィリピン全土に設けられていた陸海軍の航空基地のうち主要なものを図示したもの。"北比(ほくひ)"と呼ばれるルソン島近辺から"南比(なんぴ)"と呼ばれるミンダナオ島にいたるまで、数多くの基地が構築されていたことがおわかりいただけるだろう。

戦闘812に関係の深いニコルス基地はルソン島マニラ航空基地群の南端に位置しており(P.30地図参照)、戦闘804が頑張っていたダバオ基地はミンダナオ島に所在して、その中間に位置するレイテ島タクロバンやミンドロ島サンホセへの攻撃を実施していた。

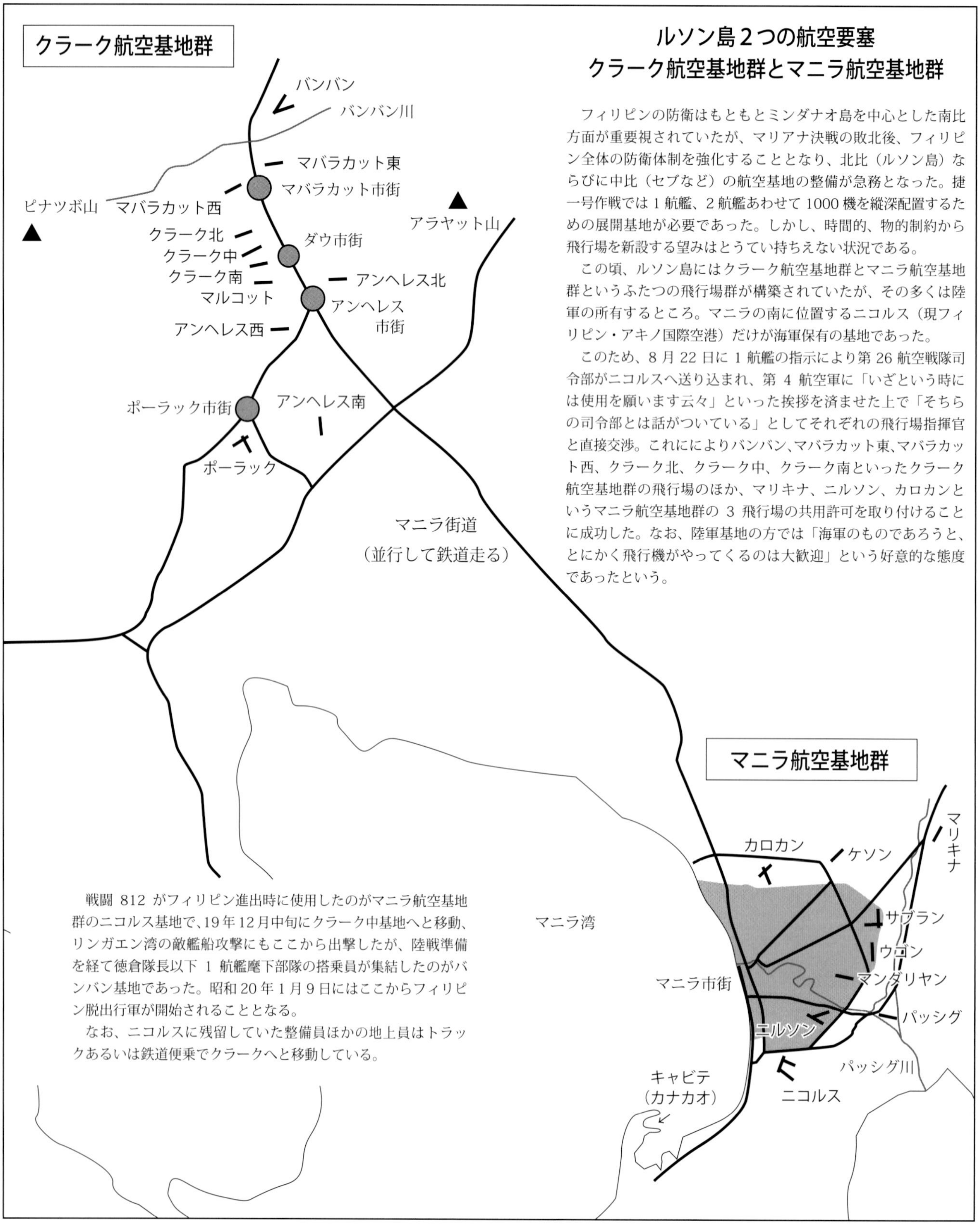

ルソン島２つの航空要塞 クラーク航空基地群とマニラ航空基地群

フィリピンの防衛はもともとミンダナオ島を中心とした南比方面が重要視されていたが、マリアナ決戦の敗北後、フィリピン全体の防衛体制を強化することとなり、北比（ルソン島）ならびに中比（セブなど）の航空基地の整備が急務となった。捷一号作戦では1航艦、2航艦あわせて1000機を縦深配置するための展開基地が必要であった。しかし、時間的、物的制約から飛行場を新設する望みはとうてい持ちえない状況である。

この頃、ルソン島にはクラーク航空基地群とマニラ航空基地群というふたつの飛行場群が構築されていたが、その多くは陸軍の所有するところ。マニラの南に位置するニコルス（現フィリピン・アキノ国際空港）だけが海軍保有の基地であった。

このため、8月22日に1航艦の指示により第26航空戦隊司令部がニコルスへ送り込まれ、第4航空軍に「いざという時には使用を願います云々」といった挨拶を済ませた上で「そちらの司令部とは話がついている」としてそれぞれの飛行場指揮官と直接交渉。これによりバンバン、マバラカット東、マバラカット西、クラーク北、クラーク中、クラーク南といったクラーク航空基地群の飛行場のほか、マリキナ、ニルソン、カロカンというマニラ航空基地群の3飛行場の共用許可を取り付けることに成功した。なお、陸軍基地の方では「海軍のものであろうと、とにかく飛行機がやってくるのは大歓迎」という好意的な態度であったという。

戦闘812がフィリピン進出時に使用したのがマニラ航空基地群のニコルス基地で、19年12月中旬にクラーク中基地へと移動、リンガエン湾の敵艦船攻撃にもここから出撃したが、陸戦準備を経て徳倉隊長以下1航艦麾下部隊の搭乗員が集結したのがバンバン基地であった。昭和20年1月9日にはここからフィリピン脱出行軍が開始されることとなる。

なお、ニコルスに残留していた整備員ほかの地上員はトラックあるいは鉄道便乗でクラークへと移動している。

の、いわば戦闘八一二草創期のメンバーのひとり。柴田中尉は三〇二空『月光』分隊で本土防空戦に従事していた海兵72期の若手偵察士官で、戦闘八一二が千歳から厚木、台湾、フィリピンへと向かう際に転勤してきた人物だった。ミンドロ島攻撃を実施した柴田中尉機は熾烈な対空砲火に被弾し、不時着海没した機体とともに上飛曹は戦死。からくも脱出することに成功した中尉は附近の島に泳ぎつき、そのままフィリピンで終戦を迎えることとなる。

さらに12月下旬になってマニラ市街周辺への空襲が激化してくるとニコルスは危険となり、一五三空は展開基地をマニラ北西に位置するクラーク中飛行場へ変更して22日に移動、地道な作戦行動を続けるが、無尽蔵な米軍兵力の前に人員、機材は漸次消耗の一途をたどっていった。

フィリピン脱出

昭和20年の元旦は不気味な静けさのうちに過ぎ、翌2日午後にはレイテ湾を出撃した米軍艦艇がスリガオ海峡を通過北上中であるとの情報がもたらされた。いよいよルソン攻略に乗り出した米軍は、この日以降フィリピン西方海域へと順次兵力を移動しはじめたのである。

1月3日、これら艦艇の攻撃のため、第三十金剛隊の『零戦』特攻2機の誘導と戦果確認の任を受けた戦闘八一二の梶原 昇上飛曹（丙飛8期）-田中竹雄飛曹長ペアの『月光』がセブ島から発進して未帰還となり、これで二〇三空『月光』隊以来の隊員は甘利飛曹長と馬場飛曹長のふたりだけとなってしまった。

梶原上飛曹-田中飛曹長ペアは事前に命令された純然たる特攻隊員ではなかったが、その戦死は特別攻撃隊と同等の処遇がなされ、のちに「布告第二四二号 神風特別攻撃隊月光隊」として全軍布告されるにいたる。

1月6日にはルソン島西岸に位置するリンガエン湾の西から北西沖に上陸船団を伴った戦艦以下の米艦艇が行動しているのが認められ、7日にはルソン島バギオの山上からもリンガエン湾内に侵入した敵艦艇が上陸を前に掃海を実施している模様が望見されたが、5日、6日と実施した航空特攻による戦力消耗は甚だしく、効果的な反攻は不可能な状況であった。

この7日、在クラークの戦闘八一二、戦闘八〇四はリンガエン周辺の敵艦艇を攻撃するために実に第5次までの攻撃隊を編成。クラークからリンガエンへは直行で20分の飛行距離。およそひとり2回の割り当てでペアを代え、あるいは連続で出撃する手はずであった。用意された『月光』は6機。

聯合艦隊告示（布）第二四二號
布告
神風特別攻撃隊月光隊
戦闘第八一二飛行体附　海軍飛行兵曹長　田中竹雄
同　海軍上等飛行兵曹　梶原　昇
神風特別攻撃隊月光隊員トシテ昭和二十年一月三日書間「ネグロス」島南方海面ヲ行動中ノ敵輸送船団ニ對シ熾烈ナル防禦砲火ヲ冒シテ必殺ノ體當リ攻撃ヲ敢行シ克ク其ノ精華ヲ發揚シテ悠久ノ大義ニ殉ズ忠烈萬世ニ燦タリ
仍テ茲ニ其ノ殊勲ヲ認メ全軍ニ布告ス
昭和二十年五月十日
聯合艦隊司令長官　豊田副武

第1次攻撃隊は一九三〇頃より発進を開始し、二〇五〇には攻撃を終えてクラークに帰投。飛行場上空に『月光』が帰ってくるのを見た第2次攻撃隊員は指揮所で出発の報告を行ない、降着滑走中の機体へと走り出す慌ただしさ。搭乗員が交代するやすぐ離陸に移り、二一二〇には第2次攻撃隊の全機が発進していった。二三〇〇ころには帰投した『月光』で第3次攻撃隊が出撃する予定である。

ところが、予定時刻をだいぶ過ぎても第2次攻撃隊は1機も帰投してこない。第1次攻撃隊に参加し、次いで第3次攻撃隊として出撃するべく待機していた池田一飛曹の胸中に「全機未帰還か…!?」の心配がよぎる。

電信室から出てきた徳倉隊長に隊員たちの視線が集中する。隊長の言葉は「全機台湾に転進した。指揮官に代わってこれからの予定を伝える…」とのものだった。

第2次攻撃隊は出撃の際、攻撃後はクラークへ戻らずにそのまま台湾へ向かうよう指示されていたのである。航空兵力の台湾移動は前日の1月6日に第一聯合基地航空部隊司令部から麾下の各隊に出された命令に基づくものであった。これで他の在比航空部隊同様、わずかばかりの翼をもがれた戦闘八一二も「翼なき飛行隊」となってしまった。

　緊張のまま無言でいる隊員たちを前に、これもまた緊張な面持ちの徳倉隊長が口を開いた。

「米軍はリンガエンに上陸した模様。我々は整備員とともに陸戦隊を組織する。詳細の指示は明日行なう」

　戦力再建を建前に〝われ先に〟と自隊の飛行機を使ってフィリピンを脱出した指揮官が多い中、多くの隊員とともにクラークへ残った徳倉隊長の行動は立派である。この時点で第一聯合基地航空部隊司令部以外の搭乗員、整備員他の地上員たちをフィリピンから救出する手段は講じられておらず、隊長は残留隊員とともに地上戦を行なう覚悟をしていたはずだ。

　海軍搭乗員は航空適性のある、身体精神ともに強健な若者が選抜されており、苛烈な航空戦を戦いぬく体力には自信がある者たちばかりであったが、陸戦の素養、訓練はまた別物である。地上戦闘用の小銃すら全員分の用意はなく、一部が拳銃と軍刀を携行しているだけという状況だ。

　慣れない陸上戦闘への不安ばかりが募ってくる中で所持品の整理をつけた夜が明けた8日朝、戦闘八一二の隊員たちが用意されたトラックに乗組み、クラーク山中に移動すると、すぐさま陣地構築の予定が知らされた。作業にあたり、ツルハシ2丁、スコップ2丁が手渡されたのを池田秀一氏は覚えている。ところが…

「一三〇〇、搭乗員は指揮所に集合」

としばらくして自転車に乗った伝令がそこここに落ち着いた搭乗員たちに知らせて回った。

　指しまわしのトラックに便乗した搭乗員たちがバンバンの指揮所に赴くと、戦闘機隊、陸攻隊、艦爆隊などの搭乗員たちもここへ集合していた。

　部隊ごとに整列した搭乗員たちを前にして指揮台に上がったのはなんと、戦闘八一二の徳倉隊長である。

「私は一五三空戦闘八一二飛行隊の徳倉大尉である。只今から、南西方面艦隊司令長官福留中将の命令を伝達する。ヤスメ。搭乗員は速やかに台湾に転進すべし」

「方法については、各部隊指揮官に徹底してあるが、転進の総指揮はこの徳倉がとる」

　いわゆるフィリピン脱出行の始まりである。陸戦に対する不安から眠れない夜を過ごした搭乗員たちの顔に自然と笑みが浮かんだ。

また飛行機で戦える！

　残留する各航空部隊の先任飛行隊長であった戦闘八一二の徳倉大尉が、必然的にこの転進の総指揮官となった。

「アパリに向けて行動を起こす。各部隊の指揮官は、説明したとおり変更はない。出発は一四三〇。以上。」

　アパリはルソン島北端に位置する町で、要転出人員の多さから1月中旬にはここからの海上輸送も脱出経路のひとつとして考えられるようになったが、当初はアパリの南に位置するツゲカラオからの空輸が指示されていたはずで、若干の食い違いがあるがここではそのままとする。

　搭乗員整列なので訓示が終わったこの時点でみな、着の身着のままである。先ほどの陣地まで荷物を取りに行く時間もないが、搭乗員気質というものなのか「荷物なんか大事に持っていったって負担になって自分が困るだけ」とあっけらかんとしたものだった。

　解散後の指揮所前では
「無事の転進を祈っています。お元気で」

「きっと迎えに来るからな」

などと、各航空隊、飛行隊ごとに居合わす整備員たちと搭乗員たちの間で別れの挨拶がなされていた。

　戦闘八一二を含む一五三空の地上員は司令の和田鉄二郎大佐以下、第十六戦区（指揮官は七六三空司令の佐多直大大佐）の第二連隊を編成、クラーク飛行場地区の防衛に当たるのである。それは飛行場を防衛して友軍飛行隊の再建進出を待つという名目であったが、高度に機械化された米地上軍が重砲火器や航空兵力の掩護の下に押し寄せる状況では充分に戦いえないことを誰もが予想していた。

　やがて一四三〇、戦闘八一二を含む各部隊の搭乗員たちはトラックなど9台の車両に便乗し、残留する地上員たちの見送りを受けて出発する。各車両には機体から取り外された7・7ミリ旋回機銃が1挺ずつ、運転台の屋根に据え付けられてフィリピンゲリラの出現を待ち構える。

　バンバンを出発したこの時、千歳基地で編成されて以来の戦闘八一二の隊員は徳倉隊長以下、馬場飛曹長、池田一飛曹、平原郁郎一飛曹ら数えるだけとなっていた。他は津村国雄上飛曹など戦闘九〇一からの転入者たちである。また、同じく戦闘九〇一からの転入者であった井戸 哲上飛曹は1月6／7

昭和20年、ルソン島のクラーク地区と思われる飛行場の片隅に残置された153空の『月光』一一甲型後期生産機〔53-85〕。戦闘812、戦闘804の両隊員たちが互いに乗りあって使用していた機体の1機であろうが、攻撃隊台湾転進の際に可動状態になく、残されたものと思われる。手前と奥に無造作に放られた統一型増槽が物悲しい。

日の第2次攻撃隊に参加して一足先に台湾へ渡っていた。もちろん、これは徳倉隊長の命令を受けてのことだ。

途中、ゲリラの襲撃を警戒しつつ敵の地上攻撃機の目をかすめながら、タルラック、カバナツアン、アリタオを経てエチアゲに着いたのは10日の午後になってから。街道の要所要所には山下兵団の展開する陣地が構築されており、ここだけはゲリラに襲撃されることはないので短い休憩を取らせてもらった。陸軍さんが快く応対してくれたのが有難かった。

このあたりから隊列は乱れ、エンジンが故障して脱落するトラックや、ゲリラの襲撃に遭遇して車両がダメになり、徒歩での行軍に切り替えるグループが出始める。幸いにして戦闘八一二の隊員たちが乗るトラックは故障に見舞われることなく動いてくれた。偵察第四飛行隊や艦爆の攻撃第五飛行隊など、部隊によっては徒歩行軍を以後1ヶ月近くも続けることとなり、ひどい目にあっているケースがある。

戦闘八一二の隊員はエチアゲでしばらく輸送機を待ったが、15日にやっと来た『一式陸攻』が尾輪の折損で飛べなくなるのを見てがっかり。しかしツゲカラオからの脱出が成功している情報を得ることができて、一行はさらに100km北にあるツゲカラオを目指して行軍を開始。当初はタルラックまでといわれていたトラック便が、この時点でも何とか使えたのは幸運だった。昼間はすでに行動はできず、夜間戦闘機隊の名もよろしく夜間行軍である。

2日かかって17日にツゲカラオにつくと、今度は「最北端のアパリに味方の駆逐艦が入港する」との情報である。潜水艦が来ると聞いた者もいる。彼らが行軍している間にも状況は刻々と変化していて、1月9日にリンガエン湾に上陸した地上軍を支援するために米軍は大規模な航空作戦をルソン島周辺で実施しており、これを受けて14日～15日の夜を最後に空輸による日本側の救出作戦は一時中断されることとなっていた。

ところが18日午後、津村上飛曹ら一部がやっとのことでアパリへたどりついても、くだんの駆逐艦は現れる気配もない。ただしこれは流言ではなく確かに搭乗員を救出する目的で、21日に台湾から『梅』、『楓』、『汐風』の3隻の駆逐艦がアパリを目指したのだが、出港後わずか3時間で重爆と『P-38』の戦爆連合の襲撃を受けて『梅』が沈没、『楓』は大破し、『汐風』も損傷を負い作戦は中止された。制空権なき海を突破できるほど戦局は甘くなかったのである。そういった意味で『呂46潜』により一度に40名あまりの人員が救出されたことは特筆されるべきであろう。

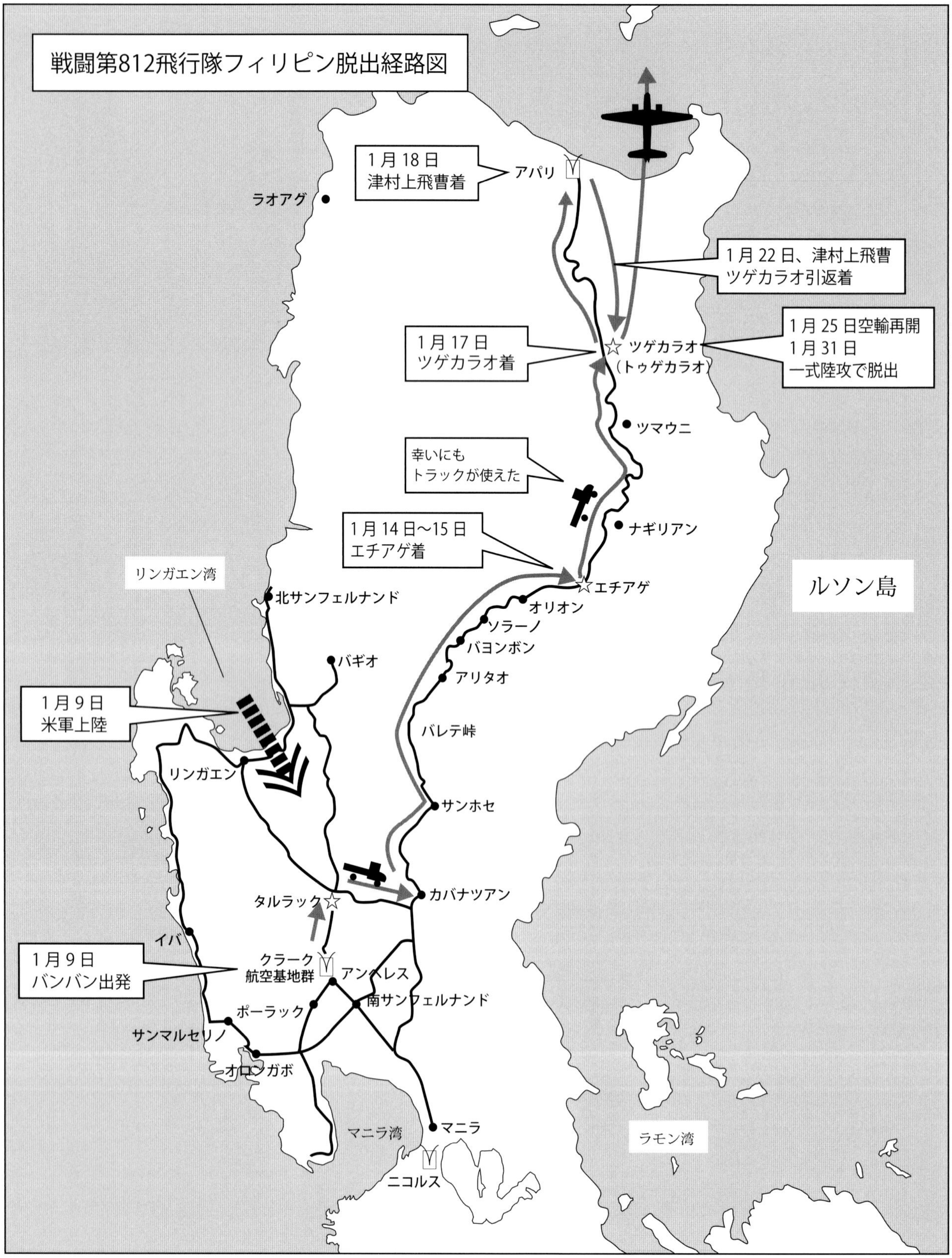

戦闘第812飛行隊フィリピン脱出経路図
1月18日
津村上飛曹着
アパリ
ラオアグ
1月22日、津村上飛曹
ツゲカラオ引返着
1月25日空輸再開
1月31日
一式陸攻で脱出
1月17日
ツゲカラオ着
ツゲカラオ
（トゥゲカラオ）
ツマウニ
幸いにも
トラックが使えた
ナギリアン
1月14日〜15日
エチアゲ着
エチアゲ
ルソン島
リンガエン湾
北サンフェルナンド
オリオン
ソラーノ
バヨンボン
バギオ
アリタオ
1月9日
米軍上陸
バレテ峠
リンガエン
サンホセ
カバナツアン
タルラック
イバ
1月9日
バンバン出発
クラーク
航空基地群
アンヘレス
南サンフェルナンド
ポーラック
サンマルセリノ
オロンガポ
マニラ湾
マニラ
ニコルス
ラモン湾

新たな情報により船が来ないことがわかり、22日にはツゲカラオへ戻って、ようやく腰を落ち着けて輸送機を待つこととなった。

米航空兵力の行動が、リンガエンに上陸した地上軍の支援のためルソン方面に集中されたことで、なんとか段取りがついて本格的にピストン輸送が再開されたのは25日になってから。急遽作成された搭乗割に基づいて各部隊の搭乗員たちは整然と輸送機に便乗し、次々と台湾へと脱出していく。

徳倉大尉と残留の戦闘八一二隊員たちが最後の脱出便だという輸送機に便乗したのは1月31日深夜のことである。

当初、戦闘機、艦爆、艦攻の搭乗員の順で脱出する旨を聞き及んでいた戦闘八一二の隊員たちは、他隊の搭乗員が次々と迎えの輸送機に乗りこみ、戦闘八〇四の隊員たちでさえ29日に飛びたっていくさまを見て「何で我々だけあと回しなのか？」とひたすら不思議に思っていた。

それも『一式陸攻』（輸送機）に乗り込む直前に徳倉隊長が言った

「遅くしたな。指揮官の隊が早く帰る訳にいかんからな！」

との一言で理解ができた。気骨ある徳倉大尉の人柄をうかがわせる話だ。

行軍中にマラリアを発症して動けない平原郁郎一飛曹を蓆（むしろ）で巻き寿司状態にしばって機上に引き上げ、徳倉大尉が最後にあたりを確認して搭乗し、5分ほどで輸送機は離陸。

彼らを乗せた陸攻は、今や敵の空となったバシー海峡を北上して翌2月1日一〇三〇に台湾の台南基地に着陸。さらに冬のみぞれ降る南九州の鹿屋基地にたどり着いたのはその日の一四二〇のことであった。津村上飛曹は台南から乗った飛行機が別だったようで、途中、新竹を経て2月3日に鹿屋へ着いている。常夏のフィリピンで戦っていた彼らにとって、冬の日本の寒さがとくに身にしみた。

ところが、彼らの知らないところでひとつの悲劇が起きていた。

1月30日、徳倉大尉たちよりも一足先に台湾へ渡った『零夜戦』隊員の山本 亨二飛曹と那須幸七二飛曹は「セブ基地へ復帰すべし」との一航艦命令を受け取っていたのである。

11月下旬に戦闘九〇一が内地に引き上げた際、置き去り同様に一部の隊員が戦闘八一二に編入されたことは先述した。山本二飛曹と那須二飛曹のふたりはその時のメンバーだが、ここに至り2度目の置き去り命令である。米軍の上陸により地上戦の始まったルソン島などの北部に比べればセブ島、ミンダナオ島など南部フィリピンはまだマシであったとはいえ状況は前回と比べ格段に劣悪なものとなっており、この期に及んでふたりばかりの搭乗員を送り込もうとする行為は暴挙に近い。ただ、南比にはそのふたりを心待ちにしている友軍がいたのも事実だ。

再び『一式陸攻』に便乗したふたりは海南島、サイゴン、パラワン、ザンボアンガをまわり、ダバオを経由してセブへ進出、残置の『零戦』に搭乗しての作戦を実施することとなったが、やがてそのセブへも米軍が迫る。

3月26日、セブ沖にやってきた米艦隊は〇七〇〇から艦砲射撃を実施したのち上陸を開始。〇七三五に「敵巡洋艦水上機地を砲撃中、陸戦配備につく」と、〇八一五に「〇八〇〇戦車を先頭にタリサイに上陸開始」と打電した第三三特別根拠地隊司令官 原田 覚少将は、〇九一五に山本二飛曹、那須二飛曹の乗る2機の『零戦』を発進させた。2機は「巡洋艦六、駆逐艦六、中小輸送船四〇、後続部隊を認めず」との敵上陸部隊の偵察結果を報じたのち指示どおりミンダナオ島ダバオへ脱出。

ミンダナオ島にもすでに3月8日にその西端のザンボアンガへ米軍が上陸しており、4月16日にはモロ湾のパラング、マラングに上陸を開始。しかし日本側はこれをすぐに察知できず、20日朝に行なわれた飛行偵察で初めてこれを確認することとなる。なお、18日現在、ダバオでは『零戦』2機が可動状態であり、最後までこれを戦力化していた努力は立派といえる。

パラングからダバオへ通ずる街道を進む米軍は27日にダバオ南方50㎞に位置するデゴス飛行場に突入、5月2日にはダバオに到達し、以後所在の陸海軍部隊は山中に陣取ってのゲリラ戦を展開する。飛行場から逃れた山本、那須両兵曹が、戦病死者が累々たるなかで無事終戦を迎えたことを、かつての上官である美濃部氏が知るのは、戦後しばらくして復員局の名古屋人事部に勤務していたころ、比島からの復員者名簿のなかにその名を見つけてである。そのひとりである山本氏が美濃部氏のもとを訪れて前記したような顛末を報告するのは昭和36年になってからのこと。

なお、戦闘八一二進出時に編入されたもうひとりの『零夜戦』搭乗員である西村 實一飛曹は昭和19年12月6日に試飛行中の事故で重傷を負い、完治しないままフィリピンを脱出、のち藤枝の戦闘九〇一に合流して美濃部少佐と再会しているが、沖縄航空戦に参加することはなく終戦を迎えている。

帰還してきた猛者たちと新しい隊員の着任

鹿屋に降り立った戦闘八一二の隊員たちはすぐさま徳倉隊長から
「2月11日に藤枝に集合。10日ほどあるからそれまでは休暇。」
との指示を受けて三々五々に分かれ、各自郷里に立ち寄って英気を養うこととなった。

徳倉隊長自身もいったん愛知県の郷里へ帰宅したあとに新基地に定められた藤枝へ着任し、本格的に自隊の再建に取りかかる。角瓶ウイスキー（今でいうサントリーの「角瓶」。現在ではリーズナブルなウイスキーだが、当時は大変な貴重品だった）を手土産に航空本部に出かけ、
「早急に夜間飛行のできる優秀な搭乗員をまわしてもらいたい」
と頼み込んだのもこの頃のことだ。所属航空隊も2月10日付けでこれまでの一五三空から七五二空へと変更されていた。

フィリピンからの帰還を果たし、新基地に集まりえた戦闘八一二の隊員たちは次のような面々である。

分隊長の江口 進大尉は海兵70期生。昭和18年9月15日に第38期飛行学生艦攻操縦専修を宇佐空で修了、同日付けで霞ヶ浦空空附教官となったが、翌19年3月15日付けで戦闘八〇四附となり夜戦指揮官としての第一歩を踏み出した。「あ」号作戦直後の7月10日に戦闘八五一分隊長に補されると、『月光』隊を率いて硫黄島に進出、同島防空の任についてのち、11月15日付けで戦闘八一二分隊長に就任、フィリピン航空戦を戦った。のちに戦闘九〇一飛行隊長に転出する江口大尉は、5つある外戦の特設夜戦飛行隊のうち、じつに4つを渡り歩いたことになる（もうひとつは戦闘九〇二で南西方面に展開。のち大村の三五二空に合流する）。

続く分隊士は甲飛2期出身の偵察員、甘利洋司飛曹長と、十二志（昭和12年の志願兵のこと）で操練46期のベテラン、馬場康郎飛曹長。このふたりは三〇二空夜戦隊から「二〇三空夜戦隊」が編成された際に選出された6人の搭乗員の生き残りであり、戦闘八一二の始祖ともいえる存在だ。甘利飛曹長は昭和17年6月のミッドウェイ海戦で敵機動部隊の発見に成功した索敵機、『零式水偵』重巡『利根』4号機の機長（当時は一飛曹）として戦史に名を残している人物でもある。

先任下士官は十四志、少年電信兵「普通科電信術練習生第52期（航空）」出身の井戸 哲（いど・さとし）上飛曹。通信学校卒業後、飛練14期を経て重巡『鈴谷』水偵隊に配属され、昭和18年1月にはショートランドに進出して同方面の作戦に参加。のち『月光』夜戦の偵察員となり、二五一空戦闘第九〇一飛行隊でトラック諸島における邀撃戦を経験している古強者である。マリアナ決戦後、新たに一五三空の下で戦闘九〇一が再建された際にペリリュー経由でフィリピンに合流するという足取りであった。ちょうど太平洋の西半分を時計回りに一周して本土へ還って来た形である。

なお、「普電練（航空）」とは、通信学校の練習生を卒業後に「偵練」へと進ませて機上電信員を養成する制度であり、艦船や地上勤務などの普通の電信兵に進む練習生は「普電練（掌電信）」と呼称されて、両者は入団試験（志願）の時点から区別されていた。「普電練第52期（航空）」の面々は練習航空隊のキャパシティの関係で偵練53期（飛練5期）、偵練54期（飛練8期）、飛練14期（偵練廃止による呼称変更。偵練56期相当）の3期に分かれて搭乗員になっている。

次席下士官の津村国雄上飛曹は乙飛14期の偵察員。飛練卒業後の昭和18年5月から、南西方面に展開していた九三四空の観測機隊に勤務し、『零観』

馬場康郎飛曹長（操練46期）は203空夜戦隊時代からの戦闘812隊員。占守島時代には甘利飛曹長とのペアで『PV-1』の撃墜も果たしている。写真は緒戦期に所属していた第3航空隊陸偵隊時代、愛機『九八式陸上偵察機』とともに。なお、陸軍の『九七式司令部偵察機』の海軍型である『九八陸偵』の操縦席風防は、写真で見られるように後方へスライドするよう改修されていた（偵察席は横開き式のまま）。

昭和17年秋頃の重巡洋艦『鈴谷』飛行機隊の下士官搭乗員たち。前列左から石河恒夫一飛（普電55期）、原田義光一飛曹（操練33期）、井戸 哲一飛（普電52期）。後列左から石崎秀夫一飛曹（甲飛3期）、古川 弘二飛曹（乙飛10期）、古谷博志一飛曹（甲飛1期）、内田重雄一飛曹（甲飛4期）。原田、井戸の各氏はこののち夜戦乗りに転じ、石河兵曹も302空で『銀河』夜戦に乗る。なお、撮影日が昭和17年11月以降であればそれぞれ階級は1階級進級、あるいは新呼称となる。井戸一飛は「飛長」となったが、実は階級自体はそのままだ。

の偵察員として来襲するイギリスの双発戦闘機『ボーファイター』との空中戦に参加して同乗撃墜を経験するかたわら、自らも被弾して落下傘降下、生還するというエピソードを持つ人物。19年10月に戦闘九〇一飛行隊へ転勤した津村上飛曹は、前述したように同年11月に戦闘九〇一が内地での再編成に取りかかる際に現地に残留、井戸上飛曹や乙飛16期の操縦員、飯田酉三郎上飛曹、予備練13期の藤田泰三上飛曹らとともに戦闘八一二に編入された。九三四空水偵隊の分隊長であった徳倉大尉とは旧知の間柄だ。

　戦闘八一二の後発として台湾まで進出しながら、戦況の悪化からフィリピンへ進出できなかった甲飛11期の操縦員、寺井 誠一飛曹もここで合流。

　1月8日以降、徳倉隊長と行動を共にしてフィリピンからの脱出を果たした甲飛11期の偵察員、池田秀一一飛曹は大阪の実家での休暇中にマラリアを発症。指示された集合日には間に合わず、診断書を持参して20日になってようやく藤枝にやってきた。同じく甲飛11期の偵察員で、すでにツゲカラオで輸送機を待っている間にマラリアを発症していた平原郁郎一飛曹のことが案じられたが、池田一飛曹が合流したその時、やはりその姿は藤枝基地に見えなかった（少しあとになって無事に着任した）。

　これら戦地帰りの戦闘八一二の隊員たちがポツポツと集まってくる様を、一足早く着任していた坪井飛長が目撃していた。10日ばかりの休暇を過ごしたとはいえ、鹿屋に帰り着いたときのままの服装で（基本的に下士官兵の衣服は隊で支給を受けるため）藤枝基地に着任してくる彼らの姿は、頬は痩せこけ、顔色も悪く、まさにボロボロの敗残兵のような格好だった。しかしそれがまた、戦地帰りの凄みを強調していたという。

「型がくずれたヨレヨレの艦内帽に、これまたヨレヨレの三種軍装の姿で現れたのが先任下士の井戸上飛曹です。痩せて飄々とした風貌、物に動じないゆっくりとした物腰と静かな口調。古武士のような風格でありながら、それでいてなんともいえぬ親しみを感じさせる方でした。」

　坪井飛長にとっては以後長らく兄とも慕うことになる井戸先任との出会いであった。

　そして彼らがフィリピンからの脱出に苦闘していた頃、すでに戦闘八一二の再建準備は内地において進められていた。

　昭和19年中盤以降、海軍飛行科士官の中核を担う存在となっていた第13期飛行専修予備学生出身の士官たちにも2月1日付けで戦闘八一二への異動が発令され、これにより明治基地の二一〇空からは操縦の後藤 登中尉、加納良司少尉、堀 一少尉、木津 章少尉、三箇三郎少尉、鈴木久蔵少尉、萬石巖喜少尉、菊谷 宏少尉と、偵察の荒木健太郎少尉、渡辺 清少尉、瀬藤弘之少尉が、厚木の三〇二空からは河野秀良少尉、大澤袈裟芳少尉、太田勝二少尉、黒田喜一少尉といった偵察専修の4人が、2月上旬から中旬までのうちに藤枝に着任している。

また2月5日付けで戦闘八五一の牛窪友二郎少尉にも戦闘八一二附が発令、少尉には19年10月1日付けで五一航戦司令部附から戦闘八一二附の辞令が出ており、これが2度目の発令配属だ。同じく戦闘八一二開隊時に三〇二空から着任した中村程次少尉に加え、これで13期予備学生は一大勢力となった。

これに加えて下士官も、乙飛16期出身で水上機から転科の米倉 稔上飛曹や、同じく水上機専修の甲飛11期の右川舟平一飛曹が教員配置から、また大村の三五二空『月光』夜戦隊で『B-29』邀撃戦にも参加していた甲飛12期の恩田善雄二飛曹、乙飛18期の名賀光雄二飛曹のふたりの若手偵察員らが戦闘八一二に転勤。さらに二一〇空で錬成に励んでいた甲飛12期の偵察員、笹井法雄二飛曹、安井泰二二飛曹らも藤枝へやってきた。

偵察分隊長には昭和2年志願兵で偵練25期出身の大ベテラン、山崎良佐衛大尉が新たに着任。緒戦期に一四空、八〇二空の飛行艇隊で活躍した古豪の存在は、部隊編成に厚みを持たせることとなった。

なお、徳倉隊長一行のフィリピン脱出がままならない1月下旬のうちに戦闘八一二再建に関する人事も錯綜したと見られ、2月1日付けで徳倉大尉を三航艦司令部附として、美濃部 正少佐を戦闘八一二隊長（戦闘九〇一隊長と兼任）に補する発令がなされているのが、現存する「海軍省辞令公報」からもわかるが、この場合の「司令部附」とは司令部要員を表すものではなく新たなポストが決まるまでの便宜上のもの。こういった処置は他のフィリピン脱出部隊の隊長、分隊長らの経歴にも見られる傾向である。

その後、2月12日付けで美濃部少佐は「免兼職」となり、改めて徳倉大尉を戦闘八一二隊長に補する発令がなされている。

米倉 稔上飛曹は乙飛16期出身の水上機操縦専修者。夜戦乗りは陸偵や水偵の出身者が多かったが、彼もそのひとりだ。写真は練習航空隊教員時代のもの。印画紙の裏には自身の手で「鬼の様な顔『ハハハ…』」と記入されている。左腕の階級章は古いデザインの「二等飛行兵曹」のもので、昭和17年11月以降は呼称が変わり、「一等飛行兵曹」を表す。

302空第2飛行隊『月光』分隊から転勤してきた13期予備学生、黒田喜一少尉。写真はその302空時代のもので、背にした機体は月光一一甲型後期生産機。胴体に『B-29』撃破を表す黄桜を記入している。

第一三期飛行予備学生の戦闘八一二配属までの足取り　※「海軍省辞令公報」ほかより調製。

氏名	専修	練空	19.07.24	19.07.25	19.09.13	19.09.15	19.09.26	19.10.01	19.10.07	19.11.09	19.11.15	20.02.01	20.02.05	20.02.25	20.04.01
中村 程次	前 艦攻	百里原空	→	302空	→	→	→	戦闘812	→	→	→	→	→	→	→
稲葉 正雄	偵察	鈴鹿空	13航艦司附	→	→	→	→	→	戦闘901	→	偵察102/戦闘812	→	→	→	→
本多 満男	前 陸攻	豊橋空	→	31空教官	→	→	→	→	偵察102	→	戦闘812	→	→	→	→
牛窪 友次郎	陸攻	松島空	→	→	→	→	51航戦司附	戦闘812	→	→	この時、戦闘851へ転勤？	→	戦闘812	→	→
後藤 登	陸攻	豊橋空	→	→	→	→	210空	→	→	→	→	戦闘812	→	→	→
加納 良司	陸攻	豊橋空	→	→	→	→	210空	→	→	→	→	戦闘812	→	→	→
堀 一	陸攻	豊橋空	→	→	→	→	210空	→	→	→	→	戦闘812	→	→	→
木津 章	艦爆	名古屋空	→	→	→	→	210空	→	→	→	→	戦闘812	→	→	→
三箇 三郎	艦爆	名古屋空	→	→	→	→	210空	→	→	→	→	戦闘812	→	→	→
鈴木 久蔵	艦爆	名古屋空	→	→	→	→	210空	→	→	→	→	戦闘812	→	→	→
萬石 巖喜	艦爆	名古屋空	→	→	→	→	210空	→	→	→	→	戦闘812	→	→	→
菊谷 宏	陸攻	豊橋空	→	→	→	→	210空	→	→	→	→	戦闘812	→	→	→
荒木 健太郎	偵察	大井空	1081空	→	→	210空	→	→	→	→	→	戦闘812	→	→	→
渡邊 清	偵察	大井空	→	→	210空	→	→	→	→	→	→	戦闘812	→	→	→
瀬藤 弘之	偵察	鈴鹿空	→	→	210空	→	→	→	→	→	→	戦闘812	→	→	→
大澤 袈裟芳	偵察	大井空	302空	→	→	→	→	→	→	→	→	戦闘812	→	→	→
太田 勝二	偵察	大井空	302空	→	→	→	→	→	→	→	→	戦闘812	→	→	→
黒田 喜一	偵察	大井空	302空	→	→	→	→	→	→	→	→	戦闘812	→	→	→
河野 秀良	偵察	大井空	302空	→	→	→	→	→	→	→	→	戦闘812	→	→	→
大沼 宗五郎	偵察	大井空	12航艦司附	※大村中尉の戦闘812発令日が判然としないが、おそらく昭和20年2月と思われる。→											
玉田 民安	偵察	徳島空	徳島空教官	→	→	→	→	→	→	→	→	→	→	戦闘812	→
佐久間 秀明	前 陸攻	豊橋空	→	鈴空教官	→	→	→	→	→	戦闘812	16日/戦闘851※のち戦闘804へ				

・専修の項で「前」とあるのは前期組の意

関東ならびに東海地区の主要陸海軍航空基地配置図

戦闘 812 の再編成が始まった昭和 20 年 2 月にはすでにマリアナ諸島を基地とする米空軍の『B-29』による日本本土爆撃がたけなわとなっていた。図は再編成地となった静岡県の藤枝基地を中心として日本陸海軍の主な航空基地の位置関係を表したもの。首都東京や横須賀鎮守府のあった神奈川県よりも千葉県や茨城県における陸海軍基地の構築が多かったことがわかるが、これらの基地には陸海軍戦闘機隊が展開し、まさに本土防空戦の最前線を張っていた。

戦闘 812 をはじめとする芙蓉隊の新隊員の多くは図で左下に位置する明治基地の 210 空などから東海道線を乗り継いで藤枝へ赴任してきた。また、彗星の補充機の受け取りは愛知航空機の最終艤装工場のあった挙母（伊保基地 / 飛行場とも呼ばれ、名古屋空が配されていた場所）や、霞ヶ浦の第 1 航空廠、あるいは木更津の第 2 航空廠（このほか岩国の第 11 航空廠）へ赴いてなされている。

藤枝基地の西の、牧ノ原台地上にある大井基地は偵察教育の大井航空隊が所在するところで、大戦中期以降、多くの若手偵察員たちを揺籃してきた縁深き組織である。

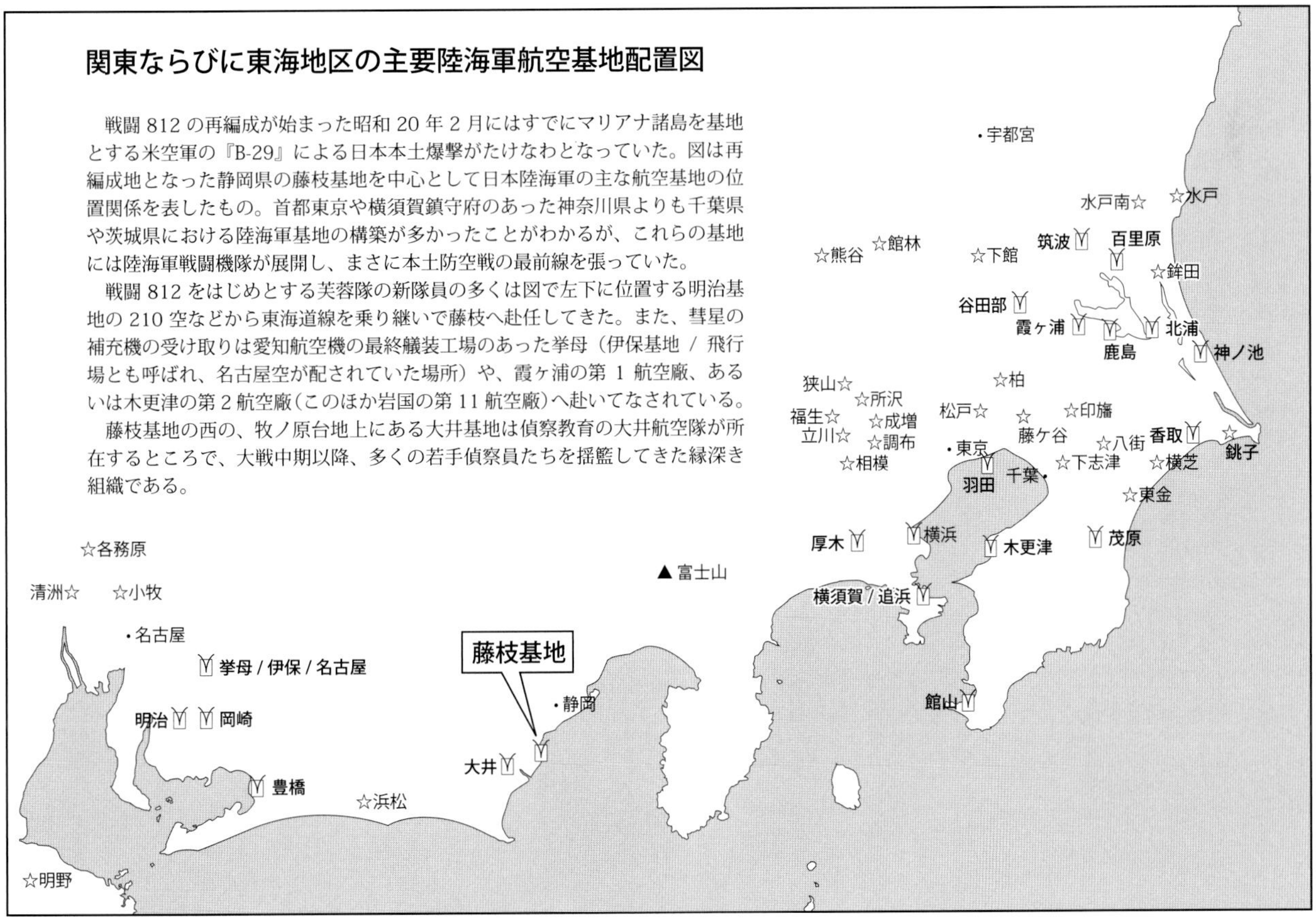

〔藤枝海軍航空基地〕

藤枝海軍航空基地の建設は昭和19年1月に始まり、同年12月には完工して横須賀海軍航空隊第3飛行隊の『一式陸攻』が展開した。ちょうどこの頃にフィリピンから帰還した戦闘第901飛行隊長 美濃部 正少佐が、再編成のために指定されていた香取基地が手狭であるため適地を探索、見つけ出したのがこの藤枝基地だった。当時の滑走路は1200mで、第2滑走路を鋭角に建設中であったが、こちらは終戦までに完成にいたっていない。大井川河口の東側に位置する当基地は常に西からの一定した風が吹き、冬でも積雪しない温暖な場所で、錬成基地としてももってこいであった。他の基地と同様、機体の分散は飛行場からだいぶ離れた所まで人力で運ばれたが、そのさいには周囲の雑木林、防風林が有効活用された。整備に携わった古老によれば、「飛行機は尾翼を先頭に押しますが、『彗星』は主翼が高いので主脚にロープを括りつけ、尾部を浮かせて引っ張って分散場所まで持って行きました」とのこと。（1946年撮影／国土地理院所蔵）

始動する「芙蓉隊」

昭和20年3月5日、戦闘九〇一飛行隊長美濃部少佐には一三一空飛行長職が発令され、併せて戦闘九〇一、戦闘八一二両飛行隊はその所属航空隊を七五二空から一三一空へと変更されることとなった。

これは、2月末に三航艦司令部で行なわれた沖縄決戦に向けての研究会の席上で、少佐が「いまだ特攻を主戦法とするに及ばず。夜戦における銃爆撃にて戦果を挙げえる」と発言したことを追認する改定と言われている。

藤枝に終結した3個飛行隊はその先任飛行隊長であった美濃部少佐の統括の下、藤枝基地を管理する乙航空隊である関東空の協力を受けて、本土防空～邀撃～のための夜戦隊ではなく、彼らがフィリピンでもおこなった夜間における銃爆撃～美濃部氏は後年これを夜間制空と称している～を主任務とする夜戦隊として再編成にとりかかっていた。

これまでにも所属する甲航空隊の指揮を全く受けてこなかったそれは、まさに当時の日本海軍の航空組織の枠組みを超えた、超法規的存在の集団であった。（註：戦地において乙航空隊の指揮を受ける場合があったが、それはあくまで建制上臨時の措置である。）

これにより名実ともにふたつの飛行隊が少佐の指揮下に入ったわけだが、一三一空麾下部隊となっても香取基地にある本部とは無縁。所属する甲航空隊の司令の指図を受けないという特異な姿勢は依然として変わらなかった。なお、同様に藤枝基地で再編錬成に取りかかっている戦闘八〇四はこの時点でまだ北東空所属のままで、晴れて同隊が一三一空所属となって3飛行隊の建制上の足並みがそろうのは3月20日のことである。

そしてこの時、美濃部少佐の後任として戦闘九〇一の飛行隊長に補されたのが戦闘八一二分隊長の江口 進大尉である。逆に戦闘八一二分隊長には戦闘九〇一の分隊長であった野田貞記大尉（海機52期。海兵71期のコレス）がトレードされる形となった。

この3月5日には、2月25日付けで徳島空教官配置から転勤の辞令が出ていた13期予備学生出身の偵察員、玉田民安中尉が戦闘八一二に着任している。

隊員たちの間に『芙蓉隊』という、彼らの愛称が知られるようになるのはちょうどこの頃のこと。

1月末の時点で3個夜戦飛行隊を藤枝に集結させるという話を伝えられていた美濃部少佐は、所属する甲航空隊の枠組みを超えてそれらを統一運用する際の呼称が必要と判断。少佐自らが『零戦』を操縦して錬成基地を探していた際に、初めて降り立った藤枝基地で見た富士山の勇壮な姿が忘れられず、その別称である『芙蓉峰』にあやかって名付けたものであった。2月上旬には第三航空艦隊司令長官、寺岡謹平中将に揮毫を頼み、『芙蓉隊』の隊旗を作成していた。3月に入ってから3飛行隊合同の集合写真が撮られるようになるとこの隊旗が持ち出されるようになり、次第に隊員たちの間にもその名が広がっていったものだ。

この『芙蓉隊』という呼称はあくまで隊内における愛称であり、この時点では対外的には『一三一空藤枝派遣隊』として知られていたが、これが沖縄作戦の際には、支援を受ける乙航空隊の名を冠した『関東空部隊』と呼称されるようになり、やがて正式に『芙蓉部隊』の宛名で上部組織からの命令が出されるように変化していくのである。

夜戦3個飛行隊の所属航空隊変遷

改編年月日	戦闘812	戦闘901	戦闘804
	203空	153空	141空
19.11.15	153空	752空	153空
20.01.01		203空	北東空
20.02.01		752空	
20.02.10	752空		
20.03.05	131空	131空	
20.03.20			131空

それぞれバラバラにフィリピンを脱出した3個夜戦飛行隊は、所属する甲航空隊を変えつつ足並みを揃えていった。本表は各編制改定時の所属航空隊を一覧にしたもの。戦闘８０４が北東空所属となっているのは、戦闘８５１と交代して北方の護りに就くためだった。

新機材『彗星』夜戦

再編に取りかかった戦闘八一二の新しい装備機材は、彼ら聯合艦隊付属の夜間戦闘機隊には馴染みのない『彗星』艦爆改造夜戦である。慣れ親しんだ旧装備機材の『月光』はすでに中島飛行機での生産が終了し、数がそろわない状況になっていたからだ。

これは昭和19年11月末にフィリピンから内地へ引き上げ、先に藤枝での再編成に取りかかっていた戦闘九〇一の新装備機種選定に倣った形であるとも言われるが（ただし戦闘九〇一はこれまで同様、他に『零戦』も有していた）、徳倉隊長が本土へ脱出してくるやいなやその経験者が戦闘八一二へ集められている状況もあって、組織的な意思が働いていることがうかがえる。同じようにフィリピンを脱出して藤枝に参集した戦闘八〇四も、やはり『彗星』夜戦を用いての再編成に取りかかっていた。

母体となった『彗星』艦爆は、味方戦闘機の掩護なくして敵艦隊を強襲することができる高速艦上爆撃機として昭和13年に海軍航空技術廠で開発に着手された機体で、その試作名称を「十三試艦上爆撃機」といった。

機首のとがった容姿から一見してわかるようにその大きな特徴は液冷式のエンジンを搭載していること。日本海軍機の歴史の中にあって液冷エンジン搭載機の存在は決して珍しいものではないが（たとえば艦上攻撃機は『一三式艦攻』、『八九式艦攻』、『九二式艦攻』と三代続いて液冷エンジン機）、『九四式一号水上偵察機』が空冷式の『九四式二号偵察機』に変わって以降は実用機には縁遠いものといえよう。

それはドイツのダイムラーベンツ「DB601A」をライセンス生産した「アツタ」エンジンを搭載したもの。2機の試作機が昭和17年6月のミッドウェー海戦に偵察機として参加したのは周知の通りだが、その後の10月以降、生産を担当する愛知時計電機社での生産機がロールアウトするようになり、これで試作試験を続行、まずは『二式艦上偵察機』一一型と採用され、艦隊の偵察機隊や一五一空へ供給。それから『彗星』艦爆として実用化されて、昭和18年夏にようやくその装備部隊が編成されている。

最初の型式は離昇馬力1200馬力の「アツタ二一型（AE1A）」を使用した一一型で、昭和19年7月以降、出力を1400馬力へ向上させた「アツタ三二型（AE1P）」エンジンへと換装された一二型が実施部隊へ登場した。両者の外見上の違いは機首前方のカウリング上部にフェアリングがあるかないか。大型化したアツタ三二型の磁気発電機をクリアするためのこのふくらみがあるものが一二型となる。このエンジンの型式をもって一一型を「1A（ワン・エー）」、一二型を「1P（ワン・ピー）」と呼称することもあった。なお、本家の「DB601A」に対し、国産化されたアツタエンジンは冷却液に不凍液ではなく真水を使えるように改修されたものであるから、厳密にいえば“水冷式エンジン”である。

さて、その名のとおり、『彗星』艦爆一二型の武装変更型のひとつである『彗星』夜戦は、前部固定風防を平面形に改造、偵察席後方の旋回機銃を撤去し、代わりに20㎜二号四型機銃を1挺、30度の仰角を付けて装備したもの。

当初は『彗星』三三型と呼ばれていたこの夜戦型の『彗星』一二戊型が、そろわない防空兵力を補完するものとして本土防空部隊の三〇二空で使われ始めたのは昭和19年夏ごろから。ついで三五二空、終戦直前には三三二空へも導入されている(このほかに横空夜戦隊や二一〇空が保有していた)。冒頭、坪井晴隆飛長が三〇二空『彗星』夜戦分隊で搭乗していたのがまさにこの型式だ。

この夜戦型、一二戊型として20㎜斜め銃を装備した機体を供給される場合と、受領した一二型を部隊の方で航空廠へ持ち込んで改造を施してもらう場合があった。

ただし、急速に機材を揃えなければならない状況下、芙蓉隊の3個飛行隊は敵艦艇や陸上基地に対する夜間銃爆撃を主任務とするため、大型機邀撃用の20㎜斜め銃の必要性はさほど高くない。このため、あらかじめ20㎜斜め銃を装備した機体は別として、改めて一二型を20㎜斜め銃装備に改造することは後回しとされ、艦爆型のまま、前部固定風防のみ夜戦用の平面形に交換して使うケースが多かったようだ。

なお、美濃部氏をはじめ一部関係者の間では

「員数外の芙蓉隊は、可動率が悪く、生産が終わって久しい液冷型の『彗星』をつかまされた」

とややネガティブに誤解している向きがあるようだが、どうもこれは適切に事実を捉えた意見とはいえないようだ。

もともと空冷型『彗星』の開発は昭和19年初めの頃、愛知におけるアツタエンジンの生産が滞り、機体の生産数とのバランスが崩れたために考え出されたもの。五〇一空や五〇三空など南方の過酷な条件で戦った部隊を別とすれば、この時点では可動率が問題になるほど格段に悪かったというわけでは

〔彗星一二型〕

エンジンを1400馬力にアップデートしたアツタ三二型〔AE1P〕に換装したものがこの一二型。その高性能は多量生産がなされる前から予見され、昭和19年6月の時点で艦爆隊、艦偵隊、陸偵隊、そして夜戦隊用に整備するよう方針が決められた。写真は横空第2飛行隊の所属機で、尾脚カバーに特徴のある前期生産機。

〔彗星一二戊型〕

一二型の偵察席後方（旋回機銃の装備位置）に20㎜二号四型斜め銃を装備したのがこの一二戊型で、当初は「三二型」と類別されていた。横空夜戦隊での実用実験を経て、一二型生産機の登場とほぼ時を同じくして昭和19年夏ごろから302空第2飛行隊『彗星』夜戦分隊へ供給されはじめ、352空や210空夜戦隊、終戦近くには332空でも使用された。前部固定風防は一一型初期生産機や艦偵タイプ、並びにのちの四三型とはまた違った平面構成の形状をしている。写真上は終戦後の厚木で撮影された302空の一二戊型。写真下はやはり302空の一二戊型で、斜めに突き出た20㎜機銃や、金属化された後部風防の様子がわかる。垂直尾翼上端の延長は夜戦型のみではなく、一二型の後期生産機に共通する特徴。

〔彗星三三型〕

彗星の受給拡大のために考案されたのが搭載エンジンの空冷化であり、それが金星エンジンに換装した三三型である。昭和19年6月の時点では編成あいつぐ基地艦爆隊用に整備することとなっていた（だから陸爆に類別されている）。なお、四三型を含め、空冷タイプは芙蓉隊／芙蓉部隊には供給されていない。

ない。

むしろ当初は、空冷エンジンへ換装されることによりせっかくの高性能機が性能劣化を起こすことが当然視されており、数が必要な基地艦爆隊用を空冷型で我慢して、偵察、夜戦、空母艦爆隊用を液冷型でまかなうことが、ちょうど「あ」号作戦（マリアナ沖海戦）が行なわれる前の6月2日の航空本部の打ち合わせでとり決められ、空冷エンジン搭載機の実用化を促進するよう併せて決定されている事実がある。

また空冷の『金星』六二型エンジンを搭載した三三型の登場後も『アツタ』発動機の生産はもちろんのこと、これを搭載する液冷の『彗星』一二型の生産は愛知で並行して行なわれており、昭和19年12月にそれが終了したあとも、それまでと同様、引き続き岩国の第十一航空廠で製作は続けられていた。たしかに芙蓉隊に供給された機体の中には他隊が還納した機を航空廠で整備しなおした〝リフレッシュ機〟もあったかもしれないが、これは『零戦』を初めとする他の機種にも同様にいえることだ。

フィリピン戦以降、搭乗員錬成を主任務とする二一〇空陸偵隊をのぞく偵察飛行隊が『彗星』から『彩雲』へと機種改変し、艦隊航空隊の六〇一空が昭和20年2月に基地航空隊に改編されてからは（ただし六〇一空艦爆隊は12月以降三三型が主体となっている）本土防空の夜戦隊のみが液冷型の『彗星』を装備する状況であり、〝夜戦隊〟の括りである芙蓉隊の装備機となったのは必然ともいえた。つまり、彼らは決して雨ざらしの機体を押し付けられたわけではないのである。

この時期の芙蓉隊の液冷『彗星』装備が「何を今さらあの欠陥機を…」と奇異に感じるのは、のちに述べるように同隊が攻撃飛行隊としての作戦に従事するための錯覚で、外戦部隊とはいえ〝夜戦隊〟として考えればむしろ空冷『彗星』を装備する方が不可思議だ。

ただ美濃部氏を始めとするこうした意見は、当時の主観的な状況がうかがい知れるもので非常に興味深いともいえよう。これで『月光』を装備する外戦の夜戦隊は南西方面に展開する戦闘九〇二と、戦闘八〇四・戦闘八一二に交代する形で台湾に進出した戦闘八五一の2隊のみとなった。

沖縄戦のさなか、藤枝から南九州の前進基地へと向かう準備中の芙蓉部隊の『彗星』一二型。艦爆型のまま、前部固定風防のみ平面角形の夜戦タイプに換装した仕様のうちの1機であるのが、画面左右両端に写ったその様子から見てとれる。偵察席に乗り込むのは戦闘804の依田公一中尉(予学13期)。「A91G」と記入されたキャップに注意。

〔芙蓉部隊の使用した『彗星』〕

彗星一二型後期生産機

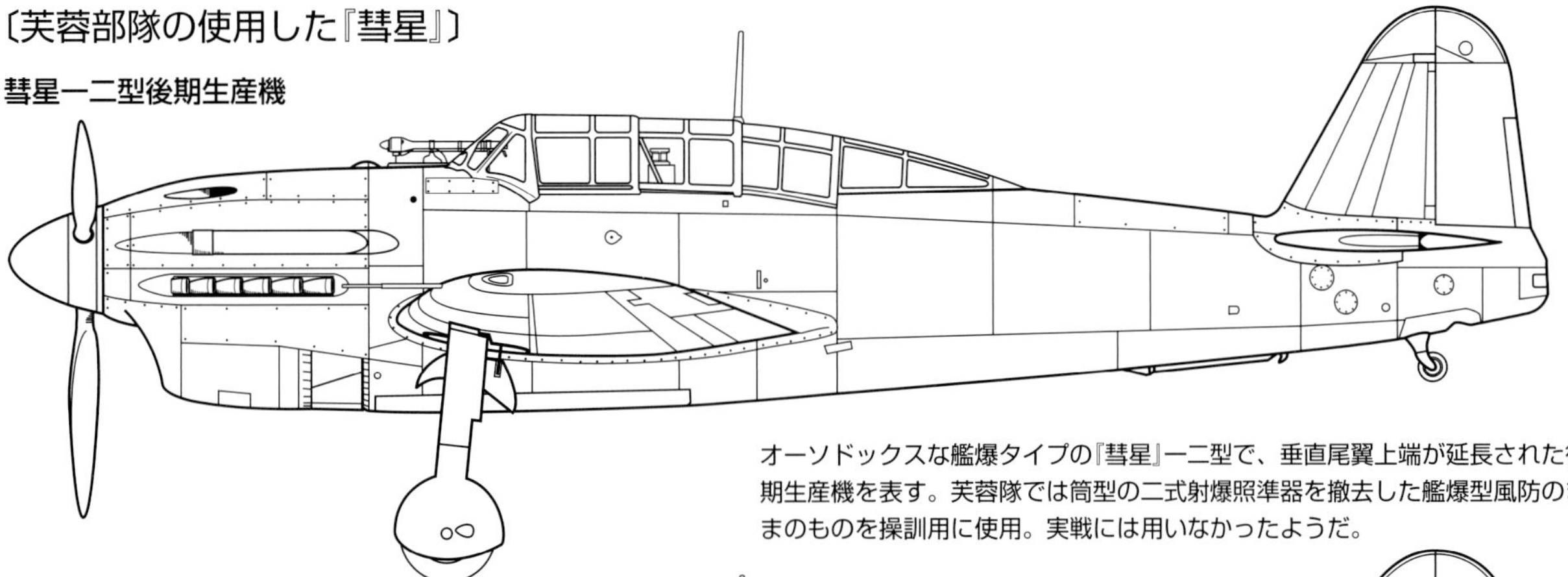

オーソドックスな艦爆タイプの『彗星』一二型で、垂直尾翼上端が延長された後期生産機を表す。芙蓉隊では筒型の二式射爆照準器を撤去した艦爆型風防のまま のものを操訓用に使用。実戦には用いなかったようだ。

彗星一二戊型

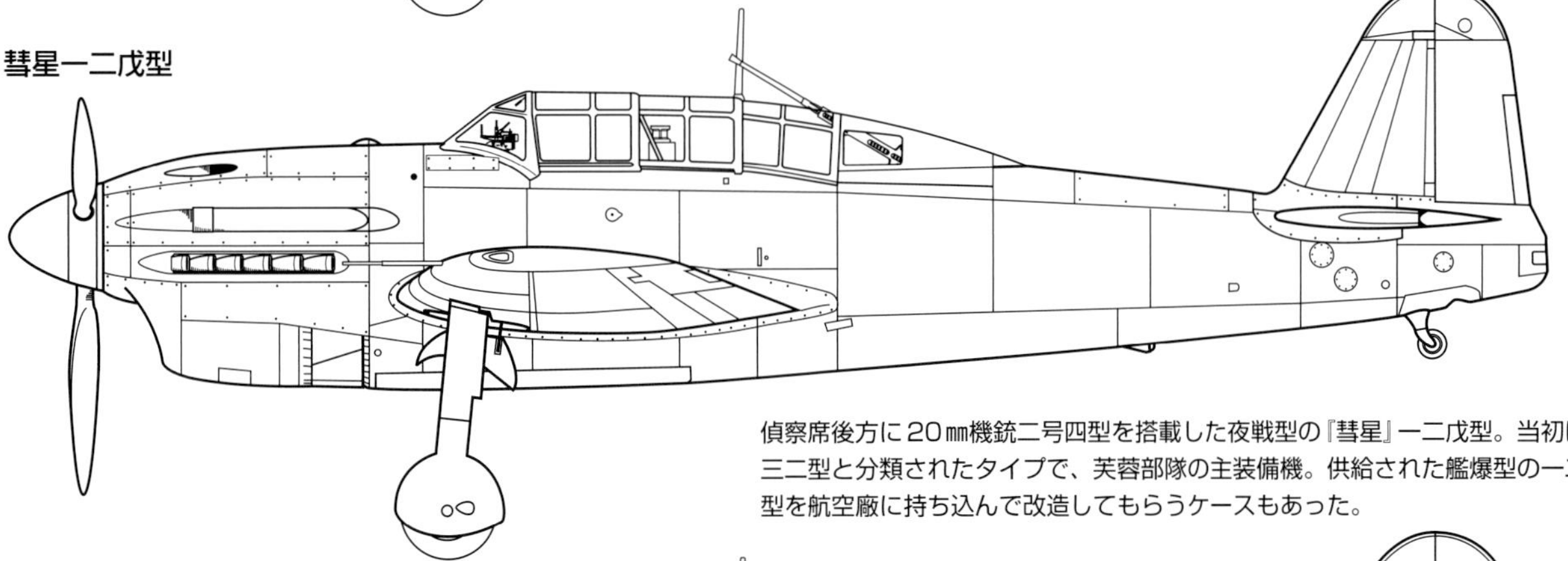

偵察席後方に20㎜機銃二号四型を搭載した夜戦型の『彗星』一二戊型。当初は三二型と分類されたタイプで、芙蓉部隊の主装備機。供給された艦爆型の一二型を航空廠に持ち込んで改造してもらうケースもあった。

彗星一二戊型〔20㎜斜め銃撤去機〕

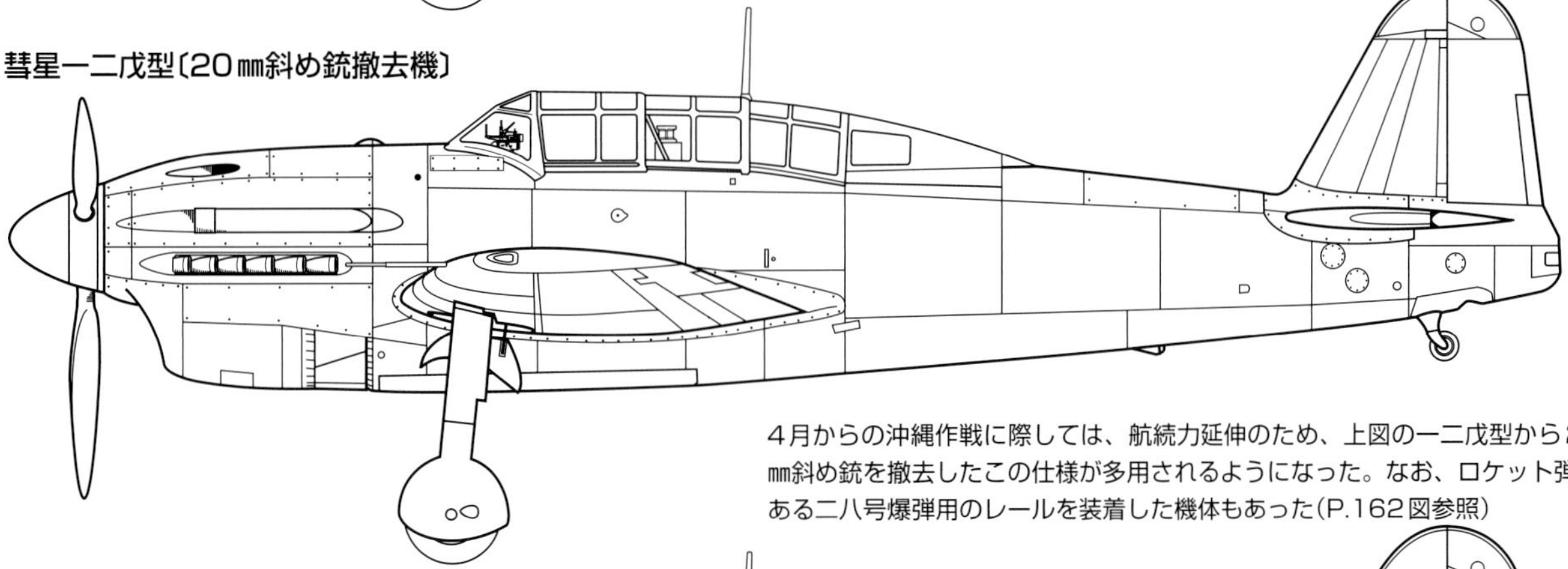

4月からの沖縄作戦に際しては、航続力延伸のため、上図の一二戊型から20㎜斜め銃を撤去したこの仕様が多用されるようになった。なお、ロケット弾である二八号爆弾用のレールを装着した機体もあった(P.162図参照)

彗星一二型〔夜戦風防改修機〕

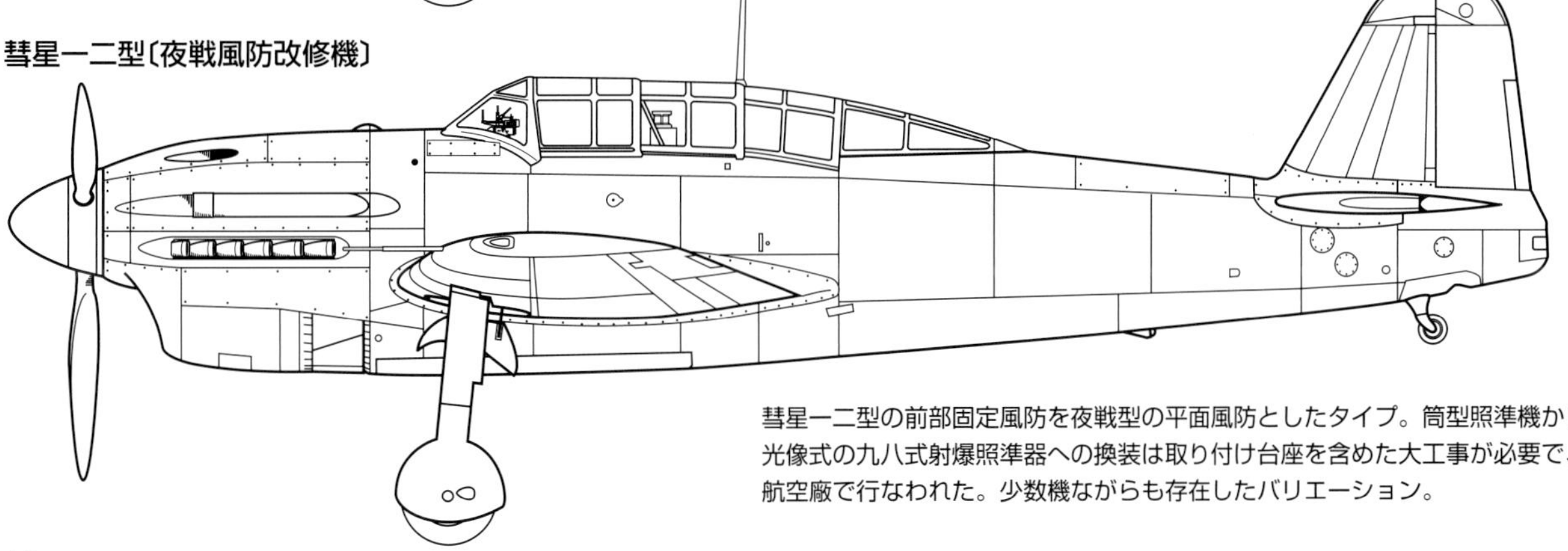

彗星一二型の前部固定風防を夜戦型の平面風防としたタイプ。筒型照準機から光像式の九八式射爆照準器への換装は取り付け台座を含めた大工事が必要で、航空廠で行なわれた。少数機ながらも存在したバリエーション。

訓練始まる

戦闘八一二の再編成が始まった時に同飛行隊で最も『彗星』の操縦に通じていたのが、三〇二空陸偵隊で6ヶ月、次いで三〇二空第二飛行隊『彗星』夜戦分隊で2ケ月、計8ケ月の搭乗経験を持つ坪井飛長である。とにかく飛行機を集めることが第一、と徳倉隊長からの指示を受けた飛長は、今日は東へ、明日は西へと新機材である『彗星』の受領に出向くことになった。

そんな中でのエピソードをひとつ紹介したい。

昭和20年3月中旬のある日のこと。第13期飛行予備学生出身の偵察員、大澤袈裟芳少尉と千葉県木更津基地の北東に位置する第二航空廠へやってきた坪井飛長。途中、秋葉原あたりで汽車を乗り換えた際に（当時は両国駅が千葉方面へ行く総武線の始発駅であった）、高架上にある駅から眺めた東京の町が見渡すかぎり焼け野原になっているのを見て、くやしいような、そして申し訳ないような複雑な思いを抱いたのを坪井氏は覚えている。なお、後述するように坪井飛長は3月18日には藤枝からの敵機動部隊索敵に出撃しているので、この空輸行は東京大空襲の直後の11日から15日ころのことと思われる（ただし戦時日誌にこの期間の受け入れ機の記述はない）。

木更津で一泊したあと、艦偵タイプの1A（ワン・エー）は『彗星』一一型のことだから、この場合は『二式艦偵』一一型となる）の整備完了機に搭乗して試飛行に飛び上がると、とたんに操縦席にガソリンの臭いが立ち込めたため急いで降着した。先ほどから飛行場で整備に立ち会ってくれているのは海軍の整備員ではなく、航空廠の工員である。

不安に思った飛長が、傍らにいた大澤少尉に

「次に飛び上がってダメだったら、厚木に行きましょう。」

と提案すると、少尉も「そうしようそうしよう」とふたつ返事であった。

飛長としては三〇二空『彗星』夜戦隊の精強な整備員に不具合箇所を見てもらったほうが心強い、また海っぺりにある木更津基地の当日の横風が強いのを鑑みて、こんなところで何度も降着を繰り返して事故でも起こしたら面白くない、くらいの気持ちでいたのだが、機長の大澤少尉も色よい返事をしてくれたので話は早かった（少尉自身も三〇二空からの転勤組であった）。

やがて修理完了の報告を受けた飛長は木更津基地を飛び上がると、長居は無用とばかりそのまま西へと機首を向けた。目指す厚木は東京湾を挟んで目と鼻の先だ。幸いにもエンジンは快調。

ところが厚木基地の上空へやってくると、おりからの大風によって芝生はめくれ上がり、舞い上がった砂埃で視界も不良。あいにくと雲も低く、「ありゃー」とつぶやくほどの大嵐の中、細心の注意を払いつつ高度を下げていくと、土煙の中に、ぽっ！ と滑走路が見えた。

このチャンスを逃してはならじと強行接地した場所は1200m滑走路の中ほどで、オーバー（接地点を行きすぎること）もオーバーだったが、春一番とも思える南風は、北側から進入した『彗星』への向かい風となり、自然なブレーキとなって最短距離で行き足を止めることに成功したのである。

やがて降着した彼らの『彗星』の周りを三〇二空の搭乗員・整備員が取り巻いて口々に「すごい、すごい！」と歓喜の声を上げ始めた。

実はこの日は前述のような大風の影響で、朝から三〇二空全隊は飛行止め。搭乗員たちは指揮所に詰めて待機していた状況だった。

そんな中へやってきた一機の『彗星』。見ると尾翼のマークは三〇二空のものではない。こんな大風の中を降りてくる物好きがいるのかしらん？ とくに彗星夜戦隊の隊員たちは同じ『彗星』乗りのこととて「まぁお手並み拝見」といった様子で興味津々で眺めていたのだという。

くだんの『彗星』はその他大勢の三〇二空隊員が見守る大風の中、見事な定着をおこなった。すると今度は、どんなヤツが操縦してるのかね～、と一目その顔を見ようと機体のそばまでやってきた。そうして彼らがより驚いたのは見事な着陸を見せた『彗星』の操縦員が、つい先日まで自分たちと共に彗星夜戦隊で任務に携わっていた坪井飛長であったことだった。

飛長にとっては、彗星夜戦分隊長の藤田大尉が自慢のカイゼル髭をほころばせながら言ってくれた

「坪井～、おまえはしばらく見んうちに、えらく腕を上げやがったな…！」

との言葉が一番うれしかった。

「今にして思えば自身の若さと未熟者ゆえの状況判断の無謀さがさせた強行着陸が向かい風によって運よく救われた一件、と反省することしきりです。それでも藤田隊長をはじめとする皆さんに褒めていただいたことは忘れられない思い出となりました」

と、往時を振り返って気恥ずかしそうに坪井氏は語り、謙遜する。

こうして装備機材のほうも徐々に増え、「第一三一海軍航空隊藤枝基地派遣隊戦時日誌」（以下「一三一空藤枝戦時日誌」と適宜略）に記載されている3月1日時点の『彗星』の保有機数は11機（藤枝派遣隊として全飛行隊併

せての数。以下同じ）で、その内の8機が使用可能。参考までに戦闘九〇一のみに付属する『零戦』を見ると保有は18機。内、12機が稼動状態であった。その後も4日に岩国から『彗星』5機、9日にも岩国から3機を空輸するなどして次第に組織的飛行訓練ができるほどの数を確保していく。この岩国からの空輸機が、前述の十一空廠で生産されていた機体（あるいはここでの改修機）と思って差しつかえはない。

面白いのは新しい装備機材となった『彗星』夜戦の呼称で、このころ正規には『一二戊型』と称されるこの夜戦型を同戦時日誌では「彗星三二型」と初期の頃の型式呼称で記載しており、芙蓉隊における当時の呼び名がわかり非常に興味深い（4月の戦時日誌では『一二戊型』と改めて記載されるようになっているが、その後製作された「夜戦ノ用兵的価値」という芙蓉部隊作成の報告書では再び「三二型」と記述されている）。

機材が増えれば各隊員の操訓も進む。少ない燃料、少ない時間をやりくりして、隊員たちは思い思いに自らの技倆に見合った機種転換の操縦訓練にとりかかる。昼間の「定着訓練」、続いて「黎明定着訓練」へと移行。『月光』に乗っていた旧来の戦闘八一二隊員は言うに及ばず、新しく配属された隊員たちの多くも元は水上機乗りだから夜間飛行はお手の物、『彗星』に慣れさえすれば夜間作戦能力は高いのである。

また、偵察員の技倆確保・技倆向上のため、『彗星』だけでなく『九九艦爆』や『九〇機練』を用いての「航法通信訓練」「黎明航法通信訓練」も併せて実施された。夜間に何の目標物もない洋上において、正確な機位を把握しておくという偵察員の航法能力は非常に重要だ。

双発の『月光』からの『彗星』転換は比較的容易で、新しく着任した乙飛16期の米倉 稔上飛曹や甲飛11期の右川舟平一飛曹ら水上機からの転科組もその特徴を器用につかみとって、次第にその取り扱いを手の内にしていく。

水上機はフロートが付いているため操縦桿、機体が重いなどの飛行特性があるが、そのため操作が軽くなる陸上機への移行は無理がない。ただし、転科する陸上機が引き込み脚の場合は脚の出し入れなど新しい作業が加わる。とくに大きな違いは地上におけるブレーキの操作があることで、水上機組はこのブレーキの使い方をマスターすると完全に〝陸上がり（おかあがり）〟を果たしたことになる。

「戦地帰りの兵隊は有難い」

そう回想するのはフィリピン帰還組のひとり、池田秀一氏だ。

昭和20年3月上旬か、藤枝基地で訓練中の彗星一二戊型〔27〕号機。本機は戦闘804の保有機で、残された資料により製造番号も〔十一空廠製造第3163号機〕と判明している。このの ち中破し、航空廠で修理、28号爆弾を搭載できるように改修され、7月1日の時点で復帰している。部隊記号が消されているのは撮影された時点で戦闘804が北東空の所属だったからか。（本章扉写真は機体部を拡大したもの）

▲昭和20年3月下旬か、藤枝基地で錬成中の戦闘812の下士官搭乗員たち。最後列右から2番目で第1種軍帽をかぶっているのがフィリピン帰りの池田秀一一飛曹（甲飛11期）。背にした『彗星』の尾翼に、部隊記号131の上二ケタ「13」が微かに見えている。

「別に威張っているわけではないが、特別扱いされているよう。訓練飛行の催促もなく、飛行場に出向くのも遠慮がちに伝えられ、練習生時代の教員を思い出しました」

フィリピン帰還組の体力の回復（とくに池田一飛曹はマラリアからの病み上がり）と新隊員の訓練を優先したための措置とも思われるが、ほかの隊員たちが黎明、薄暮、夜間と猛訓練に励むなか、1回も飛行することなく1ヶ月が過ぎていった様子を池田氏は覚えている。

『彗星』の操縦に長けた坪井飛長も夜間飛行訓練はちょっと勝手が違った。

「陸偵、夜戦と三〇二空で『彗星』に乗っていましたが、芙蓉隊での夜間飛行は本格的なもの。大変な思いで飛びましたね」

こう坪井氏は語ってくれるが、陸偵は通常、夜は飛ばないもので（偵察目標が見えないから）、三〇二空『彗星』夜戦分隊への転属後も敵の来襲が昼間に限られていたのでもっぱら昼間高々度哨戒を実施、あるいは昼間高々度でいかに邀撃するかの訓練をしており、同じ理由で『月光』夜戦分隊も夜間邀撃の機会を得ていなかったのだから無理もない話だ。

こうしたなか、前傾「一三一空藤枝戦時日誌」には3月17日の項になって突然、「彗星一三機編隊襲撃運動」との記述がされており、それ以前には攻撃訓練に関する記述がないのであるが、どうもこれは記載がないだけで、それまでにも単機での降爆擬襲が順次行なわれていたようである。

坪井飛長が『彗星』による降爆擬襲を行なったのはこの頃のことだ。その際、角度をかなり深めにとって指揮所目がけて急降下、ドンピシャリの引き起こしをして降着したところ、

「お前、あれがカンコウカ（緩降下）かっ!?　誰が急降下せぇって言ったか！　コノッ馬鹿者!!」と徳倉隊長に怒られた。

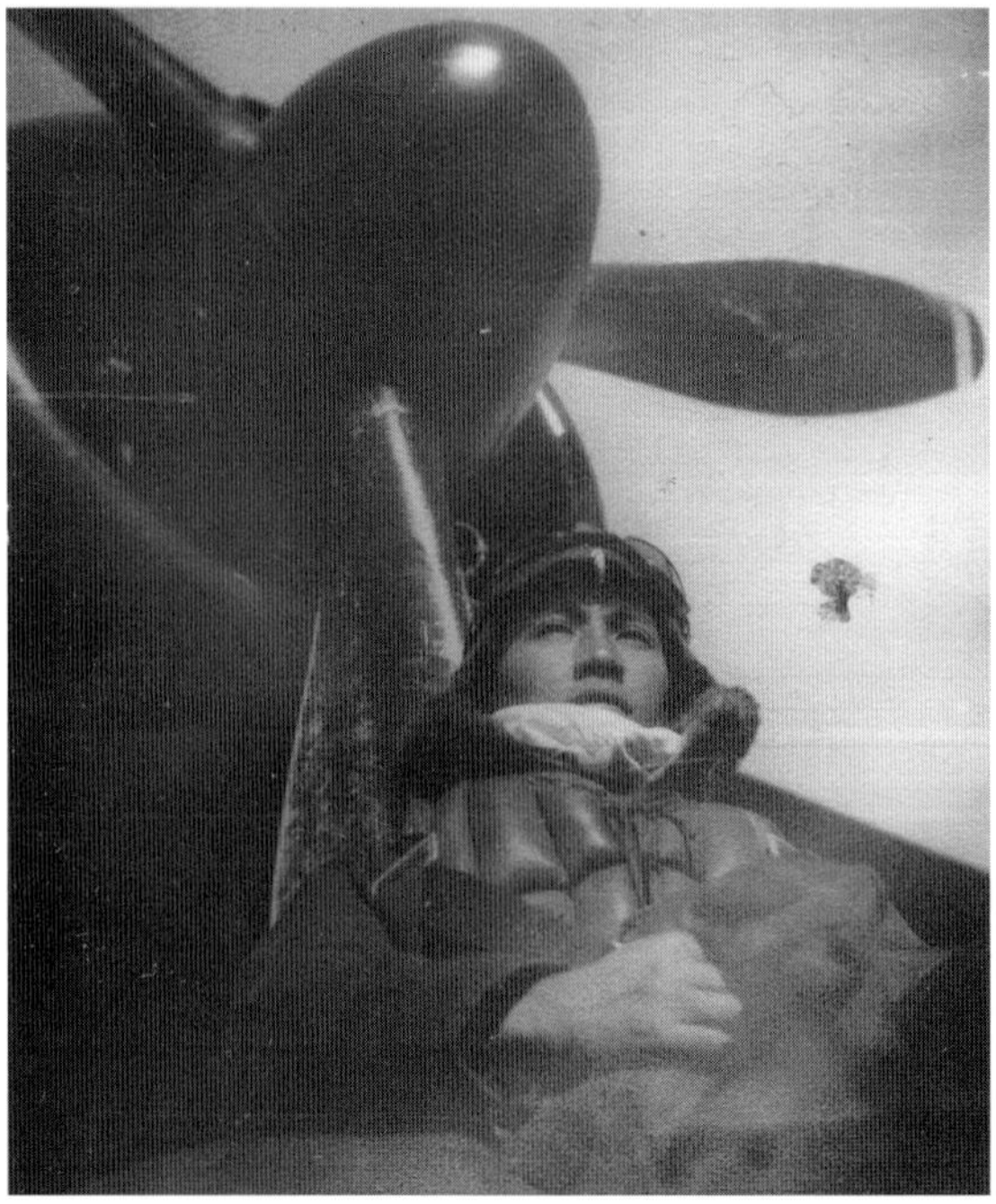

◀操訓用の『九九艦爆』二二型と思われる機体のプロペラに寄りかかる米倉 稔上飛曹。隊旗作成にも携わった彼は、巧みに『彗星』を乗りこなした。

夜間攻撃では、はっきりと目標を捉える昼間のようなピンポイント急降下爆撃は困難だ。だから、芙蓉隊では主装備となる一二戊型以外の『彗星』も筒型照準器「二式一号射爆照準器一型」を航空廠で撤去して光像式照準器「九八式射爆照準器」に交換し、前部固定風防を夜戦型の平面風防に改造して使うようにしていた（艦爆型の風防のまま操訓に使うケースもあった）。緩降下で速度を増し、駆けぬけるように爆撃して目標上空を離脱するのである。芙蓉隊における「降爆擬襲」とはこの緩降下一撃離脱を指しているのだ。

「いやー、下で見ているみんなに良いところを見せようとした『いたずら心』を、見透かされたような叱責でした」

と、この一件を坪井氏は少年のような笑顔で語ってくれる。

ひるがえる隊旗

戦闘八一二の下士官を取り巻く隊風はアットホームなもので、とくにそれは先任下士官の井戸 哲上飛曹、次席下士官の津村国雄上飛曹のふたりの人柄に負うところが大きかった。

海軍、とくに下士官社会においては古い者が自分より軍歴の浅い者に気合をいれることが日常的であり、戦闘八一二でも隊舎においていくらか古い下士官が若い隊員に〝整列〟をかけることがあった。

巡検が終わった隊舎で下士官搭乗員整列の号令がかかると、予科練や練習航空隊（もちろん実施部隊でも）でのバッターを思い出してみんなゾッとしたもの。当然、号令をかけた主もそれを期待して整列をかけている。

下士官隊舎というのはたいがい木造1階建ての長屋で、真ん中の通路を挟んで片側に寝台、反対側が板の間か畳敷きになっており、建物の端っこに個室が造りつけてあって「先任搭乗員室」となっていた。ここに先任下士官クラスの2〜4人程度が寝起きする。

その先任搭乗員室の扉を叩いて「下士官搭乗員、整列しました！」と発すると、やおら扉が開いて井戸先任や津村次席が姿を見せる。

下士官兵が一堂に会した隊舎内を一瞥した井戸先任の言葉は
「…そういうのは、ワシャ好かん」

の一言。戦闘八一二の搭乗員整列はたいがいこれでチョン、であった。

しかし、そんな温厚篤実な井戸上飛曹にも、藤枝における3個飛行隊の再編成が次第に進んでくると、気になってしょうがない案件があった。

それは隣で錬成をおこなう戦闘八〇四のことである。

戦闘第八〇四飛行隊は当時、長さ2m、幅50㎝ほどの大きさの隊旗を有していた。書かれていた文言（もんごん）は「電 八幡大菩薩」というもので、さらに黄色い絵の具で鍵型の稲妻を描くという凝りよう。

「電〜いなずま〜」は戦闘八〇四の開隊時の所属航空隊であった三三二空の別称であり、三三二空が解隊されたのちは戦闘八〇四がそのままその愛称を引き継ぎ、「電部隊（いなずまぶたい）」と称していた。

ことあるごとにひるがえる戦闘八〇四の隊旗。同隊の隊員たちもそれを見て大いに気勢を上げるさまを見るにつけ、井戸先任は次第に「ウチの隊も負けてなるか」との思いを強くして、ある日思い切って次席の津村上飛曹や菅原秀三一飛曹（丙飛16期）に我が戦闘八一二の隊旗を作らないかと提案した。

「そうだ、そうだ、一つ大きな奴をこしらえて皆をあっと言わせてやろう」と意見の一致をみた彼らは早速に若手下士官たちを集めて隊旗を作成する役割分担を決めた。

まず藤枝市街の呉服屋に生地を買いに行く者、甲飛9期の田中 暁上飛曹をはじめ、米倉 稔上飛曹、山崎里幸上飛曹、関 妙吉上飛曹（以上、乙飛16期）、中島嘉幸上飛曹（甲飛10期）ら。いずれも張り切り屋、20歳前後の下士官たちばかり。和気藹々と出かけていって、幅60㎝、長さ6mあまりの白正絹を仕入れてきた。なお、関上飛曹は戦闘九〇一の隊員であったが、二五一空戦闘九〇一トラック派遣隊時代からの井戸上飛曹の腹心の部下ともいえる存在で、よく行動をともにしていたようだ。

買ってきた布地を中心に車座に座った戦闘八一二の下士官たち。さて今度は何を書くかが問題となった。作るからには他所のどこの隊の旗にも負けないものにしたい。口角泡を吹く議論の末、決まった言葉は
「芙蓉夜叉王大権現」

まず「芙蓉」はみんなの総意。「夜叉王」は津村上飛曹の意見で、「大権現」は井戸先任の発意によるものだった。なんとも勇ましさが伝わってくる文言だが、布地に揮毫をお願いするべく焼津のお寺さんに大勢で押しかけると、そこの大僧正いわく「こんな仏は、わしゃしらん」とのこと。無理もない。

知らんものは書けん、という住職に、そこをなんとか、と頼み込んでやっと書いてもらってきました、と若い搭乗員たちが報告しつつ披露する隊旗は「その墨痕実に鮮やかにして隆々たる書体は実に見事なる出来栄えであった」

と井戸 哲氏が後年回想するように、誠にすばらしいものであったという。

『彗星』の受領に日々奔走していた坪井飛長はこの隊旗作成劇に直接かかわることがなかったが、あとになって井戸先任から一連の話を聞き、「こんな仏は、わしゃしらん」のくだりで他の隊員とともに大爆笑したという。

やがて、長い旗竿に「芙蓉夜叉王大権現」の隊旗が翩翻（へんぽん）とひるがえる時は藤枝から南九州の基地へと戦闘八一二の隊員たちが旅立つ時を意味するものとなり、その旗の存在は何よりも励ましとなるのであるが、その機会はもうすぐそこにまでやってきていた。

決戦の前触れ

2月中旬から末にかけて硫黄島攻略作戦の間接援護として日本本土空襲を実施したアメリカ海軍第58任務部隊が、つかの間の休養を終えて、来たる沖縄攻略作戦に呼応して九州を中心とした日本側航空基地を攻撃するためにウルシー泊地を抜錨したのは3月14日のことである。
その3日前の11日には、これら米機動部隊を泊地在泊中に捕捉撃滅するべく第2次丹作戦が発動され、鹿屋基地を飛び立った梓特別攻撃隊の『銀河』24機が文字通り必死の体当たり攻撃を実施、空母『ランドルフ』に損傷を与えたのであるが、それは強大な米空母陣の一角を崩したに過ぎなかった。
九州南東海域で日本側によってその姿が捕捉されたのは17日夜のこと。
翌18日未明、沖縄方面作戦を担当する第五航空艦隊（2月10日新編）司令部は麾下の各航空部隊に対して出現せる敵機動部隊の撃滅を下令、アメリカ第58任務部隊の方でも早朝から艦上機群を発艦させて、一大航空決戦の火蓋が切って落とされた。以後、21日までにわたる戦いを九州沖航空戦という。
その一方、米機動部隊九州南東方面出現の報を受けた三航艦司令部でも、その受け持ち区域である東海・関東方面への来襲を視野に入れ、麾下各隊への哨戒行動を指令する。
関東空部隊に下された命令は次のようなものであった。
「第七基地航空部隊電令作第八九號
関東空司令ハ彗星六機ヲ以テ左ノ哨戒ヲ実施スベシ
発進時刻〇八三〇
基点、藤枝基地一七〇度、一八〇度、一九〇度、進出距離三〇〇浬
二〇〇度、二一〇度、二二〇度、進出距離二五〇浬、何レモ右折三〇浬（句読点筆者）」（「第一三一航空隊戦時日誌」より）
つまり、藤枝基地からの方位170度から西方向へ10度おきに、『彗星』6機による扇形索敵をせよとのことである。進出距離は南寄りの3本が300浬（約570㎞）、西寄りの3本が250浬（約470㎞）。それぞれ先端で右折し、30浬飛行したあと、さらに右折して藤枝へ帰投する算段だ。
索敵隊6機の搭乗割は、再編錬成に一歩抜きん出た戦闘九〇一の隊員を中心に組まれ、戦闘八一二では坪井晴隆飛長‐大沼宗五郎中尉（予学13期）のペアと中村程次中尉（予学13期）‐久保田光享上飛曹（甲飛10期）のペアが選抜された。並み居る隊員、しかもベテランの分隊士や古参の先輩下士官操縦員を差し置く形で坪井飛長が選ばれたのは、三〇二空以来の『彗星』操縦歴を買われてのものと思われる。
やがて発進を前にした搭乗員整列、命令達示が指揮所内でおこなわれたあと、やおら出撃隊員を見回した関東空司令 市川 重大佐（海兵48期）が
「坪井は？（この中の誰が坪井か？の意）」と質問した。
「ハイ、私であります」と恐る恐る坪井飛長が手を挙げる。すると、つかつかとその前に歩み寄った市川司令は
「おう、お前か。しっかりやって来いよ」
と言うやガッシリと飛長の肩を叩いた。
「名前を呼ばれた瞬間は『何でオレの名を!?』という、驚きとも疑問とも言えない思いでいっぱいでした。恐らく出撃する隊員の中で、階級も、年齢も、私が一番若かったからではないでしょうか。一兵卒の飛行兵長が、航空隊の司令である海軍大佐と直接に言葉を交わすことなどありえない当時の状況です。その時のことは忘れられない思い出のひとつとして今も鮮明に覚えています」
そう語る坪井氏の当時の年齢は満18歳。4月1日の誕生日を目前に控えての出撃であった。
ところが、発進時刻直前となり、すでに列線に並べられて試運転をしている『彗星』に乗り込む段になって、またまた奇妙なことが起きた。
「私たちが『彗星』に乗り込むという時になって、『坪井、座席ベルト着けるの手伝うぞ』だのみんなが大勢やってきまして、『坪井、準備は万端か』などと気を使ってくれるんです。普段は一番下っ端で気を使う方の立場ですからね。面映いやら胸を張りたいやら変な気分で

したよ。」

見送る戦闘八一二の隊員とて、飛行隊の代表として搭乗割に名を連ねた坪井飛長を誇らしく思ったことだろう。

果たして〇八三〇、坪井飛長‐大沼中尉ペアの『彗星』は盛大な見送りを受けて藤枝基地を発進。方位210度、5番線を飛翔する。

そうしてちょうど進出行程の先端に到達したあたりで、まさしく真っ黒い屏風を立てたような大スコールが彼らの針路をさえぎるように前方に立ちはだかっていた。飛び進んでいくと雲の下はドシャ降り。あろうことか雨水が座席にまで浸かるほどの猛烈な降り方だ。

操縦に困難を覚えた坪井飛長が
「分隊士、雲の上に出ましょう」

と提案するものの、後席の大沼中尉からは
「馬鹿もん！ 上に出たら雲で敵が見えんじゃろが‼」

との回答。たしかに雲下を飛ぶのが索敵の鉄則だ。

この言葉に何とか飛長もがんばる気でいたが、その内に、雨のためか回転計が壊れて「0」を指したままになり、さらにエンジンも息をつく始末。この状況を見てようやく中尉も雲の上に出る判断をしてくれた。

その後も、増槽なしの乏しい燃料をAC弁の調節でやりくりし、ご機嫌斜めのエンジンをなだめすかすようにして、また時には後席からの大沼中尉の叱咤激励を背中に受けて、予定の索敵線を飛んで何とか藤枝に帰着できた。すでに対『B‐29』邀撃に参加した経験を持つ飛長も対機動部隊戦闘は初めてのこと。その飛行はまさしく「身の引き締まる緊張の連続」であったという。

ところが、索敵隊各機が彼らと前後して次々と帰投する中、一番西よりの6番線、方位220度索敵の任に就いた中村中尉‐久保田上飛曹ペアの『彗星』はいつまでたっても帰らず、ついに未帰還と認定された。

前傾「一三一空藤枝戦時日誌」には
「索敵機一機海上ニ不時着 搭乗員二名行方不明」

との記述が見られるが、中村中尉機の索敵線は敵機動部隊の推定位置に最も近く、その艦上機と交戦した可能性大と判断された。

「中村は、いつでも黙々と訓練に励んでいた。たまに遊びに出た時、同期生がふざけて談笑している傍らで、微笑みを浮かべて楽しんでいるようなタイプだった」

と在りし日の中村中尉の人柄を語るのは第13期飛行予備学生同期にして戦闘九〇一の河原政則氏。偵察員の久保田上飛曹は戦闘八一二の前身、五一航戦司令部附夜間戦闘機隊時代からの生え抜きの隊員であった。

翌19日にも『彗星』3機と『零戦』1機によって藤枝基地を基点とする黎明索敵が実施されたが、これも敵機動部隊の発見にはいたらず、その一方で発進離陸直後の戦闘九〇一の『彗星』が墜落炎上し、搭乗員も2名が戦死するという事態が起きている。

この日の時点で敵機動部隊は四国南方にあり、それは藤枝からの索敵圏外であった。三四三空『紫電改』隊が愛媛県松山上空を中心とする空域で敵艦上機群と熾烈な航空戦を繰り広げたのがちょうどこの19日のことであり、呉軍港などの要地が空襲を受けるという状況であったが、三航艦が懸念した関東・東海方面への来襲はなく、続く20日にも芙蓉隊は『彗星』2機、『零戦』3機による索敵を実施し、やはり敵機動部隊は発見できなかった。

敵機動部隊はこの後、九州南方洋上へ去ったものと判断され、いよいよ米軍は本格的な沖縄上陸作戦を開始せるものと推測された。これまでの作戦により「敵機動部隊に甚大な損害を与え、それが戦意を喪失し、上空警戒機も配しないまま敗走中」と判断した五航艦司令部は翌21日、「今、使わなければ使う時はない」と七二一空『神雷部隊』による『桜花』攻撃を発動、これにより敵機動部隊を撃滅せんとしたが、充分な直掩戦闘機を持たずに出撃した攻撃隊は強大な敵の艦上戦闘機群に捕捉されるところとなり、無念にも『一式陸攻』18機全機が撃墜されるにいたった。敵機動部隊は健在だったのだ。

五航艦がこの3日間の戦闘で失った兵力は、体当たり特別攻撃の実施による69機を含む161機と、地上における被害50機であり、稼動機数は110機にまで激減していた。

つまり、米軍の本格的な沖縄来攻の前にその強大な空母機動部隊の戦力を削いでおくという思惑とは裏腹に、本来は沖縄決戦の主力となるはずの五航艦の戦力の方が漸減された形であり、それは必然的に同航空艦隊の独力による作戦遂行が不可能となったことを意味していた。

これにより、本来東日本方面の作戦を司る三航艦の麾下航空部隊を取り巻く情況は大きく変わることとなる。そしてそれは、「芙蓉隊」についても同様であった。

【芙蓉隊　准士官以上集合　昭和20年3月】

戦闘八一二、戦闘八〇四、戦闘九〇一の3個飛行隊の足並みがそろった昭和20年3月20日頃に撮影されたと思われる「芙蓉隊」の准士官以上集合写真。これだけの人員が一堂に会するとさすがに精強部隊といった観が高まる。名前が判明しているだけで前列左から5人目に座る飛行服の人物が野田貞記大尉（海機52期、812分）、4人おいて藤澤保雄中尉（海兵73期、901）、岩間子郎中尉（海兵73期、812）、陶 三郎飛曹長（操練53期、901）。2列目左から5人目：椅子に座り腕を組んでいる飛行服の人物が高木 昇大尉（予学9期、804分）、小川次雄大尉（偵練17期、901分）、山崎良左衛大尉（偵練25期、812分）、江口 進大尉（海兵70期、901隊）、徳倉正志大尉（海兵68期、812隊）、美濃部 正少佐（海兵64期、131空飛行長）、川畑栄一大尉（海兵69期、804隊）、井村雄次大尉（予学10期、901零分）、佐藤吉雄大尉（予整5期、901整分）、1人おいて甘利洋司飛曹長（甲飛2期、812）。3列目左から6人目：加治木常允少尉（予学13期、901）、2人おいて原 敏夫中尉（海兵73期、901）。4列目左から7人目：大沼宗五郎中尉（予学13期、812）、12人目、鈴木昌康中尉（海兵73期、812）、早田 辿少尉（予学13期、901零）、高濱正之（予学13期、901）。最後列「芙蓉隊」の旗の向かって右側：渡部松夫少尉（予学13期、804）。戦闘804分隊長の石田貞彦大尉（海兵70期）の姿が見られない。
※氏名階級の次の（　　）は（出身期別、所属飛行隊）を表し、隊は飛行隊長、分は分隊長、零は901零戦分隊員、整は整備の意。

第二章

散りゆく桜花の如く

～鹿屋海軍航空基地～

天一号作戦発動さる

3月23日と24日の両日、沖縄本島の艦砲射撃を実施した米上陸部隊は、翌25日になって慶良間諸島に対する上陸を開始。

これらの動きを米軍の沖縄方面本格来攻と判断した聯合艦隊司令部は同日の一八一八、「天一号作戦警戒」を発令。今や沖縄作戦の主力となった第三航空艦隊司令部は、麾下各航空部隊に作戦準備をうながした。

藤枝基地に展開する「芙蓉隊」へも、二〇四五になって三航艦司令部から次のような指示が着信している。これ以後の芙蓉隊の動向を、前傾「一三一空藤枝隊戦時日誌」記載の「令達報告等」の記事を軸として見てみたい。その際、なるべく一次史料でご覧いただくために、読みづらい原文のまま記述することを御承知いただきたい。

「第七基地航空部隊電令作第一〇五號
一、情報ニ依レバ敵攻略部隊ハ今朝慶良間列島ニ上陸ヲ開始セリ
二、『天一号作戦警戒』発令セラル
三、天一号作戦展開第二法用意　展開予定基地、関東空部隊第一國分、展開時機ハ後令ス
四、各空襲部隊ハ現配置ニ在リテ極力戦力向上ヲ計ルベシ」

冒頭にある第七基地航空部隊とは、軍隊区分上の第三航空艦隊の別称である。続いて同日二二四五、藤枝基地には次のような指示が着信した。

「第七基地航空部隊電令作第一〇七號
7FGB電令作第一〇五號ノ中、左ノ通改ム
天一号作戦展開第一法用意
第一基地展開予定三月三十日」

これらによって沖縄決戦における関東空部隊、すなわち「芙蓉隊」3個夜戦隊の展開基地は第一国分基地、展開予定日は3月30日と定められた。

明けて26日一一〇二、聯合艦隊司令部は「聯合艦隊電令作第五八二号」により「天一号作戦発動」を下令。同日の一九五五には第一機動基地航空部隊司令部（つまり五航艦司令部）から三航艦麾下各部隊に対して次のような指示が飛んだ（芙蓉隊での受信は27日〇一〇〇）。

「第一機動基地航空部隊信電令作第一七四号
第七基地航空部隊ハ左ニ依リ九州方面ニ進出スベシ
一、索敵及偵察部隊　鹿屋
二、六〇一部隊　第二國分
三、二五二部隊　富高
四、一三一部隊　串良
五、二一〇部隊　出水
六、関東空部隊　鹿屋」

ここで各隊の展開基地が改めて指定され、関東空部隊は鹿屋へ進出と変更、続いて27日一五一二、次のごとく進出日が指示されてくる。

「第七基地航空部隊電令作第一一一号
天空襲部隊展開ハ左ニ依リ実施ス
六〇一部隊、二一〇部隊　二十八日以後
一三一部隊、関東空部隊　二十九日以後
二五二部隊、偵察部隊　三十日以後
右以外ノ部隊ハ後令ス」

ここで注目したいのは「一三一部隊」つまり一三一空と、「関東空部隊」すなわち芙蓉隊がそれぞれ別の部隊に区分して記述されていること。この事実から、美濃部一三一空飛行長の率いる戦闘八一二、戦闘八〇四、戦闘九〇一の3個飛行隊がこの時点ですでに「一三一空藤枝派遣隊」としてではなく、別個の航空部隊として海軍部内で認識されていたことがわかる。

この27日には沖縄攻略部隊の行動に呼応してマリアナに展開する米空軍の『B-29』約一五〇機が北九州に来襲。翌28日には宿敵米空母機動部隊艦上機約200機が、29日にも〇六三〇頃から約150機、さらに午後になって約150機の艦上機が九州南部一帯へ来襲した。

これらの状況により進出日を延期された芙蓉隊へ、改めて次のような進出の日取りが告げられたのは29日一六三八になってからである。

「第七基地航空部隊電令作第二〇五号
関東空部隊ハ松山基地ニ展開セヨ
彗星夜戦隊ハ三十日〇三〇〇以後即時待機別法」

同じく29日二四〇〇（30日〇〇〇〇）、次の指示が伝えられた。

「第七基地航空部隊電令作第二〇六号
展開末了ノ天空襲部隊ハ明三十日、左ニ依リ各基地ニ展開スベシ
関東空部隊、松山（特令ニ依リ鹿屋）（以下、筆者略）」

さらに進出直前になって

「第七基地航空部隊電令作第二〇九号

いよいよ鹿屋への進出となった昭和20年3月30日、発進を前にして藤枝基地で打ち合わせを行なう「芙蓉隊」第1陣の搭乗員たち。「真ん中で背を見せるのが美濃部さん。この特徴ある後ろ姿が忘れられませんね」と、撮影者であり、当時は戦闘901の整備分隊長として第1陣を見送る立場にあった佐藤吉雄氏が解説してくれたのが印象に残っている。

二十九日二二五〇『ルタ三ン』ニ於テ敵部隊ヲ捕捉セリ
関東空部隊ハ未明索敵攻撃決行ノ上、鹿屋移動セヨ」
と「索敵攻撃」の追加や「鹿屋」への進出指示へと変更。

文中の「ルタ三ン」は各種資料から「ルタ三シ」の誤記のようで、これは足摺崎の160度、40浬の海域を意味している。続く「第七基地航空部隊電令作第二一一号」（29日二三三八、三航艦司令部発信）でも他の部隊に対し索敵攻撃が指示されているが、翌30日一一〇七には「第七基地航空部隊電令作第二一四号」（30日〇八五九、三航艦司令部発信）として改めて

「第七基地航空部隊電令作二〇九号乃至第二一一号ニ依ル攻撃ヲ取止メ攻撃ニ関シテハ特令ス」

との指示が伝わった。

次々と命令内容が変わっていく状況は戦況の変化に即応したものと言えるが、ある意味、守勢の悲しさを如実に物語っているとも取れる。さらに同日朝になり、三航艦司令部から電話で次のような命令が伝えられる。

「九州方面今朝来空襲ナシ、天空襲部隊ハ予定基地ニ展開スベシ。展開基地、一三一部隊串良、六〇一部隊第一國分、二五二部隊富高、七〇六部隊宇佐、築城、二一〇部隊第一國分、関東空部隊鹿屋」

これにより芙蓉隊の進出基地は再び鹿屋に指定されることとなった。その後の一〇三五（三航艦司令部発信〇九〇六）には

「第七基地航空部隊電令作第二一五号
敵情判明スル迄関東空部隊ノ展開ヲ待テ」

との指示が伝えられてきたが、一三〇〇（三航艦司令部発信一一一八）になって改めて

「第七基地航空部隊電令作第二一七号
天候回復セバ天空襲部隊ハ九州方面展開予定基地ニ進出スベシ」

との命令が伝わり、藤枝基地で即時待機していた芙蓉隊は、美濃部一三一空飛行長直率の下、いよいよ発進に取りかかることとなった。

「一三一空藤枝派遣隊戦時日誌」による3月30日の発進機数は可動全力の『彗星』25機と『零戦』16機で、美濃部少佐も直々に『零戦』の操縦桿を握って加わっていた。

以下、この第1陣に名を連ねた芙蓉隊3個飛行隊の幹部を見ていくと、戦闘八一二の徳倉隊長を筆頭に、同操縦分隊長の野田貞記（海機52期）大尉、偵練25期の大ベテランにして同偵察分隊長の山崎良左衛（海軍の名簿にはい

〔戦闘812の幹部たち〕

〔写真左上〕昭和20年3月5日の異動で戦闘812分隊長となった野田貞記大尉（海機52期）。前職は戦闘901分隊長で、昭和19年12月から始まったその再編成に携わりひと足速く『彗星』操縦をマスターしていた。数少ない海軍機関学校出身の飛行科士官のひとりで、分隊長ながら芙蓉隊の"ケップガン"を勤めていた（通常は先任分隊士がケップガンになるが、芙蓉隊には海兵72期生がおらず、軍隊経験の少ない13期飛行予備学生が先任だったため）。

戦闘第812飛行隊創設以来、飛行隊長としてその指揮を執り続けた徳倉正志大尉（海兵68期）。934空分隊長として『零式水偵』で南西方面の戦場を飛び回り、昭和19年6月には重巡『愛宕』飛行長としてマリアナ決戦を戦った。フィリピンから帰還してのち、3個飛行隊の先任飛行隊長としてその錬成に当たった大尉は、「芙蓉隊」第1陣を率いて鹿屋へ飛ぶ。

ウサギの毛皮があしらわれた飛行帽をかぶり、超ベテランの貫禄を充分に見せて藤枝基地にたたずむ山崎良左衛大尉（偵練25期）。緒戦期には飛行艇隊の14空などで戦った。偵察員の大尉は地上ですでに落下傘の縛帯を着けている。左上の野田大尉のものと比べ、左腕に着けた「大尉」を表す階級章のデザイン、サイズが異なっているのに注意。

〔戦闘901、戦闘804の分隊長〕

戦闘901零戦分隊長の井村雄次大尉（予学10期）。302空零夜戦分隊時代に『B-29』1機を撃墜する経験の持ち主。

▲戦闘804分隊長の高木 昇大尉（予学9期）。飛行隊長の川畑栄一大尉（海兵69期）とともに先頭に立って戦う。

▲山崎大尉とともに兵からの叩き上げの特務士官 小川次雄大尉（偵練17期）。かつて重巡搭載の水偵で活躍。

ずれも『良左衛』と記述され、「一三一空戦時日誌」「同戦闘詳報」にも同様にあるが、本来は『良左衛門』が正しいようだ）大尉、戦闘八〇四の川畑栄一隊長（海兵69期）、同操縦分隊長の高木 昇大尉（予学9期）、戦闘九〇一分隊長の超ベテラン 小川次雄大尉（偵練17期）、そして戦闘九〇一零戦分隊長の井村雄次大尉（予学10期）といった顔ぶれである。

この芙蓉隊第1陣の九州進出の様子を坪井氏は次のように語っている。

「出撃隊員は『天』の文字入りの鉢巻姿も凛々しく、各飛行隊は隊旗を押し立て、総員で帽振れをして発進を見送りました。将に祖国を背負って決戦に飛び立つ若武者たちの悲壮なまでも雄々しい出発の情景でした。私はというと、この第1次編成の搭乗割から漏れたことで胸中無念残念という思いでいっぱいで、何やら情けない思いで見送ったことを記憶しています。」

戦闘八一二で最も『彗星』操縦歴の長い坪井飛長が第1陣のメンバーに選抜されなかった理由は多々あるのだろうが、稼動全力とはいえ3飛行隊合わせた『彗星』の進出機数がわずか25機でしかないことも大きな理由のひとつ

昭和20年3月30日、あるいは31日に撮影されたといわれる、藤枝基地を発進にかかる芙蓉隊第一陣の『彗星』。その左にはまだ列線にある2機の姿が見える。画面中央から右にかけて、見送る残留の搭乗員、整備員が鈴なりになっている。こうした盛大な見送りを受けて出撃した第1陣であったが、あいにくと30日は天候が悪く、31日に再挙が図られた。

と考えられる。同じく三航艦の麾下部隊の一つであり、『彗星』艦爆を装備する二五二空攻撃第三飛行隊の場合を例にとって見てみると、先述の指示による香取基地からの発進機数は27機であった。

つまり、芙蓉隊第1陣の進出機数は3個飛行隊を合わせてK三の一個飛行隊と同程度でしかなく、そのため、各飛行隊平均8機の割り当てとなる『彗星』搭乗員の選抜は自然に隊長、分隊長、そして古参隊員を中心としたものとなっていたのである。

その一方で徳倉隊長をはじめとする戦闘八一二の古参隊員がフィリピン脱出後、藤枝基地に着任してからわずか1ヶ月半という期間で『彗星』への機種転換を済ませたこと（戦闘八〇四も同様だが）も特筆される。体力の回復も充分でなかっただろうことを思うとそれはなおさらだ。

かくして、稲妻をあしらった戦闘八〇四の「電　八幡大菩薩」隊旗、それに負けてなるかとの井戸先任の発意で作成した戦闘八一二「芙蓉夜叉王大権現」の隊旗がともに飛行場にひるがえるなか、残留の搭乗員、整備員、その他多くの地上員の盛大な見送りを受けて、芙蓉隊第1陣は決戦場へ飛び立って行った。

ところが、勇躍鹿屋へ針路を取った芙蓉隊の行く手にはあいにくと悪天候が待ち受けていた。前方真正面、鈴鹿山脈付近が雲に覆われていたのである。大編隊による突破は無理と判断した徳倉隊長は『彗星』18機と井村大尉以下の『零戦』12機を率いて反転、明31日に再挙を期す心積もりで藤枝に引返したが、前後して何機かが途中基地に不時着し破損する事態が発生。ただ、戦死者が出なかったことは幸いであった。

編隊の側方に付いていた美濃部少佐は直率の『零戦』3機とともに分離。潮岬を迂回し、内海経由で夕刻無事に鹿屋基地に到着、先に鹿屋入りしていた戦闘八〇四整備分隊長の岩本直樹大尉（予整2期）以下の整備分隊員たちに出迎えられた。

到着後早速、第五航空艦隊司令部へ出頭した少佐は、芙蓉隊の今後の作戦行動についての指示を仰ぎ、徳倉隊長ら主力の進出を待つこととなった。

南西の大空へ

明けて3月31日の早朝、下士官兵の寝起きする藤枝基地の隊舎に徳倉隊長からの電話がかかってきた。

「坪井、連れて行くから急いで準備して飛行場に行け！」

昨日不時着した機の代機のお鉢が回ってきたのである。瞬間、爆発するような感激が飛長の体を包んだ。前日の搭乗割から漏れ、不満が鬱積していたさなかでのことだった。

残留する先輩搭乗員の激励を受けながらあわただしく落下傘バックに身の回りの品（といっても下着類だけ）を詰め込み、飛行場に駆けつける。

途中、今度は別の不満が持ち上がってくる。

「昨日編成の連中は、特別訓練、特別外出の至れり尽くせりだったのに。それが今朝になって、オイ、連れてくぞ、とはなぁーっ！」

出撃前の壮行を兼ねる特別外出は搭乗員にとって何よりも楽しみである。当日になって突然に申し渡されたことで、それがないまま進出することは、いささか損をしたまま出て行くような気がしてならないのだ。

そんなことを思いながら飛行場にやってくると、徳倉隊長から直々に「オレの2番機につけ」との指示である。

ペアは、今日の今日まで言葉も交わしたこともなかった海兵73期の鈴木昌康中尉。今年の2月末に宇佐空で第42期飛行学生偵察教程を修了し、錬成航空隊の二一〇空に配属された後、3月18日に戦闘八一二に着任したばかりのパリパリの若手士官である。

列線にまで見送りに来てくれた甲飛12期の偵察員、笹井法雄二飛曹と安井泰二二飛曹に、静岡の町でお世話になった人々へよろしく言っておいてくれるように頼んで『彗星』に乗り込み、発進前の最終チェックをする。

前傾「一三一空藤枝派遣隊戦時日誌」の3月31日の項に記述されている、この日の鹿屋基地進出の機数は『彗星』13機と『零戦』10機。本土近海に敵機動部隊行動中の情報があるため、万一の会敵を考慮して『彗星』の爆弾倉には二五番通常爆弾（対艦用の徹甲弾）を懸吊していた。

やがて発進位置に着くために徳倉隊長がスロットルを開いて列線から離れる。遅れてならじと坪井飛長もレバーを全開にする。隊長2番機の栄に、先ほどの特別外出おあずけに対する坪井飛長の不満も吹き飛ぶ。

すると、あろうことかブレーキが故障だ。もちろん、操縦員のミスが問われるものではなかったが、盛大な見送りを受ける中にあって、これは格好が悪かった。

続行する機の邪魔にならないよう急いで列線に戻り、修理をしてもらう。30分ほど経ってようやく整備完了の報である。昨日の進出の際に三重空に不時着し、機練で藤枝に戻ってきたばかりの戦闘九〇一分隊長、小川次雄大尉が「次回の出撃を待て」と勧めてくれたが、何とか追いかけてみます、と単機で発進にかかった。

天気は良好、エンジンは快調。

坪井飛長・鈴木中尉ペアの『彗星』は順調に飛行し、豊後水道にさしかかるころには遥か前方にではあるが先行する主力の姿を望見できるまでに追いつけた。

やれやれ、と坪井飛長がひと安心したのもつかの間、今度は前部固定風防の平面ガラスに「プッ」、「プッ」と黒いシミが付きはじめた。プロペラ・スピンナーからの油漏れである。次第にシミの数も増え、やがて風防全体が真っ黒になってきた。

藤枝基地からの進出直前の鈴木昌康中尉（左。海兵73期）と坪井晴隆飛長（右。特乙2期）。飛行帽の部分が白いのはハチマキを巻いているから。飛長が首から下げている白い物体は夜間飛行で使う懐中電灯である。

滑油漏れではなく、グリースが飛び散っているだけだから飛行自体に大きな影響はなく、そのままでも鹿屋までいけないことはない。が、最前線の基地である鹿屋の様子を胸に描き、「他の部隊の隊員やエライさんが大勢詰めているところで、視界の悪い機体で下手な降着を見せたりするのはみっともなないなぁ」と考えた飛長は、思い切って後席の鈴木中尉に
「分隊士、どうも鹿屋まで行けそうもありません。どこか近場でいい不時着場はありませんかね…？」と提案した。すると
「そんなら俺がいた宇佐空に降りよう」との返事である。

中尉にとって宇佐は、ついひと月前まで偵察学生として訓練に励んでいた場所。こういった場合は勝手の知れた場所に降りるのが一番の安全策だ。

結局この日は彼らの他にも2機の『彗星』が鈴鹿基地へ不時着。また不運にも、鹿屋を目前にして野田貞記大尉 - 倉原芳直飛曹長ペアの『彗星』が突然、排気管から黒煙を吹きながら行き足を失ない錦江湾に墜落し、ふたりともが戦死するという事態が起こっていた。

野田大尉は海兵71期とコレスの海軍機関学校第52期出身。第39期飛行学生を卒業後、霞ヶ浦空附教官を経て昭和19年8月20日付けで横空附、10月12日に戦闘九〇一分隊長を発令、11月15日に一時横須賀鎮守府附、12月15日付けで再び戦闘九〇一分隊長となり、いち早く『彗星』操縦をマスター、その再編成の中核にあったが、昭和20年3月5日付けで戦闘八一二分隊長になったばかりであった。

ペアの倉原芳直飛曹長は甲種第4期飛行予科練習生の出身。開戦時には水上機母艦『瑞穂』飛行機隊で『零式水上観測機』に搭乗していた様子が「瑞穂飛行機隊行動調書」からうかがえる。なお、このころの瑞穂飛行機隊には甘利洋司一飛曹や戦闘九〇一の陶 三郎三飛曹、河村一郎一飛など（いずれも階級は当時）、のちに芙蓉隊で活躍する搭乗員の名が見受けられる。そしてミッドウェー海戦直前に半数が重巡『利根』『筑摩』へ、残りは水上機母艦『国川丸』飛行機隊その他へと転属している。

これからの決戦を前にして、分隊長とベテランの偵察員を失ったことは戦闘八一二にとって大きな痛手であった。

さて、広い宇佐基地に坪井飛長 - 鈴木中尉ペアの『彗星』が降着すると、その周りへ〝ワッ〟と人だかりができた。畏敬のまなざしで新鋭機を見る姿は宇佐空の練習生。甲飛13期生のようであった。

指揮所へ不時着の報告を済ませると、鈴木中尉はこれから本部庁舎へ仮入隊の手続きに行くとのこと。不時着や出張の際など、自分の所属する部隊以外の場所で食事をとったり、寝たりと当該部隊の世話を受ける時には、必ず仮入隊の形をとるのである。

「私は機体のそばで寝ますから大丈夫です」と坪井飛長が告げると、中尉は何やら怪訝そうな顔をする。

「何でだ？」との質問に、飛長が
「いや飛行機が心配ですから」と答えても納得してくれない。何か仮入隊したくない別の理由を見透かしたようであった。

押し問答の末、ようやく坪井飛長が海軍における下士官・兵社会の暗部について重い口を開き、彼ら階級の低い者はそれでなくても肩身の狭い思いをするのに、他の部隊へ仮入隊する時には改めてそこの下士官社会に仁義を切らねばならないことなどを説明する。

「そんな事情があったのか。オレの配慮が足りなくてすまんかったな。」

そう言った中尉は、自分と同じ士官宿舎に寝泊りしろよと提案してくれた。

さて、これはその日の夕方のこと。割り当てられた宿舎の一室にひとり坪井飛長がいると、不意にノックする音がしたあとにドアが開き、そこに直立不動の兵隊の姿があった。「夕食をお持ちしました。」と士官付の従兵である。

こんな時に肝心の鈴木中尉は姿が見えない。そういえばさっき同期生のところに顔を出してくるとか話をしていたな、さて、大変だ、自分のような者が士官室をウロウロしていたことがわかれば大騒ぎになるし、鈴木分隊士にも迷惑をかけてしまう。

瞬間、いろいろなことが頭をめぐり、ようやく「そこへ！」と一言。

「はっ！」と大きく返事をしたその兵隊はドアの脇にあったデスクの上に夕食を載せたお盆を置き、ささっと行ってしまった。こちらは飛行服で階級章を付けていなかったこともあり、幸い気づかれなかったようだった。

そんな、ハラハラ、ドキドキする一幕があった晩。

初めて泊まる士官宿舎で鈴木中尉とふたり、枕を並べて夜更けまで話し込む。お互いの家族のことなどを話すうちに、坪井飛長の故郷ではご母堂が独りで暮らしていることを聞き及んだ中尉はガバッと起き上がり、

「お前、母ひとり子ひとりか!? そうか…。」と、神妙な面持ちで飛長の顔を覗き込んだ。

そして、しばらく何か考えていたような中尉は、やがて一言、次のように告げた。

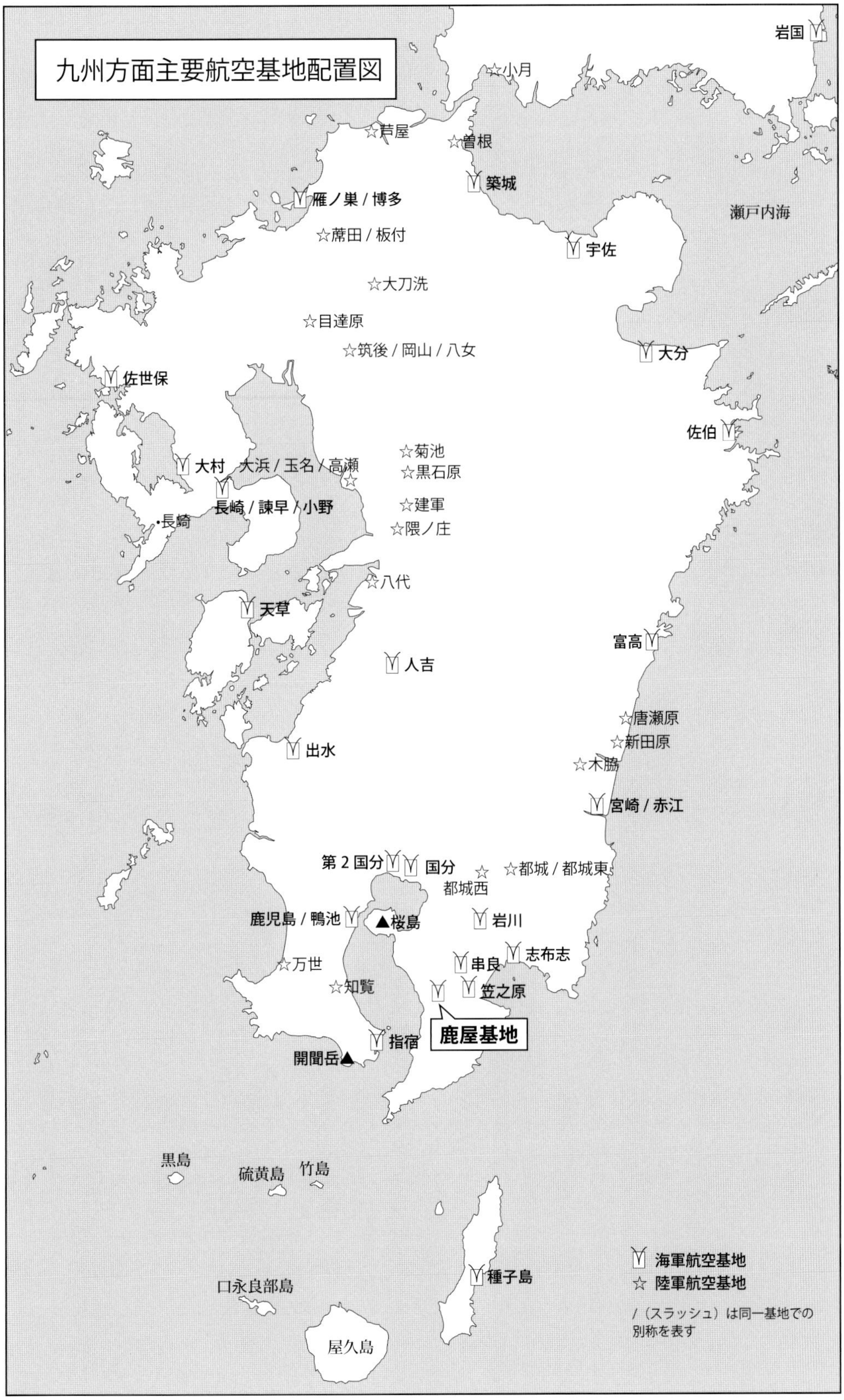

「坪井、オレは初陣だ。よろしく。死ぬも生きるも一緒だ、懸命にやろう」

うがった見方をすればこういったエピソードは軍国美談のように受け取られかねないものかもしれないが、そうではなく、自分のペアであるとはいえ士官室に兵隊を泊める思いやりと相まって、鈴木中尉の純朴かつ誠実な人柄を粉飾することなく今に伝えるものと言える。

その後もふたりは明日遅れて馳せ参じる決戦場のことを思い、話はいつまでも尽きず、そしてなかなか寝付けなかった。やがて坪井飛長は同じ九州の空の下でひとり暮らす母を思い、眠りに付く。

春の宵霞みが美しい、おぼろ月夜のことであった。

翌4月1日。先述のようにこの日は坪井飛長の満19歳の誕生日である。朝のうちに宇佐基地を発進した坪井飛長‐鈴木中尉ペアの『彗星』は一路、最前線の鹿屋基地を目指す。

途中、「分隊士、あの山の向こうが私の故郷ですョ」と飛長が伝声管で後席に語りかけると、中尉は感慨深げにその方角を眺めている様子。

短時間の飛行で九州を縦断し、本隊の待つ鹿屋に着陸する。基地周辺に菜の花や桃の花がいっぱいに色づき、早咲きの八重桜も爛漫と咲き乱れていたのが印象的であった。

そこはまさに南国の春たけなわ。

しかし、表向きのそののどかさとは裏腹に、芙蓉隊をはじめとする日本陸海軍航空部隊の長く、厳しい戦いはすでに始まっていたのである。

鹿屋における緒戦

3月30日から31日にかけて鹿屋基地に進出した芙蓉隊は、4月1日になって早速、その腕試しとばかりに作戦行動を開始する。この日〇八〇〇、米軍はついに嘉手納海岸に上陸し、壮烈な沖縄攻防戦の火蓋が切って落とされた。

第一機動基地航空部隊司令部から一一五二に発信された次の電文により

「関東空ハ彗星三機ヲ以テ準備出来次第左ノ要領ニ依リ索敵ヲ実施スベシ

航路都井岬基点一五〇度、一六二度、一七四度、計三本、進出距離二〇〇浬、側程右三〇浬（一KFGB天信電令作第十四號）」

との命を受けた芙蓉隊は一五〇〇から一五五八までに3機の『彗星』を索敵線に放つ。

このうち一五三五に発進して都井岬174度200浬進出の3番線に就いたのが戦闘八一二の宮田治夫上飛曹（乙飛16期）-大沼宗五郎中尉（予学13期）ペアである。『彗星』〔131-11〕号機に搭乗した彼らは予定の全コースを飛んで会敵せずに一八二五鹿屋に帰着。2番線はエンジン不調で進出16浬にして引き返したが、1番線は予定のコースを飛び、やはり敵を見ずに帰着して、九州進出後の作戦第1日目を終わった。

ところが、「ほっ」とする間もないその日の晩の2日〇二〇二には

「一KFGB天信電令作第二五号

第一戦法発動、攻撃目標〇一四五地点（アロミグ）ノ敵部隊」

との指示が達せられ、さらに〇二〇六には

「一KFGB天信電令作第二六号

関東空部隊ノ黎明索敵攻撃ヲ左ノ通リ定ム

基準索敵線都井岬ノ一六〇度、進出距離二〇〇浬」

とその指示が変更され、これを受けて芙蓉隊は在鹿屋全力である『彗星』10機、『零戦』12機を準備する。『彗星』3機にはロケット弾である一番二八号爆弾が、7機には対艦用の二五番通常爆弾が懸吊され、『零戦』全機は機銃弾全弾装備とされた。その主たる意図は敵航空機を、発艦前に航空母艦の甲板上に並べられた状態において撃破することであった。とくに二八号弾についてはわざわざ三航艦参謀から3月31日の時点で「進出飛行機ハ二十八号爆弾搭載可能ノモノヲ充當サレ度」と指名されていたくらいだから、それに対する期待度もうかがい知れるものである。

戦闘八一二からは4番線の『彗星』〔131-34〕号機に馬場康郎飛曹長-山崎良左衛大尉ペアが、7番線の〔131-74〕号機に先任下士官の井戸哲上飛曹が飯田酉三郎上飛曹（乙飛16期）とのペアで名を連ねていた。

〇四〇〇から順次発進にかかった各機（5番線・6番線はエンジン不調で発進後30分ほどで引き返す）は定められたコースを飛んで敵を見ずに鹿屋へ戻って来たが、ここには南九州特有の霧が張り詰めていたために降りられず、鹿児島基地に1機、大村基地に1機、さらに宮崎基地には山崎大尉機と井戸上飛曹機を含む3機の『彗星』が不時着。

零戦隊の方も離陸後30分ほどでエンジン不調と脚の故障で引き返した2機を除く全機が敵を見ずに任務を終えたが、こちらも霧のため鹿屋には降りられず、志布志基地に1機、宮崎基地に1機、陸軍の万世基地に2機が不時着したほか、松山基地に1機、諫早基地に2機、唐瀬原基地に3機が不時着して、彗星隊ともども霧の晴れるのを待った後、様子を見て夕方近くまでに鹿屋へ帰投するという状況であった。

進出早々の作戦で早速その洗礼を受けたこの「南九州特有の輻射霧」については今後、終戦にいたるまで悩まされることとなる。

ここで改めて、4月頭の時点で鹿屋に進出していた戦闘八一二隊員の陣容を整理してみよう。

まず士官は、3月31日の進出時に野田貞記分隊長を失ったため、徳倉隊長以下、山崎良左衛偵察分隊長、玉田民安中尉（予学13期・偵察）、鈴木昌康中尉（海兵73期・偵察）、大沼宗五郎中尉（予学13期・偵察）ら。

准士官は、野田分隊長のペアとして戦死した倉原芳直飛曹長を除き、馬場康郎飛曹長（操練46期）ただひとり。前掲「一三一空藤枝戦時日誌」に添付された准士官以上名簿には甘利洋司飛曹長（甲飛2期・偵察）も3月31日に

〔芙蓉隊第１陣〕

昭和20年４月１日〜４日、鹿屋基地に集結した芙蓉隊第１陣。１列目飛行服を着た左から不明、不明、飯田酉三郎上飛曹（乙飛16期、812操）、坪井晴隆飛長（特乙２期、812操）、井戸 哲上飛曹（普電52期、812偵）、芳本作次郎一飛曹（丙飛８期、901零）、鈴木甲子上飛曹（乙飛16期、812操）。２列目椅子に座る左から井村雄次大尉（予学10期、901操）、岩本直樹大尉（予整２期、804）、美濃部 正少佐（海兵64期、131空飛行長）、市川 重大佐（海兵48期、関東空司令）、川畑栄一大尉（海兵69期、804偵）、山崎良左衛大尉（偵練25期）、高木 昇大尉（予学８期、804操）。３列目左側の飛行服の人物から河原政則少尉（予学13期、901操）、岡本 宗少尉（予学13期、804偵）、陶 三郎飛曹長（操練53期、901操）、清水武明少尉（甲飛１期、901偵）、加治木常允少尉（予学13期、901操）、大沼宗五郎中尉（予学13期、812偵）、馬場康郎飛曹長（操練46期、812操）、萬石巌喜少尉（予学13期、812操）、米田三郎飛曹長（甲飛２期、901零）、照沼光二中尉（予学13期、901零）。４列目左から玉田民安中尉（予学13期、812偵）、新原清人上飛曹（乙飛11期、804操）、不明、原 敏夫中尉（海兵73期、901偵）、中野増男上飛曹（乙飛16期、901操）、鈴木昌康中尉（海兵73期、812偵）。５列目左から高橋忠雄飛曹長（甲飛５期、901偵）、小峰 茂一飛曹（乙飛17期、901零）、坪井富邦一飛曹（乙飛17期、901操）、塩川順三郎一飛曹（乙飛17期、901操）、有木利夫飛曹長（甲飛４期、804偵）、河村一郎上飛曹（操練47期、901零）、宮崎佐三上飛曹（甲飛８期、901偵）、宮田治夫上飛曹（乙飛16期、812操）。６列目左から持田熊夫飛長（特乙１期、901操）、関 妙吉上飛曹（乙飛16期、901偵）、２人おいて山本 巌飛長（特乙１期）。

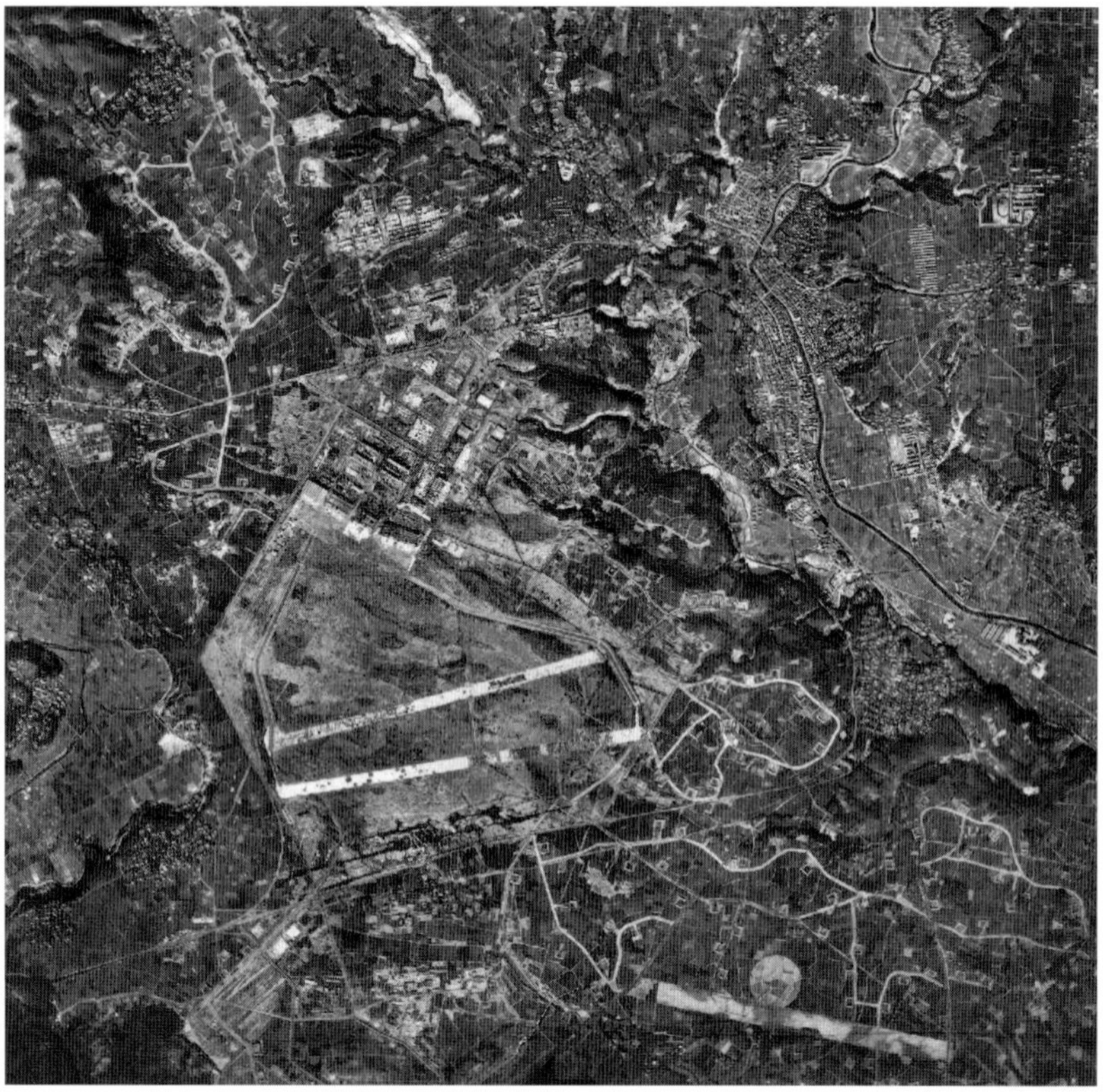

〔鹿屋海軍航空基地〕

昭和11年に創設された鹿屋基地は南九州の要。昭和20年2月には第5航空艦隊司令部が将旗を掲げ、以後「梓」特別攻撃隊や神雷部隊の出撃を見送った場所として知られ、4月から本格化する沖縄作戦では主要航空基地として機能する。画面中央やや左寄りに白く見えるのが舗装された2本の滑走路（画面右下には第3滑走路が見えている）。そのまわりに張り巡らされた誘導路も見てとれる。（1946年撮影／国土地理院所蔵）

鹿屋へ進出と記載されているが、鹿屋で撮影された集合写真や4月初めの搭乗割にその顔や名前が見えず、途中で不時着したものと思われる。

下士官では先任搭乗員の井戸 哲上飛曹の他、飯田酉三郎上飛曹、鈴木甲子上飛曹、宮田治夫上飛曹（以上3名、乙飛16期・操縦）、そしてただひとりの兵操縦員である坪井晴隆飛長（特乙2期）。

その坪井氏はこのころの様子を次のように語ってくれた。

「たしか進出して早々だったと思いますが、井戸先任を先頭に5人で鹿屋の町へ繰り出したことがありました。井戸さんはちょうどその頃結婚されたばかりで…。『先任、これから戦争なのにどうして嫁さんなんかもらったんだろう。先任を殺すようなことになったらいかんぞ』とその痩せた背中を見ながら、ふとそんなことを思ったことがあります」

こうした中、芙蓉隊の副長的存在になりつつあった徳倉隊長には、3月31日の時点で三航艦参謀から「戦斗八一二飛行隊長ハ藤枝残留部隊ノ錬成ヲ続行セラレ度」との指示がなされており、（発進後の一三五〇に藤枝に着信した）、進出早々にして藤枝へ取って返すという一幕もあった。

こうして隊員全ての顔と名前がはっきり浮かび上がってくるということは、それだけ鹿屋へ進出した部隊の規模が小さかったことを意味しているといえる。そしてそれは戦闘八〇四、戦闘九〇一の状況とて同様であった。

索敵行動問題ありや？

続く4月3日は、早朝から他隊による索敵および特攻を含む攻撃作戦が行われる中、芙蓉隊に対する作戦命令は届かなかったが、その日の晩の二一一九になって、翌4日早朝の敵機動部隊索敵の任が達せられた。

「一 KFGB天信電令作第四三号
関東部隊ハ明朝彗二機ヲ以テ早朝発進、屋久島奄美大島北端『ケラ0コ』『アテ0コ』ヲ結ブ区域内ヲ索敵スベシ」（「関東空部隊天作戦戦斗詳報第三號」）との命令により用意された『彗星』は2機。索敵1番線に就いたのが坪井飛長‐鈴木中尉ペアの〔131‐32〕号機であった。

〇五四二に鹿屋を発進した鈴木中尉機は都井岬を発動、針路151度で110浬を飛び194度に変針。この間の飛行高度は3500m。2000m附近、ところどころに断雲が浮かぶものの雲量1～2で天候は晴れ。

機動部隊との会敵を予測して緊張しながら飛ぶことしばし。○六四九、佐多岬の152度128浬の洋上を航行する黒い点を発見した。

つぶさに観察するものの艦種が判然としない。

「何でしょうかね？」と坪井飛長が伝声管で尋ねると、双眼鏡を覗いていた鈴木中尉も

「何だろうかなぁ？」とつぶやく。

「潜水艦…ですかね？」と坪井飛長。潜水艦にしては上部構造物が大きな気もするが…。

「潜水艦……かなぁ？」と鈴木中尉。消去法でいけば潜水艦にしか見えない。

敵味方をはっきりさせるため、飛長は「擬襲攻撃してみましょう」と提案。中尉もこの意見に同意する。本日の任務は「索敵」であり「索敵攻撃」ではないので爆弾倉はカラッポだが、反応を見てみようというのだ。胴体下の爆弾倉扉を開いた『彗星』は急降下を開始、威嚇行動に移る。

ところが、高度1000mまで突っ込んでみても、くだんの目標は回避運動もしなければ発砲もしてこない。結局、この艦艇を味方と判断したふたりは予定のコースに機首を戻した。

先ほど194度に変針したポイントから107浬飛んで針路350度に変針、そこから173浬飛行して種子島の北端に帰り着き、○八四○（前傾「関東空部隊天作戦戦斗詳報第三號」には○八四○と○九四○のふたつの記述がある）に鹿屋へ帰投。こうして坪井飛長は沖縄戦初参戦を、鈴木中尉にとっては初陣を見事に果たしたかにみえた。

だが、指揮所で帰投の報告をし、索敵の途中、敵味方不明の潜水艦らしき艦船を発見した旨を申告したところ、突如として美濃部飛行長のカミナリが落ちた。

「…貴様ら、この時期に味方の艦艇がウロウロしている訳があるかっ！　なんで7ミリ7でも撃ち込んでこなかったかっ!!」

まさに怒髪天を突く勢いの怒鳴り声に、ものすごい形相である。7ミリ7とは『彗星』の機首に装備された7・7㎜固定銃のことだ。

「敵の発見には至らなかったとはいえ、何の落ち度もなく帰着できたと思っていた私には、飛行長のこの様子は一瞬『えっ、何で!?』と思わせるものでした。

ただ…、今考えればそれももっともなことなのですが、当時は味方艦艇の壊滅的な状況など私にわかるはずはありませんでしたし、鈴木分隊士にしてもそれは同じだったのではないでしょうか。まして、擬襲攻撃しても反撃も回避運動もなかった相手です。

前もって『発見するものはすべて敵である、攻撃せよ』との指示をしておいていただけていればふたりとも、もっと違った行動が取れたのではないか、と後悔することしきりな一件でした」

とは坪井氏の談である。

じつは坪井飛長のいた三○二空彗星夜戦分隊では昭和19年11月以降、高々度において『B-29』を邀撃した際に機首に装備した7・7㎜機銃が凍結して使用不能となったため、以後これを撤去した経緯があった。また、藤枝でもこの固定銃の射撃訓練は行なわれていなかったから、とっさにそうした攻撃法が思いつかなかったとしても当然と弁護することができる。

なお、ここで氏が美濃部少佐のことを「飛行長」と呼んでいることは、当時の部隊内での通り名がわかるようで非常に興味深い。

その一方で2番線の索敵に就いたもう1機は○五四七鹿屋を発進。○六五○頃に喜界島の70度30浬付近と推定される場所で消息不明となり、敵戦闘機と交戦したものと考えられたが、後に喜界島に不時着していることが判明し、翌5日早朝に無事鹿屋へ帰投する。

坪井氏はペアの鈴木中尉とのこの日の作戦の様子について

「それにしても4時間あまりの緊張の索敵行、初陣にもかかわらず鈴木分隊士の洋上航法はドンピシャリで、発動点の佐多岬上空に狂いもなく帰投できたのは見事なものでした」

と回想する。

まさに優れた空中指揮官になり得る素養を内包した鈴木中尉にはしかし、充分な経験を積むことなく激烈な沖縄航空戦に投入されるという、過酷な運命が待ち構えていた。

痛恨の事故、心の傷

明けて4月5日○七五二、五航艦司令部から芙蓉隊に対し次のような命令が下された（着信は○九○○）。

「一KFGB天信電令作第五○号

関東空部隊ハ指揮官所定ニ依リ本日夜戦四機、種ヶ島屋久島南方ノ敵哨戒艦

艇ヲ索敵攻撃スベシ」（前傾「関東空部隊天作戦戦斗詳報第四號‐其ノ一」）

敵駆逐艦は夜間に種子島と屋久島の付近に進出して日本側航空兵力の行動を観察打電、当方の作戦を阻害しようとしているものと推測されるため、これを6日○○○○を期して発動される菊水一号作戦の前に撃滅し、作戦初動の秘匿を図ろうというのである。

これにより芙蓉隊が用意した兵力は『彗星』2機と『零戦』2機。これを『彗星』1機、『零戦』1機ずつの2個小隊に編成する。『彗星』には「仮称三式一番二八号爆弾」4発を、翼下に取り付けられた発射レールに装備、『零戦』は搭載する20㎜、13㎜機銃を全弾装備とされていた。

この索敵攻撃隊の搭乗割に昨日に続いて加わった坪井飛長のペアは代わって、原 敏夫中尉である。原中尉は鈴木昌康中尉と同期の海兵73期生で、偵察学生も同じ宇佐空で終えていた（海兵73期主体の第42期飛行学生・偵察専修教程は宇佐空と百里原空の2ケ所に別れていた）。戦闘九〇一所属の原中尉と戦闘八一二の操縦員である坪井飛長とのペアが組まれたのは、本格的な沖縄航空作戦を前にして比較的難易度の低い作戦で実戦慣れさせる意味合いが強かったものと考えられる。そして、この異なる飛行隊の隊員同士がペアを組む（例えば戦闘九〇一操縦員の陶 三郎飛曹長と戦闘八〇四飛行隊長の川畑栄一大尉とのペアなど）という編成は、少ない例ではありながらも芙蓉隊のひとつの特徴であった。

坪井飛長-原中尉ペアは2番線を飛ぶ第2小隊の1番機。搭乗する『彗星』は斜め銃を装備した一二戊型〔131-37〕号機である。2番機の『零戦』〔131-89〕号機には戦闘九〇一零戦隊の山本 巖飛長（特乙1期）が搭乗する。

一七〇〇になって第1小隊2番機の『零戦』、一七一〇に山本飛長の第2小隊2番機の『零戦』、さらに一七一二に第1小隊1番機の『彗星』、そして一七一六になって坪井飛長-原中尉ペアの『彗星』の順で発進。

昨日搭乗した〔131-32〕号機とは違い、今日の〔131-37〕号機が試運転の時から調子が悪く、発進直前になっても機付の整備員が点火栓を換えたりしている様子が坪井飛長には気がかりだったが、いよいよ発進に取りかかるとその不安は的中。スロットルレバーを開き、0ブースト付近になると排気管から火の粉が噴き出し、馬力も上がらない。

離陸すると上昇する速度にも力がないが、なんとか飛べそうだ。索敵航程も1時間半と短いから作戦を続行。

4月4日の作戦で鈴木昌康中尉と代わって坪井飛長とペアを組んだ原 敏夫中尉（海兵73期）。その飛行は心に大きな傷を残すものとなってしまった。

坪井飛長-原中尉ペアの『彗星』と編隊を組んだ『零戦』の操縦員 山本巖飛長(特乙1期)。特乙の先輩の操縦する『零戦』が護衛に付いてくれることは何よりも心強かったという。

通常であれば『彗星』の方が『零戦』よりも巡航速度が速い。だが、今日は調子の悪い坪井飛長-原中尉ペアの『彗星』に山本飛長の『零戦』がつんのめりそうになって付いてくる。坪井飛長が度々後方を振り返ると山本飛長のニコニコした顔が操縦席から覗いている。『零戦』の護衛が付いて飛ぶことの何と頼もしく心強いこと。それが特乙の先輩である山本飛長だったからなおさらだった。

一七四二、「天候悪化シツツアリ、雲高三〇〇、視界十五粁」と中間報告をする。

結局、索敵コースに敵を見ず、一八三〇頃に都井岬に戻ってくると、遥かかなた、ちょうど鹿屋上空の方向で『零戦』十数機ほどが編隊を解いて着陸に移っているところが望見された。鹿屋は沖縄作戦における海軍航空部隊の主力航空基地だ。日の出から日没まで、いろいろな部隊が作戦に用務飛行にと、ひっきりなしに離着陸している状況だった。

基地上空にたどり着き、山本飛長の『零戦』との編隊を解散し、出力の不安な機体で慎重に場周を回る。飛行場では着陸した先ほどの零戦隊が列線に向かって滑走中。その巻き上げる土煙りが滑走路の半分を覆っている様子を坪井飛長は機上から確認する。

一八四〇、夕闇迫る春の空と不調なエンジンを気遣って降着に移る。と、接地して200mほど行ったであろうか、突然、薄れた土煙りの前方、片方の脚を折って擱座した『零戦』の姿が飛長の目に飛び込んできた。

瞬間的に危険を察知した飛長はすばやく右ブレーキを踏んで機体を捻り、回避を試みる。

が、とっさの操作もわずかに及ばず、この擱座した『零戦』と自機の左の翼端が接触。さらに漏れたガソリンに引火して彼らの『彗星』は瞬時にして火達磨となってしまった。

しっかり締めた座席ベルトと落下傘バンドをはずすのに手間取った飛長は、座席にまで火が回るころになってようやく操縦席から脱出。右翼に出て後席を覗き込むと原中尉の姿はすでにそこになく、周囲を見回してみると機体から50mほど離れたところに倒れていた。

近づいてみると、中尉の飛行服は焼かれ上半身が露出、燃え残ったカポックが燻ぶっている。大急ぎでそのカポックを引きちぎり、中尉を抱えて燃える機体のそばから離れる。その後方では『彗星』の翼下に懸吊していたロケット弾に火が付いて暴発し、20㎜斜め銃の機銃弾にも引火してパンパンと花火のように飛び跳ねる始末。

機体から離れたところで原中尉を横たえ、救急車の迎えを待つ。それまで気が付かなかったが、自分の飛行服の左袖も火で焼かれ、顔も火傷のせいかヒリヒリする。

「坪井、すまん。俺がよく見張りをしとけばよかったんだが…。図板（チャート）を整理していたんだ」

仰向けに寝た中尉がポツリとうなるようにつぶやいた。機首の長い『彗星』の離着陸時に後席の偵察員が立ち上がり、前方の見張りをする様子は当時よく見られた光景だったが、図板の整理に気がいってしまい、それができなかったことを中尉は謝罪しているのだ。

「いえ、私こそすいません」と恐縮した飛長が答えると

「いや、俺が悪かった」と中尉も譲らない。彼もまた、一本気のある、純朴な若き海軍士官であった。

駆けつけた救急車に原中尉を乗せ、飛長は同じく駆けつけてきたサイドカーに乗って指揮所に向かう。火傷した顔に当たる春風が快く感ぜられた。

その指揮所では先ほどからの『彗星』の事故を目撃していた美濃部少佐がガックリと肩を落とし、顔は床を向いてうな垂れていた。坪井飛長が部屋に入った瞬間、パッと顔を見上げた少佐は開口一番、

「ふたりとも駄目だと思ったが、生きていたか！」

と心の底から発せられたような声で喜び、みるみる顔色がよくなっていく様子が飛長にもはっきりと読み取れた。

原中尉の代わりに報告をしようとする飛長の言葉をさえぎるように「すぐ病院へ行け」と指示する少佐。前傾「関東空部隊天作戰戰斗詳報第四號 - 其ノ一」に「操縱員軽傷、偵察員重傷」と記述されているように、幸い坪井飛長の火傷は生命にかかわるものではなかったが、飛行眼鏡をしていた目の回りよりも下の顔面は大火傷して、ケロイドのようになっていたのである。

この事故で上半身に火傷を負った原中尉の容態はかんばしくなく、海軍病院を経て転地療養のため栃木の実家へ帰郷するも、薬石効なくして9ヶ月後の昭和21年1月27日に帰らぬ人となってしまう。坪井氏にとっては生涯忘れることのできない、心に大きな傷を残す作戦飛行となった。

その坪井氏は戦後もだいぶ経ったある日、某大学の教授だと名乗る人物の、戦中の体験談を聞かせてほしいとの依頼を受けて、自らの戦争体験と共にこの一件についても語って聞かせたことがあった。その時、くだんの人物が放った言葉が

「あぁ、これはあなたの操縦ミスですね」

とのもの。誠に心無い一言といえよう。

はたして事故の原因は一体どこにあったのだろうか。

その日のエンジンの調子が完調でなかったこと、そのためにいくぶん気が焦り、降着時に土煙りが晴れるのを待つ余裕がなかったことも確かにそのひとつであっただろう。

しかし一番の原因は、第一線の、航空部隊の離発着著しい最前線基地の鹿屋において降着に失敗し、擱座して滑走路を塞いでしまうような技倆の搭乗員（前傾「関東空部隊天作戰戰斗詳報第四號 - 其ノ一」には「元山空零戦」とある。もちろん、『零戦』の主脚の材質悪化や滑走路の整地にも原因があったのかもしれない）を、その第一線に投入しなければならない当時の海軍航空の現状にこそあったとは言えまいか。

むしろ往来の真ん中で擱座した『零戦』との正面衝突、搭乗員2名焼死という最悪の事態を避けることができた坪井飛長の操縦技術が高く評価されてしかるべき事故であったと評することができる。

筆者は以前に、自らのペアが戦死もしくは大きな負傷をした時に、特に生

き残ったのが操縦員である場合、ご本人が非常に責任を感じ、その後の人生に大きく影を落とす傾向があることを述べたことがある。そして本件もまた、そうして重い十字架を背負ってしまったケースであると言えるだろう。

なお最後に、この日、彼らと前後して発進した第1小隊の『彗星』と『零戦』は敵を見ずに一九一五と一九〇八に鹿屋へ帰投、無事に作戦を終えたことを付記しておく。

菊水一号作戦の先鋒

第一機動基地航空部隊司令部が4月3日午後に下達した「1KFGB天信電令作第三九号」により、沖縄方面の敵攻略部隊並びに来襲敵機動部隊に対して可動兵力の大分をもって昼夜にわたる連続攻撃を実施し、その覆滅を企図する次期作戦の発動予定日を5日とし、その呼称を「菊水一号作戦」と定めることとなったが、翌4日二二五〇には「1KFGB天信電令作第四八号」により次のような命令が下されるにいたった。

「1　菊水一号作戦X日ヲ六日ト予定ス

作戦実施要領左ノ通リ定ム

(1)〇五〇〇迄既令ノ夜間爆撃ヲ実施スル外、八〇一部隊陸攻四機ヲ以テ泊地附近ニ機雷敷設、九〇一部隊夜戦隊（筆者注、関東空部隊）ヲ以テ主トシテ敵攻略部隊ノ銃爆撃（以下、筆者略）」

芙蓉隊の作戦企図は、黎明に沖縄周辺へ小型機を以って殺到、これまで実施する機会のなかった銃撃とロケット弾攻撃により敵の意表をつき撹乱させ、当日の午後に実施される菊水一号作戦の大掛かりな特攻攻撃隊の進撃を容易にするというものであった。

4月1日の作戦以来、沖縄本島周辺にまで進出するのは今回が初めてのことである。

訓練日数の少なさから夜間の編隊飛行に不安が残るため、『彗星』は単機で、さりとて『零戦』の半数は夜間航法能力にも不安があるため2機編隊で行動する手はずをとる。さらに『零戦』の夜間行動の不安を解消するため、『彗星』1機を先行させて天候偵察を実施すると共に航法目標灯を連続して投下し、間接的に誘導することとした。

『彗星』の装備は二八号ロケット弾4発、『零戦』は機銃弾全弾装備に増槽を懸吊。それぞれ攻撃目標の第1を空母、第2を輸送船、そして第3をただ単に艦船としている。空母の次に重要な目標は戦艦でも巡洋艦でもなく輸送船なのだ。そしてそれらへの攻撃方法は「超低空肉迫銃爆撃」と定められていた。

用意された兵力は『彗星』8機と『零戦』8機。このうち〔131-34〕号機に乗る馬場飛曹長-山崎大尉ペアと、〔131-77〕号機の鈴木甲子上飛曹-玉田民安中尉ペアが戦闘八一二からのメンバーであった。

攻撃隊は6日〇三〇〇過ぎから逐次発進に取りかかる。馬場飛曹長-山崎大尉のベテランペアは〇三四〇、鈴木上飛曹-玉田中尉ペアは〇三四五に鹿屋を離陸、遥か南西の沖縄本島へ進路を取る。

そして発進から2時間ほど経った〇五二九、馬場飛曹長-山崎大尉ペア機が沖縄本島に到達。那覇西岸において敵艦船からの射撃を受けると、これに触接を開始。〇五五〇、ついに敵巡洋艦を捕捉し翼下の二八号弾4発を斉射するも効果不明で離脱、〇七三〇になって無事に鹿屋へ帰投した。

鈴木上飛曹-玉田中尉の若きペアが搭乗する『彗星』の攻撃模様は戦闘詳報に記述されておらず詳細は不明だが、〇七五八に攻撃終了、燃料欠乏のため種子島へ向かうとの報を発し、その後の〇八五〇に屋久島の海岸に不時着。機体大破、搭乗員無事との報告があり、さらに後になって種子島から陸軍の知覧飛行場を経由して無事に帰隊した。

結局、『彗星』は攻撃隊8機のうち6機が離陸して沖縄に進撃し、そのうちの4機が攻撃に成功。うち3機が二八号ロケット弾の命中を報じたが、一方で発進直前の陶 三郎上飛曹-川畑栄一大尉ペアの『彗星』の二八号弾が暴発して出撃を取り止めるなど、依然として問題を残していた部分もあった。その他にも出撃した『零戦』2機が未帰還となり、九州進出後、初めて芙蓉隊は戦死者をだすこととなったのである（他に『零戦』1機が降着時中破）。

前傾「関東空部隊天作戦戦斗詳報第四號-其ノ二」にはこの日の作戦による「功績」を次のように報告している。

「視界極メテ狭少ナル悪条件ヲ克服シテヨク作戦目的ヲ達成、敵陣ヲ震該セシメルハ功績顕著ナリ」

また、作戦の「参考」として次のような一文が併記されているのが興味深い。

「彗星、零戦ヲ以テ夜間三七〇浬ノ遠距離ニ進攻奇襲セルハ近時航空戦ガ其性能ノ極限迄使用セザル場合多ク、又搭乗員ノ昼夜間共ニ行動力微弱セル傾向アル時ニ當リ訓練ノ如何ト精神力ニ依リ敵陣ヲシテ震該セシムルニ足ルヲ

4月6日　沖縄周辺敵艦船攻撃行動図

燃料消費状況

1.彗星

機番号	各燃料槽使用時間					飛行時数			残量/総量	燃費
	補左	補右	主左	主右	銅	総飛行時間	敵上空	空戦時間		
34	0-35	0-40	1-00	1-15	0-15	3-42	0-35	16	225/1000	209
10	0-40	0-40	1-20	0-50	0-25	3-55	0-25	08	200/1000	205
11	0-38	0-55	1-25	1-07	0-37	4-22	0-25	10	195/1000	187
02	0-35	0-35	2-15		0-35	4-00	0-25	05	160/1000	210
82	0-40	0-40	1-00	1-10	0-17	4-12	0-25	0	235/1000	182
平均	0-38	0-42	2-16		0-26	4-02	0-27	06	（空白）/1000	199

彗星燃料全量1050立ナルモ1000立トシテ計算セリ
計器速力170節、平均飛行高度3000米

2.零戦

機番号	各燃料槽使用時間			飛行時数		残量/総量	燃費
	増槽	翼内	銅	総飛行時間	空戦時間		
85	1-55	2-50	0-10	4-55	0-20	50/825	140
77	2-05	3-00	-	5/05	140	140/825	137
平均	2-0	2-55	0-10	5-00	0-13	95/825	139

零戦燃料全量865立ナルモ825立トシテ計算セリ
計器速力140節、平均飛行高度2900米

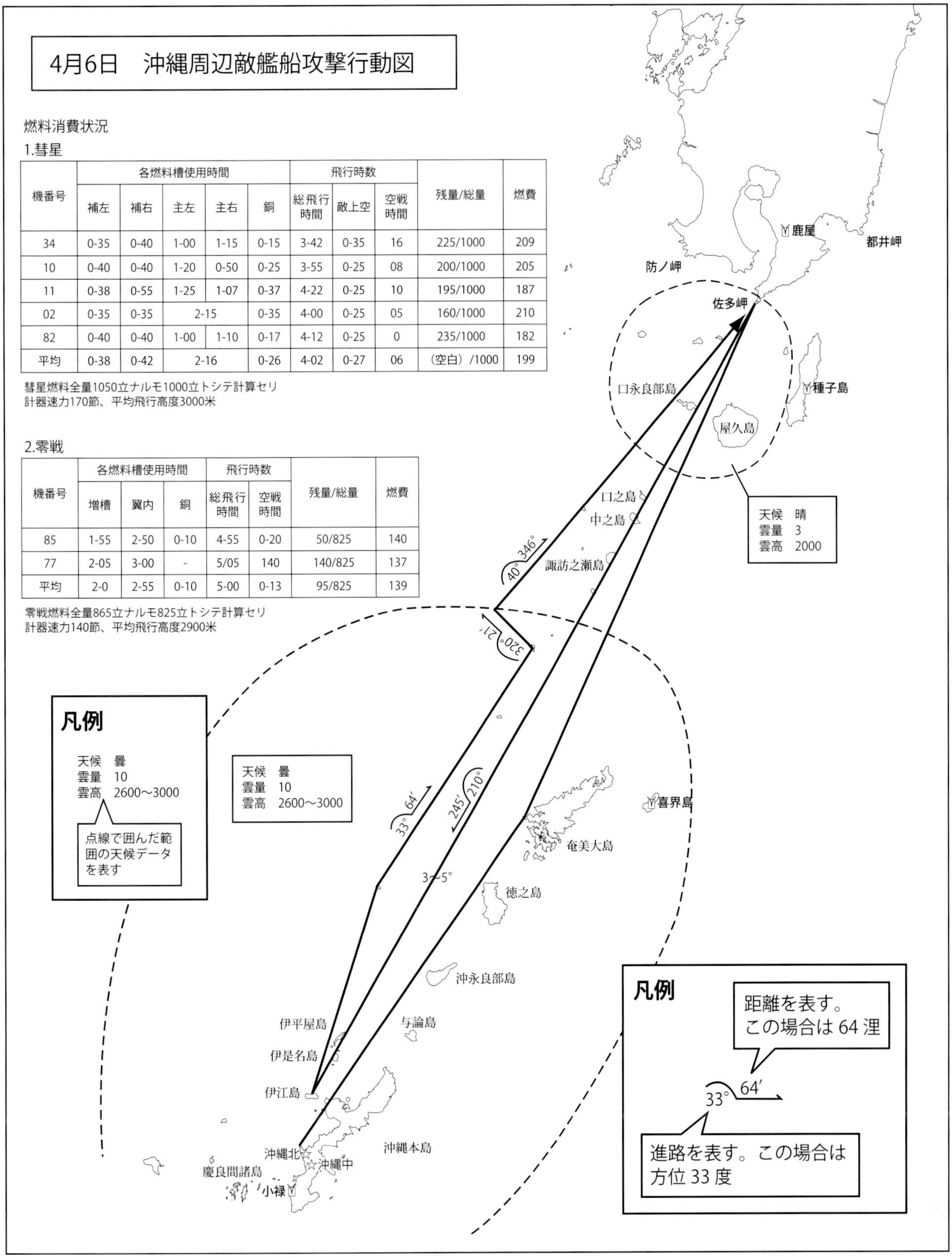

実証セルモノニシテ、今後ノ教育ト作戦企図ニ対スル一大示唆ナリ」

つまり少々回りくどい表現ではあるが、搭乗員の訓練次第では夜間正攻法によってまだまだ戦果を挙げ得る余地のあること、すなわち未だ特攻作戦を行なう時期ではないことを、実績をもって進言しているのである。

しかし、芙蓉隊がその先鋒を務めた「菊水一号作戦」の初日たるこの日は、まさに沖縄本島をめぐる一大航空特攻作戦の第一幕とも言うべき様相を呈していた。

この日、偵察第一一飛行隊の『彩雲』5機ならびに陸軍第六航空軍の『百式司偵』1機は〇五三五から順次鹿屋を発進、〇八〇〇になって喜界島の180度70浬に空母4隻の所在を報じてきた。続いて〇九二二から発進した『彩雲』3機、『百式司偵』1機が一一三〇から一四二〇までの間に沖縄本島北端からの方位91度（ほぼ真東）、85浬に次々と4群の敵機動部隊を発見。

これらの情報を受けて七二一空、元山空、大村空、筑波空、二五二空戦闘三〇四の爆装『零戦』特攻隊総計85機と、六〇一空K一、二一〇空、二五二空K三の『彗星』艦爆総計24機、さらに一三一空K二五四・K二五六、七〇一空K二五一の『天山』艦攻総計16機、宇佐空、姫路空の『九七艦攻』総計30機、百里原空、宇佐空、名古屋空の『九九艦爆』総計49機（以上合計204機）がそれぞれの進出基地から発進。さらに陸軍第六航空軍も知覧、万世、都城から総計54機の攻撃隊を繰り出して、先刻発見された沖縄本島東方を遊弋中の敵空母機動部隊、ならびに沖縄本島周辺を行動する艦船へ殺到し、文字通り「必死」の特別攻撃を実施するにいたった。

そして、これらの特攻隊のうち、海軍側の未帰還機は156機、陸軍側も24機が損失を数えている。戦果の多寡、攻撃の成否に関わらず、出撃機の過半が未帰還となるのが特攻作戦の常である。仮に戦果を挙げえたとしても、必ず戦力は消耗し、流れ出た血は次第に致命傷となっていく。

それがおもてに表れた時、すでに事態は遅きに失するのだ。

好漢、往きて帰らず

明けて4月7日、「菊水一号作戦」二日目のこの日、「1KFGB天信電令作第七四号」により芙蓉隊には次のような命令が下された。

「関東空彗星夜戦二機準備出来次第発進、都井岬ノ一八〇度二五〇浬附近ニ電探欺瞞紙ヲ撒布スベシ」

「関東空ハ彗星一機ヲ以テ陸軍百式司偵特攻隊ノ誘導ニ任ズベシ」

すなわち陸軍の『百式司偵』特攻隊が、奄美大島の南方約80浬に行動中の、前日の我が陸海軍航空特攻作戦により損傷した敵空母2隻を捕捉、攻撃せんとするのを受けて、電探欺瞞紙による陽動を実施すること、そして『百式司偵』特攻隊を目標へ直接誘導する任務が命ぜられたのである。

準備兵力は『彗星』3機（1機は予備機か？）に電探欺瞞紙2000枚を搭載したものと特攻隊誘導用の『彗星』1機。電探欺瞞の陽動隊2機は都井岬の180度の方位、喜界島より30浬南下した地点から50浬の地点までの範囲で、30秒間隔にて1束50枚ほどに束ねられた欺瞞紙を散布し、敵戦闘機の誘致を謀る。

戦闘八一二からは電探欺瞞隊の『彗星』2番機〔131-12〕号機に飯田西三郎上飛曹・井戸哲上飛曹ペアが、『百式司偵』誘導の『彗星』〔131-34〕号機に宮田治夫上飛曹・大沼宗五郎中尉のペアが選ばれた。

一二〇五、陽動隊の2機が発進、一二一六には都井岬を発動して針路を一八〇度にとる。ところが、飯田上飛曹・井戸上飛曹ペア機はあいにくとエンジンの調子が悪く、一二三五になって「我発動機故障帰ル」と打電して反転、続いて一二三九には「我不時着スルヤモ知レズ」と発してきたためその安否が心配されたが、一三一五に無事鹿屋に帰投して隊員たちを安心させた。

残る1機は途中の雲量8〜9、雲高1000m、視界10浬の曇り空を突破して、都井岬より210浬の地点から電探欺瞞紙の撒布を開始。このあたりまで来ると天候は雨となり雲量は10、雲高も100m、視界は0・5浬という状況。一三二九には250浬の地点である先端到達、針路60度に変針して17浬飛行ののち、再び351度に変針して帰途に就いた。

特攻隊誘導機の宮田上飛曹・大沼中尉機が発進したのは一三〇七。鹿屋の上空で『百式司偵』2機と邂逅し、その手を引くようにして南の空へ消えていく。

そしてこれが芙蓉隊と彼らとの別れとなった。

発進から2時間半ほど経った一五四三、「敵空母四隻見ユ、地点セヨ五」との報を発した大沼中尉機はそのまま消息を絶つ。詳細は不明ながら、陸軍特攻隊を誘導する大任を果たし、自らも突入したものと推測される最後であった。未帰還推定位置は「鹿屋ノ一九〇度二七〇浬」と戦闘詳報に記録されている。

米海軍空母機動部隊の戦闘詳報によれば、この日一五四〇にレーダーが2機の双発機を探知、艦隊の輪形陣に突入するそれらを対空砲火によって撃墜したとあり、ついで一五五〇に空母『ベニントン』の戦闘機が『彗星』1機を358度30浬の地点で捕捉、撃墜したと記されている。これが陸軍『百式司偵』特攻隊、そして大沼中尉機の最後の姿であろう。

この日の朝、宮田上飛曹が宿舎で誰に言うともなくポツリと一言、

「陸さんが突っ込むのに、戦果確認だけで帰れとはなァ」

と呟いたのに坪井飛長は気がついていた。

やがて発進時刻が近づいて飛行場へ向かう際、ちょうどヤクザ映画の俳優が右手を下に伸ばして「お控えなすって」と仁義を切るような格好をした宮田上飛曹は

「じゃー皆さん、チョックラお先に～」

とおどけた挨拶をして宿舎を出ようとした。

先ほどの独り言の件もあり、「はっ」とした坪井飛長がその背中に

「宮田兵曹、帰ってこんとイカンですよ！」

と叫ぶと、やおら振り返った上飛曹はニッコリ笑って、「じゃぁなー」と手を振り、出かけていったという。

この日、電探欺瞞隊の1番機の機長として自らも『彗星』の操縦桿を握って作戦参加した戦闘九〇一の河原政則氏（前出。予学13期）は在りし日の同期生、大沼中尉の人柄を次のように回想する。

「大沼は、髭を蓄えた悠然とした風貌で、同期生を圧していた。平素から無口であり、一身を捧げる機会を求めていたのではないか」

宮田上飛曹は戦闘八一二開隊以来の隊員で、千歳基地時代にこんなことがあった。

昭和19年10月下旬のある日のこと、宮田一飛曹(当時)と池田秀一二飛曹(当時）はともに『月光』に搭乗（千歳基地ではこのペアで飛ぶことが多かった）、黎明の飛行訓練を終えて千歳へ帰投中、前方に小学校が見えてきた。運動場では蟻のように動き回って遊んでいる子供たちの姿が見える。

「学校の上を飛んでやる」

後席の池田二飛曹にそう告げた宮田一飛曹は早速運動場めがけて緩降下、

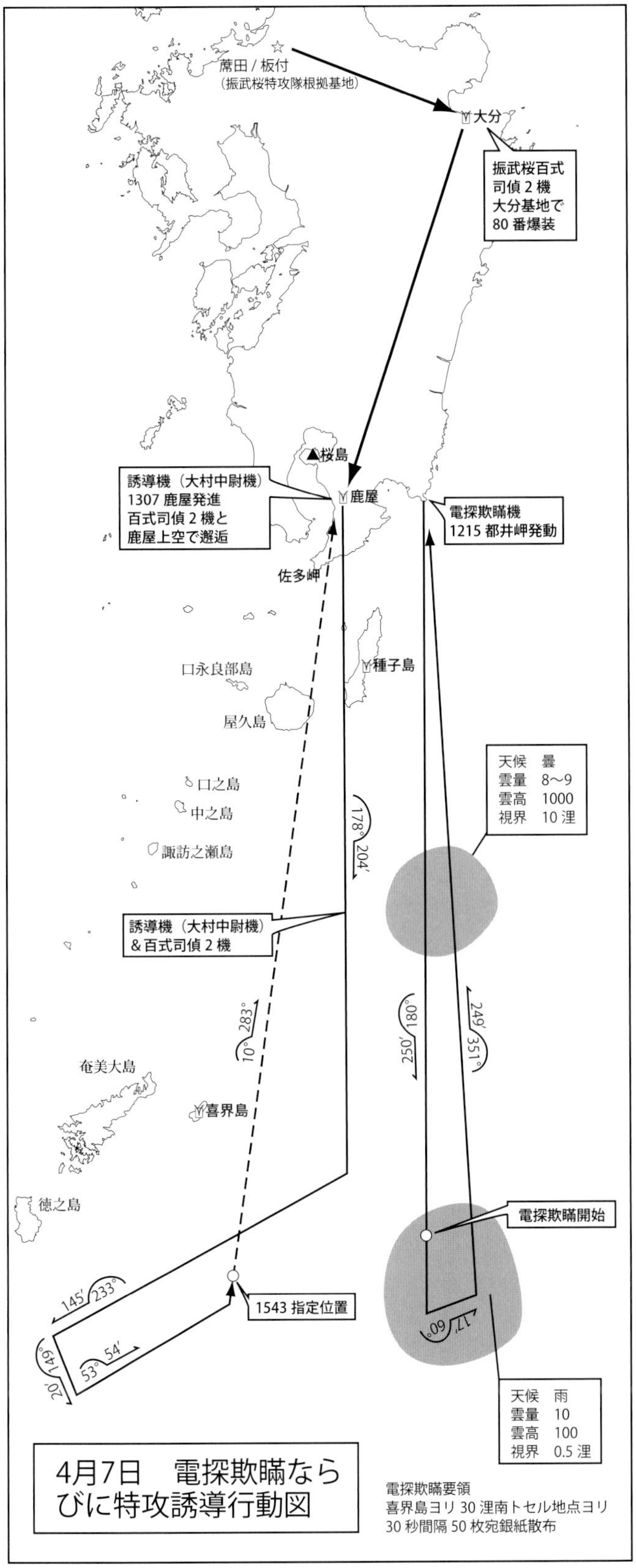

4月7日　電探欺瞞ならびに特攻誘導行動図

グーンと引き上げた時の高度は20ｍほど。この頃は反跳爆撃の訓練をしていたので低空飛行はお手の物。校庭では滑り台に駆け上って手を振る子供たちの姿も。サービスのつもりで反転し、もう一度運動場の上をパス、バンクを振って千歳へ帰った。

その翌日の夕方、薄暮の飛行訓練のため飛行場に向かう道すがら

「昨日牧場の上を飛ばなかったか?」

と、血相を変えた同期生の平原郁郎二飛曹（当時）に呼び止められた池田二飛曹、何で？　と問い返すと、昨日、牧場の親父さんが怒鳴ってきたらしい、隊長に呼ばれて、事情もわからずお前の飛行機じゃないかとペアの山崎里幸兵曹とふたりでしかられたとのこと。

「下に何があるのか気にして飛んでるわけでなし黙ってしかられた。昨日の朝、飛んだのは俺と君の飛行機だけだったからな～」

そういえば学校と少し離れたところに牧場が見え、青い草原に乳牛が散らばって草を食んでいる様子を眺めながら高度１００ｍほどで無意識に飛行したことを思い出す。平原二飛曹の問いかけには黙って聞き流してしまった。

この日、飛行訓練に際して徳倉隊長が訓示を終えたあとに言った言葉が「牧場の上はできるだけ飛ばないように！　牛乳が出なくなるから」とのもの。

「宮田兵曹は子供っぽいところがありましたね」

と池田秀一氏語るように、そのちょっとしたいたずら心のせいで隊長が牧場主に怒られるというとんだとばっちりとなった微笑ましい話である。

さて、これまで何度も述べているように、彼らの任務は洋上作戦能力のない陸軍特攻隊を敵空母機動部隊が見える位置にまで誘導することであった。もちろん、特攻隊と運命を共にする必要は全くなく、むしろ任務遂行、戦果確認ののちには速やかに戦場を離脱して帰投する必要があった。

だが、この日の朝に坪井飛長が耳にした宮田上飛曹の独り言からも推察するに、大沼中尉と上飛曹のふたりが「陸軍特攻機のみ死地に誘導し、自分たちだけ生きて帰ること潔くなし」との気持ちをひとつにして出撃していった可能性が少なくはない。

とはいえ、爆弾を携行していない『彗星』で体当たりを試みるほど、ふたりは浅はかではなかったのではないか。

安易な推測はその死を冒涜するものに他ならないが、米軍の戦闘詳報からもうかがえるように陸軍特攻隊の突入を見届けるため、敵機動部隊への触接行動を執り続けたゆえの未帰還だったことと思われる。

そして、この日のふたりの戦いぶりは、当日の戦闘詳報に

「大沼中尉宮田上飛曹ノ適切ナル誘導ニ依リ航法能力殆ド無キ陸軍百式司偵特攻隊ヲ敵部隊ニ突入セシメ自ラ又其ノ後ヲ追ヒタルハ其ノ功績抜群ナリ」

と記述されてしかるべきものであった。

こうした配慮もあって、やがてその戦死は「聯合艦隊告示第一七三號」として全軍布告されるにいたる。

ここで、彼らが命をかけて誘導した陸軍「振武桜」特別攻撃隊について触れておきたい。

「陸軍百式司偵特攻隊」として知られる同隊は、昭和20年３月22日に東京の陸軍第六航空軍司令部で特攻要員に任命された14名の隊員によって調布基地で編成されたもので、その装備機を『百式司令部偵察機Ⅲ型』10機とし、日本陸軍の対空母機動部隊特攻の切り札とされるものであった。

独立飛行第十九中隊から隊長として赴任した竹中隆雄中尉（陸士56期）を筆頭に将校５名、下士官９名という隊員の多くは独飛十六中隊や独飛十七中隊、独飛八二中隊、独飛八三中隊、下志津教導飛行師団などですでに『百式司偵』の操縦を経験しており、即作戦可能。その高速を誇る機体に海軍の八〇番爆弾を搭載し、対艦船特攻を行なうことを企図していた。

編成直後の３月25日には早速、第六航空軍より九州進出が下令され、翌26日には福岡県の蓆田（むしろだ）基地へ移動、出撃待機に入った。

４月７日、ついに敵空母機動部隊特攻の出撃命令が下る。緒戦は竹中隊長自らが先陣を切る形である。

「おれが先に行く。残る者はおれの後につづけ。振武桜特別攻撃隊の名を汚すな」と隊員たちに訓示あり。

海軍の大分基地に移動、ここで八〇番通常爆弾を懸吊した２機の『百式司偵』は、一二〇五、竹中隊長機、一二一〇、吉原重発軍曹（少飛９期）の順で離陸、約40分後に鹿屋上空で芙蓉隊の『彗星』と合流し、翼を並べて南の空に消えていった。

その後の行動は既述の通り。

この前代未聞の司偵特攻隊に関して（特攻作戦の恒常化自体が前代未聞なのだが）、第六航空軍の参謀副長であった某氏（特に名を秘す）は後年、次のような回想をしている。

「第六航空軍の対機動部隊攻撃準備は、事実上、飛行第七戦隊、同第九八戦

〔大沼宗五郎少佐〕

未帰還機となった誘導機の機長、大沼中尉（予学13期）。髭をたくわえた風貌は、同期生たちを圧していたという。

〔宮田治夫少尉〕

宮田上飛曹は戦闘812生え抜きの操縦員であった。千歳基地時代には小学校へ超低空飛行をするなど、いたずらな一面を見せた。

機密聯合艦隊告示（布）第一七三号

布告

戦闘第八一二飛行隊 海軍中尉 大沼宗五郎

同 海軍上等飛行兵曹 宮田治夫

右ノ者 昭和二十年四月七日奄美大島東方海面ニ来寇セル航空母艦四隻ヲ基幹トスル敵機動部隊ニ対シ陸軍特別攻撃隊洋上索敵攻撃ノ誘導ニ任ゼラルルヤ勇躍出撃悪天候ヲ冒シ敵戦闘機ノ厳重執拗ナル妨害ヲ排除シツツ極メテ困難ナル状況下巧妙適切ナル行動ニ依リ克ク其ノ任ヲ完遂セシメタル後自機又引続キ必死必殺ノ体當リ攻撃ヲ決行シ壮烈ナル戦死ヲ遂グ

仍ッテ茲ニ其ノ殊勲ヲ認メ全軍ニ布告ス

昭和二十年八月十六日

聯合艦隊司令長官 小澤治三郎

昭和20年4月7日、第54任務部隊に肉迫しながらも対空砲火に被弾して洋上へ落下する日本軍双発機。米軍側が“Nick”と記録するこの機体こそ、飯田上飛曹-大沼中尉ペアが命をかけて誘導した「振武桜」百式司偵特攻隊の最期の姿である。（駆逐艦『ブラッシュ』から撮影）

振武桜特別攻撃隊が使用した機体と同型の『百式司令部偵察機』三型。写真は尾翼に菊水マークをあしらった独立飛行第16中隊の所属機で、振武桜隊にもこの独飛16中隊からの選抜隊員がいた。段なしとなった前方固定風防が特徴的だ。快速を誇るこの機体に海軍の80番通常爆弾（対艦用）を懸吊して出撃。のちには二型も使用された。

隊等（筆者注、いずれも『四式重爆』を装備する陸軍雷撃隊）の雷装の外なしと断言し、決して過言ではないと信ずる。司偵特攻をもって機動部隊に備えたとすれば、遺憾ながらそれは過誤と言わざるを得ない。なぜならば、司偵はひたすらに高空における大速度を目的として設計されたもので、荷重係数少なく、急旋回すらも禁止されていた飛行機である。その接敵航進はもちろん、生命とする高性能発揮のため大高度なるを要するも、この高度より敵を発見し、急降下せんか空中分解は必然である。故に、高空接敵後、適宜に高度を処理して低空より急降下特攻するの不利をあえてするか、あるいはむしろ超低空全速水平突撃あるのみであった。私は三月二十六日、司偵特攻の攻撃指導を委されたときこの方法を採ろうと決心した。好機を得ず、命により福岡に同隊を返却せるときは、ホッとした次第であった。」（『戦史叢書沖縄・台湾陸軍航空作戦』）

一見、『百式司偵』の特性を捕らえた的確な意見に見えるが、逆に参謀副長たる者がそのあたりを良く理解していたにもかかわらず何故、「本機は特攻に不向き」と作戦の中止を進言しなかったのか。最後の「ホッとした次第であった。」という一文に関しては何をかいわんやである。

その後も「振武桜」特別攻撃隊は4月12日に『百式司偵Ⅲ型』（八〇番1発懸吊）2機、5月14日に『百式司偵Ⅱ型』（五〇番1発懸吊）4機で特攻を実施。さらに5月23日には沖縄偵察で1機を失って、隊員の戦死9名、生存5名という状況で8月15日の終戦を迎えるのであるが、海軍部隊による誘導は4月7日に実施したこの1回のみであった。

菊水一号作戦2日目となる4月7日の動向を総括すると、前日の6日に豊後水道を南下して出撃した沖縄水上特攻隊「第一遊撃部隊」が、この日一二四〇頃からの度重なる敵機動部隊艦上機の攻撃により旗艦『大和』、軽巡『矢矧』、駆逐艦4隻を失って一六三九に作戦を断念した他、正午過ぎから沖縄本島周辺を行動中の敵機動部隊ならびに上陸支援艦艇の上空に殺到した六〇一空K一の『彗星』11機、七二一空および二五二空戦闘三〇四の爆装『零戦』30機、七〇六空K四〇五および七六二空K二六二、K四〇六の『銀河』12機がそれぞれ特攻もしくはそれに准じた肉迫攻撃を実施し、さらに陸軍第六航空軍も黎明泊地攻撃に33機を出撃させただけでなく午後にも22機を繰り出して、ようやく陸海軍協同総攻撃の形を成し始めていた。

その後、夕方になって天候が悪化。薄暮から夜間にかけての攻撃作戦が取り止めとなっただけでなく、戦果確認もできなかったためにこの日の攻撃成果は判然としなかったが、敵の無線傍受情報により第一機動基地航空部隊司令部はその戦果を空母2隻撃沈、2隻撃破と判断するにいたった。

この日の損失について『アメリカ海軍作戦年誌』には砲艦の沈没1隻、損傷については空母1隻、戦艦1隻、駆逐艦2隻、掃海艇3隻、上陸用舟艇3隻の記録がある。

第1目標の敵空母の撃沈、撃破が容易でなかったことが垣間見られる事実である。

〔振武桜特別攻撃隊〕

出撃記録

4月7日　嘉手納沖艦船攻撃

氏名	階級	使用機/爆弾
竹中隆雄	中尉	百式司偵三型/80番
吉原重發	軍曹	百式司偵三型/80番

※海軍機による誘導あり

4月12日　沖縄周辺艦船攻撃

氏名	階級	使用機/爆弾
東田一男	少尉	百式司偵三型/80番
中沢忠彦	軍曹	百式司偵三型/80番

5月14日　沖縄沖艦船攻撃

氏名	階級	使用機/爆弾
古山　弘	少尉	百式司偵二型/50番
熱田稔夫	軍曹	百式司偵二型/50番
山路　実	少尉	百式司偵二型/50番
慶増和一	軍曹	百式司偵二型/50番

※慶増軍曹機は離陸後墜落したため、全軍布告の対象となっていない

5月23日　沖縄本島偵察

氏名	階級	使用機
森川不二雄	軍曹	百式司偵（三型？）

※森川軍曹の場合はペアとなった同乗者がいたはずだが不詳

総員名簿

氏名	階級	期別	出身部隊
竹中隆雄	中尉	陸士56期	独立飛行第19中隊
東田一男	少尉	航士57期	下志津教導飛行師団
古山　弘	少尉	幹候8期	
井出達吉	少尉	特操1期	独立飛行第16中隊
山路　実	少尉	特操1期	
植木　肇	曹長	少飛7期	独立飛行第19中隊
吉原重發	軍曹	少飛9期	独立飛行第83中隊
中沢忠彦	軍曹	少飛11期	独立飛行第17中隊
森川不二雄	軍曹	少飛11期	独立飛行第19中隊
熱田　稔夫	軍曹	少飛12期	
平林浩明	軍曹	少飛13期	独立飛行第82中隊
川上	軍曹	少飛13期	独立飛行第16中隊
佐藤武士	軍曹	少飛13期	独立飛行第17中隊
慶増和一	軍曹	少飛13期	独立飛行第17中隊

計14名

本格夜間作戦始動

4月8日の南九州は雨模様であった。この日、作戦打ち合わせをおこなった第一機動基地航空部隊司令部は「菊水二号作戦」を10日に決行すると決定、作戦準備を進めたが、9日に続き10日も雨のち曇りという天候で、結局、作戦発動は12日に延期されることとなる。

「菊水二号作戦」の打ち合わせで特筆すべきは、沖縄のふたつの飛行場が米軍の手によって整備完成する状況を踏まえ、夜間にこの飛行場を攻撃、制圧しつつ夜明けと共に味方戦闘機を出撃させて敵戦闘機を誘い出し、その着陸の時間を見計らって味方攻撃隊を突入させる作戦手法である。

ここで考えられた夜間攻撃の主兵力となるものが「芙蓉隊」であった。

さて、9日、10日と天候の不良により全く索敵ができなかった第一機動基地航空部隊司令部は敵機動部隊の所在をつかみかねている状況にあり、天候が回復した11日早朝にT一一の『彩雲』と芙蓉隊の『彗星』をもって索敵を実施することとなった。夜間攻撃兵力と指定された芙蓉隊に昼間の索敵任務を課すところに、偵察機不足の実態をうかがい知ることができる。

この日は戦闘九〇一の1組と戦闘八〇四の2組のペアにより搭乗割が組まれ、戦闘八一二には出番がなかったが、〇六三〇から順次発進した各機は敵艦艇を見ず帰投。なお、戦闘九〇一のペアは発進後1時間ほどで燃料系統に不具合が生じて引き返し、〇八三〇に帰投。入れ替わりに別の戦闘九〇一ペアがその代機として発進し、やはり敵を見ずに帰投している。

結局、〇九三〇に喜界島の180度60浬の洋上に空母3隻を含む敵機動部隊を発見したのは本職T一一の『彩雲』で、これを受けて七二一空、二五二空、六〇一空、二一〇空の爆装『零戦』計50機、二五二空K三、二一〇空の『彗星』計9機が出撃、この目標に対する特攻作戦を実施した。

さらに一四四五にもT一一の『彩雲』が別の空母群を、一六三〇にもさらに別の空母群を発見して、敵機動部隊は大きく3群に分かれていることが判明。これに対し、七六二空K二六二、同K五〇一の『銀河』17機、一三一空K二五四、K二五六の『天山』10機、陸軍飛行第七戦隊、第九八戦隊の『四式重爆』16機が薄暮攻撃をおこなった。

前傾『アメリカ海軍作戦年誌』には特攻による損傷として戦艦1隻、空母2隻、駆逐艦4隻の記録が見られる。

そしてこの日のうちに翌12日からの「菊水二号作戦」の第1日目における攻撃命令が芙蓉隊に下達された。

「一KFGB天信電令作第一〇七号
本十一日、陸軍司偵情報ニ依レバ沖縄北・中飛行場ニ小型機夫々約三十及五十計八十ヲ認ム、菊水作戦ニ於ケル関東空部隊夜戦隊ノ攻撃目標ヲ北・中飛行場敵飛行機ニ改ム」

それは日の出の20～30分前の黎明に敵飛行場に突入し、滑走路および地上の敵飛行機の破壊を企図するものであり、敵戦闘機を制圧することにより間接的に昼間の特攻作戦並びに神雷桜花作戦の成功を支援することであった。

日の出の20～30分前に戦場到達を目指すのは、ちょうどその時間に地上へと浮かび上がった影により、駐機する敵機の位置が判然とするからだ。

またここで攻撃目標を北飛行場と中飛行場に改めるとあるのは、8日の「天信電令作第八八号」により芙蓉隊には慶良間の敵飛行場攻撃が指定されていたためで、沖縄本島のふたつの敵飛行場（元は日本陸軍の飛行場だったわけだ）がいよいよ整備され、陸上機の進出が見られるようになったからである。

4月6日が九州進出後、初の夜間敵機動部隊索敵攻撃であったとすれば、今回は沖縄本島に対する初の夜間敵飛行場攻撃である。使用兵力は『彗星』9機と『零戦』8機。『彗星』は二五番陸用爆弾の緩降下爆撃により飛行場滑走路の破壊を、『零戦』は超低空銃撃により敵飛行機の焼き討ちを試みる。

配分は北飛行場攻撃に『彗星』5機と『零戦』4機、中飛行場攻撃に『彗星』4機と『零戦』4機で、『彗星』に関しては戦闘八〇四から川畑隊長をはじめ11名が、戦闘九〇一からは5名が選抜される中、戦闘八一二からは飯田上飛曹‐井戸上飛曹ペアだけがこの搭乗割に名を連ねていた。

『零戦』隊各機は12日〇三三〇を挟んで順次発進。ところが発動機の故障や増槽の不具合、また脚故障の症状を訴えて、零戦分隊長の井村大尉を含む5機が引き返し、3機だけが進撃する。

『彗星』隊も〇三四〇から各機ごと順次発進に移り、だがこちらも発動機の不調やブレーキの故障などで3機が発進を取り止め、もしくは途中引き返して5機が戦場に向かうこととなる。

飯田上飛曹‐井戸上飛曹ペアの『彗星』も発動機の油圧低下の症状により再整備となり、他機からやや遅れた〇三五四に見送る人の姿もまばらになった鹿屋を発進した。佐多岬を左に、開聞岳を右に見て高度500mで鹿児島湾を南下、どんどん上昇して屋久島付近に達するころには4000mにまで高度を確保できた。眼下に見える硫黄島が不気味に噴火煙を上げているのが井戸上飛曹には印象的だった。

ここから先、列島線で待ち受ける敵の夜間戦闘機を避けるため西の洋上へ大きく迂回する針路をとり、奄美大島の西方に位置する鳥島（硫黄鳥島）附近を通過して沖縄本島に到達。時刻は〇五〇〇少し前、東の空はすでに白みかけていた。

目指す北飛行場はすぐにわかった。観察すると、ちょうど上空哨戒の交代時間なのかカンテラを点灯した滑走路で離着陸をおこなっている戦闘機の姿が見え、また高度3000m付近にはグラマンらしき敵機が4、5機旋回している様子である。

これらの敵機に紛れ込む形となったのか井戸機は1発の対空砲火も見舞われずに緩降下し、高度300mで北飛行場の滑走路に二五番爆弾を投弾。井戸上飛曹が爆風による大きな衝撃を機体に感じるのと同時に地上からの猛烈な対空砲火が火を噴き、彼らの『彗星』の前後左右を取り囲むように曳光弾が追いかけてきた。第1弾を受けて米軍はようやく敵と気づいたのだろうが後の祭りだ。

長居は無用とばかりに味方の勢力域と伝えられていた方向へ離脱した『彗星』の下には静まり返った大地が横たわり、昼間に繰り広げられているであろう激戦の様子は微塵にも感じられなかった。が、それもつかの間。2、3分で陸地を突っ切り、海上に出た井戸上飛曹は、畳の上に黒豆を散らしたごとくに海面を埋め尽くす敵艦船を見て驚かずにはいられなかった。大きな艦こそいないようだが、駆逐艦や上陸用舟艇、輸送船など数百隻は数えられる。

投弾したあとの超低空のまま、林立するマストを右に左にかき分けかき分け虎口からの脱出を図る。打ち上がる対空砲火を尻目に慶良間諸島に到達、帰投針路を取るべくそろそろと高度を上げ始めた。後方の見張りは厳重にせねばならない。幸い敵の夜間戦闘機は追いかけてきていないようだ。遠く伊江島が目に入る。戦艦らしい大型艦船が3隻ほど見え、巡洋艦もいるもよう。空母らしき艦影は見えなかった。

東の空はすでに夜が明けていたので、まだ暗い西の空に針路を取り15分ほど進み、敵夜戦の追躡がないことを再度確認して北東に変針、ようやく帰投コースをとるという慎重さは、これまでに鈍足水偵や『月光』で激戦をくぐり抜けてきた歴戦の井戸上飛曹ならではの戦術か。高度はすでに3000m、雲上を飛行しているとその雲間から日の出が昇ってきた。

奄美大島を通過。1時間ほど前の飛行場奇襲攻撃の手ごたえにひとりほくそ笑んでいた井戸上飛曹が、はるかに屋久島の宮の浦岳が雲の上にぽっかりと顔をのぞかせている様子を絶景かな、と眺めていた時、操縦員の飯田上飛曹が不意に
「先任、鹿屋まであと何分くらいかかりますか？」と伝声管でたずねてきた。

「そうだな、45分くらいはかかるだろう」と井戸上飛曹が答えると、

「燃料が、あと30分ほどしかありません」との言葉である。

もともと『彗星』による沖縄攻撃は航続距離に余裕のあるものではなかったが、特に今日は敵の夜間戦闘機の行動を懸念して往路復路ともに大分回り道をしたから燃料が足りなくなってしまったのだ。

「そんなら、種子島の飛行場に不時着しよう」と飯田上飛曹に告げた井戸上飛曹は併せて針路をやや右寄りに取るよう指示する。種子島を見つけると、断崖絶壁の上にある飛行場はすぐにわかった。

ところが着陸態勢に入ると、どうしたわけか脚が出ない。すぐさま着陸をやり直す。が、またも脚が出ない。

そうこうしているうちにエンジンがストップ。ついに燃料が切れたのだ。

高度はどんどん下がる。前述のように種子島の飛行場は断崖の上にある。とっさに飛行場への滑り込みは無理と判断した井戸上飛曹は洋上への不時着を指示、これには飯田上飛曹も先刻承知の反応ですぐさま胴着を敢行、その巧みな操縦で行き足を失いかけていた『彗星』は見事な着水を遂げた。

だが、一難去ってまた一難。不時着の衝撃で偵察席前面の計器盤に体を打ちつけたものの幸運にも無傷であった井戸上飛曹がやっとのことで機外に脱出、沈む機体から泳いで離れようとしたところが、操縦席の飯田上飛曹が一向に出てくる気配がない。着水の衝撃で可動風防がレールに食い込み、開けられなくなってしまったのである。

井戸上飛曹が外から開けようとしても固くてびくともしない。その間にも機体はみるみる沈んで、もう半分くらいまで海没してしまっている。

それでも力を合わせて外側と内側からなんとか風防をこじ開けることに成功すると、今度は飯田上飛曹が締めていた肩バンドと腰バンド(いわゆるシートベルト）が外れない。操縦席内に流れ込んだ海水でカポック（救命胴衣）が浮き上がり、バンドが締め付けられてしまうからだ。やがて顔まで海水に浸かる状況となり、井戸上飛曹も自分が身につけているカポックの浮力で思うに任せず、もはやこれまで…、と観念したのと同時にバンドが外れ、ふたりともだいぶ水を飲みながらもなんとか九死に一生を得ることができた。

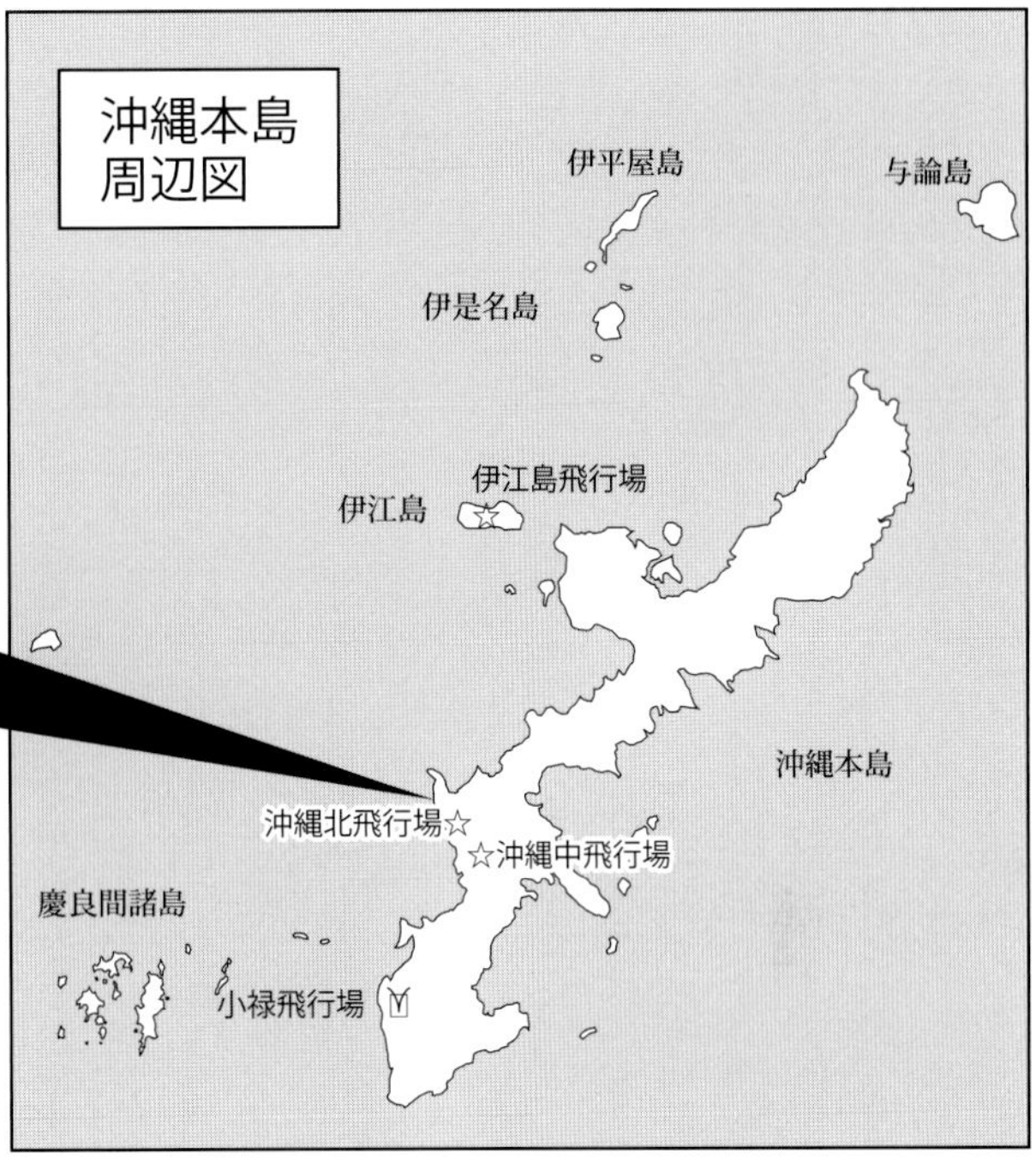

沖縄に上陸した米軍は沖縄北、沖縄中、そして伊江島の３つの飛行場を整備、使用しはじめた。写真左は昭和１９年９月に米軍が撮影した沖縄北、中飛行場。左上に残波岬が見える。（１９４４年撮影／国土地理院所蔵）

4月12日 沖縄北、中飛行場夜間攻撃 攻撃隊編成表

北飛行場攻撃隊（『彗星』5機）

機体番号	操縦員		偵察員		目標	発進時刻	戦場到達	帰投時刻	経　過
	氏名	階級	氏名	階級					
131-73	陶　三郎	飛曹長	川畑栄一	大　尉	北飛行場	0346			未帰還（陶飛曹長は降下生存）
131-51	新原清人	上飛曹	岡本　宗	少　尉	北飛行場	0340		0415	0345燃料漏洩引返す
131-02	波多野　茂	2飛曹	有木利夫	飛曹長	北飛行場	0349	（0650）	0750	0650駆逐艦爆撃、命中せず（近50米）効果不明
131-34※	飯田酉三郎	上飛曹	井戸　哲	上飛曹	北飛行場	0354	記録無	（0720）	0720種子島不時着
131-11	有泉今朝男	2飛曹	伊藤彌八	上飛曹	北飛行場	0350			未帰還

中飛行場攻撃隊（『彗星』4機）

機体番号	操縦員		偵察員		目標	発進時刻	戦場到達	帰投時刻	経　過
	氏名	階級	氏名	階級					
131-10	高木　昇	大　尉	波村一一	1飛曹	中飛行場	0352		0420	0355発動機不調引返す
131-82	加治木常允	少　尉	関　妙吉	上飛曹	中飛行場	0347	（0535）	0743	0535駆逐艦爆撃、命中せず（遠20米）効果不明
131-81	柴田四郎	上飛曹	高橋忠雄	飛曹長	中飛行場	0347			未帰還
131-74	伏屋国男	1飛曹	鈴木淑夫	上飛曹	中飛行場				ブレーキ故障発進取止め

零戦隊（『零戦』8機）

小隊番号	機体番号	操縦員		偵察員		目標	発進時刻	戦場到達	帰投時刻	経　過
		氏名	階級	氏名	階級					
1D	131-93	井村雄次	大　尉			中飛行場	0335		0550	0422発動機不調帰る
	131-77	神野健一	上飛曹			中飛行場	0325			未帰還
2D	131-94	照沼光二	中　尉			北飛行場	0327		0340	0336増槽不具合発動機故障降着す
	131-86	坪井富邦	1飛曹			北飛行場	0328			未帰還
3D	131-85	西澤　隆	1飛曹			中飛行場	0332			未帰還
	131-81	秋山洋次	1飛曹			中飛行場	0333		0532	0339脚故障
4D	131-71	平野三一	飛曹長			北飛行場	0334		0535	発動機故障
	131-52	上下義明	1飛曹			北飛行場	0335		0540	増槽不具合引返す

・防衛庁戦史図書館所収「芙蓉空部隊戦闘詳報」当該日付の戦闘詳報より筆者作成。
・機番号に※印付したのが戦闘八一二のペア。

4月11日から12日にかけての沖縄飛行場夜間攻撃に戦闘812から唯一参加した飯田酉三郎上飛曹（左。乙飛16期）と井戸 哲上飛曹（右。普電52期）。見事に攻撃を成功させ、燃料不足により種子島に不時着、生還した。真ん中は特乙２期の坪井晴隆飛長。

不時着した場所が海岸から１００ｍほどの沖合いだったこともあって難なく島へ上陸することができたのは幸いで、さらに飛行場の海軍隊員だけでなく島の住人たちの出迎えで早速暖かい焚き火のもてなしを受けたことはふたりにとって感謝に絶えない出来事であった。

それから３日後、輸送機便で鹿屋に帰着した井戸上飛曹と飯田上飛曹は、遅ればせながら４月12日当日の自分たちの作戦行動の詳細を美濃部少佐に報告することとなった。

だが、その彼らの胸のすくような奇襲成功の報告とは裏腹に、少佐から告げられた当日の芙蓉隊全体の作戦模様は壮絶なものだった。

まず『彗星』の方では戦闘八〇四の川畑隊長を含む３機が未帰還、『零戦』も進撃した３機が全機未帰還となっており、生還した『彗星』２機のうちの１機は、中城湾に在泊する敵艦船からの射撃を受けたため駆逐艦に目標を定めて爆弾を投下、50ｍの至近弾となり、もう１機は沖永良部島の１８０度25浬付近で巡洋艦４隻と駆逐艦４隻を発見、このうちの駆逐艦１隻を攻撃して20ｍの至近弾を与えたのちに帰還していた。

つまり、飯田上飛曹‐井戸上飛曹ペアの『彗星』を除いた、沖縄飛行場攻撃に向かった攻撃隊の全機が未帰還となっていたのである。このうち北飛行場上空で敵の夜戦に撃墜されて未帰還となった川畑隊長機の操縦員であった戦闘九〇一の陶 三郎飛曹長は落下傘降下で生還。現地の陸軍部隊に合流、終戦も信じずにひとり自活したのち、自力で沖縄を脱出して、愛知県に復員していた美濃部元少佐を突然尋ねて驚かせるのであるが、当時はもちろん戦死したものと判断されていた。

前傾「関東空部隊天作戦戦斗詳報」の「第五號　菊水二号作戦」、４月12日の項には次のような記述が見受けられる。

「飛行場攻撃ノ戦果ハ全機未帰還ノタメ不明ナルモ敵信情報ヨリ〇五二〇～〇五五五間ニ少クモ四機以上ガ銃爆撃シ中ニハ高度一〇〇米ニテ攻撃ヲ加ヘタルモノアリ」

「未帰還者ハ全機初期ノ目的ヲ果シ、後続特攻隊ノ血路ヲ開キ自ラハ全員敵陣ニ散華セル者ニシテ其ノ功ハ抜群ナリ」

この日、沖縄へ向かった全機が未帰還となった『零戦』隊の隊員たちの、出撃直前の様子を坪井晴隆氏は次のように見ていた。

「先日の負傷後は宿舎にいることが多かったのですが、この日は芙蓉隊が鹿屋に進出して以来の総攻撃ということで私もみんなの出撃を見送るために飛行場に行きました。ふと民家のあとを利用した指揮所の脇を見ると、これから沖縄夜間攻撃に向かう『零戦』の搭乗員たちが車座になって地べたに座っています。何の気なしに近づいてみると、彼らは鹿屋から沖縄周辺までのチャートを広げ、懐中電灯のわずかな明かりを頼りに、無言でじっと見入っているのです。偵察員が一緒に乗る我々の『彗星』と違い、誰にも頼ることのできない単座機での夜間洋上航法は非常に難度が高いものです。何か、見てはいけないものを見てしまったような気持ちでその場を立ち去ったことを記憶しています。」

『零戦』の航続力と火力をもってする夜間銃撃構想は美濃部少佐がソロモンの戦場にいたころに発案したものであったが、このころには敵の夜間戦闘機の力が強大になり列島線で待ち伏せを受ける可能性が高く、これを避けるためにあえて航法目標となる島がない洋上を進撃する必要性があった。

一部のベテランを除いた多くの隊員たちにとってそれが、かなりの重荷になったことは否めない。そこには普段の搭乗員特有の明るさは全くなく、ただ必死の思いのみが漂っていたのである。

若き『零戦』隊員たちの心中を察するにあまりある情景であった。

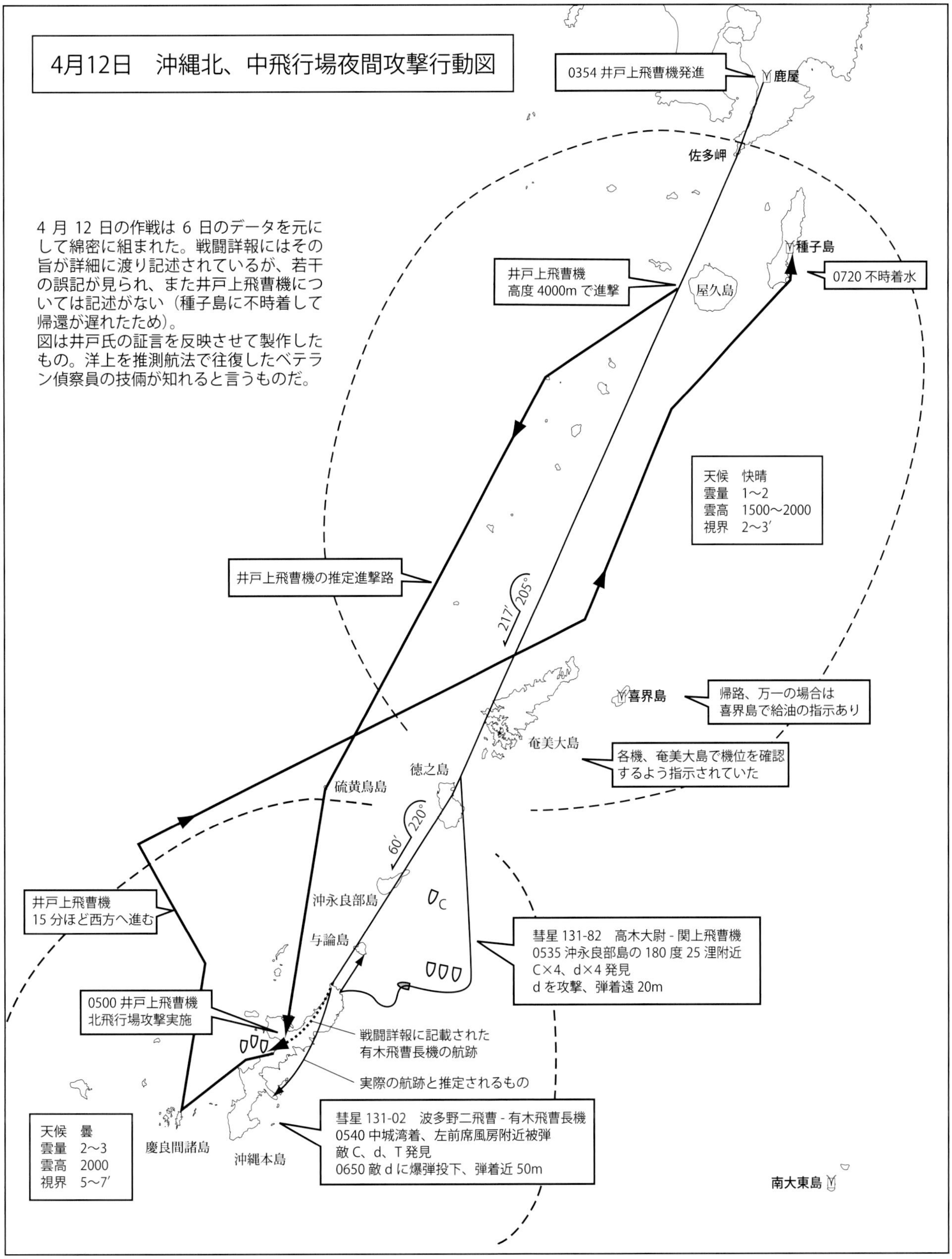
4月12日　沖縄北、中飛行場夜間攻撃行動図
0354 井戸上飛曹機発進
鹿屋
佐多岬
4 月 12 日の作戦は 6 日のデータを元にして綿密に組まれた。戦闘詳報にはその旨が詳細に渡り記述されているが、若干の誤記が見られ、また井戸上飛曹機については記述がない（種子島に不時着して帰還が遅れたため）。
図は井戸氏の証言を反映させて製作したもの。洋上を推測航法で往復したベテラン偵察員の技倆が知れると言うものだ。
種子島
井戸上飛曹機
高度 4000m で進撃
屋久島
0720 不時着水
天候　快晴
雲量　1〜2
雲高　1500〜2000
視界　2〜3′
井戸上飛曹機の推定進撃路
217°
205°
喜界島
帰路、万一の場合は
喜界島で給油の指示あり
奄美大島
各機、奄美大島で機位を確認
するよう指示されていた
徳之島
硫黄鳥島
220°
60′
井戸上飛曹機
15 分ほど西方へ進む
沖永良部島
C
与論島
彗星 131-82　高木大尉 - 関上飛曹機
0535 沖永良部島の 180 度 25 浬附近
C×4、d×4 発見
d を攻撃、弾着遠 20m
0500 井戸上飛曹機
北飛行場攻撃実施
戦闘詳報に記載された
有木飛曹長機の航跡
実際の航跡と推定されるもの
天候　曇
雲量　2〜3
雲高　2000
視界　5〜7′
慶良間諸島
沖縄本島
彗星 131-02　波多野二飛曹 - 有木飛曹長機
0540 中城湾着、左前席風房附近被弾
敵 C、d、T 発見
0650 敵 d に爆弾投下、弾着近 50m
南大東島

昼間囮行動の果てに

初の沖縄飛行場夜間攻撃は芙蓉隊に大きな出血を強いたが、4月12日の作戦はまだこれで終わったわけではなかった。

第五航空艦隊の航空参謀から口達で、この日の昼間におこなわれる特攻総攻撃に策応し、芙蓉隊は佐多岬の175度、270浬付近に電探欺瞞紙を撒布、これにより敵戦闘機を誘い出して、間接的に特攻隊と神雷攻撃隊の進路を啓開するよう指示がなされていたのである。

兵力は『彗星』2機。それぞれ50枚を1束にした電探欺瞞紙2000枚を搭載、同じコースにおいて1時間の差をとって欺瞞紙の撒布をおこなう。

この第2直の機長に任命されたのが戦闘八一二の鈴木昌康中尉で、ペアは戦闘九〇一の持田熊夫飛長(特乙1期)であった。つい先日は戦闘八一二の坪井飛長と戦闘九〇一の原中尉がペアを組んだばかりだ。

〇六〇〇、戦闘九〇一隊員のペアが乗る『彗星』が離陸、〇七〇四の「我ピンハズレブーストキカズ」との発信を最後に消息を絶った。

そして持田飛長‐鈴木中尉ペアの『彗星』〔131‐39〕号機は、ちょうどその〇七〇四に鹿屋を発進。1時間後の〇八〇一に感度が消滅、以後連絡が一切なく、ついに未帰還と認定されるにいたった。

両機とも電探欺瞞の任務を充分に遂行し、敵戦闘機を誘い出してのちの壮烈な未帰還と推定されるものであった。

5日の降着事故で顔面に火傷を負った坪井飛長はこの頃、満足に食事もとれず、疎開した民家を借り上げた宿舎で日々寝たまま過ごすことが多くなっていた。

熱っぽい体を休めながら鈴木中尉の未帰還を耳にした時は「あぁ、分隊士も戦死されたか」とひとり取り残された観を強くした。ともに最後まで、と誓い合った上官と部下である。

「当時は、我々搭乗員はみんなこの戦いで死ぬと思っていました。いわば日々、順番待ちをしていた状態というのが偽らざる心境でしたが、鈴木分隊士の未帰還は改めて今回の作戦の厳しさを認識させられ、大きな衝撃を受けただけでなく『自分もあとに続きます』との想いを強くしました。」

と坪井氏は語る。この「当時は」どう思ったか、という視点が、現代の平和な社会を生きる我々にとって非常に意味をなすものといえるだろう。

鈴木昌康中尉は東京市立二中四年から海軍兵学校へ合格した秀才で、その父上は宮内省で侍従を勤めるという家柄。そのためあってか身のこなしはスマートネスをモットーとする海軍士官を絵に描いたような青年であり、海兵同期生の藤田征郎氏をしてうらやましがらせた話が残っている(藤田氏は海兵66期の藤田怡与蔵氏の実弟で、ネーモーな方で有名だった)。

4月4日の索敵で敵味方不明の潜水艦を発見した際、攻撃擬襲のみで帰投したことを叱責した美濃部氏は、鈴木中尉の未帰還に少なからずの責任を感じてか、生前に次のような文章を残している。

「彼等(筆者注：海兵73期の中尉たちのこと)は3月実用機教程を終えたばかり。激しい実戦には当分無理。私が望んだのは海兵の後輩、未来の海軍後継者として戦略、戦術、部下統御、戦場判断等を習得してほしかった。」

またとくに、前述の敵味方不明潜水艦への対処については

「技倆未熟は止むを得ないが、沖縄進攻米軍に対しては各隊注目していた時期である。

攻撃の真似事ですます戦場では無い。肉薄して確認すべきである。又日本の潜水艦がうろうろしている必要性もない。兵学校出ならば銃撃なりと撃ち込んでほしかった。」

「敗色濃い沖縄決戦中、二十九歳の未熟者(筆者注：これは美濃部氏自身のこと)の作戦指揮中、つい荒々しい叱咤となった。」

厳しい物言いをしたのは戦場慣れしていない若き後輩に早く一人前になってほしいがためだったが、自分も若く、少し言い過ぎたかもしれない、と取れる一文だ。

実際、出撃して行く鈴木中尉の心中には、多少なりとも美濃部少佐に責められた一件があったかもしれない。生真面目な中尉の性格を考えるとそれはなおさらだ。だが、そういった感情的なことはさておき、敵の力ははるかに強大だった。先般の件を気にするあまり何らかの無理をして未帰還となったのではなく、任務を遂行する上で強大な敵兵力と会敵したがゆえの戦死であったはずだ。

結局、芙蓉隊にとって4月12日は沖縄黎明攻撃で『彗星』4機6名(前述の陶飛曹長を含む。飯田上飛曹‐井戸上飛曹は無事、機材のみ損失)、『零戦』3機3名、夜が明けてからの電探陽動で『彗星』2機4名という、編成以来最大の損害を出した厄日となったが、日本陸海軍の他の航空部隊もまた総攻撃の名に恥じない全力攻撃を行ない、多数の未帰還機を数えた日でもあった。

この日、第一機動基地航空部隊司令部は、その指揮下に入った陸軍の『百

式司偵』ならびにT一一の『彩雲』をもって〇六〇〇から一六〇〇までに3段索敵を実施。〇八三〇に与論島の東方60浬に米機動部隊を発見したのを皮切りに次々と空母群を発見した。

制空戦闘機隊の第1波は陸軍戦闘機15機で〇七〇〇に都城を発進、続いて海軍の『零戦』33機による第2波が一一〇〇に、『零戦』37機による第3波が一一三〇に、『零戦』26機による第4波が一二〇〇に発進、制空戦闘をおこなって攻撃隊の進路を啓開する。松山から鹿屋に前進してきた三四三空『紫電改』隊34機は一〇四五に発進、航続力の関係もあり一一〇〇から一四〇〇の間、奄美大島付近の制空をおこなう。その一方で、一三三〇には六〇一空の『零戦』隊が発進したものの引き返し機が多く進撃を断念していた。

攻撃隊の主力はまたしても特攻隊で、七二一空神雷部隊の『一式陸攻』8機が桜花攻撃に出撃し、百里原空、宇佐空、姫路空の『九七艦攻』22機が一一〇五〜一一五五の間に串良基地を発進、宇佐空、名古屋空、九五一空の『九九艦爆』29機が一一五〇に第一國分基地を発進してともに沖縄周辺艦船攻撃に向かい、『一式陸攻』5機が未帰還、『桜花』の未帰還8機、『九七艦攻』の未帰還19機、『九九艦爆』の未帰還20機を数えて戦艦1隻撃沈、同1隻撃破、他に戦艦に体当たりと報ずるもの4機、ただ体当たりす、と報じるもの2機。

さらに七二一空の爆戦特攻隊19機、一三〇〇に発進した七五二空K四〇五および七六二空K二六二の『銀河』12機が一五〇〇〜一六〇〇の間に突入を報じてきた。こちらは半数の17機が未帰還となる。この攻撃隊と時を同じくして出撃したのが先述の陸軍特攻隊「振武桜」隊の第2陣、『百式司偵Ⅲ型』2機であった。

昼間攻撃はこれでひと段落をみて、その後、陸軍の飛行第七戦隊、飛行第九八戦隊と七六二空K五〇一の『銀河』夜間攻撃隊、『一式陸攻』夜間攻撃隊の出撃と続いた。

芙蓉隊は寡兵よく総攻撃の先鋒を務めたと評価されるべきだろう。

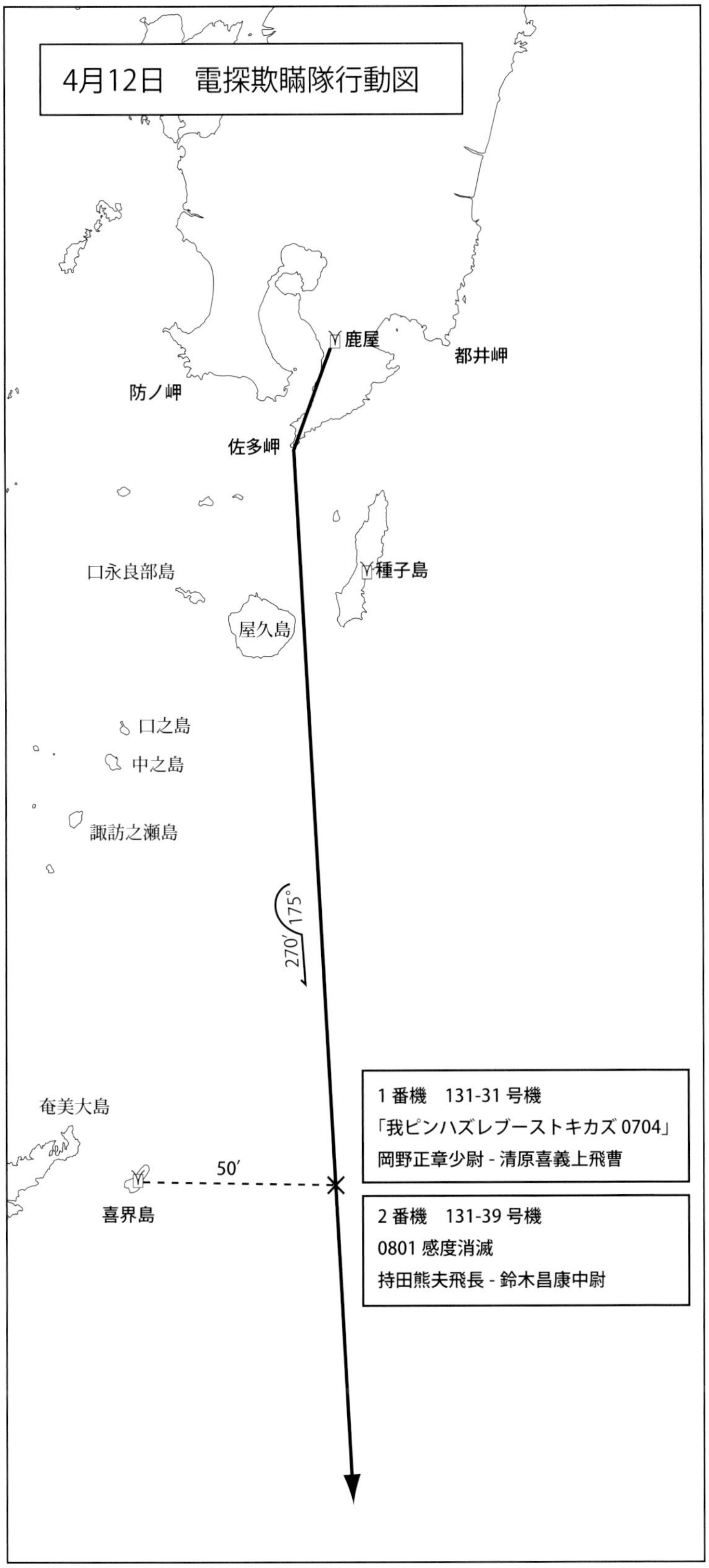

〔鈴木昌康大尉　家族への近況報告〕

▼昭和16年12月1日の海軍兵学校入校直後に、実兄 順一郎氏に宛てた11日投函（12日消印）の葉書。この3日前にはハワイ作戦真珠湾攻撃が行なわれ、大東亜戦争開戦となっている。マレー沖海戦での英2戦艦撃沈にも触れられ、航空技術系に進んだ兄 順一郎氏へ「スゴイ奴ヲ造ッテ下サイ。私ガ乗リマスカラ」と興奮気味に伝えている。

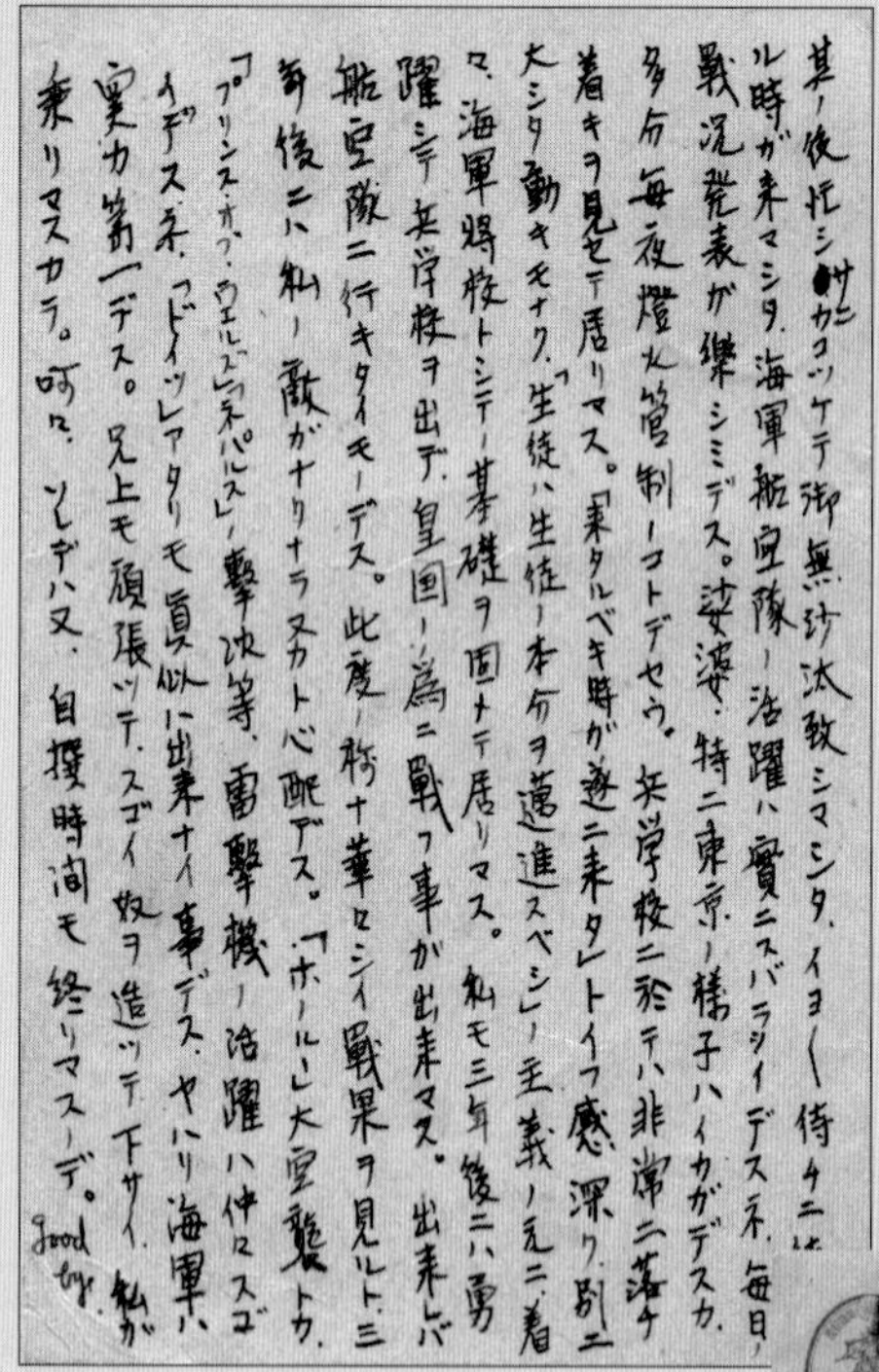
其ノ後忙シサニカマケテ御無沙汰致シマシタ。イヨイヨ待チニ待
ル時ガ来マシタ。海軍航空隊ノ活躍ハ實ニスバラシイデスネ。毎日ノ
戦況発表ガ楽シミデス。娑婆、特ニ東京ノ様子ハイカガデスカ。
多分毎夜燈火管制ノコトデセウ。兵学校ニ於テハ非常ニ落チ
着キヲ見セテ居リマス。「来タルベキ時ガ遂ニ来タ」トイフ感深ク、別ニ
大シタ動キモナク、生徒ハ生徒ノ本分ヲ邁進スベシ、ノ主義ノ元ニ着
々、海軍将校トシテノ基礎ヲ固メテ居リマス。私モ三年後ニハ勇
躍シテ兵学校ヲ出デ、皇国ノ為ニ戦フ事ガ出来マス。出来レバ
航空隊ニ行キタイモーデス。此度ノ稀ナ華々シイ戦果ヲ見ルト、三
年後ニハ私ノ敵ガナクナリナラヌカト心配デス。「ホノルル」大空襲トカ、
「プリンス・オブ・ウエルズ」「レパルス」ノ撃沈等、雷撃機ノ活躍ハ仲々スゴ
イデスネ。「ドイツ」「イタリア」モ真似ノ出来ナイ事デス。ヤハリ海軍ハ
実力第一デス。兄上モ頑張ッテ、スゴイ奴ヲ造ッテ下サイ。私ガ
乗リマスカラ。呵々。ソレデハ又、自習時間モ終リマスーデ。Good-bye

宇佐空飛行学生時代の鈴木昌康中尉（海兵73期）。スマートネスな身のこなしは同期生の間でも高く評価されていた。ここではその鈴木中尉が家族にあてた時期違いの葉書を謹載する。

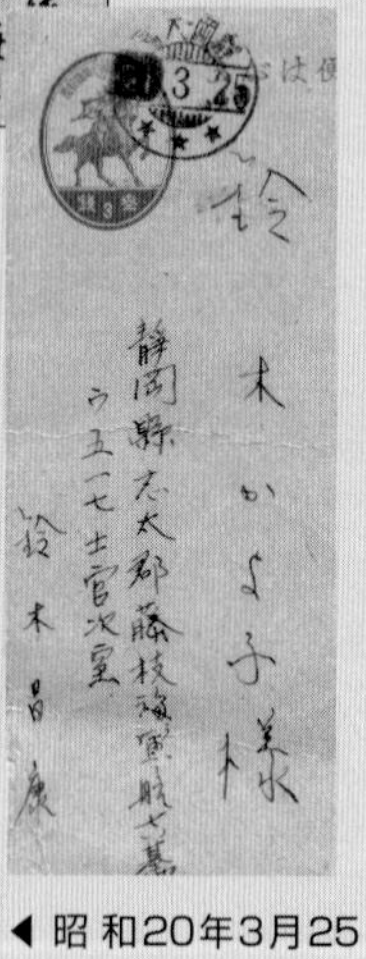
鈴木かよ子様
静岡縣志太郡藤枝海軍航空基地ラ五一七士官室
鈴木昌康

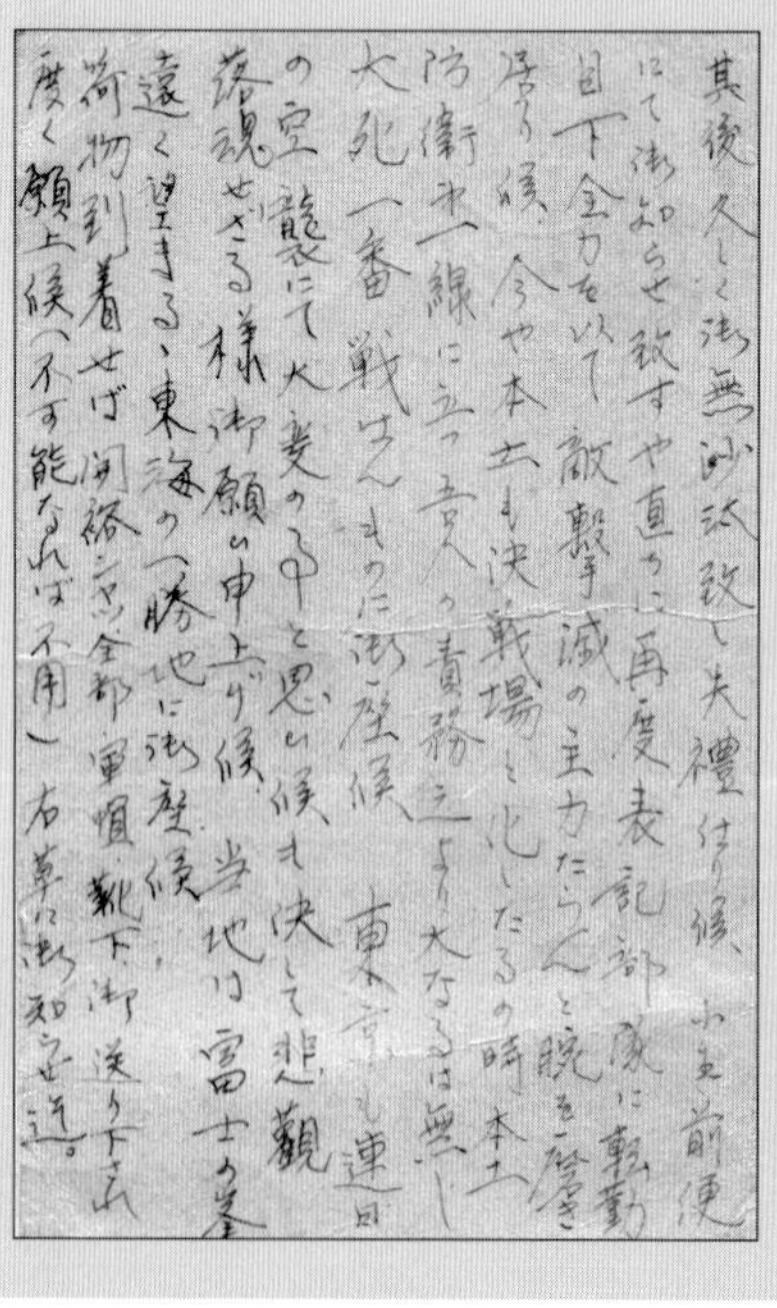
其後久しく御無沙汰致し失禮仕り候、小生前便にて御知らせ致すや直ちに再度表記部隊に転勤、目下全力を以て敵撃滅の主力たらんと腕を磨き居り候。今や本土も決戦場と化したるの時、本土防衛の第一線に立つ吾人の責務是より大なるは無し。大死一番戦はんものと御座候。東京も連日の空襲にて大変の事と思い候も決して悲観落胆せざる様御願い申上げ候。当地は富士の峯遠く望まる、東海の一勝地に御座候。荷物到着せず関係シャツ全部軍帽靴下御送り下され度く願上候（不可能なれば不用）右御知らせ迄。

◀昭和20年3月25日消印の葉書で藤枝基地発、御母堂に宛てたもの。「兄貴より便りあり元気の様子、安心仕り候」との気遣いが記されている。この6日後、坪井飛長とともに鹿屋へ出陣した。

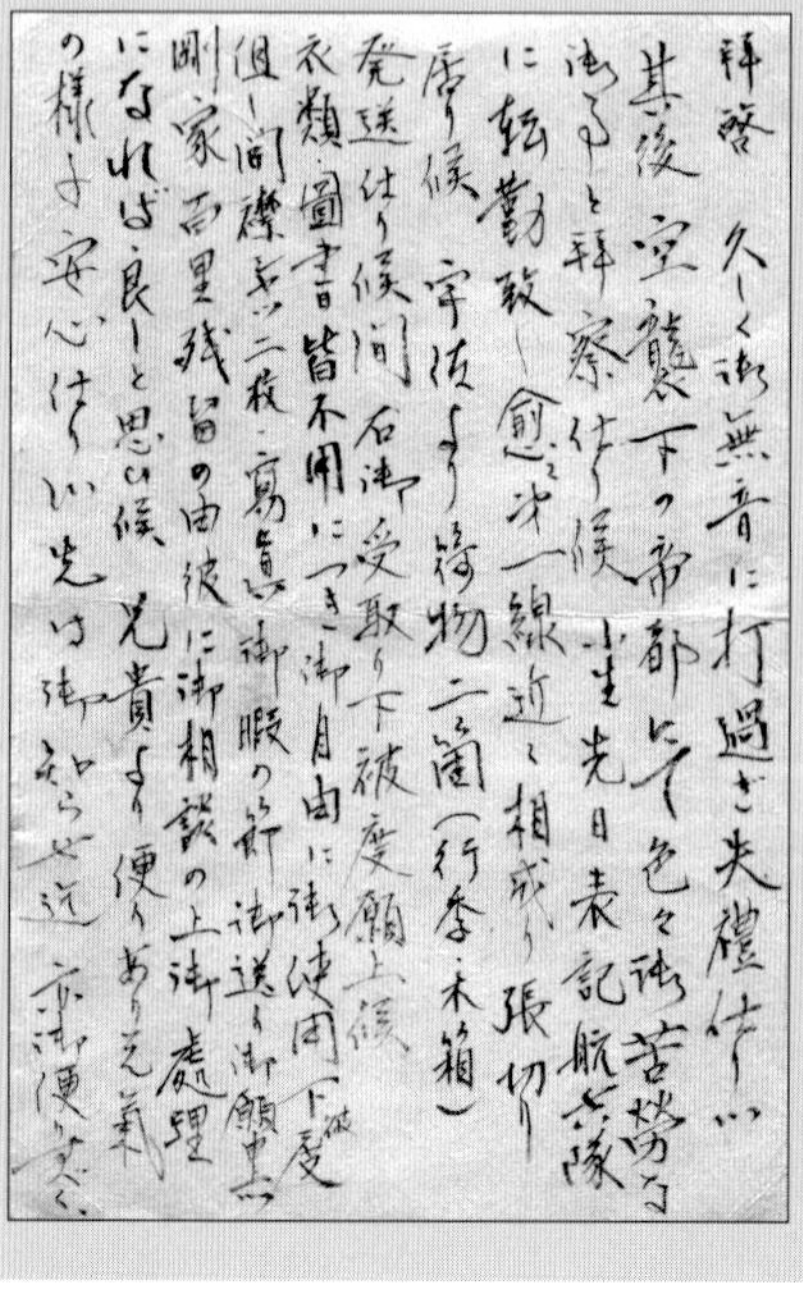
拝啓　久しく御無音に打過ぎ失禮仕り候。其後空襲下の帝都にて色々御苦労の御事と拝察仕り候。小生先日表記航空隊に転勤致し愈々第一線近く相成り張切り居り候。宇佐より荷物二箇（行李・木箱）発送仕り候間、右御受取り下被度願上候。衣類・図書皆不用につき御自由に御使用下被度。但し間襟ちゃ二枚・写真御暇の節御送り御願申上げ候。剛家西里残留の由、彼に御相談の上御処理になれば良しと思い候。兄貴より便りあり元気の様子安心仕り候。先は御知らせ迄　亦御便り下さく。

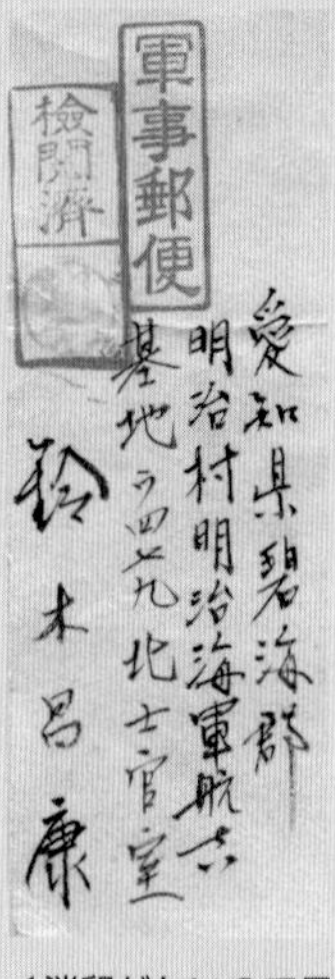
軍事郵便
検閲済
愛知県碧海郡明治村明治海軍航空基地ラ四二九北士官室
鈴木昌康

◀消印がないので日付は判然としないが飛行学生を終えて210空に配属されたころのもの。宛名は御父上で、少し堅苦しく候文となっている。明治基地の様子が記されている。

援軍来たる

あけて13日〇二五二、「一ＫＦＧＢ天信電令作第一二二号」により芙蓉隊には

「関東空部隊ハ本十三日黎明時、都井岬ノ一九〇度ヨリ二〇五度間二五〇浬圏内ヲ索敵攻撃スベシ」

との命令が下された。

戦場到達時刻を〇五二〇と見据え、『零戦』３機は〇三四五に、『彗星』３機は〇四〇〇に発進するべく準備に移る。戦闘八一二からは馬場康郎飛曹長‐山崎良左衛大尉ペアが選ばれ、『彗星』〔131‐05〕号機に搭乗することとなった。

馬場飛曹長‐山崎大尉ペアの『彗星』は〇三五七に鹿屋を発進、一番東寄りの索敵線である都井岬の190度を飛行する。〇四二八に、「視界極メテ不良操縦困難」と発信。種子島から屋久島にかけての海域、高度3000から4000ｍには雲が張り詰め視界も７～15浬、雲量７～９の曇天だった。

そして１時間半後の〇五三二、都井岬から220浬の海域で高度3500ｍに４機の敵戦闘機を発見、追躡を受けたが西方に変針して何とか避退に成功し、〇五四〇から〇五四五の間に先端付近に到達、洋上を捜索するも肝心の空母は発見できず、〇五四八には発動機が不調となってしまう。〇六〇〇には喜界島付近に吊光投弾らしき光と２機の小型機を認めたため、再び西方へ避退、喜界島の西側へと迂回して大きく東へ変針、佐多岬の180度の位置で北に変針して屋久島上空を通過し鹿屋に帰投したのは〇七一〇になってからである。

発進後の〇四一一に脚故障で引き返した『零戦』１機を除き、索敵隊は全機敵を見ずに帰投、索敵行動自体は空振りに終わったが、芙蓉隊にとっては次のような戦訓を残す貴重な作戦となった。

「イ、戦訓所見

（一）視界極メテ不良ナル場合ノ夜間発進ニ於テ所定高度ニ達スル迄、今回ノ如ク飛行場ニテ探照灯直上ニ照射ハ操縦上極メテ有効ナリト認ム

（二）日出前二十分乃至三十分ノ間、敵戦斗機ノ追躡ヲ受ケタル場合、早期発見早目ニ避退スルハ勿論ナルモ高度計及海面ヲ視認シツヽ超低空ニ降下シ、西方暗キ方ニ避退シツヽ敵戦斗機ノ行動ヲ東方赤黄色ノ中ニ黒点トシテ浮出シ注視スルハ極メテ容易ナリ」

馬場飛曹長‐山崎大尉ペアの作戦行動から、黎明時に敵戦闘機と会敵した際には西方の暗い空へ超低空で避退し、敵戦闘機を東側の明るい空に黒点として浮かび上がらせ、その動きを注視することで振り切ることができる、早期に発見することはもちろんだが、というものである。

芙蓉隊にとって黎明・薄暮は敵であり、味方でもあったわけだ。

結局、この日、敵空母を発見したのはＴ一一の『彩雲』で、〇六三〇に鹿屋を発進、〇九一七に沖縄南端東方九〇浬に空母３隻発見と報じてきたが、１機が自爆、１機は故障で不時着し、続く偵察ができずに総攻撃は中止のやむなきにいたっている。

翌14日はＴ一一の『彩雲』とともに沖縄周辺索敵が命じられ、芙蓉隊は戦闘九〇一の『彗星』２組のペアを選抜、戦闘八一二には出番がなかったが、１機は二度にわたる敵戦闘機の追躡を振り切って機位不明となり松山基地に不時着、１機は敵駆逐艦と巡洋艦他、小型艦艇を次々に発見して一〇一〇に帰投、脚故障のため胴体着陸を敢行して機体は大破したものの搭乗員２名は無傷で生還している。

〇九二七に徳之島の125度85浬に空母発見を報じてきたのはまたもや『彩雲』の方で、これにより七二一空、大村空、谷田部空、筑波空の爆装『零戦』特攻隊21機が出撃したほか、七二一空神雷部隊の『一式陸攻』７機が桜花攻撃を実施、さらに一〇〇〇に慶良間諸島に特設空母２隻が在泊との報が入り、午後になって七二一空の別の爆装『零戦』特攻隊９機がこの攻撃に出撃した。

制空隊の手違いもあり、有効な味方戦闘機の援護も受けられずに進撃した攻撃隊の末路は悲惨で、『一式陸攻』７機は全機未帰還、うち『桜花』の発進を報じてきたのはわずかに１機で、『零戦』特攻隊も19機が未帰還となり、慶良間に向かった『零戦』特攻隊も連絡なく全機が未帰還となった。

この日、「一ＫＦＧＢ天信電令作第一四五号」により16日を「菊水三号作戦」発動日として作戦要領を発令。改めて芙蓉隊には、黎明時に沖縄北・中飛行場に対する銃爆撃を行なうことが指令された。

鹿屋進出以来の作戦で、櫛の歯が欠けるようにひとり減り、ふたり減りし、めっきり寂しくなった芙蓉隊の下士官宿舎に突然、美濃部少佐が一升瓶を片手に現れたのは「菊水三号作戦」直前のこの頃のことである。

戦闘八一二では宮田治夫上飛曹が４月７日に未帰還となり、４月12日の黎明沖縄攻撃での帰路に種子島へ不時着の連絡があった井戸先任と飯田上飛

曹はまだ鹿屋には帰着しておらず（15日になってから）、乙飛16期の鈴木甲子上飛曹と火傷の傷跡も生々しい坪井飛長がポツンと取り残されている状況だった。

　常に旗艦先頭、率先垂範の川畑隊長を失った戦闘八〇四の隊員、また『零戦』隊に多くの未帰還者を出した戦闘九〇一の隊員たちの傷心もまたしかりであった。

「我々、下士官・兵の隊員たちが宿舎の床へむしろを敷き車座になって座った中を『もうすぐ第2陣がやってくる。あと少しの辛抱だ、頑張ってくれぃ』と言いながら、ひとりひとりに清酒を注いで回る飛行長の姿は、海兵出の士官の姿としては一種異様だったと思います。私は負傷と発熱もあり、その酒盛りの様子を部屋の隅からじっと見ていました。」

と語るのは坪井晴隆氏。併せて

「藤枝を出発する時には『厳しい戦局何するものぞ。俺たちが行けば戦勢をひっくり返せるんだ』との意気込みでいたものが、この時には何とも言えない切迫した雰囲気に、確実に変わっていました。」

と当時を回想する。

　これはしかし藤枝発進前に彼らが敵を甘く見ていたという訳ではけっしてなく、強大な敵に対しても尻込みせず「やってやるぞ」と奮い立ってのことである。芙蓉隊の隊員の誰もがそうした心持ちでいた。

　4月15日、「一KFGB天信電令作第一四二号」により

「関東空部隊ハ都井岬ノ一五二度ヨリ佐多岬ノ一五二度間一五〇浬圏ヲ黎明索敵攻撃スベシ」

との命を受けた芙蓉隊は『彗星』2機、『零戦』3機を発進させた。戦闘八一二からの参加隊員はない。いずれも敵を見ずに帰投。『零戦』1機のみ、索敵線上の海面に釣り針形の油紋が浮かんでいるのを発見したがそれ以上のことはわからなかったと戦闘詳報に記録されている。

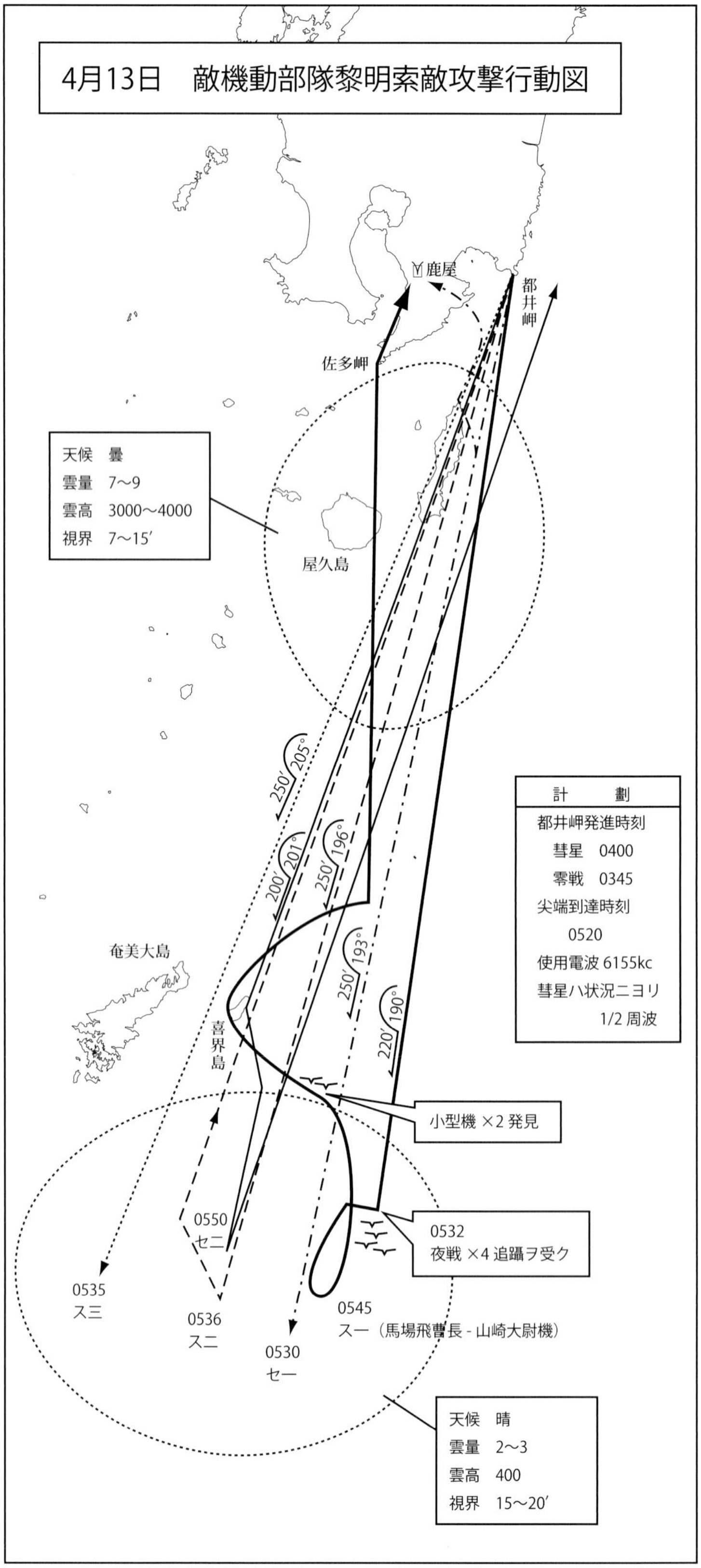

そしてこの日、第1陣の隊員たちが待ちに待った芙蓉隊第2陣がついに鹿屋にやってきた。戦闘八〇四の分隊長から新隊長に昇格した石田貞彦大尉（海兵70期）率いる援軍は『彗星』12機、『零戦』は戦時日誌の記述から2機とも8機ともとれるが、この後の戦闘詳報に記述の見られる機体番号から割り出すに4機のようである（搭乗員も4名？）。

戦闘八一二では甲飛3期のベテラン、佐藤 好飛曹長や塚越茂登夫上飛曹、山崎里幸上飛曹（いずれも乙飛16期）、中島嘉幸上飛曹（甲飛10期）らのメンバーが着陣。

火傷で顔に包帯を巻いた坪井飛長の姿を見るなり佐藤飛曹長は涙ぐんで「すまんかったな、えらい苦労かけたな」と飛長を抱きしめた。山崎上飛曹もそばで目を潤ませている。

「瞬間、私もグッときて胸を詰まらせたのですが、逆に『えっ、なんで？そんなに泣くほどのことか!?』とも思いました。

これはずっとあとになってわかったことなのですが、3月30日の本来の第1陣鹿屋進出の際に佐藤分隊士のペアは不時着され、その代機として私と鈴木分隊士が選抜されたようです。このあたりに大きな責任を感じられた佐藤分隊士が私の顔を見るなり感極まったということのようでした。」

種子島に不時着していた井戸先任と飯田上飛曹も帰着合流し、戦闘八一二だけでなく芙蓉隊全体がにわかに活気を取り戻したというのがこの15日の総括である。

戦場でのすれ違い

4月16日の「菊水三号作戦」発動にともなって芙蓉隊には黎明沖縄北・中飛行場攻撃が下令されていたが、その作戦目的は次の如くであった。

「十五日ノ情報ニ依レバ沖縄北及中飛行場ニハ夫々六十機及七十機計百三十機ノ小型機ノ集結ヲ見、之ガ制圧ノ成否コソ実ニ菊水三号號作戰ノ鍵ト思考サル為ニ夜戦隊ハ後ニ續ク特攻隊ノ血路ヲ開クベク十六日日出前、敵機ノ未ダ離陸セザル前ニ之ヲ急襲シ以テ敵機ノ行動ヲ封殺シ菊水三號作戰完勝ノ端緒ヲ開カントス」（「関東空部隊天作戦戦闘詳報」4月16日の項）

かつて味方のものであった沖縄本島のふたつの飛行場は今や完全に敵の手中となり、確実に整備され勢力を増していた。その敵飛行場を作戦当日の夜明けまでに制圧し、事前に昼間特攻隊の進路啓開をすることができるか否かが菊水三号作戦の肝とされる部分であり、芙蓉隊に課せられた任務は、黎明のうちにこれら沖縄北飛行場・沖縄中飛行場を急襲、銃爆撃により飛行場と在地敵機の破壊をすることであった。

これにより準備された兵力は『彗星』4機と『零戦』7機（『零戦』のうち1機は予備機）。『彗星』には飛行場攻撃用に二五番陸用瞬発爆弾を懸吊、『零戦』は銃撃用に機銃弾全弾装備とする。戦闘八一二からは鈴木甲子上飛曹－玉田民安中尉のペアが選抜された。

『彗星』は〇二四〇から、『零戦』は〇二二五（戦闘詳報には〇四二五と書かれているが、全体の流れから〇二二五の誤記と思われる。後述の通り『零戦』隊は〇二二五に発進を開始している）からそれぞれ1機ずつ5分間隔で発進して〇四三〇～〇四五〇の間に目標を攻撃する手はずである。

航法計画も念入りに練られ、佐多岬を発動後、徳之島を経て沖縄本島へ到達、攻撃を実施した後は伊江島方向に離脱して鳥島方向に１２０浬飛び列島線を離れ、それから佐多岬に向かって直コースで帰投するよう指示があったのは、奄美大島近辺に頻繁に出没するようになった敵戦闘機との交戦を避けるためだ。

進撃高度は３０００～３５００ｍ、『彗星』は１６５ノット、『零戦』は１３５ノットで巡航する。燃費の関係から、『彗星』は2時間10分、『零戦』は2時間30分飛行して目標を発見できなかった場合、10分間の捜索を実施し、それでも沖縄本島を発見できなければ攻撃を断念せよとの一文も付加されている。このあたり、4月12日の戦訓を早速加味した指示であるといえる。沖縄往復は『彗星』、『零戦』の航続力をもってしてもギリギリなのである。

戦闘時間は15分。それ以上戦場にとどまれば帰れなくなる。そのため『零戦』の銃撃要領は「一降下ヲ以テ全彈射チ盡ス如ク射撃ス」と指示されている。また、併せて『彗星』の爆撃要領としては高度６００ないし８００ｍでの投弾が指示されていた。

以上のような細かな攻撃要領に基づいて、〇二三六にまず戦闘八〇四分隊長の高木 昇大尉機が発進。続いて〇二五二に戦闘八一二の鈴木上飛曹－玉田中尉ペアの『彗星』〔１３１－51〕号機が離陸した。残る2機はそれぞれ〇二五五と〇二五六に発進したが、1機は発動機故障により〇四四〇に引き返している。『零戦』は〇二二五に発進を開始、6機のうち3機が故障で出発見合わせ、もしくは途中引き返しとなった。

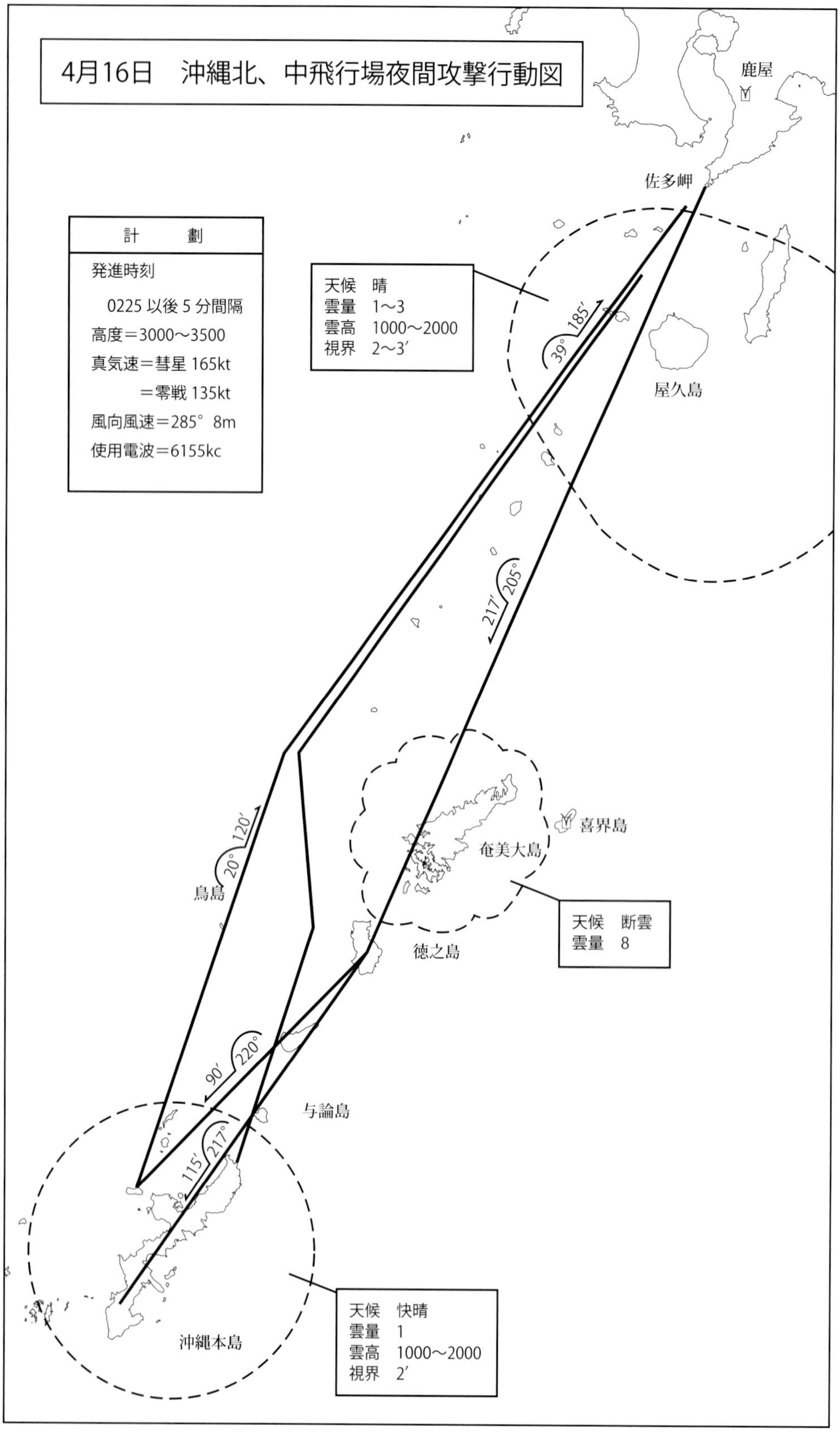

鈴木上飛曹－玉田中尉ペアの『彗星』が沖縄北飛行場に到達したのは〇五〇〇。高度７００ｍで投弾、離脱したが効果は不明であったと戦闘詳報には記述されている。その後は懸念された敵夜戦や艦上機との会敵もなく〇六五〇に帰投。なお、彼らが攻撃する40分前の〇四二〇には高木大尉機が同じ北飛行場を攻撃し、滑走路への命中弾を確認している。

『零戦』は北飛行場と中飛行場を単機で銃撃した２機が帰投。北飛行場攻撃に向かったもう１機（照沼光二中尉機）は未帰還となったが、その壮絶な攻撃の模様は沖縄の陸軍地上部隊である第三二軍が確認するところとなり、のちに全軍布告の対象となるにいたった。

この日の作戦では、敵の夜間戦闘機の行動がいよいよ活発化してきたことが確認された。〇四三〇以後、攻撃隊は高度２０００～３０００ｍを飛行する敵夜戦を発見、その哨戒機位を確保するために、沖縄本島北端および北東端、並びに伊江島に常に明かりを点灯し、夜戦自体も航法灯を点じている様子も確認されている。

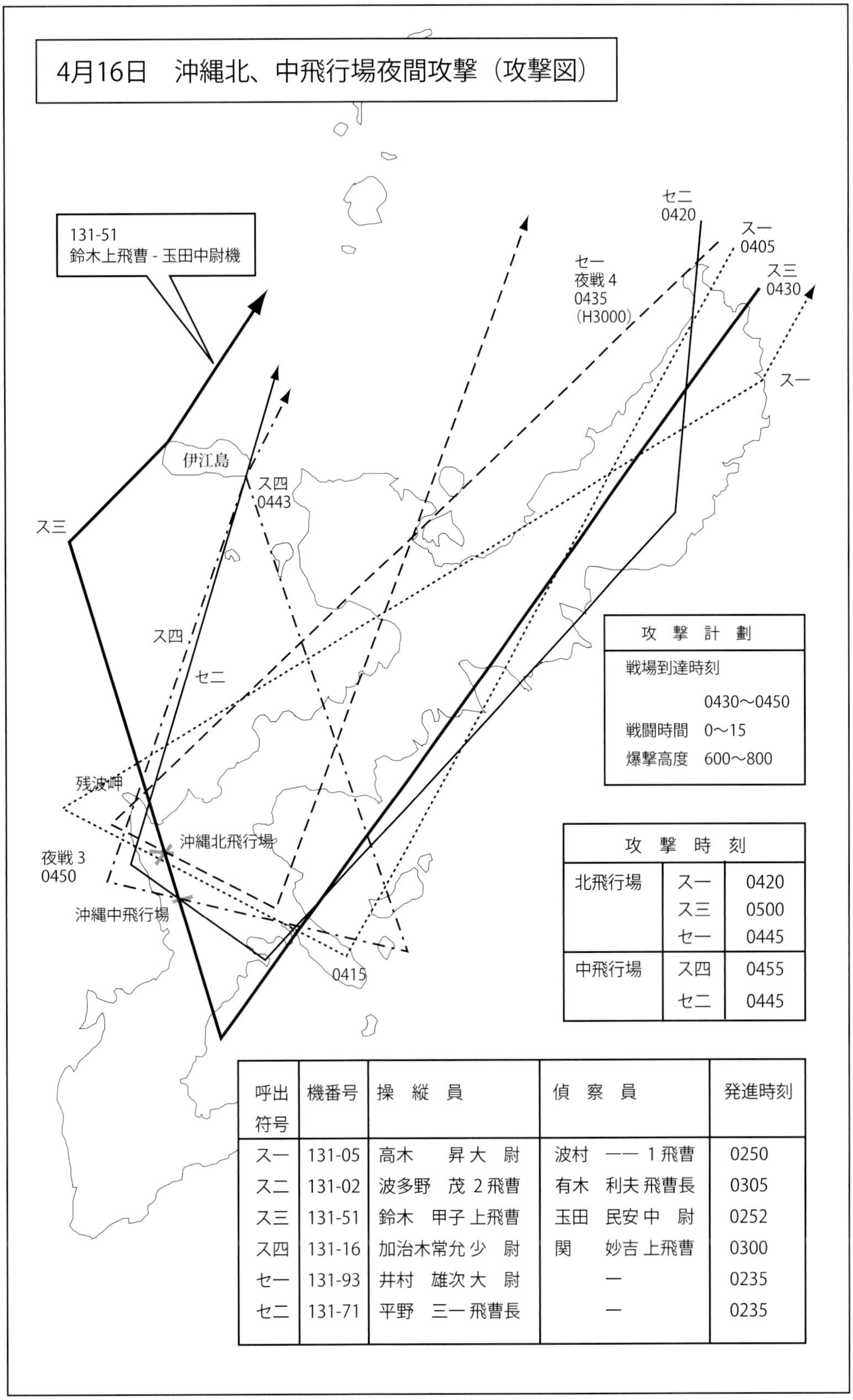

攻　撃　計　劃
戦場到達時刻 0430〜0450
戦闘時間　0〜15
爆撃高度　600〜800

攻　撃　時　刻		
北飛行場	ス一	0420
	ス三	0500
	セ一	0445
中飛行場	ス四	0455
	セ二	0445

呼出符号	機番号	操　縦　員	偵　察　員	発進時刻
ス一	131-05	高木　昇 大　尉	波村　一一 1飛曹	0250
ス二	131-02	波多野　茂 2飛曹	有木　利夫 飛曹長	0305
ス三	131-51	鈴木　甲子 上飛曹	玉田　民安 中　尉	0252
ス四	131-16	加治木常允 少　尉	関　妙吉 上飛曹	0300
セ一	131-93	井村　雄次 大　尉	一	0235
セ二	131-71	平野　三一 飛曹長	一	0235

また、沖縄夜間攻撃の際、東方から中城湾を経由して進入し、状況によっては低空攻撃を実施することが有効であるとの戦訓を残したのもこの日の作戦であった。

夜が明けるとともに行動を開始した日本陸海軍の菊水三号作戦の攻撃の主力はまたもや特攻隊であった。

まず沖縄本島周辺の敵艦船攻撃に『九七艦攻』12機、『天山』9機、『桜花』懸吊の『一式陸攻』6機、『九九艦爆』19機、爆装『零戦』20機が〇六〇〇から〇七〇〇過ぎまでに発進。

戦闘機隊も〇六〇〇から〇六三〇の間に3波に分かれて『零戦』52機が沖縄上空の制空を行なうため発進、〇六三〇には『紫電改』32機が喜界島上空の制空戦闘のため発進した。制空兵力を二分する形なのは『紫電改』の航続力が短いからである。

さらに喜界島南東60浬に行動中の敵機動部隊に対して午前と午後あわせて爆装『零戦』特攻隊66機、『彗星』10機、『銀河』20機が出撃し、その制空隊として『零戦』76機が発進。空母への突入8、艦船への突入5、他突入4と報じてきた。

これら特攻出撃機の数は176機、その未帰還は106機に上る。

ところでこの日の朝（もしくはその1～2日前）、坪井飛長は他の部隊の同期生と思わぬ再会を果たしていた。

鹿屋の飛行場にはいろいろな部隊の隊員たちが共同で使うひとつの水道があり、坪井飛長は暇をみては火傷を冷やすためにここで顔を洗うというのが日課になっていた。蛇口から出る水を両手ですくって顔にあてようとすると後ろに誰か立っている気配がする。急いで場所を空けると

「おっ、坪井か！」と声をかけられた。

「おーっ、等（ひとし）か!!」

振り返ると声の主は特乙2期の同期生、小竹 等飛長であった。ふたりは同期生であるだけでなく中錬教程を同じ大村空で過ごした非常に近しい間柄だった。

だが、戦場での突然の再会でもあり、ゆっくり話もできないまま

「近々、一杯やろうや」と約束して別れたのが最後となる。

三四三空戦闘第四〇七飛行隊の隊長、林 喜重大尉（海兵69期）の列機として新鋭戦闘機『紫電改』を駆って喜界島上空制空戦闘に出撃した小竹飛長はこの16日、未帰還となった。指揮官機を執拗に狙う敵機の射弾に倒れたものといわれている。同じく特乙2期生で、飛練卒業後、小竹飛長とともに三六一空戦闘四〇七に配属され、ともに隊長の列機を務めていた西鶴園栄吉飛長も帰らず（この日、林隊長の区隊は2・3・4番機が未帰還となった）、林隊長の落胆ぶりはやがて4月21日の彼自身の戦死に結びついてしまう。

猛将のもとに弱兵なしというが、温将と呼ばれた林隊長にしてこの列機ありと評される同期生との、一瞬の出会いと別れであった。

第2陣、戦列へ

菊水三号作戦初日である4月16日の夜、「一KFGB天信電令作第一六二號（一九三〇発）」により芙蓉隊には翌17日黎明における敵機動部隊索敵攻撃が下令された。

準備兵力は『彗星』5機と『零戦』5機。計画では火崎を基点とする185度、189度、193度、197度の、それぞれ280浬の距離へ『彗星』4機を索敵攻撃隊として放ち、残る『彗星』1機と『零戦』5機を2機ずつ3個小隊に編成、攻撃隊として索敵攻撃隊の針路の隙間を埋めるように187度、191度、195度へ進撃させるというものだったが、戦闘詳報には攻撃隊の『彗星』の搭乗割がなく、何らかの理由で早い段階からこれについては出撃を中止したようである。

戦闘八一二からは索敵2番線（189度線）に、一昨日進出してきたばかりの山崎里幸上飛曹‐佐藤 好飛曹長のペアが選抜された。搭乗機は『彗星』〔131‐35〕号機。

先端到達時刻を日の出50分ないし40分前の〇五〇〇から〇五一〇とし、発進時刻を〇三三〇に設定するのはいつもどおり。

そしてまず〇三一三から〇三三〇にかけて零戦隊各機が発進。攻撃隊である『零戦』が索敵攻撃隊の『彗星』より先に発進するのは、これまでにも述べているように巡航速度の差を調整するためだ。

山崎上飛曹‐佐藤飛曹長ペアの『彗星』が発進したのは〇三二四。〇三四〇には基点の火崎を発動する。だが、天候は曇りで、雲とミストの見分けすらつかない状況。〇四四五には150浬の洋上にまで進出していたが以後の索敵を断念して引き返し、〇五五五に無事帰投した。

戦闘詳報には「天候途中ヨリ先端付近不良、雲量九～十、雲高二〇〇〇～二五〇〇、視界二～三浬」、「ミスト濃シ」、「一部雨ノ所アリ」と記述されているが、193度（3番線）の『彗星』が180浬、195度の『零戦』が200浬で引き返し、197度（4番線）の『彗星』だけが予定通り280浬の進出の後に帰投したところをみると、全般に東側の天候が悪かったものと考えられる。

こうして悪天候により各機が敵を見ずに引き返す中、攻撃隊の『零戦』1機のみが「敵水上艦艇十隻見ユ〇五二一」と打電してきたのちに消息を絶った。単機でこれら艦艇への銃撃をおこなった上での未帰還と判断されるものであったが、単座の『零戦』が悪天候を突破し、会敵に成功したことはこの日一番注目される出来事であった。

夜明けとともに天候は一時回復をみて、『彩雲』3機と『百式司偵』1機が列島線東方の索敵に発進、併せて二五二空戦闘三〇四と六〇一空の『零戦』

昭和20年2月の松山基地で撮影された343空幹部と戦闘第407飛行隊「天誅組」の隊員たち。特乙2期生の戦闘機専修者たちは実用機教程修了とともに361空へ集団で配属され、戦闘407（のち所属航空隊を221空、343空と変更される）の基幹となった。2列目椅子に座る左から嶋 幸三大尉（海兵71期、戦闘407分隊長）、中島 正少佐（343空副長）、源田 実大佐（343空司令）、志賀淑雄少佐（343空飛行長）、林 喜重大尉（海兵69期、戦闘407隊長）。1列目右端に小竹 等飛長、その左隣りに西鶴園栄吉飛長とふたり（ともに4月6日に未帰還）がならんでおり、3列目右端に高木由男飛長、5列目左端に来本昭吉飛長、6人目に松村育治飛長といった特乙2期生の顔が見える。

昭和20年3月19日の松山上空邀撃戦で鮮烈なデビューを飾った343空紫電改部隊も4月に入り沖縄航空作戦へ参加するため鹿屋へ前進、特乙2期の同期生が同基地で相見える機会が訪れた。写真は松山から鹿屋へ向けて発進準備中の343空の『紫電改』で、戦闘301の機体。胴体の長機標識がまぶしい手前の〔343A-15〕号機は、その飛行隊長 菅野 直大尉（海兵70期）の愛機だ。

特攻18機、並びに二五二空K三と六〇一空K一の『彗星』15機も発進して喜界島南東に行動中と思われる敵機動部隊の索敵攻撃に向かう。その一方で奄美大島付近の制空を三四三空の『紫電改』34機が行ない、機動部隊上空制圧には六〇一空と二五二空、二〇三空の『零戦』62機が発進した。

これら攻撃による戦果は判然としない部分が多い。特攻機を直接援護する戦闘機もなく、その最後を見届けることのできない状況をなんと説明できようか。

この日の作戦を最後に南九州から列島線にかけての天候はいよいよ悪化。18日、19日は所在部隊に積極的な動きがないままに過ぎ、芙蓉隊としてもそれは同様であった。

20日、天候の回復を見た芙蓉隊では17日に達せられた「一KFGB天信電令作第一六九号」の、

「関東空部隊ハ明十八日以降指揮官所定ニ依リ奄美大島附近ノ黎明索敵攻撃ヲ実施スベシ」

との命令にもとづいて奄美大島周辺索敵攻撃を準備。種子島と屋久島の南方に進出する敵哨戒艇を撃破して、再開される沖縄攻撃の下準備を整えるのである。

この『彗星』2機と『零戦』2機の準備兵力に対して戦闘八一二からは進出間もない中島嘉幸上飛曹-塚越茂登夫上飛曹のペアが搭乗割に加わっていたが、乗機である〔131-87〕号機の燃料コックの故障のため出発は取りやめとなっている。

なお、〇四四〇に鹿屋を発進した索敵攻撃隊各機は敵を見ずに全機が無事に帰投。この索敵の最中に『零戦』1機が諏訪瀬島東南端に敵味方不明の駆逐艦が座礁しているのを発見し、のちにこれが味方の掃海艇と判明した件に鑑み、戦闘詳報には改めて「味方艦艇ノ所在竝ニ行動予定ハ充分ニ余裕ヲ持テ通報セシムルヲ要ス」と記されている。

明けて21日、「一KFGB天信電令作第一七八号」により

「八〇一部隊ヲ以テ別ニ定ムル配備ニ依リ二十日夜間ヨリ二十一日黎明ニ亘リ夜間哨戒ヲ実施シ敵空母群ヲ捕捉シ、関東空夜戦隊ヲ以テ黎明時之ヲ銃爆撃ス」

と指示されていた芙蓉隊は、22日の総攻撃を前に地形慣熟を兼ねて進出間もない第2陣のメンバーを主体に搭乗割を組む。

『彗星』6機、『零戦』3機の兵力に対し、昨日に引き続き戦闘八一二からは中島嘉幸上飛曹-塚越茂登夫上飛曹のペアのみが戦闘九〇一と戦闘八〇四の隊員を押しのけるように参加。乗機は変わって〔131-35〕号機である。

ところが中島上飛曹-塚越上飛曹ペアはよほど乗機に恵まれていなかったのか、〇三四〇に鹿屋を発進、火崎の192度250浬を飛んで敵を見ずに帰路に着いたものの、〇六三八に「操縦桿変ニナル」との連絡をしてきたあとに消息を絶ってしまった。

おりしも彼らの連絡と前後して鹿屋にはマリアナからの『B-29』が来襲。ちょうどこれが芙蓉隊の出撃機の帰投時間と重なり、各機は基地からの空襲警報を受けて佐伯や富高の他、陸軍の万世基地へと次々に不時着した。その報告に混じって中島上飛曹-塚越上飛曹ペアからも、唐瀬原基地に不時着、機体は大破したが人員に異常なし、との連絡があり、一同をほっとさせた。

『B-29』が去った昼過ぎに、敵機動部隊の姿を求めて『彩雲』が発進、一四〇〇に喜界島の南方60浬に敵空母群の発見を報じてきたのを受けて夜間攻撃隊が発進したが会敵せず、またもやその所在は不明となった。

22日も芙蓉隊による敵機動部隊黎明索敵攻撃は実施され、索敵攻撃隊は『彗星』6機、攻撃隊は『彗星』3機と『零戦』3機で編成された。戦闘八一二からは鈴木甲子上飛曹-玉田民安中尉ペアが〔131-51〕号機で、山崎里幸上飛曹-佐藤好飛曹長ペアが〔131-53〕号機で索敵攻撃隊に名を連ねる。

その索敵攻撃隊は〇三一三から発進を開始。鈴木上飛曹-玉田中尉ペアの『彗星』は〇三一五に発進、〇三二五に佐多岬を発動して針路174度の索敵2番線を飛行する。〇四四〇には佐多岬からの250浬先端に到達するも敵を見ず、〇六一〇に基点の佐多岬に、〇六二〇には鹿屋上空に戻ってきたが昨日同様またもや空襲警報が発令され、佐伯に降着。一三一七に鹿屋へ帰投した。

山崎上飛曹-佐藤飛曹長ペアの『彗星』は少し遅れた〇三四〇に鹿屋を発進、〇三五〇に佐多岬を発動して、針路186度（戦闘詳報ではこの部分がかすれて見えなくなっているのだが、各機の針路と開度からの筆者推定）の索敵5番線を南下。〇五〇三に先端に到達したもののやはり敵の発見にはいたらず、〇六二五に鹿屋上空まで帰ってきたが同じく空襲警報を受けて陸軍の都城飛行場に降着、さらに佐伯へ避退して、午後になって鹿屋へ帰投した。

索敵攻撃隊、攻撃隊ともに全機が敵を見ず、空襲を避けた後に順次鹿屋へ帰投しているが、人員機材ともにこの日は被害がなく、また全機が故障もなく作戦を終え、搭乗員と整備員、双方の技倆水準の高さを表す結果となった。

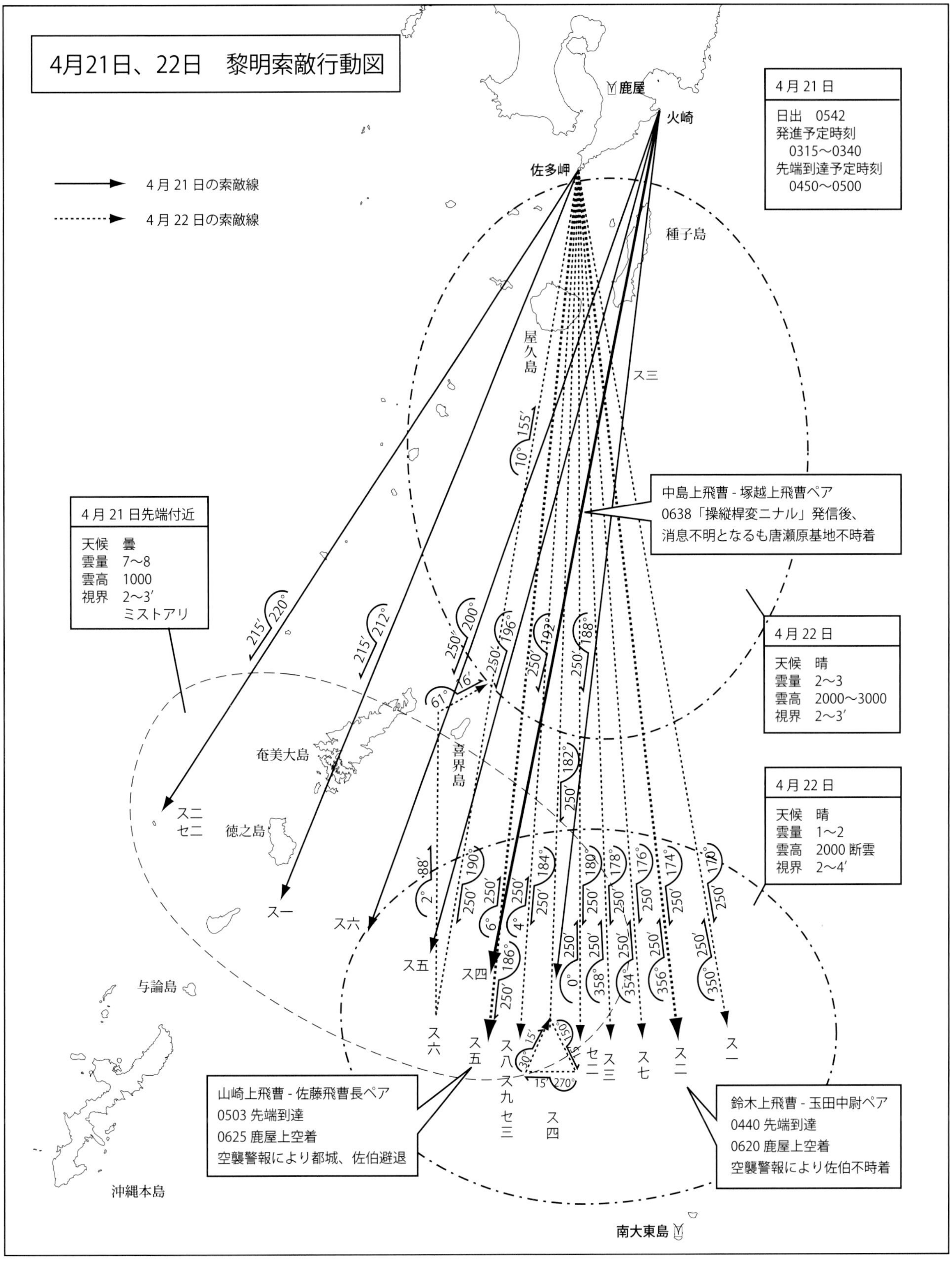
4月21日、22日　黎明索敵行動図
4月21日
日出　0542
発進予定時刻
0315〜0340
先端到達予定時刻
0450〜0500
4月21日の索敵線
4月22日の索敵線
鹿屋
火崎
佐多岬
種子島
屋久島
ス三
中島上飛曹 - 塚越上飛曹ペア
0638「操縦桿変ニナル」発信後、
消息不明となるも唐瀬原基地不時着
4月21日先端付近
天候　曇
雲量　7〜8
雲高　1000
視界　2〜3′
ミストアリ
4月22日
天候　晴
雲量　2〜3
雲高　2000〜3000
視界　2〜3′
4月22日
天候　晴
雲量　1〜2
雲高　2000 断雲
視界　2〜4′
奄美大島
喜界島
徳之島
スニ
セニ
スー
ス六
ス五
ス四
与論島
山崎上飛曹 - 佐藤飛曹長ペア
0503 先端到達
0625 鹿屋上空着
空襲警報により都城、佐伯避退
鈴木上飛曹 - 玉田中尉ペア
0440 先端到達
0620 鹿屋上空着
空襲警報により佐伯不時着
沖縄本島
南大東島

そしてこちらも昨日同様、『B‐29』の去った後に『彩雲』が発進、一三三八に喜界島の150度80浬付近に巡洋艦などが行動しているのを発見した。その近くに空母群もいるものと判断した第一機動基地航空部隊司令部では二五二空戦闘三〇四の『零戦』特攻8機と同K三の『彗星』5機に、直掩の『零戦』41機を付けて攻撃に向かわせ、実に5日ぶりの敵機動部隊攻撃を実施した。この日は陸軍の第六航空軍も特攻機36機をもって沖縄周辺艦船攻撃を行なっている。

この日を境に天候はまたもや悪化。23日、24日は日本側の目立った動きは見られなく、芙蓉隊も同様であった。

25日には先述の「一KFGB天信電令作第一六九号」に基づく指揮官所定により『彗星』6機、『零戦』3機で奄美大島付近の黎明索敵攻撃を実施したが、天候不良により全機が基点の佐多岬を発動して間もなく引き返している。なお、この日は戦闘八一二隊員の出撃はなかった。

このように4月中旬以降、第一機動基地航空部隊麾下の各航空部隊、とくに特攻隊を含めた攻撃飛行隊の兵力は急速に減耗し、その活動も沈静化していった。

これはもちろん主敵である米空母機動部隊との兵力格差が並々ならぬものになっていたことと、敵手に落ちた沖縄のふたつの飛行場が急速に整備され不沈空母化したことの影響が大であったが、その一方で攻撃が成功しても失敗しても必ず自軍の兵力を損失するという「特別攻撃」の限界がきたことを如実に物語るものでもあった。

そしてそれはまた、第一機動基地航空部隊にとって新たな局面を迎えたことを意味していた。

夜間波状攻撃の幕開け

こうして南九州方面の戦局が膠着する中、芙蓉隊は4月24日の午後に『彗星』5機、25日の午後にも『彗星』5機と『零戦』4機を藤枝から鹿屋に前進させた。

この第3陣ともいうべき補充戦力に占める割合が最も多かったのが戦闘八一二で、戦闘詳報の搭乗割から読み取れる隊員だけでも5ペアを数える。

その筆頭は、3月31日の鹿屋進出時に不時着戦死した野田貞記大尉のあとを受け、徳島空分隊長兼教官でいたところへ4月12日付けで戦闘八一二分隊長を発令、4月14日に着任したばかりの田中栄一大尉（海兵71期）。他、操縦員は水上機出身のベテラン 芳賀吉郎飛曹長(甲飛5期)に宮本英雄上飛曹(乙飛16期)、同じく水上機から転科の石川舟平一飛曹（甲飛11期）、菅原秀三一飛曹（丙飛16期）、フィリピン帰りの藤田泰三一飛曹（予備練13期）ら。偵察員は大沢袈裟芳少尉、荒木健太郎少尉（いずれも予学13期）、二〇三空夜戦隊以来のベテラン 甘利洋司飛曹長（甲飛2期）、そして中堅の田中 暁上飛曹（甲飛9期）、フィリピン帰還組の池田秀一一飛曹（甲飛11期）という面々である。第1陣の進出以来、在鹿屋の隊員が一番少なかった戦闘八一二はこれでようやく戦闘九〇一や戦闘八〇四に負けない数のペアをそろえることができるようになる。

そうして26日に芙蓉隊指揮官所定においておこなわれた奄美大島付近の黎明索敵攻撃では準備兵力の『彗星』8機（3番線を取りやめ、実際の発進は7機）のうち、戦闘八一二からは池田一飛曹を除く、ここに記載した全員5組が早速搭乗割に名を連ねていた。

すなわち佐多岬からの索敵の
1番線（189度）に芳賀飛曹長‐田中大尉ペアの〔131‐72〕号機、
5番線（205度）に藤田一飛曹‐甘利飛曹長ペアの〔131‐60〕号機、
6番線（209度）に右川一飛曹‐荒木少尉ペアの〔131‐05〕号機、
7番線（213度）に宮本上飛曹‐大沢少尉ペアの〔131‐56〕号機、
8番線（217度）に菅原一飛曹‐田中上飛曹ペアの〔131‐80〕号機
の5機で、そのいずれもが二五番陸用爆弾（信管遅動0.03秒）を懸吊していた。これは、炸裂した陸用爆弾の薄い弾片によって小型艦艇に損害を与えるための兵装選択である。

彼ら索敵攻撃隊は〇三三五の藤田一飛曹‐甘利飛曹長機の発進を皮切りとして〇三五〇までに次々と離陸。故障で引き返した甘利飛曹長機と、天候不良で引き返した菅原一飛曹‐田中上飛曹ペア機を除いた全機が索敵行程を終えて敵を見ず、〇五四八から〇六三六までに無事帰投した。

結果的には空振りに終わった作戦であるが、ベテランが戦場における勘を取り戻したり、若手が戦場に慣れるためには出撃回数をこなす必要があり、その1回1回は貴重な経験の積み重ねとなったはずだ。

さて、芙蓉隊が独自に作戦行動をおこなっているこの間にも、第一機動基地航空部隊司令部から麾下各隊には「菊水四号作戦」における作戦指示が次々

第２陣、第３陣や輸送機での進出者が加わり、再び勢力を盛り返した４月下旬頃の鹿屋基地の芙蓉隊搭乗員一同。前列左から塚越茂登夫上飛曹（乙飛16期、812）、１人おいて中森輝雄上飛曹（甲飛７期、901）、中川義正上飛曹（乙飛16期、901）、１人おいて鈴木淑夫上飛曹（偵練49期、804）、濱野久洼飛長（特乙１期、901零）、。２列目左から玉田民安中尉（予学13期、812）、石田貞彦大尉（海兵70期、804隊）、江口 進大尉（海兵70期、901隊）、美濃部 正少佐（海兵64期、131空飛行長）、岩本直樹大尉（予整２期、812）、小川次雄大尉（偵練17期、901分）、関 妙吉上飛曹（乙飛16期、901）。3列目左から伏屋国男一飛曹（甲飛11期、804）、佐藤 好飛曹長（甲飛３期、812）、岡本 宗少尉（予学13期、804）、１人おいて藤井健三少尉（予学13期、804）、加治木常允少尉（予学13期、901）、２人おいて宮崎佐三上飛曹（甲飛８期、901）、１人おいて山崎里幸上飛曹（乙飛16期）。４列目左から６人目：河原政則少尉（予学13期）。５列目左から田中 正中尉（海兵73期、804）、川添 普中尉（海兵73期、812）、菊地文夫上飛曹（乙飛16期、901）、本多春吉上飛曹（丙飛８期、901零）、新原清人上飛曹（乙飛11期、804）、早川甲子郎上飛曹（804）、鈴木晃二一飛曹（甲飛11期）、田崎貞平一飛曹（甲飛11期、804）。6列目左から２人目、久米啓次郎上飛曹（甲飛８期、804）、鈴木甲子上飛曹（乙飛16期）、１人おいて村上 明飛長（特乙１期）、中島嘉幸上飛曹（甲飛10期、812）。右上に貼り付けてあるのは断腸の思いで戦列を離れた坪井晴隆飛長の顔写真。

と下されていた。

そのひとつが「一ＫＦＧＢ天信電令作第二〇九号」で、

「関東空部隊夜戦隊ヲ以テ実施期間中終夜ニ亘リ沖縄陸上基地及慶良間水上基地ニ対シ連続銃爆撃ヲ続行シ基地使用ヲ封止シツツ七六二部隊、九三一部隊、出水部隊及七〇六部隊ヲ以テ沖縄周辺艦船攻撃ヲ実施、好機櫻花兵力ヲ交ヘ月明戦艦攻撃ヲ決行ス」

と示して、菊水四号作戦における芙蓉隊の主目標を沖縄の飛行場と慶良間の水上基地と定め、終夜に渡る銃爆撃によって戦闘機を主とする敵航空兵力の漸減を図るものである。また、前掲の文中では略したが芙蓉隊以外の部隊へ夜間攻撃の実施を指示しているのも注目に値する部分であった。

そして27日、「一ＫＦＧＢ天信電令作第二二八号」により

「沖縄方面天候回復セリ、本二十七日夜間攻撃部隊ハ可動全力ヲ以テ沖縄方面ヲ攻撃ヲ決行スベシ、特ニ陸上基地攻撃ヲ実施ス」

と達せられ、さらに「一ＫＦＧＢ天信電令作第二三〇号」により

「菊水四号Ｘ日ヲ二十八日ニ決定ス」「夜間攻撃部隊全力攻撃」

と発令された。

つまり、菊水四号作戦の発動を4月28日と定め、その前日の27日夜から芙蓉隊は夜間波状攻撃を実施、これにより敵飛行場を制圧して、当日の攻撃が有利に運べるよう敵を撹乱するのである。

これらを踏まえ、芙蓉隊では独自に次のような攻撃計画が立てられた。

まず攻撃目標は沖縄北飛行場、沖縄中飛行場、慶良間水上機基地、伊江島飛行場の4つとし、滑走路や基地施設、地上機の破壊はもとより精神攻撃も重視する。

使用機は可動全力。『彗星』約18～20機、『零戦』約8～10機。これを6波に分け、さらにそれが単機ごとに目標に進入、二一四五から翌日の〇三三〇まで車掛かりに銃爆撃を繰り返すのである。

芙蓉隊にとって本格的夜間波状攻撃の幕開けとなるこの日の搭乗割は第1陣から第3陣の隊員で編成された、文字通り全力での出撃であった。

第1次攻撃隊は北飛行場に向かう『彗星』2機と中飛行場に向かう『彗星』1機の計3機。このうち北飛行場に向かう1機が戦闘八一二の鈴木甲子上飛曹-玉田民安中尉ペアの『彗星』〔131-51〕号機であった。

一九四六に鹿屋を発進した玉田中尉機は1時間半が経った二一三〇に北飛行場に到達、投弾したものの効果不明。反対に戦場を離脱した直後に左主翼の燃料タンクに被弾、燃料が漏洩したため喜界島に不時着して確認してみたところ、4発ほど被弾していた。ここで燃料を補給してもらい〇一〇五に鹿屋へ無事帰投。北飛行場の攻撃に向かったもう1機は戦闘八〇四の隊長 石田貞彦大尉の乗機で、玉田中尉機の攻撃の少し前の二一二五に、2本の滑走路が交差した部分へ二五番三号爆弾1発を命中させて帰投。中飛行場攻撃を割り当てられたもう1機は脚故障で離陸直後に引き返している。

一九四七から発進した第2次攻撃隊は戦闘九〇一の『零戦』が2機。1機は金武湾の艦船を銃撃して戻り、もう1機は3月3日付けで戦闘八一二から戦闘九〇一に移籍した黒川武二中尉で、一九四七に発進して中飛行場の攻撃に向かったものの二〇五〇以後連絡を絶ち未帰還となった。

続く第3次攻撃隊は『彗星』4機。北飛行場と中飛行場に2機ずつ振り分けられ、さらにそれが単機ごとに目標に進入する。戦闘八一二からの参加は山崎里幸上飛曹-佐藤 好飛曹長ペアの〔131-53〕号機で攻撃目標は中飛行場。ところが、二〇四五に発進した佐藤飛曹長機は脚引き込みの赤灯が点灯せず、燃料も漏洩していたため引き返し、二一〇〇に帰着した。二〇一〇から発進に取りかかった第3次攻撃隊はこの佐藤飛曹長機を含めた3機が引き返して、二〇一六に発進した1機のみが北飛行場の攻撃に成功、燃料が足りなくなって垂水沖に不時着して機体は沈没したが、搭乗員2名は無事という収支である。

第4次攻撃隊は『彗星』8機。やはり攻撃目標は北飛行場と中飛行場に半数ずつ分けられていた。戦闘八一二からの参加は芳賀吉郎飛曹長-田中栄一大尉ペアの〔131-19〕号機、並びに藤田泰三一飛曹-甘利洋司飛曹長ペアの〔131-89〕号機、中島嘉幸上飛曹-塚越茂登夫上飛曹ペアの〔131-32〕号機の3機。

この第4次攻撃隊の先頭をきって二一五七に発進したのは田中分隊長機。約2時間後の二三五〇に中飛行場攻撃に成功、1ケ所炎上を確認して〇三〇五に串良へ帰着した。二二〇一に発進した甘利飛曹長機は発動機の不具合のため引き返して二三〇六に帰着。他にも2機が発動機故障で引き返しているが、中島上飛曹-塚越上飛曹ペアの『彗星』は二二一六に発進してのち消息を絶ち、ついに未帰還となってしまった。

第5次攻撃隊は『零戦』6機で、〇〇二四から〇〇五〇までに順次発進。1機がＡＣ調整螺子の不良で引き返し、未帰還となった1機を除いた4機が〇二五〇から〇三二〇の間に慶良間の水上機基地および北飛行場の攻撃を実

施して帰投。
最後の第6次攻撃隊は始めから搭乗割に編成されていた『彗星』8機に、この日（厳密に言うと時計の針が28日午前零時を回っているから「昨日夜」と言うべきか）発進を取りやめたり途中で引き返してきた『彗星』4機を加えた12機で、最大の攻撃兵力となるもの。戦闘八一二からの参加は右川舟平一飛曹-荒木健太郎少尉ペアの〔131-09〕号機、宮本英雄上飛曹-大澤袈裟芳少尉ペアの〔131-56〕号機、菅原秀三一飛曹-田中 暁上飛曹ペアの〔131-62〕号機、そして第3次攻撃隊の再出撃である山崎里幸上飛曹-佐藤 好飛曹長ペアの〔131-54〕号機の4機。

○一○六、第6次攻撃隊の先頭機が発進を開始。続いて○一一○に右川上飛曹-荒木少尉ペア機が離陸。○一二五、8番目に発進したのが宮本上飛曹-大沢少尉ペア。○一二七に9番目に発進したのが菅原一飛曹-田中上飛曹ペア。○一三○に発進した山崎上飛曹-佐藤飛曹長ペアは10番目である。

右川上飛曹-荒木少尉ペア機が沖縄本島に到達したのは○二五○。ところが40分ほど捜索したにもかかわらず中飛行場が発見できない。攻撃を実施できないままやむなく帰投針路に就き、出水基地に不時着して燃料補給ののちに鹿屋に帰着したのは夜も明けた○六四五になってから。

菅原一飛曹-田中上飛曹ペアは発動機の不調で引き返し、○四五六に鹿屋に帰投。

山崎上飛曹-佐藤飛曹長ペアが中飛行場攻撃に成功したのは○三二○。滑走路の東北端に命中を確認したが効果は不明で、○五三○に帰投した。

第6次攻撃隊の中では8番目に発進した宮本上飛曹-大澤少尉ペアは航法に手間取ったのか、○四一五になって一番最後に中飛行場を攻撃、投弾による「火炎一」を認めて○六○八に帰投してきた。

このようにして初めておこなわれた沖縄夜間「波状攻撃」の戦果は次のようなものだった。まず北飛行場を攻撃した『彗星』は7機で、二五番三号爆弾1発、二五番三一号爆弾4発、六番三号爆弾2発、二五番陸用爆弾1発により滑走路への命中2発、炎上箇所は3ケ所、爆発箇所1ケ所。次に、中飛行場を攻撃した『彗星』は5機で、二五番陸用爆弾2発、二五番三一号爆弾3発により炎上2ケ所。さらに伊江島飛行場を攻撃した『彗星』は1機で、二五番陸用爆弾により滑走路縁辺に命中1というもの。『零戦』による攻撃実施は4機で、金武湾在泊艦船、渡嘉敷島西岸繋留ブイ、伊江島付近敵船団、そして北飛行場をそれぞれ銃撃し、効果は不明であった。

4月27日から29日にかけての攻撃計画

「131空戦闘詳報」4月27日の項「別紙第一 夜戦隊沖縄基地攻撃計劃」より

自4月26日夕　日出 0536　月齢 14　月没 0544　日没 1853
至4月29日未明　日出 0534　月齢 16　月没 0646　日没 1854

一、攻撃目標　北飛行場　中飛行場　慶良間水上基地　伊江島飛行場　精神攻撃ヲ含ム
二、使用機　fnc×18～20　fnc0×8～10
三、制圧時刻　終夜制圧（自 2145～至 0330）

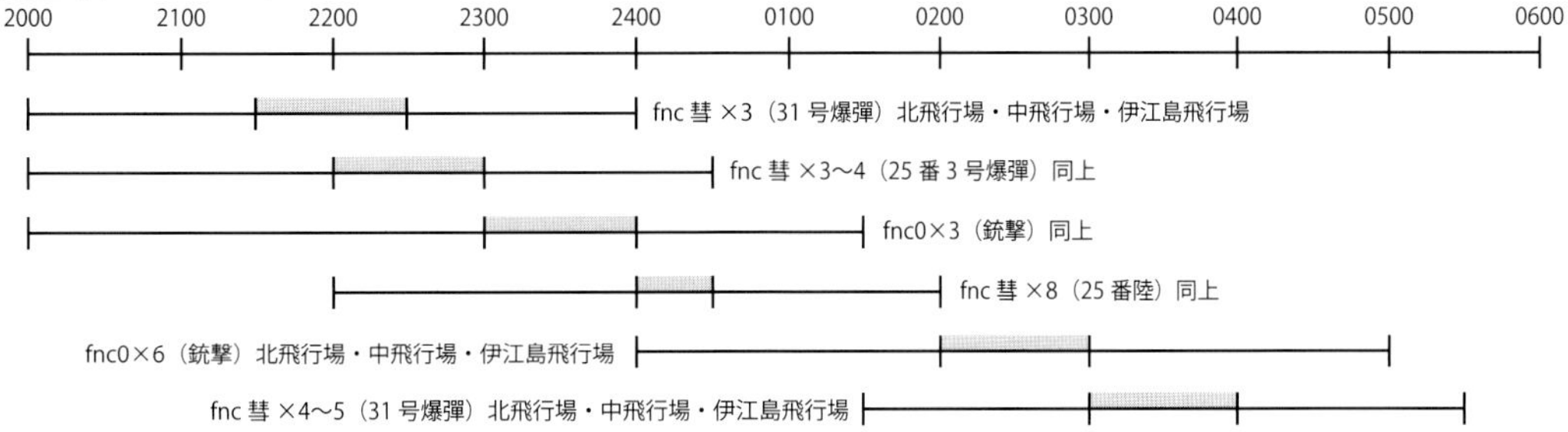

全機佐多岬ヨリ出入スルヲ立前トシ、予備帰投基地ヲ志布志飛行場及宮崎飛行場トス

筆者注：fnc 彗…彗星夜戦
fnc0 …零夜戦

四、航法計劃　夜間測風値　340 度 10 米（高度 3000～3500）　地上気温 20 度
五、搭乗員ノ準備　（イ）出発日午前　搭乗員ノ飛行機点検　午後　研究打合
（ロ）

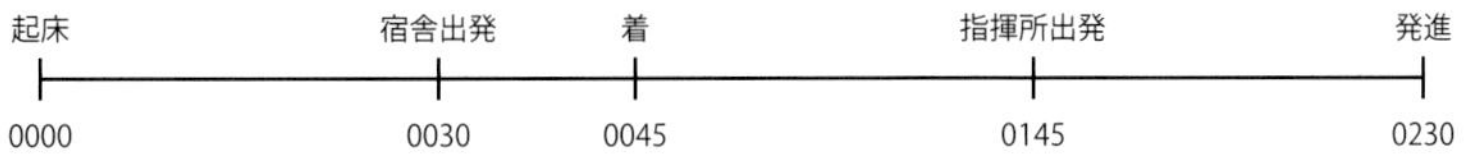

被害は『彗星』の未帰還3機、『零戦』の未帰還2機。この他『彗星』は1機が燃料切れで垂水沖に水没（操縦員、偵察員とも無事）、『零戦』も1機が降着時に大破（操縦員無事）、そして『彗星』の偵察員1名が機上戦死を遂げた。なお余談であるが未帰還となった『彗星』のうち、戦闘八〇四の早川甲子郎上飛曹（乙飛16期）-中村信一上飛曹（偵練51期）ペア機は沖縄本島への不時着に成功、先に未帰還となった陶三郎飛曹長と現地で合流して終戦まで行動をともにし、後日生還していることを付記しておきたい。

戦闘八一二で未帰還となった中島嘉幸上飛曹-塚越茂登夫上飛曹ペアは前述のように第2陣で鹿屋へ進出して来たばかりだった。

先任下士官だった井戸哲氏はその手記の中で、中島上飛曹との思い出を次のように回想している。

「中島兵曹という奇行の士がおった。彼は私と気が合ったのかよく一緒に行動したものである。江戸っ子堅気で淡白な、気持ちの良い男だが少々悪い所も無きにしもあらずだった。というのは、だらし無いとしたこと、風呂などは十日に一度も入れば良いところ、虱の掘り出しを得意とした。首の回りに垢をつけ、注意するとニタリとして『面倒くさいからね』と、涼しい顔だった。」

そんな中島上飛曹は紫色のマフラーが自慢で、機会のあるたびに「俺の恋人の夏子がくれたのだ、夏子がなぁ」とつぶやいていたという。先日は消息不明になりながらもヒョッコリ元気な姿を見せたばかり。「針路南の爆撃行」という歌を、独特の蛮声をあげて歌っていた奇行の勇士もついに未帰還となってしまった。

偵察員の塚越茂登夫上飛曹は乙飛16期の出身。前年の6月には横須賀空夜戦隊の一員として硫黄島に進出、また、その横空夜戦隊から戦闘第八五一飛行隊が編成された際には江口進大尉とともにこの一員となり、再び硫黄島に進出した歴戦の夜戦乗り。フィリピンでは作戦中の不時着で、前歯を9本も折るという経験の持ち主であった。

またしても中堅どころの下士官を失ってしまった戦闘八一二。

この27日から28日にかけての夜間攻撃には七〇六空K七〇四の『一式陸攻』9機も参加。二二三〇に鹿屋を発進して沖縄周辺艦船の攻撃を実施した他、陸軍の重爆3機、『天山』艦攻4機も同目標への攻撃に発進している。

28日の夜明けとともに菊水四号作戦は本格発動。『彩雲』5機による2段索敵で敵機動部隊を発見したが、それが南下しつつあるのを認めたため、午後から実施予定の攻撃の目標を沖縄周辺艦船攻撃に指定。宇佐空、姫路空、百里原空から成る『九七艦攻』12機、名古屋空、百里原空から成る『九九艦爆』22機、七二一空神雷部隊の『一式陸攻』（桜花懸吊）4機、琴平水心隊の水偵特攻8機（6機引返し）他、『天山』艦攻7機が一五三五から発進して薄暮および夜間にかけての攻撃を実施。

菊水四号作戦という仰々しい作戦名とは裏腹に、昼間攻撃兵力の主力が練習航空隊の教官、教員と練習生が搭乗する旧式機による特攻隊という実状に、末期的様相を呈する日本海軍航空の真の姿を見ることができるといえよう。だがその一方で彼ら練空特攻隊の勇戦敢闘の様子は永く広く、後世に語り継がれてしかるべきものと断言する。

そしてつかの間の休息を終えた芙蓉隊は日没とともに活動を再開する。作戦計画は前夜と同様だ。今日は第3次までの攻撃隊が編成された。

第1次攻撃隊は『彗星』7機。北飛行場に2機、中飛行場に5機の割り当てである。戦闘八一二からの参加隊員は、昨晩の作戦で第4次攻撃隊として出撃したもののエンジンの不具合により引返した藤田泰三一飛曹-甘利洋司飛曹長ペアで、中飛行場攻撃に向かう1機。〔131-50〕号機に搭乗する。

単機ごとの出撃もいつもの通り。一九四四に第1次攻撃隊の1番機が発進。藤田上飛曹-甘利飛曹長ペアは一九五六に5番目に離陸した。当初計画された攻撃予定時刻よりも30分早く二一二六に中飛行場に到達した甘利飛曹長機は、故障のためかついに爆弾を投下できず戦場を離脱、被害なく二二三七に帰投してきた。

第2次攻撃隊は『零戦』4機で二〇三〇から順次発進して慶良間の水上機基地の攻撃に向かう。2機が攻撃実施後に帰投したが1機が未帰還、もう1機は機位不明の連絡ののちに佐世保港外に不時着、搭乗員は戦死した。

続く第3次攻撃隊は『彗星』7機。攻撃割り当ては第1次攻撃隊と同様、北飛行場に2機、中飛行場に5機である。戦闘八一二からは〔131-09〕号機に搭乗する右川舟平一飛曹-池田秀一一飛曹の甲飛11期同期生ペアと、〔131-62〕号機に搭乗する菅原秀三一飛曹-田中暁上飛曹ペア、〔131-56〕号機に搭乗する宮本英雄上飛曹-大沢袈裟芳少尉ペアの3組が搭乗割に名を連ねていた。

発進開始時刻は二一四三。右川一飛曹-池田一飛曹のペアが発進したのは3番目で二一三五のこと。月齢17の晴れの夜空を約1時間半飛行して、二三一五に沖縄本島に到達したが、昨晩に続いて今日も中飛行場が発見できない。しかたなく河口付近に爆弾を投下して帰路に着く。攻撃効果は不明で

4月27／28日　沖縄北、中飛行場夜間攻撃　攻撃隊編成表

	機体番号	操縦員		偵察員		目標	発進時刻	戦場到達	帰投時刻	経過
		氏名	階級	氏名	階級					
第一次攻撃隊	131-07	石田貞彦	大尉	田崎貞平	一飛曹	北飛	1934	2125	2335	北飛滑走路ニ25番3号命中、炎上ニヶ所、爆発一ケ所
	131-10	伏屋国男	一飛曹	鈴木淑夫	上飛曹	中飛	1941		1959	脚赤灯点カズ引返す（第六次に参加）
	131-51※	鈴木甲子	上飛曹	玉田民安	中尉	北飛	1946	2130	0105	北飛攻撃効果不明。喜界島ニテ燃料補給後帰着
第二次攻撃隊	131-03	黒川武二	中尉			中飛	1947		未帰還	2050以後通信連絡途絶、未帰還
	131-04	浜野久洼	飛長			北飛	1948	2150	0040	金武湾ノ対空砲火熾烈ノタメ艦船ヲ銃撃効果不明
第三次攻撃隊	131-54	早川甲子郎	上飛曹	中村信一	上飛曹	中飛	2010		2040	発動機故障引返ス（第六次に参加）
	131-05	新原清人	上飛曹	岡本　宗	少尉	北飛	2016	2215	0036	炎上一ケ所。燃料尽キ垂水沖不時着。操偵無事
	131-87	久米啓次郎	上飛曹	小菅靖雄	少尉	北飛	2030		2109	燃料漏洩引返ス（第六次に参加）
	131-53※	山崎里幸	上飛曹	佐藤　好	飛曹長	中飛	2045		2100	脚赤灯点カズ燃料漏洩引返ス（第六次に参加）
第四次攻撃隊	131-19※	芳賀吉郎	飛曹長	田中栄一	大尉	中飛	2157	2350	0305	中飛ニ投弾炎上一ケ所。0305串良着
	131-80	加治木常充	少尉	関　妙吉	上飛曹	北飛	2200	2330	0141	沖縄北端敵夜戦3機反航。滑走路ニ投弾命中
	131-76※	藤田泰三	一飛曹	甘利洋司	飛曹長	中飛	2201		2306	発動機不具合ノタメ引返ス
	131-50	中川義正	上飛曹	加藤　昇	少尉	中飛	2205	2345	0206	7～8個ノ「ランプ」ニ投弾、効果不明
	131-89	中野増男	上飛曹	横堀政男	上飛曹	北飛	2209	2355	0210	北飛視認デキズ、伊江島飛攻撃滑走路縁辺命中
	131-25	上田英夫	一飛曹	中野望正	少尉	北飛	2214		2348	発動機故障、引返ス
	131-32※	中島嘉幸	上飛曹	塚越茂登夫	上飛曹	北飛	2216	不明	未帰還	離陸後連絡アリタルノミニテ以後消息不明
	131-66	石井信之	上飛曹	平田　清	少尉	中飛	2254		2353	発動機故障、引返す
第五次攻撃隊	131-81	阪　芳夫	上飛曹			慶良間	0024	0230	(0640)	渡嘉敷ブイ銃撃、座間味T×15銃撃、0640万世不時着
	131-71	平野三一	飛曹長			慶良間	0025	0320	0522	目標認メズ慶良間発見セルモ燃料不安帰ル
	131-25	尾形　勇	上飛曹			北飛	0035	0310	0550	伊江島付近敵船団銃撃、効果不明
	131-90	本田春吉	一飛曹			北飛	0035	0250	0530	北飛ニ対シ全弾銃撃、効果不明
	131-27	米田三郎	飛曹長			中飛	0045	不明	未帰還	0202以後連絡絶エ未帰還
	131-99	山本義治	上飛曹			中飛	0050		0200	AC止螺子不良ノタメ引返シ降着時廻サレ大破
第六次攻撃隊	131-72	河原政則	少尉	宮崎佐三	上飛曹	中飛	0106		0240	電信器作動セズ引返ス
	131-09※	右川舟平	一飛曹	荒木健太郎	少尉	中飛	0110	0250	0645	40分捜索スルモ目標発見デキズ。出水不時着補給後帰着
	131-86	斉藤　陽	中尉	菊地 文夫	上飛曹	北飛	0115	0245	0500	0245北飛攻撃効果不明。前席風防被弾一発
	131-54☆	早川甲子郎	上飛曹	中村信一	上飛曹	中飛	0117	0345	未帰還	我不時着ス発信後、未帰還（操偵とも戦後生還）
	131-55	村上　明	飛長	布施己知夫	少尉	中飛	0120	0258	0555	中飛爆撃、滑走路ト西海岸トノ中間ニ弾着、効果不明
	131-10☆	伏屋国男	一飛曹	鈴木淑夫	上飛曹	北飛	0120	0310	0505	北飛北側掩体地区ニ投弾、雲ノタメ戦果確認セズ
	131-17	高　義房	一飛曹	近田良平	少尉	北飛	0122	0320	0550	北飛先端誘導路命中、地上50mニテ炸裂セルモ効果不明
	131-56※	宮本英雄	上飛曹	大沢袈裟芳	少尉	中飛	0125	0415	0608	中飛滑走路ニ投弾、火炎1ヲ認ム
	131-62※	菅原秀三	一飛曹	田中　暁	上飛曹	北飛	0127		0456	発動機不調引返ス
	131-53※☆	山崎里幸	上飛曹	佐藤　好	飛曹長	中飛	0130	0320	0530	滑走路東北端付近ニ命中スルモ効果不明
	131-60	小田切徳治	飛長	高橋武治	少尉	北飛	0133	0300	未帰還	0300敵水上艦艇見ユノ連絡後、消息不明未帰還
	131-87※☆	久米啓次郎	上飛曹	小菅靖雄	少尉	北飛	0136	0317	0522	投下装置故障、投弾不能。被弾4発、偵機上戦死

・防衛庁戦史図書館所収「芙蓉空部隊戦闘詳報」当該日付の戦闘詳報より筆者作成。
　→原書の搭乗割を参考とし、筆者の責任において搭乗割の順序を「発進順」に並べ替えている。
・0000以降の発進時刻は28日の日付である。
・機番号に※を付したのは戦闘八一二のペア。
・機番号に☆のついたものは再出撃のペア。
・前傾「戦闘詳報」には第六次攻撃隊で未帰還となった早川上飛曹ー中村上飛曹ペアの『彗星』を53号機と記載しているが、翌28日の戦闘詳報にも53号機の機番が見られることから54号機の間違いと判断する。
・Tは輸送船の略

ある。〇二〇五に鹿屋へ無事帰投。

右川一飛曹‐池田一飛曹ペア機に続いて二一四五に離陸したのは菅原一飛曹‐田中上飛曹ペア機。北飛行場の攻撃に向かう予定であったが、彼らの乗機は奄美大島の付近で排温が上がらなくなり、水平儀も傾き、電信機も故障という症状が続発。進撃を断念して二三〇四に帰投してきた。昨晩もエンジン不調で引返しているから、この〔131‐62〕号機はいささか調子の悪い機体だったのかもしれない。

さらに中飛行場攻撃のため二一五〇になって6番目に発進した宮本上飛曹‐大沢少尉ペア機も燃圧計の振動のため引返し、二三四七に帰着。

結局この第3次攻撃隊は7機中、半数以上の実に4機までが発進取り止めか途中引返しとなっており、中には前日に沖縄攻撃に成功している機体もあることを考えると、連続出撃における機体整備の限界が現れたと見ることもできる。

3次にわたる攻撃で北飛行場を攻撃した『彗星』2機、中飛行場を攻撃した『彗星』は6機で、いずれも効果は不明。『零戦』2機による銃撃で飛行艇の炎上1機、幕舎の炎上1というのが見るべき戦果であったが、例え実害は少なくとも夜間波状攻撃によって敵に与えた心理効果は計り知れないものがあっただろう。

被害は前述した『零戦』2機の他、第3次攻撃隊の『彗星』1機が喜界島に不時着大破、搭乗員は操偵とも無事というものであった。

この28日の夜間攻撃には他に『銀河』6機、『天山』6機、陸軍重爆6機も参加。沖縄周辺艦船攻撃を実施している。

菊水四号作戦2日目である29日は黎明索敵に発進した『彩雲』2機が沖縄北端東方70浬に空母8隻を含む2群の敵機動部隊を発見したところから始まり、しかし早朝から来襲の『B‐29』の邀撃に戦闘機を割かれ、『零戦』特攻隊33機に直掩の『零戦』13機をつけ、さらに陸軍戦闘機12機（17機という資料もある）の協力を得て機動部隊攻撃に向かったのが昼間攻撃隊の総力。空母への突入8、その他艦船への突入11を報じたものの、攻撃隊の未帰還機は27機で、米軍側も駆逐艦の損傷4を認めているが、特攻作戦の実施による日本側戦力の枯渇はまぎれもない事実であった。

捲土重来を期して

そして4月29日の夜。3日連続での夜間波状攻撃を画策する芙蓉隊のこの日の作戦計画はいささか手の込んだものであった。

数次にわたって攻撃隊を繰り出すのは27日夜からの作戦と同様であるが、今日は第1次、第2次攻撃隊に1～2機を送り出し、これら各機が偽電を発信して敵の夜間戦闘機を早いうちに邀撃発進させて燃料を消費させ、その降着する時刻を狙って芙蓉隊主力が攻撃を実施するというもの。そのため、主攻撃隊の戦場到達時刻はこれら先鋒隊による陽動の3～4時間後を画策していた。

「関東空部隊ハ可動全力沖縄敵飛行場ヲ銃爆撃セントス」との意気込みで用意された兵力は『彗星』13機に『零戦』2機の合計15機。『彗星』は二五番三号爆弾または二五番三一号爆弾を懸吊。

第1次攻撃隊は『彗星』2機で編成されていたが、これはいずれも戦闘八一二の隊員のペアで、〔131‐19〕号機には芳賀吉郎飛曹長‐田中栄一大尉ペアが、〔131‐68〕号機には藤田泰三一飛曹‐甘利洋司飛曹長ペアが搭乗する。攻撃目標は両機とも沖縄北飛行場。

二〇五〇に鹿屋を発進した芳賀飛曹長‐田中大尉ペアは手はずどおり偽電を発して電探欺瞞紙を撒布しつつ沖縄を目指す。ところが徳之島と沖永良部島との中間において天候が悪化、前方視界が極めて不良となり、二二一〇に作戦継続を断念して反転し、〇〇一三に鹿屋に帰投してきた。

第1次攻撃隊のもう1機、藤田一飛曹‐甘利飛曹長ペアの『彗星』は爆装が間に合わずに発進を取止め。第2次攻撃隊は『彗星』1機によるものであったが、二一四三に発進したものの発動機の不具合で引返し、二三三〇に帰着。陽動任務を果たせずに終わる。

第3次攻撃隊は『零戦』2機で、1機ずつが慶良間水上機基地と伊江島飛行場の攻撃に向かった。慶良間に向かった1機は水上機基地を確認できずに海岸線を銃撃して帰投、もう1機は〇二〇五に伊江島の灯火を銃撃して小火災を発生させたあと、〇四二〇に帰着した。

本命の第4次攻撃隊は戦闘九〇一の隊長である江口 進大尉を初めとする『彗星』10機で編成されており、全機の攻撃目標は沖縄北飛行場。第1次、第2次攻撃隊とは逆に完全な無線封止をもって進撃し、〇二一五から〇二三〇にかけての戦場到達を画策する。このうち6機までが戦闘八一二隊

4月28／29日　沖縄北、中飛行場夜間攻撃　攻撃隊編成表

第一次攻撃隊（『彗星』7機）

機体番号	操縦員		偵察員		目標	発進時刻	戦場到達	帰投時刻	経過
	氏名	階級	氏名	階級					
131-80	中森輝雄	上飛曹	小川次雄	大尉	北飛	1944	2125	2336	ミストの為北飛確認しえず河口を目標として投弾、効果不明
131-89	中野増男	上飛曹	横堀政男	上飛曹	中飛	1946	2135	2336	中飛攻撃効果不明
131-07	河原政則	少尉	宮崎佐三	上飛曹	中飛	1951	2130	2322	中飛に対し二五番三号爆弾投下効果不明
131-55	村上　明	飛長	千々松普秀	少尉	中飛	1952	2130	2345	中飛滑走路と覚しき箇所に投弾効果不明
131-50※	藤田泰三	一飛曹	甘利洋司	飛曹長	中飛	1956	2126	2237	2126投下せるも爆弾落下せず
131-86	斉藤　陽	中尉	菊地文夫	上飛曹	北飛	2001	2425	0215	2107帰着、回転計交換後2220発。2425北飛攻撃
131-25	上田英夫	一飛曹	中野望正	少尉	中飛	2005	2140	2349	中飛滑走路に投弾、交差点付近に命中

第二次攻撃隊（『零戦』4機）

機体番号	操縦員		偵察員		目標	発進時刻	戦場到達	帰投時刻	経過
	氏名	階級	氏名	階級					
131-71	平野三一	飛曹長			慶良間	2030	2300	0140	慶良間水上基地1炎上、幕舎1炎上
131-26	浜野久洼	飛長			慶良間	2030	不明	不時着	0214我位置不明、0305佐世保港外不時着戦死
131-81	尾形　勇	上飛曹			慶良間	2031	2230	0230	目標発見せず艦船より射撃を受けこれを銃撃、効果不明
131-23	斉藤　豊	上飛曹			慶良間	2033		未帰還	2056以後指呼するも応答なく未帰還

第三次攻撃隊（『彗星』7機）

機体番号	操縦員		偵察員		目標	発進時刻	戦場到達	帰投時刻	経過
	氏名	階級	氏名	階級					
131-53	石井信之	上飛曹	平田　清	少尉	中飛	2143		2300	2143燃圧計振れるため引返す
131-17	高　義房	一飛曹	近田良平	少尉	中飛	2139	2330	0216	六番三号爆弾二発投下誘導路地区に命中、効果不明
131-09※	右川舟平	一飛曹	池田秀一	一飛曹	中飛	2155	2315	0205	中飛行場確認できず河口を照準投下、効果不明
131-62※	菅原秀三	一飛曹	田中　暁	上飛曹	北飛	2145		2304	排温上らず水平儀傾き電信機故障引返す
131-56※	宮本英雄	上飛曹	大沢袈裟芳	少尉	中飛	2150		2347	燃料計振動のため引返す
131-55	藤井健三	少尉	鈴木晃二	一飛曹	-				油圧1瓩しか上がらざるを以って出発取止め
131-10	伏屋国男	一飛曹	鈴木淑夫	上飛曹	北飛	2158		不時着	喜界島不時着機体大破、操偵5/1帰還

・防衛庁戦史図書館所収「芙蓉空部隊戦闘詳報」当該日付の戦闘詳報より筆者作成。→原書の搭乗割を参考とし、筆者の責任において搭乗割の順序を「発進順」に並べ替えている。
・0000以降の発進時刻は29日の日付である。
・機番号に※を付したのは戦闘八一二のペア。

〔塚越茂登夫飛曹長〕

初の沖縄飛行場夜間波状攻撃となった4月27／28日の作戦で未帰還となった塚越茂登夫上飛曹（乙飛16期）。横空夜戦隊、戦闘851での作戦経験もある、若いながらも歴戦の偵察員であった。

員のペアが搭乗するもの。この日は戦闘八一二の占有率が多かった。

江口隊長機が〇〇三〇に発進したのを先頭に第4次攻撃隊は順次離陸。〇〇三七に発進したのが戦闘八一二の菅原秀三一飛曹－田中暁上飛曹ペアが搭乗する〔131－72〕号機。27日には発動機の不調、28日は計器及び電信機の故障と機材に恵まれずに（両日とも乗機は131－62号機）作戦を断念した彼らは、乗機を換えて（もちろん換えたのは本人たちの意思ではないが）三度目の正直とばかりに沖縄本島を目指す。そして1時間半後の〇二一〇に沖縄北飛行場に到達、投弾したが効果は不明で、〇三五二に鹿屋に帰投してきた。

〇〇四五に6番目に離陸したのが山崎里幸上飛曹－佐藤好飛曹長ペアの〔131－76〕号機。ところが佐藤飛曹長機は離陸直後の〇〇五三に右脚の赤灯が点灯せず（つまり主脚が正常に格納されていない状態）、〇一〇八に降着する。

続いて〇〇四八になって7番目に発進したのが右川舟平一飛曹－池田秀一一飛曹の同期生ペアの搭乗する〔131－29〕号機。右川一飛曹は3夜連続、池田一飛曹は昨夜に続いて2晩連続での出撃である。約2時間後の〇二四五に北飛行場の攻撃に成功したが、こちらも効果は不明、〇四四二に鹿屋へ帰投する。

〇〇五五に第4次攻撃隊の8番目に離陸した鈴木甲子上飛曹－玉田民安中尉ペアの搭乗する〔131－51〕号機は、4月16日以来4度目の搭乗であり、いわば彼らの専用機に近いものであったが（他には3ペアが1回ずつ搭乗している）、攻撃実施後、〇四一五まで良好に連絡があったにもかかわらず以後消息を絶ち、ついに未帰還となってしまった。

さらに〇〇五九に9番目に発進した宮本英雄上飛曹－大沢袈裟芳少尉ペアの〔131－56〕号機も〇二五一に北飛行場を攻撃、これも効果不明で、結局この日は未帰還となった玉田中尉機を含む7機が北飛行場の攻撃に成功したが、目視による戦果はひとつも確認ができなかった。沖縄本島付近の天候は晴れだったにもかかわらず下層雲やミストのため下方視界が極めて不良であったと「戦時日誌」には記録されている。

なお、7機の『彗星』が投弾した爆弾は二五番三号爆弾3発、六番三号1発、二五番三一号爆弾3発という内訳であった。

この日未帰還となった鈴木甲子上飛曹－玉田民安中尉のペアは3月30日／31日の芙蓉隊鹿屋進出第1陣のメンバーである。4月6日の黎明沖縄周辺艦船攻撃では攻撃を実施した後に燃料欠乏となり、屋久島の海岸線に不時着大破して九死に一生を得たふたりであった。

鈴木甲子上飛曹についてはこんなことがあった。

まだ彼らが藤枝にいたころ、戦闘八一二の隊員たちによる壕掘り作業があった日のこと。一番階級が下の坪井晴隆飛長らが中心となり、まだ春先だというのに汗まみれになって土を掘り返していると、鈴木上飛曹が
「よしよし、俺にもやらせろ、スコップを貸せ」

とおもむろに溝の中へ降りてきて、坪井飛長のスコップを取り上げた。上飛曹が2回、3回、スコップで土を掘り返したのを見た飛長が
「鈴木兵曹、そろそろ疲れたんじゃないですか？　代わりましょうか？」

と声をかけると
「うん、そんなら代わってもらおうかナ」

との返事。このやりとりを傍らで見ていた隊員たちが爆笑するといったエピソードである。

「鈴木兵曹は戦闘八一二の下士官の中ではいわゆるムードメーカー的な存在で、そこにいるだけで隊内が明るくなるような人物でした。ですから、未帰還となられた時には一瞬、ものすごく隊内が暗くなったように感じたのを覚えています」

と坪井氏は語ってくれる。

乙種第16期飛行予科練習生を昭和18年1月に卒業、第31期飛行練習生となり、鹿島空に入隊して水上機操縦専修の中練教程に、ついで博多空で二座水上機操縦員の道に進んだ鈴木上飛曹は、19年1月に実用機教程を修了してしばらくの間は小松島空で教員配置にあった。彼もまた水上機から夜戦乗りとなったひとりであった。

大正13年11月生まれの鈴木上飛曹、戦死したこの時、わずかに満20歳。

機長の玉田中尉は栃木県出身。早稲田大学専門部卒で、大正9年3月生まれの満26歳。第13期飛行科専修予備学生の中では年長の方であり、また戦闘八一二では海兵73期生よりも先任（中村程次中尉が戦死した時点で最先任）の予備学生であった。

この日、夜が明けてからの『彩雲』の偵察行動は振るわず、『百式司偵』が沖縄本島の北端東方70浬に発見した敵空母群に対して爆戦特攻の出撃も画策されたがその爆装も整わず、また直掩の戦闘機もそろわなかったため、この日はついに有効な昼間攻撃は実施できなかった。さらに夕刻から天候も雨

4月29／30日　沖縄北、中飛行場夜間攻撃　攻撃隊編成表

第一次攻撃隊（『彗星』2機）

機体番号	操縦員		偵察員		目標	発進時刻	戦場到達	帰投時刻	経過
	氏名	階級	氏名	階級					
131-19	芳賀吉郎	飛曹長	田中栄一	大尉	北飛	2050		0013	徳之島沖永良部間天候悪化視界不良2210引返す
131-68	藤田泰三	一飛曹	甘利洋司	飛曹長	北飛				爆装間に合わず取止め

第二次攻撃隊（『彗星』1機）

機体番号	操縦員		偵察員		目標	発進時刻	戦場到達	帰投時刻	経過
	氏名	階級	氏名	階級					
131-50	中川義正	一飛曹	加藤　昇	少尉	北飛	2143		2230	2210発動機不具合引返す

第三次攻撃隊（『零戦』2機）

機体番号	操縦員		偵察員		目標	発進時刻	戦場到達	帰投時刻	経過
	氏名	階級	氏名	階級					
131-98	本田春吉	一飛曹			慶良間	0005	0205	0520	慶良間水上基地確認できず海岸線銃撃
131-81	尾形　勇	上飛曹			伊江島	0010	0205	0420	0205伊江島の灯火を銃撃小火災発生

第四次攻撃隊（『彗星』10機）

機体番号	操縦員		偵察員		目標	発進時刻	戦場到達	帰投時刻	経過
	氏名	階級	氏名	階級					
131-80	江口　進	大尉	中野喜三夫	少尉	北飛	0030		0116	0057水フラップ故障（引返す）
131-25	上田英夫	一飛曹	中野望正	少尉	北飛	0037	0220	0355	0220北飛攻撃効果不明
131-72※	菅原秀三	一飛曹	田中　暁	上飛曹	北飛	0037	0210	0352	0210北飛攻撃効果不明
131-66	石井信之	上飛曹	平田　清	少尉	北飛	0039	0227	0413	0227北飛攻撃効果不明
131-87	河原政則	少尉	宮崎佐三	上飛曹	北飛	0040		0126	0048脚故障引返す
131-76※	山崎里幸	上飛曹	佐藤　好	飛曹長	北飛	0045		0108	0053右脚故障赤灯不点引返す
131-29※	右川舟平	一飛曹	池田秀一	一飛曹	北飛	0048	0245	0442	0245北飛攻撃効果不明
131-51※	鈴木甲子	上飛曹	玉田民安	中尉	北飛	0055	不明	未帰還	0415連絡良好以後消息不明
131-56※	宮本英雄	上飛曹	大沢袈裟芳	少尉	北飛	0059	0251	0445	0251北飛攻撃効果不明
131-07	藤井健三	少尉	鈴木晃二	一飛曹	北飛	0100	0252	0449	0252北飛攻撃効果不明

・防衛庁戦史図書館所収「芙蓉空部隊戦闘詳報」当該日付の戦闘詳報より筆者作成。　→原書の搭乗割を参考とし、筆者の責任において搭乗割の順序を「発進順」に並べ替えている。
・0000以降の発進時刻は30日の日付である。
・機番号に※を付したのは戦闘八一二のペア。

〔鈴木甲子飛曹長〕

第１陣として進出してきた５人の下士官・兵搭乗員のうちのひとり、鈴木甲子上飛曹（乙飛16期）。4月16日の沖縄北飛行場攻撃では見事に攻撃を成功させて生還してきた彼も、4月29/30日の作戦でついに未帰還となってしまった。

となったため夜間攻撃も行なえない状況。

そしてこれが菊水四号作戦の終幕となる。

鹿屋進出以来、わずか1ケ月の間に櫛の歯が欠けるようにひとり減り、ふたり減りして戦闘八一二の陣容もめっきり寂しくなった。

士官は大沼宗五郎中尉、鈴木昌康中尉、玉田民安中尉の3人が戦死。徳倉隊長が残留隊の錬成指揮を執るため4月初めに藤枝に戻り（13期飛行予備学生の萬石厳喜少尉も?）、第2陣の進出と入れ代わって山崎良左衛大尉と馬場康郎飛曹長も藤枝へ戻って、玉田中尉の未帰還により在鹿屋の士官・准士官は田中栄一分隊長の他、甘利洋司飛曹長と佐藤 好飛曹長、そして芳賀吉郎飛曹長のみとなっていた。

第1陣の下士官では宮田治夫上飛曹、鈴木甲子上飛曹を失い、不時着時に体力を消耗した飯田酉三郎上飛曹も療養のため藤枝に戻り、先任の井戸上飛曹と顔面火傷の負傷痕も痛々しい坪井飛長がいるのみ。第2陣の中島嘉幸上飛曹と塚越茂登夫上飛曹も未帰還となってしまった。

負傷後、どんなに藤枝への後退を勧められても「何とかここに残して下さい」と頑張っていた坪井飛長が、美濃部少佐に呼ばれて直々に「早く治して、また出てこい」と諭され、ようやく藤枝での療養を決意したのはちょうどこのころ。若き士官、先輩の下士官たちが次々と未帰還となる激闘の真っ只中、自分ひとりだけが藤枝に帰ることがただただ残念でならなかったという。

4月末、美濃部少佐が特別に手配してくれたダグラス（ダグラス『DC-3』を国産化した『零式輸送機』のこと）に便乗して藤枝基地に帰還した坪井飛長が、療養を終えて再び南西の空に戻ってくるのは約1ケ月後の6月5日のことである。

〔玉田民安大尉〕

4月29/30日の沖縄北飛行場夜間攻撃で未帰還となった玉田民安中尉（予学13期）。鹿屋への進出当日、藤枝の指揮所前で。襟元に見えているのは航空時計で、ほかに首から右脇腹にかけて懐中電灯を下げているのが見える。

戦闘第812飛行隊4月度人員現状

※「131空戦時日誌4月1日〜4月30日」より。こうした氏名の記載は准士官以上に限られている。

職	主務	官	氏名	記事
飛行隊長	飛行隊長	大尉	徳倉正志	
分隊長	偵察分隊長 兼兵器整備分隊長 兼無線兵器分隊長	大尉	山崎良佐衛	
〃	操縦分隊長	大尉	田中榮一	4月14日着任
	整備分隊長	大尉	上赤嘉雄	
隊附	偵察分隊士	中尉	玉田民安	4月30日未帰還
〃	操縦分隊士	中尉	後藤　登	
〃	偵察分隊士	中尉	鈴木昌康	4月12日未帰還
〃	〃	中尉	川添　普	4月15日着任
〃	操縦分隊士	中尉	岩間子郎	
〃	〃	中尉	森　實二	4月15日着任
〃	整備分隊士	中尉	藤井　浩	
〃	偵察分隊士	中尉	大沼宗五郎	4月7日未帰還
〃	操縦分隊上	中尉	菊谷　広	
〃	整備分隊士	少尉	吉住定光	
〃	偵察分隊士	少尉	太田勝二	
〃	〃	少尉	稲葉正雄	
〃	操縦分隊士	少尉	鈴木久蔵	
〃	偵察分隊士	少尉	大澤袈裟芳	
〃	〃	少尉	荒木健太郎	
〃	操縦分隊士	少尉	加納良司	
〃	〃	少尉	萬石巖喜	
〃	〃	少尉	三箇三郎	4月21日殉職
〃	偵察分隊士	少尉	河野秀良	
〃	操縦分隊士	少尉	木津　章	
〃	偵察分隊士	少尉	渡邊　清	
〃	〃	少尉	瀬藤弘之	
〃	〃	少尉	黒田喜一	
〃	操縦分隊士	少尉	牛窪友次郎	
〃	〃	少尉	堀　一	
〃	整備分隊士	少尉	磯村克明	
〃	偵察分隊士	少尉	山崎弘道	4月17日着任
〃	〃	少尉	柿原朋之	同
〃	〃	少尉	石川操夫	同
〃	要務士	少尉	南　正光	5月11日退隊
〃	〃	少尉	渡邊榮二	
〃	偵察分隊士	候補生	畑本義文	4月13日着任
〃	〃	候補生	高見芳郎	同
〃	要務士	候補生	中川重一	4月1日着任
〃	〃	候補生	原田　務	
	整備分隊士	予備学生	三浦義一	4月3日着任
〃	偵察分隊士	飛曹長	甘利洋司	
〃	〃	飛曹長	佐藤　好	
〃	無線兵器分隊士	兵曹長	有賀謙治	
	兵器整備分隊士	整曹長	加藤仙太郎	
〃	整備分隊士	整曹長	宮本慶作	
〃	操縦分隊士	飛曹長	馬場康郎	
〃	〃	飛曹長	芳賀吉郎	
〃	整備分隊士	整曹長	山口眞市	

芙蓉部隊が使用した爆弾について 〔その１：大型爆弾〕

戦闘８１２を含む芙蓉部隊の３個飛行隊が使用した爆弾はその任務に応じて多岐にわたるが、その中でも代表的なものをここに整理しておきたい。各爆弾の外観やサイズなどのデータについてはP.4～5の佐藤邦彦氏の図解が大変参考になるので併せてご覧いただきたい。

なお、日本海軍では250㎏爆弾を「二五番」、500㎏爆弾を「五〇番」などと称した。60㎏爆弾の場合は「六番」である。

1. 九九式二五番通常爆弾（対艦用）

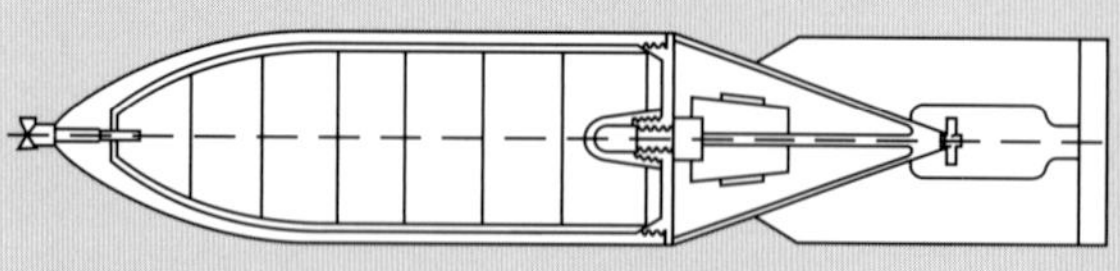

日本海軍において〝通常爆弾（あるいは通常弾）〟と称するものは対艦用爆弾のことである。敵艦船の艦体・船体に被害を与えるため、爆弾の本体は厚い鉄で造られていた。なお、『彗星』は五〇番爆弾を抱いて急降下爆撃ができるよう開発されたが、芙蓉部隊が敵機動部隊攻撃・敵飛行場攻撃などに用いたのは二五番までである。

2. 九八式二五番陸用爆弾（対陸上用）

対艦用の通常爆弾に対してこちらは建物などの陸上施設や地上機を攻撃するためのもので、爆発時に破片が広く飛び散って被害を増大させるよう、弾体は薄く造られていたが、高度700mで投下した場合、およそ600㎜のコンクリートを貫徹する威力があった。芙蓉部隊では主に沖縄の敵飛行場攻撃に用いられた。他にも八〇番、六番のサイズがあった。

3. 一式二五番二号爆弾（対潜水艦用）

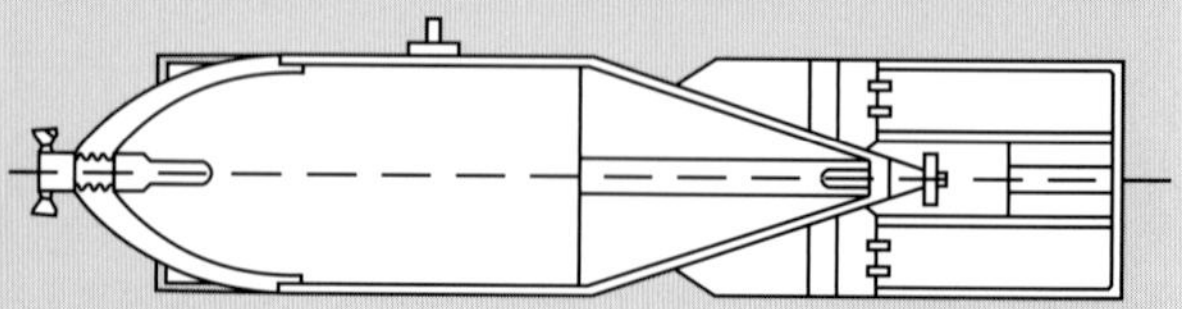

潜航している敵潜水艦を攻撃するために開発されたもの。爆雷のように水中で弾片を飛び散らせて目標を捕捉するため、弾体は陸用爆弾と同一だが、着水時に爆弾の尾翼が破損して水中弾道が乱れることがないように工夫がなされていた。鉄製の尾翼が8枚で、これに衝撃を吸収するために木製尾翼が追加されているのが外観の特徴の一つ（取扱説明書にはこの木製尾翼を破損させないようくれぐれも注意を、と記載されている）。弾頭と木製の尾翼補強板は青く塗装され、他の爆弾と区別されていた。

4. 三式二五番三一号爆弾（対陸上用）

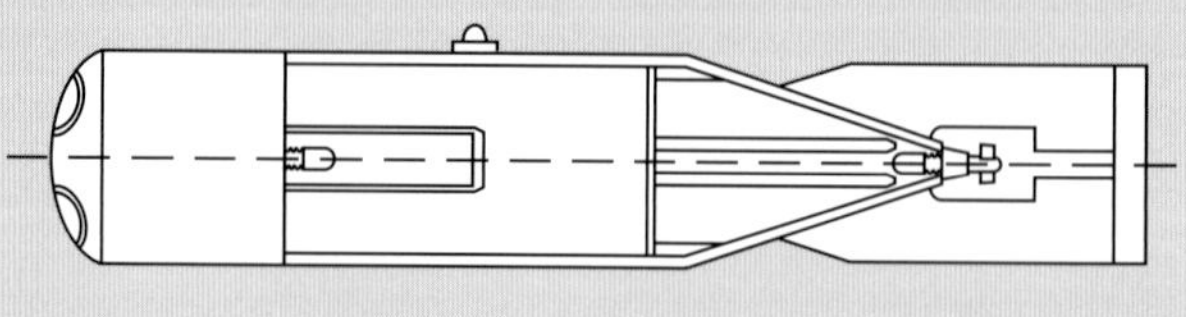

陸上攻撃用に開発され、俗に〝有眼爆弾〟、あるいは〝光電管爆弾〟と呼ばれた。通常の陸用爆弾は着弾時に信管が作動するが、地上ゼロm、あるいは着弾して地面にめり込んでから爆発した際にはその威力が半減するため、これを光の反射を用いた自動信管～光電管～により地上10mから15mで爆発させることができるように開発されたもの。昭和19年8月に実験を終了し、サイパン夜間攻撃の『銀河』が先駆けて使用した。他に八〇番があった。

第三章

藤枝での錬成と続く鹿屋での作戦

若手士官たち

昭和20年3月18日といえば第1章でも述べたように芙蓉隊が藤枝からの第2回目の敵機動部隊索敵を実施した日（1回目は2月16日）。

戦闘八一二附を発令された岩間子郎（いわま・しろう）中尉が、同期生で戦闘九〇一に赴任する藤澤保雄中尉とともに藤枝へやってきたのはちょうどこの日のことである。

海軍兵学校第73期を前年の3月に卒業、4月に入って第42期飛行学生となり霞ヶ浦航空隊で中間練習機操縦教程に、次いで百里原航空隊で実用機教程艦上爆撃機操縦専修に進んだふたりは、その修了後の2月28日付けで第二一〇海軍航空隊附と発令され、3月1日の中尉任官と同時に多くの同期生とともに愛知県の明治基地に転勤。艦爆隊に2週間あまり在隊した3月15日になって実施部隊への転勤が発令された形である。

二一〇空は実用機教程を終えた搭乗員を二分して、一方を即刻実施部隊に配属して即戦力とし、もう一方へ延長して訓練を実施して、より技倆の高い搭乗員を実施部隊へ配属しようという2段構えの搭乗員補充もくろみから編成された、かつての厚木空のような〝錬成航空隊〟である。

ところが、こと彼ら海兵73期生についてはここが飛行学生修了後の一時待機場所のような形となり、訓練もそこそこに3月の内に次々と実施部隊への転勤辞令が発せられている事実がある。その背景には中京・東海地区への空襲の激化と、全国の実施部隊の再編成により初級士官補充の必要性が強まったことがあった。

東海道線で東行したふたりは、藤枝駅で軽便鉄道（静岡鉄道藤相線。今は廃線）に乗り換える。最寄り駅（大洲だったか？）からトランクを提げてトコトコ歩いて藤枝基地に赴任すると、飛行場は連日の空襲痕も生々しい様子であった。

指揮所で通りいっぺんの着任報告をした岩間中尉と藤澤中尉は不意に

「貴様ら、『彗星』に乗れるのか？」

と問いかけられた。これには困った。確かに彼らがいた百里原空には液冷式・空冷式両方の『彗星』が少数ながら配備されていたが、せいぜいこれは教官・教員の操訓用で、第42期飛行学生が実用機教程で実際に搭乗したのは旧式の『九九艦爆』二二型だけ。二一〇空艦爆隊にも空冷の『彗星』があったが、在隊2週間にしてこれにはついぞ乗る機会を得られなかった。

「乗れます」

今さら練空に戻れるか、実施部隊でやってやるんだとの気概からそう答えたふたりはすぐに『彗星』1機を借り受けて操訓を開始。『九九艦爆』との違いに戸惑いながら次第にその高性能に惚れ込んでいく。

『乗ったことがあるか？』という聞かれ方だったらウソをついたことになりましたがね」

と少し笑いながら藤澤氏が語ってくれたのが印象的だ。

岩間中尉は戦闘八一二の、藤澤中尉は戦闘九〇一の飛行隊士を拝命して、隊長、分隊長の補佐の位置となった。

「戦闘八一二戦時日誌」には同日に彼ら海兵73期同期生の鈴木昌康中尉も藤枝に着任と記述されている。同じ頃、戦闘九〇一にも原 敏夫中尉が着任。いずれも第42期飛行学生を宇佐空で終えて配属された二一〇空艦爆隊から、3月15日付けで転勤が発令された偵察士官だ。

さらに21日には戦闘八〇四へ、これも艦爆操縦専修、二一〇空で待機状態にあった海兵73期生、佐藤正次郎中尉が着任。戦闘九〇一『零戦』隊へは戦闘機操縦専修の中西美智夫中尉もやってきて藤枝のガンルームも賑やかになった。

着任わずか10日あまりの3月31日には、偵察組の鈴木中尉と原中尉が芙蓉隊九州進出第1陣に選抜され鹿屋へ進出していく様子をうらやましく眺めていた岩間中尉ら海兵73期操縦組は、その後も自身の訓練だけでなく、試飛行や、水上機から転科する下士官搭乗員の同乗飛行を買って出て飛行時間を着々と伸ばしていく。

4月1日付けで第14期飛行予備学生の特修学生、偵察術専修教程を徳島空で終えた柿原朋之少尉、石川操夫少尉、山崎弘道少尉の3人も戦闘八一二附を発令され同月17日に藤枝へ赴任。予備学生の後詰の陣容を固めていく。

4月15日にはやはり二一〇空艦爆隊から戦闘八一二へ、さらにふたりの海兵73期生が配属された。百里原空で飛行学生を終えた艦爆操縦専修の森 實二中尉と宇佐空で偵察専修を修了した川添 普（かわぞえ・ひろし）中尉である。戦闘八〇四には百里原空偵察学生出身の田中 正中尉が発令。

3人とも4月12日付けの発令で、一緒に汽車に乗り込んで藤枝駅に着くと迎えのバスが待っていた。

「飛行学生卒業時の戦局への認識は〝かんばしくない〟といった感じ。戦闘八一二へ配属となった時にはいよいよ実戦部隊に行けると張り切っていまし

岩間中尉と同行し、戦闘901に着任した藤澤保雄中尉。着任早々に『彗星』の操縦ができるかと問われ、冷や汗をかいたという。

昭和20年3月中旬に戦闘812へやってきた海兵73期、艦爆操縦専修の岩間子郎中尉。左腕に付けているのは当直士官の腕章。

芙蓉隊へ配属された海兵73期生の中では唯一の戦闘機操縦専修者だった戦闘901の中西美智夫中尉。藤枝の指揮所を背にして。

戦闘804へ配属された同じく艦爆操縦士官、佐藤正次郎中尉。ガッシリとした体躯で張り切り屋という、海兵73期の名物男だった。

佐藤正次郎中尉と同様、心身ともに見事な艦爆タイプを誇った森實二中尉。戦闘812の甲板士官を勤めることとなる。左腕の腕章や首からぶら下げた航空時計(計器盤から取り外したもの)に注目。

4月に入って戦闘812に着任した海兵73期の川添 普中尉。鈴木昌康中尉や原 敏夫中尉と同じ第42期飛行学生宇佐空偵察専修出身だったが、その進出、戦死(原中尉は負傷)とは入れ替わりとなった。

戦闘804に着任した田中 正中尉は偵察専修者ながら、百里原航空隊の出身(岩間中尉ら艦爆操縦専修者と同様)。第42期飛行学生の偵察教程は宇佐空と百里原空の2カ所で行なわれた。鈴木昌康中尉と同じ東京市立2中出身だが、やはりその鹿屋進出と入れ違いとなった。

〔P.105扉写真〕
隊名の由来となった芙蓉峰こと富士山を藤枝基地から臨む。実際に基地から見た富士山の写真というのは非常に貴重。こうした周辺の雑木林は、天然の掩体として擬装には最適だった。

た。ここでの装備機は液冷の『彗星』で、頼もしく感じましたね。この速力が出るのには驚かされました」

と、川添 普氏は着任時の思い出を語る。

早速、岩間中尉や藤澤中尉、中西中尉、佐藤中尉など先に着任していた同期生が静岡の料亭で歓迎会を催してくれたが、あいにくと宴席の最中に空襲警報が出たため急ぎ隊へ戻るという一幕も。

大柄な体躯で誰もがその人柄を豪胆と評する森中尉は早速、戦闘八一二の甲板士官を拝命、先に戦闘八〇四へ着任して甲板士官を買って出ていた佐藤正次郎中尉とともに芙蓉隊の「元気の発露」となる。

前述したように海兵73期生は兵学校卒業直後の昭和19年4月からすでに1年近い飛行経験を持ち、実戦経験がないとはいえ飛行時間も300時間前後を有していた。予備学生や予科練出身の搭乗員の実用機教程卒業時の飛行時間が平均100時間弱であったことを考えれば、初級士官として充分な技倆を有していたといえるだろう。

また、芙蓉隊の3個飛行隊には藤枝での再編成から終戦までなぜか1期先輩の海兵72期生がひとりも配属されてこなかった。このため、彼ら73期生は若手士官の中核となり、時には隊内だけでなく夜の街でも大いにハバを効かせて気勢をあげることとなる。

相つぐ事故

3月末に芙蓉隊の第1陣が鹿屋へ進出し、さらに4月中旬以降、第2陣、第3陣と補充兵力が編成、隊員が選抜されるようになると、それに追いつけ追い越せと残留隊員たちの訓練も真剣さを増していった。

そして錬成に励む隊員の中には、その厳しい訓練や試飛行において不運にも命を落とす事故に遭遇するケースも発生した。

戦闘八一二の飛行予備学生第13期出身、三箇三郎少尉が殉職したのは4月21日。この日、甲飛12期の矢崎 保一飛曹が同乗した三箇少尉操縦の『彗星』は夜間航法訓練の際に海上に墜落、両名とも帰らぬ人となった。

甲飛12期生の石川知里氏が戦後、まだ厚生省資料が一般に閲覧できた頃に同期生の戦死の模様を調べたところによると、矢崎 保一飛曹（殉職後進級）の関係書類には

「編隊攻撃擬襲訓練終了後、着陸ノ際静岡県志太郡小川村東南約六百米ノ海中ニ沈没殉職」

との記述がなされていたという。

三箇少尉は上智大学出身、特修学生艦爆操縦専修を名古屋空で終えた人物で、二一〇空から着任後わずか2ヶ月で殉職事故に見舞われたものであった。

その3日後の4月24日にはやはり戦闘八一二の酒井義明一飛曹(甲飛11期)-北山正三上飛曹（乙飛16期）ペアの『彗星』が行方不明となり殉職。機長の北山上飛曹は井戸先任も「若き中堅の士」と評し、「彼は恰幅のいい風体でね〜」との思い出深い人物でもあったのだが。

さらに4月29日には戦闘九〇一の本多満男少尉が操縦する『零戦』が訓練中に墜落して殉職。本多少尉は豊橋空で陸攻操縦専修の特修学生を終え、同期生とともにフィリピンに展開する偵察一〇二に配属された。フィリピンで

昭和19年10月、ニコルスにおける戦闘901派遣の第13期飛行予備学生たち。前列左から加治木常允少尉、1人おいて美濃部大尉、高濱正之少尉。2列目左から布施己知男少尉、廣瀬善大少尉、本多満男少尉、千々松晋秀少尉。のち本多少尉のみ戦闘812附となった。

の戦いが本格化する前の昭和19年9月下旬、美濃部大尉（当時）が第二六航空戦隊司令官 有馬正文少将に現地における夜戦兵力拡充を具申したことを受けて偵察一〇二から本多少尉、高濱正之少尉、千々松普秀少尉、廣瀬善大少尉、布施己知男少尉、加治木常允少尉の6人が戦闘九〇一に派遣されることとなり（書類上は偵察一〇二附のままであった）、転換訓練を実施。陸攻操縦から同じ双発の『月光』に転科するケースは多いのだが、本多少尉は『零夜戦』に転科している。

その後、各自には正式に11月15日付けで戦闘九〇一附の辞令が発せられ、その際に本多少尉だけは戦闘八一二附となった。11月下旬に戦闘八一二が内地からフィリピンへ進出した際にようやく所属部隊本隊と合流した少尉は、フィリピン脱出後、藤枝での戦力再建の際に『零戦』隊を戦闘九〇一に集約するためにと昭和20年3月3日付けで改めて戦闘九〇一へ転勤した経緯があった。戦闘八一二にとって、忘れえぬ青年士官のひとりである。

5月1日は進級日。この日をもって乙飛7期生と甲飛2期、3期生は少尉に、乙飛9期、10期生と甲飛6期生は飛行兵曹長に、乙飛17期生と甲飛11期生は上等飛行兵曹に、乙飛18期生と甲飛12期生は一等飛行兵曹に、特乙1期生は二等飛行兵曹にとそれぞれ任官している（丙飛は入隊年により進級の度合いが異なる）。

なお、大戦中期以降、搭乗員に限っていえば「上等飛行兵曹」まではこのようにおよそ半年ごとに進級するようになっており、特乙2期生もこの時に二等飛行兵曹へ進級しなければならないが、調査をしているとどうもこの進級処理がなされていないケースが見受けられる。実際、坪井晴隆氏もこの進級式で二等飛行兵曹を申し渡されたのだが、以後の戦闘詳報に添えられた搭乗割りには引き続き「飛長」のまま記載されており、その他の特乙2期生についても同様だ。下士官に任官できるかできないかは軍隊にあっては重要なことであり、とくに戦没者に対する配慮を考えればしっかりとしたいところである。

さて、5月2日には「七ＦＧＢ電令作第二三八号」（〇九四八発信、一一五〇着信）による

「一、関東空司令ハ彗星夜戰四機（搭乗員C組）ヲ速ニ鹿屋へ進出セシムベシ

一、関東空部隊指揮官ハ余剰搭乗員ヲ原隊ニ復帰セシムベシ」

との指示を受けて同日中に『彗星』1機と『零戦』2機が鹿屋から藤枝に帰隊。入れ替わって翌3日には『彗星』4機が藤枝から鹿屋へ進出している。ここでわざわざ進出搭乗員の技倆をC組でも結構、と断っているのが興味深い。

その2日後の5月4日には岩間子郎中尉が試飛行での胴体着陸というきわどい体験をしている。この日の午前中、甲飛12期の恩田善雄一飛曹を後席に乗せて整備完了機の試飛行を実施した中尉は、夕方になって再び恩田一飛曹をペアとしてもう1機、『彗星』〔131-134〕号機の試飛行に飛び上がった。

駿河湾上空でひととおりの試飛行を終えたふたりが藤枝基地上空へ帰り、高度５００ｍで場周針路につくとどうしたことか脚が出ない。すぐさま高度を取り直した岩間中尉は急降下したり機体を揺さぶってGをかけたりとあらゆる手段を講じたがなかなか脚出の青ランプが点灯しない。

手を尽くして脚を出そうとしているうちに今度はエンジンがプスプスといやな音を発し、白煙を上げはじめた。もはやこれまで、と判断した中尉はとっさに前方に見えていた畑へ胴体着陸を敢行、機は地面を削りながら行き足を止めて、なんとか着地に成功したのであった。

この不時着体験、偵察員の恩田氏は「前席で気を失った岩間中尉を助け起こして…」と回想するのだが、「いやいや、そんな下手な不時着はしてないよ」と岩間氏が否定するのが面白い。

時を経ずして錨のマークを付けた自動車で軍医長と戦闘八一二整備分隊士の藤井 浩中尉が迎えに来てくれた。藤井中尉は海兵73期とコレスの海機54期生。機体はだめになったが、ふたりとも擦り傷と打撲程度で事なきを得ることができたのは幸いであった。もちろん、落ち着いてトラブルに対処した中尉の行動も評価されてしかるべきだ。

ただでさえ日本機の脚の出し入れには故障がつきものだったが、とくに空技廠が開発した『彗星』の脚操作は電気駆動と凝った作りで、優秀な芙蓉隊の整備陣も手こずった点のひとつであった。

小田正彰一飛曹が戦闘八一二にやってきたのはこの5月上旬のこと。

昭和17年5月1日に土浦海軍航空隊へ乙種第18期飛行予科練習生として入隊、11月に新設の三重空へ同期生一同で転隊したあと、19年3月25日に予科練教程を卒業。同日、大井空に入隊して第38期飛行練習生偵察術専修となった彼は、6ヶ月あまり後の9月にこれを卒業して二一〇空夜戦隊に配属された。ここで夜戦乗り「錬成員」としてしばらく訓練を受けたあとに同隊の「基幹員」となり、『月光』での邀撃戦に参加するまでになっていたのだが、20年5月5日付けで二一〇空が昼間戦闘機のみの部隊に整理改編されることとなったため、各地の夜戦隊へ散らばる隊員たちと同様に第一線部隊である戦

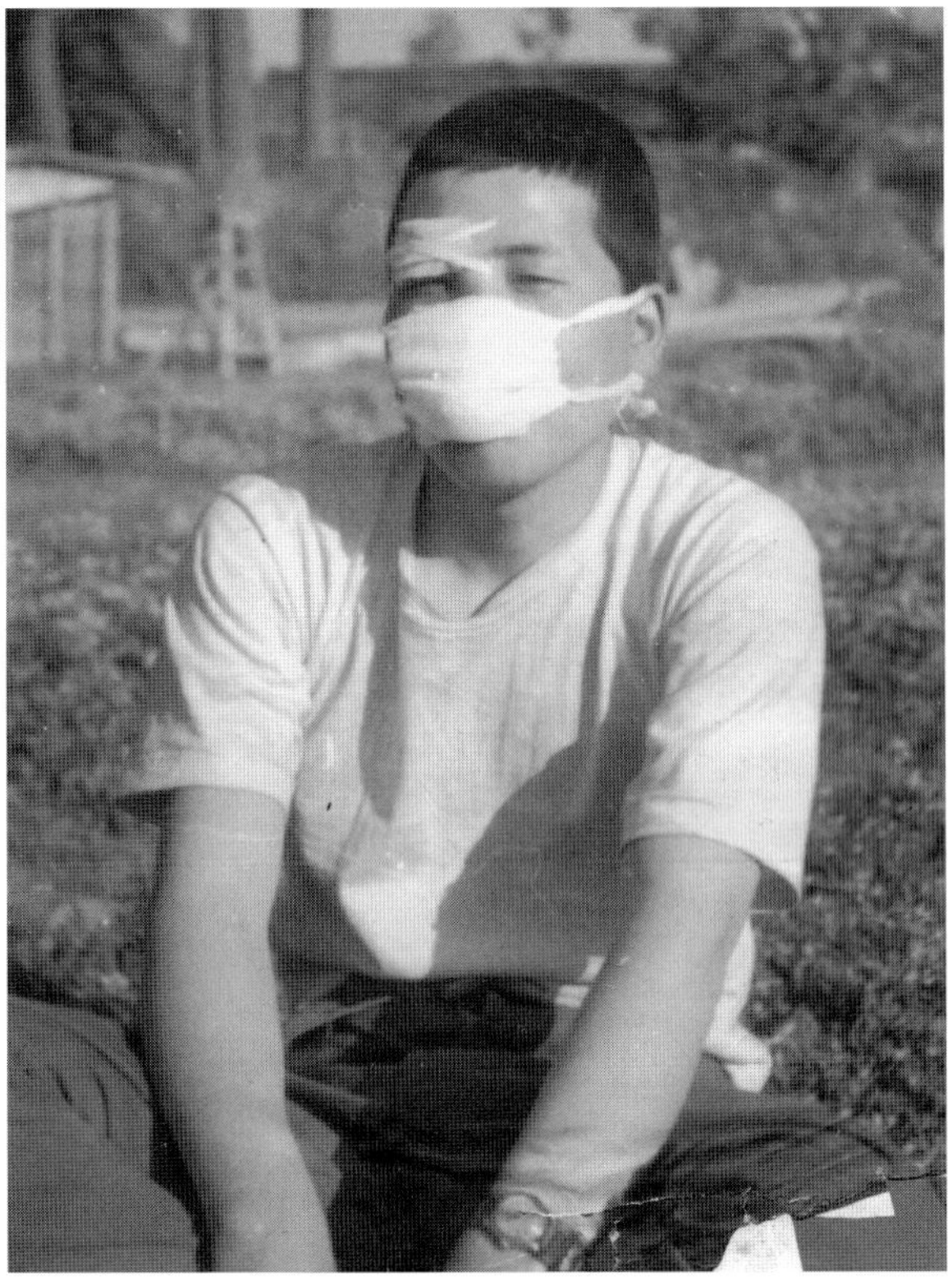

◀5月4日の不時着事故で顔面を負傷した岩間子郎中尉。突発の事態にも慌てずに対処したことで大事にはいたらなかった。　▲海兵73期の同期生が「元気出せよ」とファインダーに収まった。左から山田正純中尉(4月末着任。S804)、佐藤正次郎中尉(S804)、森 實二中尉、そして岩間中尉。いずれも艦爆操縦専修者。

両翼下に統一型増槽を装着して明治基地をタキシング中の第210海軍航空隊第3飛行隊の『月光』。210空は甲戦(艦戦。第1飛行隊)、乙戦(局戦。第2飛行隊)、丙戦(夜戦)をはじめ、艦爆、艦攻、陸偵など、陸攻以外のあらゆる陸上機の搭乗員の錬成を担当し、その一方で本土防空戦などに活躍したが、沖縄作戦参加後の5月5日付けの改編で甲戦だけの編成となり、その他の隊員たちは全国の実施部隊へ散らばっていった。210空の『月光』はご覧のように機首に三日月マークを付けているのが特徴だ。

5月中旬頃か、藤枝基地で撮影された戦闘812隊員たち。後列左から森 實二中尉、小田正彰一飛曹、名賀光雄一飛曹の顔が見える。5月上旬に210空夜戦隊から戦闘812に転勤してきた小田一飛曹は、森中尉とのペアで沖縄作戦に参加することとなる。前列に座るのはいずれも210空夜戦隊から転勤してきた甲飛12期生。小田一飛曹は「『月光』に比べ『彗星』は格段に速度が早く、これで生き残れるかも」という率直な感想を抱いたという。

闘八一二に配属され、二一〇空へ『彗星』受領にやってきた森 實二中尉の後席に乗って藤枝基地に着任したという。

古手の下士官がいないために同じく三五二空から転勤してきた同期生の名賀光雄一飛曹らとともに甲板下士官を務めることとなった小田一飛曹が気づいたのは、戦闘八一二の下士官隊舎のかたすみで白いマフラーを目線近くにまで巻き、どこか人を寄せ付けない空気を醸し出している坪井晴隆飛長の姿だった。

先述の通り、芙蓉隊第1陣のひとりとして鹿屋へ進出して沖縄航空作戦へ参加した坪井飛長は4月末に藤枝へ戻ったばかり。

輸送機で藤枝に戻った坪井飛長に、戦闘八一二の徳倉隊長は一言

「とにかくゆっくり休め。飛行作業にも出なくてよろしい」

と指示し、あれこれと言うことはなかった。

兵舎のネッチング（衣嚢などを格納しておく、扉のない押入れのようなところ）に寝床を作った飛長はしばらくの間、ここへ体を横たえて過ごし、病室で治療を施してもらうという毎日であった。

マフラーを深々と顔に巻いているのは事故による火傷がひどく、人目に付くのがはばかられたから、飛行作業に出ないのはこうした徳倉隊長からの指示があったからだ。もちろんその背景には、傷さえ癒えればすぐに一線へと復帰することができる飛長の技倆という裏づけがあった。

こうして飛行作業に出るでもなくたたずんでいる姿は小田一飛曹に強烈な印象を与えたという。その小田一飛曹は海兵73期の森 實二中尉とペアになり、共に沖縄航空作戦で戦うことになる。

呉空水偵隊にいた甲飛6期の杉本良員（すぎもと・よしかず）飛曹長が戦闘八一二附となって藤枝にやってきたのは5月18日のこと。

第6期甲種飛行予科練習生は昭和15年4月1日に霞ヶ浦空飛行予科練習部に入隊した。16年10月1日付けで予科練を卒業、同日第21期飛行練習生水上機操縦専修となった彼は、17年3月23日に鹿島空での中間練習機教程を終え、翌24日には博多空での実用機教程に進む。専修機種は三座水上機（水偵）であった。

同年7月25日に実用機教程を卒業、2ヶ月半ほど小松島空に勤務して17年10月に第二一航空隊附となり、横須賀から『昌壽丸』に便乗、2週間ほどかけて11月上旬にトラック島夏島へ赴任した。その間の11月1日付けで二一空は第九〇二海軍航空隊と改称されている。九〇二空はトラック周辺を航行す

ラバウルを根城に地道な作戦を続けた第958海軍航空隊の『零式水上偵察機』。杉本飛曹長はこの958空でソロモン方面の夜間作戦に飛び回った。機首下面の集合排気管には夜間作戦用の消炎器が付けられており、電信席後方には20㎜1号銃が据え付けられているのがわかる（右奥の機体も搭載している）。この20㎜機銃を有効に使って魚雷艇狩りを展開した。

る輸送船の対潜直衛を担当する部隊で、ここで半年あまり平穏な戦地勤務をして飛行時間を350時間ほど伸ばしたところで第九五八海軍航空隊に転勤となり、昭和18年6月4日に自ら操縦する『零式水偵』でラバウルへ飛んだ。九五八空も同じ水偵隊であったが、ここで改めて夜間離着水をみっちりと仕込まれ、ニューギニアはサラモア方面への船団護衛任務に就くこととなった。同年2月にガダルカナル撤退、4月の「い」号作戦とその直後の山本五十六聯合艦隊司令長官の戦死を経たこの頃、『零式水偵』の性能では作戦行動が夜間に限られるようになっていた。

しばらくの間はラバウル～カビエン間を中心とする船団護衛、対潜哨戒や要務飛行など、比較的難易度の低い任務に従事して、8月中旬に一度ショートランドへ飛んでビロア夜間攻撃に出撃したのが攻撃任務初参加となった。以後ラバウルからの敵輸送船団夜間索敵攻撃や敵魚雷艇の夜間制圧にも従事し、9月7日から8日にかけての夜間には月明かりのなか敵輸送船団を捕捉、快心の一撃で輸送船1隻を炎上大破させたが自機も被弾し、自分自身も腰と左モモに弾片を受けて負傷しながらからくも帰投、その戦果を讃えられて司令からビール1ダースが支給されたのが大きな戦功のひとつである。

11月に入ると九三八空派遣を命じられ再びショートランドに前進。11月6日から7日のタロキナ島上陸作戦支援では敵輸送船に至近弾2発をお見舞いしつつも、激しい対空砲火に思わず落下傘バンドに手をかける一幕もあり、11月24日には夜間索敵攻撃に出撃して天候不良で引き返した際、不時着水を実施したブカ島海面で高度30mから失速、フロートがもぎ取れるほどの大破で顔面を強打し、眉間を割りながらも内火艇に救助されるという経験もあった。12月には夜間制圧で魚雷艇1撃沈の戦果も報じている。

こうして半年ほど苛烈な南東方面で飛び回ったのち、昭和19年1月に内地転勤となりラバウル港に停泊する輸送船『黄海丸』に便乗、1年ぶりの内地へ向かったが、はるか後方にカビエンをながめ、ムッソウ島沖にさしかかったころに『B-24』1機と遭遇。いやな予感は的中してすぐに『B-25』3機が低空で襲いかかってきた。この空襲により中央部に爆弾を受けた同船は撃沈され、機銃掃射で穴だらけとなったカッターで帆走（これは予科練の時の訓練経験が役に立ったとのこと）、やっとのことでムッソウ島にたどり着くことができた。

その後、友軍のいるカビエンまで伝馬船で渡り、ここからラバウルへ飛ぶという飛行機に乗せてもらい空路逆戻り。ラバウルから内地に帰る『九六陸攻』に便乗して小松島空河和派遣隊（昭和19年4月1日付けで第二河和航空隊と改編）にたどり着いたときには3月中旬になっていた。ここで昭和20年4月4日まで1年あまり教員として水上機専修の飛行練習生や第14期飛行予備学生・第1期飛行予備生徒を教え、呉空に転勤。ひと月ほど経ってから戦闘八一二への転勤が発令された形であった。

5月1日に准士官に進級したばかりの杉本飛曹長はこのころすでに飛行時間1500時間（うち戦地の九〇二空、九五八空で710時間）を超えた大ベテランであったが、陸上機の操縦は全く初めての経験。まずは飛行練習生に逆戻りしたかのように『九三中練』での離着陸を何回か実施して、いささか難物機の観もある『彗星』へ搭乗。

「水上機と違ってスピードが速いので離着陸は慎重に行ないました。とくに横風が強い時は注意しましたね」

それでも何とか独学で昼間の操訓をこなして自信を付け、夜間飛行へと移行していったが、

『彗星』で夜間攻撃を実施して効果を挙げるのは並大抵のことではないと思いましたね。その頃は訓練内容など、全ては自分で工夫をするだけで誰も助言をしてくれず、夜間作戦の自信はなかなか得られませんでした」

と杉本氏は率直に当時の模様を語ってくれた。

後詰の兵力として黙々と毎日の飛行訓練を続けたベテラン杉本飛曹長は、終戦前日の8月14日までにさらに180時間ほど飛行時間を伸ばす。

そのころ鹿屋では

5月1日の南九州は朝から雨に見舞われ、芙蓉隊の活動も整備作業に限られて、搭乗員たちにとっては貴重な休養日となった。

「芙蓉部隊戦時日誌」に見る5月1日現在の鹿屋での作戦可能機数は『彗星』7機と『零戦』7機で、その他に『彗星』13機と『零戦』1機が整備または修理中という内訳。『彗星』の稼働率がいささか低いようにも見受けられるが、これは大きな作戦の合い間ということであえて背伸びをせずに見積もった数字と考えられる。翌2日も天候が悪く、整備作業となった。

一方で、芙蓉隊には次期「菊水五号作戦」に関する指令が入電していた。

「一KFGB天信電令作第二六三号
当部隊ハ沖縄陸上戦闘総攻撃ニ策應X日（五月四日ト予定ス）菊水五号作戦ヲ決行ス
作戦実施要領左ノ通リ定ム
X一日、関東空部隊ノ全力、八〇一部隊ノ約一ケ中隊、及七〇六部隊ヲ以テ主トシテ北飛行場及物資集積所夜間攻撃、九三一部隊、七六二部隊、出水部隊ヲ以テ泊地附近ノ艦船夜間攻撃（以下略）」

これは沖縄の陸軍第三二軍からの陸上総攻撃の実施予定を受けた第一機動基地航空部隊司令部が発電したもので、さらに3日一〇四〇には

「一KFGB天信電令作第二七一号
菊水五号作戦X日ヲ四日ト決定ス」

との命令が発せられ、5度目の航空総攻撃が通達されたのである。

芙蓉隊の作戦企図は次の通り

「沖縄陸上戦闘総攻撃ニ策應シ滑走路破壊及上空制圧ニ依リ敵航空機ノ行動ヲ完封セントスルヲ主目的トスルト共ニ沖縄周辺艦船群ニ対スル特攻隊ノ突撃路ヲ啓開セントス」

これにより準備する兵力は『彗星』15機と『零戦』3機。これを4次の攻撃隊に分けて陽動、並びに波状攻撃を試みる。

第1次攻撃隊は『彗星』4機。北飛行場の滑走路破壊を目的として二五番陸用爆弾を懸吊。続く第2次攻撃隊は『彗星』2機で電探欺瞞の陽動をおこないつつ自らも北飛行場の攻撃を謀るもの。第3次攻撃隊は『零戦』3機で伊江島飛行場の銃撃に向かう。真打ちともいうべき第4次攻撃隊は『彗星』9機からなり、北飛行場に所在の敵飛行機群を焼き打ちするべく二五番三一号爆弾、もしくは二五番三号爆弾を携行する。

日付が変わった4日の〇一二三に、第1次攻撃隊4機の先頭を切って発進したのが戦闘八一二の山崎里幸上飛曹・佐藤好少尉ペアの『彗星』〔131-50〕号機。〇三一〇には沖縄本島の北端に到達、〇三二〇には北飛行場に侵入して二五番陸用爆弾を投下、効果のほどは不明だったが、一気に飛び抜けて〇三四〇には沖縄北端への離脱に成功、〇五二五に鹿屋へ帰着した際には尾翼下方に3発、左主翼の燃料タンクにも1発被弾し、無線のアンテナ線も切断されるといった有様で、改めて熾烈な対空砲火の様子がうかがえた。

佐藤少尉機に次いで〇一二七に発進したのが、やはり戦闘八一二の藤田泰三上飛曹・甘利洋司少尉ペアが搭乗する『彗星』〔131-66〕号機。こちらも〇三一〇に沖縄本島北端に到達して、〇三二三に北飛行場に侵入、投

下した二五番陸用爆弾が南北に伸びる滑走路の南端に命中するのを確認して○五一○に無事帰投してきた。

もう1機、戦闘八○四の隊員が搭乗する『彗星』も攻撃に成功して無事に帰着。残る1機は回転計の不良のため、進撃途中で引返している。

第2次攻撃隊の『彗星』2機のうちの1機は芳賀吉郎飛曹長‐田中栄一大尉ペアの搭乗する〔131‐17〕号機であった。○一四一に発進した田中分隊長機は徳之島上空から蛇行運動をおこないながら電探欺瞞紙を撒布、○三四五に北飛行場に侵入して六番三号爆弾を投じたが効果不明。さらに高度1500mで吊光投弾5個を投下して○六○三に無事帰投。○二一九に発進したもう1機は発動機不調のため引返している。

第3次攻撃隊の『零戦』3機は○一一二から順次発進、2機は発動機不調と脚の故障で引き返し、1機だけが伊江島飛行場を銃撃して帰着した。

第4次攻撃隊の『彗星』9機の搭乗割に戦闘八一二で名を連ねたのは菅原秀三上飛曹‐田中暁上飛曹ペアと、宮本秀雄上飛曹‐大沢袈裟芳少尉ペア。○一二五から発進にかかった攻撃隊は、羅針儀の不良、燃圧計の不良、風防が閉まらない、電信機不良などの理由により6機が発進取止め、もしくは進撃途中で引返し、結局、攻撃を実施できたのは3機のみであった。

そのうちの1機が菅原上飛曹‐田中上飛曹ペアの〔131‐87〕号機。○一三四に鹿屋を発進した彼らは、2時間後の○三三一に北飛行場に到達して三一号爆弾を投弾、自身の攻撃効果は不明なるも、飛行場が6ヶ所炎上しているのを認めて、被害なく○五二五に帰投した。

さらに残る2機のうちの1機が宮本上飛曹‐大澤少尉ペアの搭乗する〔131‐68〕号機であった。こちらは○一三六に鹿屋を発進、○三三七に北飛行場に侵入して六番三号爆弾2発を投弾、攻撃効果不明と報告してきた後、○五一三に鹿屋上空まで帰ってきた。ところが、彼らの機体は突然墜落して炎上、宮本上飛曹と大澤少尉はともに戦死した。

この日の戦果を、「関東空部隊戦闘詳報」は次のように報告している。

「北飛行場ヲ攻撃セルモノ彗星七機、二五番陸用爆弾三発、二五番三号爆弾一発、二五番三一号爆弾一発、六番三号爆弾四発ヲ投下セリ、滑走路ニ一弾命中セル外、目視戦果ナシ
伊江島飛行場ヲ攻撃セルモノ零戦一機」

損失は大澤少尉機の1機。

大澤少尉については第1章で坪井晴隆飛長とともに藤枝から木更津へ『彗

群敵へ肉攻
月光部隊 五機撃墜破

き右側の敵編隊へ全弾を注ぎつくし終るまでの全部の時間は僅かに二分間の勝敗だつた

菊池少尉、大澤少尉＝某地上空にゐた月光隊の一機、十四時四十五分、二人の少尉の烈しい闘志に光つた眼は殆ど同時に北方を行く敵編隊を見つけてゐた、進行方向富士山、前方に七機、後方に五機の二編隊、高度は前の編隊八千、後が八千五百乃至九千である、敵編隊は伊豆南端から南進して海上へ向つてゐる――同航射程距離六千から七千になつたとき月光の全弾は五機の敵編隊全面に対し猛烈な光の箭を浴びせ続けてゐた、右の方の一機が右翼外側の発動機から発火した

そして後落しはじめた時であるそのB29に向つて突然友軍の戦闘機が斬込んで行くのが見えた、続いて一機、また一機……四機の友軍機がどこからとも知らぬ間に現れ他眼にはその慣性な運動性能を殆ど楽しむかのやうに交互に機体をB29に叩きつけんばかりにしては飛びかゝり、反転し、殺到してゐた、残弾のなかつた月光は陸地から海上へ移動しつゝ行はれたこの凄じい戦闘を上空にあつて見守りながら旋回を続けて行つた最後にB29は烈しく海面へ叩きのめされた、その沈んで行く大きな敵機の傍らに菊池少尉は[illegible]い布の如きものの漂ふのを認めた、恐らくは脱かずして沈んだ敵兵の落下傘でもあつたらうか

昭和20年1月25日の朝日新聞裏面（当時の新聞は表裏2ページしかなかった）には、「海軍○○基地にて岡本報道班員発」として本土防空に活躍する、とある月光隊の様子を伝える記事が掲載されている。伏せ字となっているが、これは厚木基地の302空月光隊のこと。内容は『B-29』の撃墜3機、撃破2機を報じた1月23日の昼間高々度邀撃戦に関するもので、このなかに「菊池少尉、大澤少尉」ペアの奮闘の様子が実名で記載されている。右に掲げたものがそれで、ふたりはともに第13期飛行予備学生出身の菊地（記事中「池」となっているが、「地」が正しい）敏雄少尉と大澤家袈裟芳少尉。5機編隊の右端の1機に火を噴かせて後落させ、その後、友軍戦闘機（陸軍機らしい）が取りついて協同撃墜にいたった。この後、ひと月もしないうちに大澤少尉は戦闘812へ転属した。

星』1Aを受領に行った際のエピソードを紹介した。
「小学校教師を志して師範学校で学んだ大澤は、穏やかで親切な人柄であった。平和な時代になったら、きっと篤実な教師になったのに…と、惜しまれる。しかし、大澤は連日の出撃に参加し、国難に一身を捧げたことを、後悔していないだろうと偲ぶのである。」
とは予備学生同期の河原政則氏の回想。山梨師範学校出身、温厚な人柄で知られる人物であった。

5月4日の夜が明けた○九五九、第一機動基地航空部隊司令部では
「一KFGB天信電令作第二七四号
我攻撃隊ハ陸續艦艇ニ突入、之ニ大打撃ヲ与ヘツヽアリ、本四日左ノ部隊ハ全力ヲ擧ゲ夜間攻撃ヲ決行、戰果ヲ拡大スベシ
八〇一部隊、関東空部隊、七〇六部隊、詫間部隊、瑞雲隊（以上基地攻撃）
七六二部隊、九三一部隊（以上泊地攻撃）」
と、麾下の夜間作戦部隊に継続した作戦実施をうながしていた。

これにより芙蓉隊が用意した兵力は『彗星』12機に『零戦』2機。

第1次攻撃隊は『彗星』4機からなり北飛行場の滑走路破壊を試みる。携行爆弾は二五番陸用爆弾。第2次攻撃隊は『彗星』2機で、昨晩と同じく電探欺瞞と北飛行場攻撃を担当。第3次攻撃隊は『零戦』2機で、慶良間在泊の敵空母の銃撃。第4次攻撃隊は『彗星』6機で、三一号及び三号爆弾をもって北飛行場の敵航空機の焼打ちを企図するという、昨晩と同じ作戦形態であった。

第1次攻撃隊は日付が変わった5日○○二六から順次発進を開始。天候不良で2機が引き返したが残る2機は北飛行場に攻撃を加えて帰着（ただし1機は宮崎に不時着）。第2次攻撃隊の1機は天候不良で引き返し、もう1機は沖永良部島通過を報じたまま未帰還、第3次攻撃隊の『零戦』2機も天候不良で引き返してきた。

第4次攻撃隊に戦闘八一二から参加していたのが〔131-57〕号機に搭乗する宮崎秀三上飛曹-田中 暁上飛曹ペアと、〔131-15〕号機に搭乗する石川舟平上飛曹-池田秀一上飛曹の同期生ペア。ところが○一三三に発進した宮崎-田中ペアは○二一〇に屋久島を通過したのちに、○一三〇に発進した石川-池田ペアは○一五五に中ノ島を通過したあとに悪天候に阻まれ、ともに鹿屋へ帰投してきた。第4次攻撃隊は他にも3機が天候不良で引き返し、攻撃を実施したのは伊江島に到達した小川分隊長機のみであった。前掲戦時日誌には「沖縄本島附近天候晴」としながらも
「途中天候曇、雲量九～一〇、雲高五〇〇～三〇〇〇、視界極メテ不良、小型機夜間攻撃トシテハ無理ナル天候ナリ」
と記述され、当日の厳しい気象状況を報じている。

5日の夕刻近い一五〇六には
「一KFGB天信電令作第二八三号
八〇一部隊、関東空部隊、七〇六部隊、詫間部隊、瑞雲隊、七六二部隊、九三一部隊ハ指揮官所定ニ依リ沖縄基地及泊地艦船夜間連続攻撃ヲ続行スベシ」
と通達され、さらに夜になった二一二七には
「一KFGB天信電令作第二八五号
菊水六号作戦ハ五月八日以降決行ノ予定
一KFGB当面ノ作戦要領左ノ通リ
（イ）対KdB攻撃兵力ヲ充実シ好機敵空母群ヲ捕捉撃滅ス
（ロ）夜間攻撃部隊ヲ以テ連続沖縄方面基地並ニ艦船攻撃ヲ続行スベシ」
と、菊水六号作戦の決行予定日を「八日以降」と知らせてきた。

これにより5日から6日にかけての夜は作戦をおこなわず、整備作業に専念して兵力の充足を図った芙蓉隊は、「一KFGB天信電令作第二八三号」に基づき、6日から7日の夜間にかけて指揮官所定による北飛行場攻撃と大島周辺索敵攻撃、並びに都井岬上空の哨戒行動を開始した。

作戦企図は次の通り。
「北飛行場攻撃隊ハ菊水作戦ニ於ケル夜戰隊ノ使命タル敵陸上基地封止ヲ益々拡充シ、以テ時期作戰ニ於ル特攻々撃ノ完全ナル成功ヘノ途ヲ啓キ、更ニ来タルベキ沖縄上陸敵軍ノ殲滅戰ニ寄与セントス、索敵攻撃ハ土●喇（トカラ）群島附近ニ侵入セントスル敵哨戒艦艇ヲ掃討スルト共ニ第二次期沖縄島攻撃ニ対スル下準備トナス
邀撃ハ黎明期少数機ヲ以テスル哨戒並ニ我攻撃隊発進セントスル敵企図ノ破催ニアリ」

準備された兵力は北飛行場攻撃に向かう『彗星』4機と索敵攻撃隊の『彗星』2機、そして哨戒用の『零戦』が4機。

日付が変わった7日○二〇〇にまず行動を開始したのが北飛行場攻撃隊の4機だ。このうちの1機は離陸点へ向かう際に爆弾跡表示板に接触してフラップを小破し出発を取止め。残る3機のうちの2機が戦闘八一二の所属、○二〇二に発進した山崎里幸上飛曹-佐藤 好少尉ペアの〔131-53〕号

機と、〇二〇六に発進した菅原秀三上飛曹 - 田中 暁上飛曹ペアの〔131-19〕号機であった。ところが、佐藤少尉機は160浬進出した所で発動機が不調になり引き返し、〇四一〇に帰着。菅原上飛曹 - 田中上飛曹ペア機は〇三四二に北飛行場への侵入に成功して滑走路に二五番三号爆弾を命中させて、被害なく〇五三八に鹿屋に帰投してきた。

索敵攻撃隊の2機は〇三四〇と〇三五〇にそれぞれ発進。後者が戦闘八一二の寺井 誠上飛曹 - 川添 普中尉の搭乗する〔131-57〕号機である。

寺井上飛曹は第1章で紹介した通り、旧来の戦闘八一二隊員であり後発隊として台湾まで前進したところで足止めをくらいフィリピンに渡れなかった若武者。

川添中尉は本章の冒頭で紹介した海兵73期の若手士官のひとり。藤枝基地へやってきて1週間あまりの間、2、3度黎明索敵訓練を経験して4月下旬から5月上旬になって戦闘八〇四の同期生、田中 正中尉とともに輸送機に便乗し鹿屋へ進出してきたばかりであった。

「鹿屋へ進出するという時は『いよいよ戦地か』と毛髪と爪を切って家に送りました。鹿屋につくと『雷電』の搭乗員が辮髪（筆者註：頭のてっぺんだけ髪を残して刈り上げるスタイル。長髪禁止に対する抵抗や全部髪を切ると戦死するなどのジンクスなどへの配慮から、ゲンを担いでこういった髪型をしていた搭乗員が多かった）で歩いているのを見て『成程、第一線だ』と感じたのを覚えています。

鹿屋ではそれぞれの部隊が別々の宿舎にいたため、当時は自分たち以外にどんな部隊がいるのか全然知りませんでしたが、どこからか情報を得て同期の長谷川 薫中尉、鈴木与三郎中尉が『明日鹿屋から出撃する』というのでふたりに会って話しをしたことがありましたね」

鹿屋へ進出した当時の様子を川添氏はこう語る。この頃の鹿屋には三〇二空、三三二空、三五二空の『雷電』隊が進出して『竜巻部隊』を編成、4月以降来襲が激化した『B-29』の邀撃に当たっていた背景がある。

また、『銀河』を装備する七〇六空攻撃第四〇五飛行隊に所属していた長谷川中尉、鈴木中尉（ともに宇佐空偵察）は、ウルシー泊地の敵機動部隊を襲う第3次丹作戦に参加するため5月はじめに木更津から鹿屋に進出、7日に同地を出撃しているが、ちょうどこの頃に川添中尉と再会したものと思われる。付け加えていうならばこの日の第3次丹作戦は進撃中途で中止となり突入は未決行、鈴木中尉は乗機の不調でこの日出撃できず、その後の5月18

沖縄戦たけなわの昭和20年4月、302空、332空、352空と3つの雷電隊が鹿屋に集結した。これら集成雷電隊は『竜巻部隊』と自称し、南九州に来襲する『B-29』の邀撃に活躍する。その搭乗員たちが闊歩する様子を見た戦闘812の川添中尉は、自身が第1線に来たことを痛感したという。写真は厚木基地から発進にかかる302空の『雷電』。

昭和20年4月の攻撃第405飛行隊搭乗員一同。5月1日付けで神風特別攻撃隊第四御楯隊と編成され、同月7日には鹿屋からウルシーを目指した。このなかには本文中にも登場する川添中尉の同期生、長谷川 薫中尉や鈴木与三郎中尉のほか、坪井飛長の同期生、木村重夫飛長などそれぞれの期別の同期生たちがいた。

日に特攻戦死。長谷川中尉は5月25日に特攻未帰還となるも、米軍に救助され戦後生還している。

さてこの日、佐多岬を発動した川添中尉機は197度に針路をとり60浬飛行した所で脚故障となり（ロックの不良か?）、引き返してきて〇四三八に無事帰着している。索敵攻撃とはいえ今回の任務は進出距離も短く、本格的な作戦参加を前の腕慣らし的な意味合いが強く感じられる。

〇四二六から発進した『零戦』4機も会敵せずに無事に帰投しているが、これらは敵攻撃隊の邀撃の他、先日の大澤少尉機の墜落を敵夜戦によるものと考えての配慮のように見受けられる。

翌8日は天候不良のために沖縄北飛行場攻撃を取止め、屋久島〜種子島周辺に展開して友軍機の行動を探知しようとする敵哨戒艦艇の索敵攻撃を黎明時に実施することとした。

使用兵力は『彗星』3機。目標が小型艦艇なので艦船用の通常弾ではなく二五番陸用爆弾を懸吊、弾片での破壊を試みるものである。

戦闘八一二からは斉藤文夫二飛曹‐津村国雄上飛曹ペアが〔131‐131〕号機で、寺井 誠上飛曹‐川添 普中尉のペアが〔131‐66〕号機で参加。まず〇四四〇に離陸したのが津村上飛曹機で、天候不良により〇五一五に佐多岬の205度67浬の地点から引き返して〇五五八に鹿屋へ帰着。

〇四四七に発進した川添中尉機も天候不良により〇五一〇に屋久島附近から引き返し、〇五四七に帰着。残る1機も敵を見ずに帰投してきた。

8日〇六〇〇の時点で「本曇」であった天候は次第に崩れて正午には「雨」となっており、春から夏に向かう南九州の変わりやすい気象状況を物語っている。

夜襲は続く

前掲「芙蓉部隊戦時日誌」の5月9日の項には短く「飛行長、岩川基地視察」と記述されている。これがのちに芙蓉隊がゲリラ航空戦用の秘密基地として構築し、多くの部隊が鹿屋から北九州へ後退する中でも踏みとどまり、終戦まで作戦を続ける岩川基地のことである。

4月1日の米軍沖縄上陸以来、いやそれ以前から持てる兵力の全てを投入

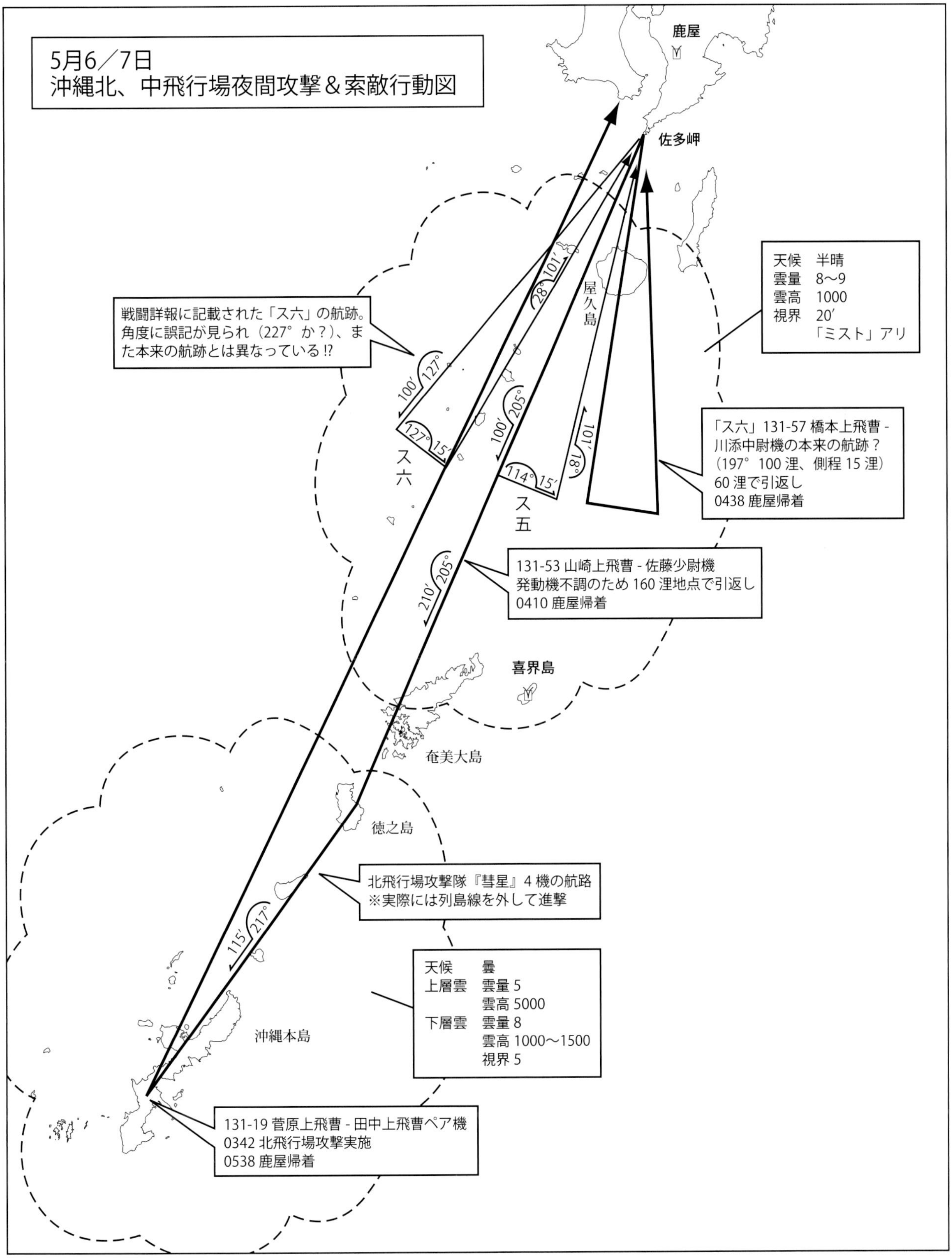
5月6／7日
沖縄北、中飛行場夜間攻撃＆索敵行動図
鹿屋
佐多岬
屋久島
天候　半晴
雲量　8～9
雲高　1000
視界　20′
「ミスト」アリ
戦闘詳報に記載された「ス六」の航跡。
角度に誤記が見られ（227°か？）、また本来の航跡とは異なっている⁉
28°
101′
127°
100′
15′
ス六
205°
100′
114°
15′
ス五
101′
18°
「ス六」131-57 橋本上飛曹 - 川添中尉機の本来の航跡？
（197° 100 浬、側程 15 浬）
60 浬で引返し
0438 鹿屋帰着
205°
210′
131-53 山崎上飛曹 - 佐藤少尉機
発動機不調のため 160 浬地点で引返し
0410 鹿屋帰着
喜界島
奄美大島
徳之島
北飛行場攻撃隊『彗星』4 機の航路
※実際には列島線を外して進撃
217°
115′
天候　曇
上層雲　雲量 5
雲高 5000
下層雲　雲量 8
雲高 1000～1500
視界 5
沖縄本島
131-19 菅原上飛曹 - 田中上飛曹ペア機
0342 北飛行場攻撃実施
0538 鹿屋帰着

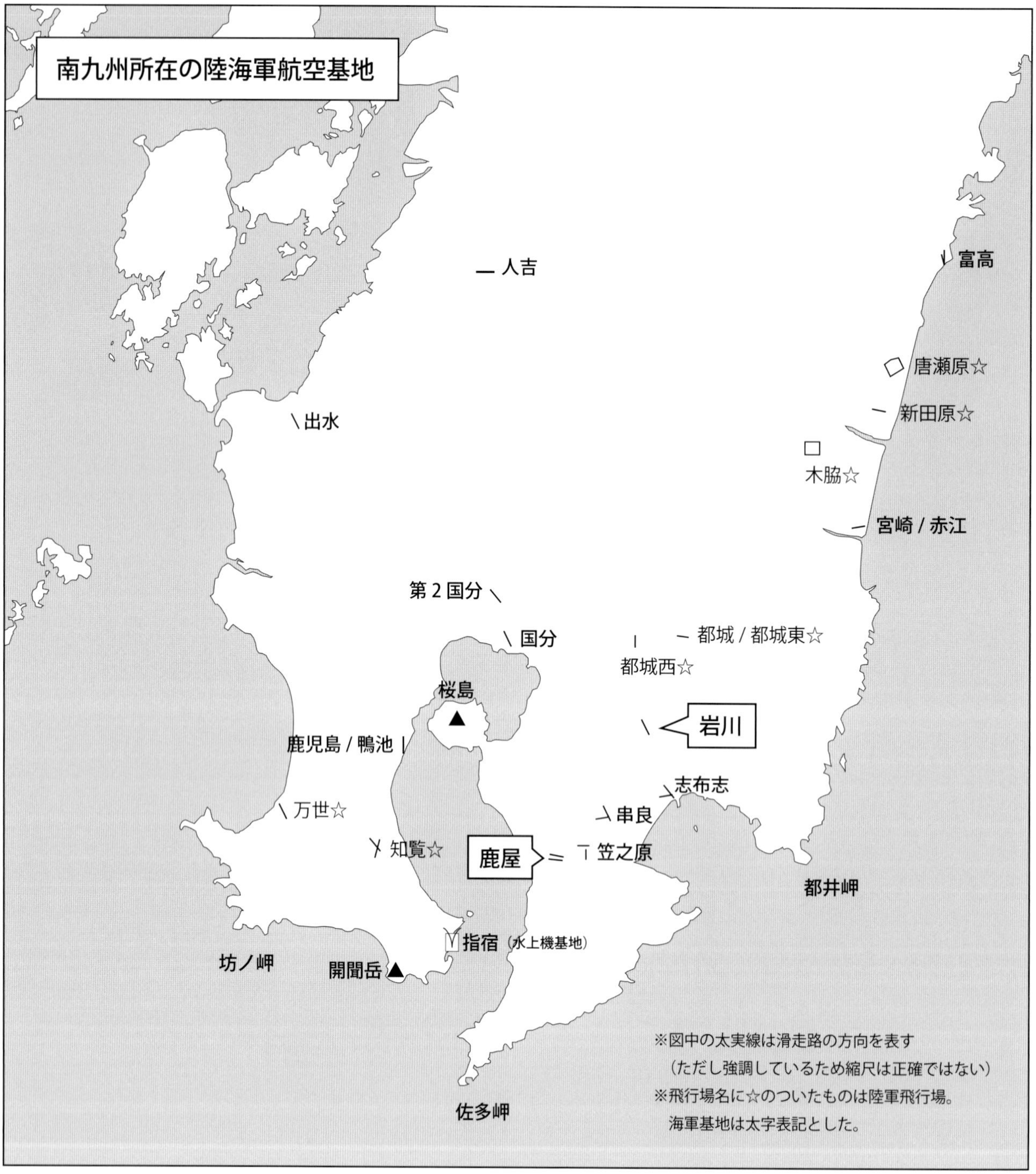
南九州所在の陸海軍航空基地
人吉
富高
唐瀬原☆
新田原☆
出水
木脇☆
宮崎 / 赤江
第 2 国分
国分
都城 / 都城東☆
都城西☆
桜島
岩川
鹿児島 / 鴨池
志布志
万世☆
串良
知覧☆
鹿屋
笠之原
都井岬
指宿（水上機基地）
坊ノ岬
開聞岳
※図中の太実線は滑走路の方向を表す
（ただし強調しているため縮尺は正確ではない）
※飛行場名に☆のついたものは陸軍飛行場。
海軍基地は太字表記とした。
佐多岬

してきた海軍航空部隊はわずか1ヶ月の戦いで戦力を消耗、5月5日をもって解隊・整理される航空隊もあり、多くは原部隊に復帰して再編成にとりかかる有様であった。

芙蓉隊にも大分などの後方基地へ後退することが打診されていたのだが、南九州を離れれば航続力の関係から沖縄本島への夜間波状攻撃の実施は不可能となる。さりとて飛行場の整備なった沖縄の飛行場からの大型機の継続来襲は必至であり、そのため鹿屋近辺で敵航空機の目を欺きえる秘匿飛行場の急速整備が求められていた。

作戦の合間を見ていくつかの飛行場を見て回った美濃部少佐は、不時着場としてなかば放置されていたこの岩川飛行場に目をつけた。鹿屋北部という立地も申し分なしであった。

その9日、二三一五には菊水六号作戦に関する次のような指示が第一機動基地航空部隊司令部から麾下の各隊へ発せられていた。

「一KFGB天信電令作第三〇四号
菊水六号作戦実施細目左ノ通リ
北中飛行場攻撃
　七〇六B（陸攻五機）　十日　日没ヨリ二四〇〇迄
八〇一B（陸攻九機）　十一日〇〇〇〇ヨリ〇三三〇迄
T三〇二（瑞雲六機）　〇二三〇ヨリ〇四〇〇迄
関東空B（彗星一〇機）　〇三三〇ヨリ〇四三〇迄
七二一B（桜花二機）　〇五〇〇
（第六航軍重爆四乃至六機、〇〇〇〇ヨリ〇七〇〇、戦闘機特攻二〇機及重爆四乃至六機、〇七三〇ヨリ〇八〇〇）
泊地制空
　二〇三B、国分B（計七〇）、〇八三〇ヨリ〇九〇〇迄
昼間特攻
（イ）七二一B（爆戦一〇）、〇七三〇ヨリ〇八〇〇（主トシテ哨戒艦艇）
　七六二B（極光一〇）、九三一B（天山一〇、九七艦攻七）、七二一B（桜花六）、詫間B（水偵特攻全力）、〇八四五ヨリ〇九三〇（六航軍特攻約八〇機同時攻撃）
（ロ）昼間特攻隊航路
　七六二B極光ハ東海ヲ進撃シ、徳之島附近ニテ東方ニ迂回、沖縄東方ヨリ〇八四五頃泊地ニ進入、其ノ他ハ北西ヨリ突入ス
電探欺瞞
　一七一B、四機、〇八一五ヨリ〇九〇〇迄、残波岬北西方面六〇浬附近ニ欺瞞紙撒布
泊地艦艇夜間攻撃
　七六二B指揮官所定可動全力攻撃」（※「B」は部隊の略）

注目したいのは冒頭に記述された菊水六号作戦発動予定日前日の10日日没から11日の夜明けにいたるまでに計画されている、芙蓉隊（関東空部隊）を含む夜間作戦部隊の沖縄北、中飛行場攻撃の割り当て時間割で、連続波状攻撃を企図していることがわかる。

日付が変わった10日、芙蓉隊では「指揮官所定」により〇二三〇から2機の『彗星』を沖縄北飛行場攻撃に発進させた。〇四二二と〇四三〇にともに攻撃を実施した2機は、それぞれ〇六一〇から〇六二八にかけて無事に帰投。被害なし。

〇四二二と〇四二四には奄美大島周辺索敵攻撃に『彗星』2機が発進。このうち、〇四二四に発進した『彗星』〔131-86〕号機に搭乗するのは戦闘九〇一の操縦員橋本 豊上飛曹と戦闘八一二の川添 普中尉のペアで、佐多岬を起点として205度150浬を進出。〇五一八に先端に到達して側程を飛び、敵を見ずに鹿屋周辺まで帰投してきたが空襲警報発令中のため〇六四五に志布志基地に降着、一一五五にここを離陸して一二〇八に無事帰着している。

索敵攻撃隊が発進した直後の〇四二八からは上空哨戒に『零戦』2機が発進、1機は脚故障で引き返し、残る1機は上空哨戒を実施したあと、やはり空襲警報発令中のため志布志基地に降着しようとしたが脚を折り、機体は大破してしまった。

10日の朝、〇九〇一には
「一KFGB天信電令作第三〇二号
菊水六号作戦X日ヲ明十一日ニ決定ス
作戦要領ハ別令ス」
と、菊水六号作戦の発動が正式に5月11日と達せられた。米軍の沖縄上陸以来、ついに6度目の航空総攻撃である。

芙蓉隊では前述の「一KFGB天信電令作第三〇四号」に基づいて、11日〇三三〇から〇四三〇にかけての沖縄北・中飛行場攻撃を準備する。兵力は指示の通り『彗星』10機。これを5機ずつ目標に振り分ける。携行爆弾は

二五番陸用爆弾で、信管を0・03秒としたものを2発、1～4時間の時限信管としたものを8発用意していた。

攻撃隊は〇二二八から順次発進を開始。〇二三二に4番目に離陸したのが戦闘八一二の菅原秀三上飛曹‐田中 暁上飛曹ペアの〔131‐24〕号機。ところがこの機はエンジン不調ですぐに引き返し、〇三〇六に帰着。続いて〇二三四に5番目に発進したのがやはり戦闘八一二の山崎里幸上飛曹‐佐藤好少尉の〔131‐19〕号機だったが、こちらは〇四〇六に天候不良により奄美大島付近から引き返し、〇五三二に帰着している。

この日は天候不良や発動機故障による引き返し機が相次いだが、〇四〇〇になって菅原秀三上飛曹‐田中 暁上飛曹ペアの〔131‐24〕号機が再出発を図り、中飛行場攻撃に向かった。追って〇四一〇には同じく戦闘八一二の藤田泰三上飛曹‐甘利洋司少尉ペアの〔131‐07〕号機が発進したが、水フラップ（機種下面に付いているラジエーター冷却用フラップ）の故障により屋久島付近から引き返し、〇五〇〇には帰投してきた。

進撃を続けた菅原上飛曹‐田中上飛曹ペアの『彗星』は〇五四五に飛行場と予想される地点に到達して二五番陸用爆弾（時限信管）を投下、無事鹿屋付近にまで帰ってきたが、空襲警報発令中のため〇七三〇に志布志基地に不時着し、一一三〇になって無事鹿屋へ帰着した。

結局、攻撃を実施したのは彼らの他2機だけで、戦果報告も北飛行場への二五番時限弾1発（効果不明）、中飛行場への二五番瞬発弾1発滑走路に命中火災1ケ所、そして菅原上飛曹‐田中上飛曹ペアの二五番時限弾1発（効果不明）と記録されている。時限弾はその名のとおり設定した時間を経過して後に爆発するものだから、攻撃実施時の効果は「不明」であって当然だ。夜戦と会敵した機もあったのだが、何よりも未帰還機が1機もなかったことは幸いであった。

11日一四四五には次のような指示が第一機動基地航空部隊司令部から発せられた。

「一KFGB天信電令作第三一九号
菊水七号作戦ハ五月十四日以降決行ノ予定
当面ノ当部隊作戦要領左ノ通リ
各隊ハ急速兵力ノ整頓ニ任ズルト共ニ夜間攻撃部隊ハ既令ニ依ル沖縄方面基地並艦船攻撃ヲ続行ス
急速対機動部隊攻撃兵力（制空戦闘機隊爆戦隊彗星隊）ヲ充実シ好機敵空母群ヲ捕捉撃滅ス」

さらに同日、海軍総隊は第一機動基地航空部隊（五航艦主体）と第七基地航空部隊（三航艦主体）をもって聯合基地航空部隊を編制、これを「天航空部隊」と呼称する旨が次のように通達された。

「GB電令作第（※原資料空欄）号（十二日〇〇〇〇発動）
一．1KFGB及び7FGBヲ以テ聯合基地航空部隊ヲ編制シ天航空部隊（TFB）ト呼称ス、天航空部隊指揮官ヲ1KFGB指揮官トス
二．天航空部隊指揮官ハ機宜亮部隊兵力ヲ統合運用シ既令ニ依ル作戦ヲ続行スベシ」

これにより三航艦麾下兵力を効果的に統合運用できることとなった「天航空部隊」の中にあり、元々三航艦麾下兵力であった芙蓉隊もより表立った活躍をみせることとなる。

その名は「芙蓉部隊」

天航空部隊が誕生した5月12日は、芙蓉隊にとっても特別な意味を持つ日となった。

美濃部 正少佐の指揮の下、戦闘八一二、戦闘八〇四、戦闘九〇一の3個夜戦飛行隊はこれまで「芙蓉隊」と自称し、対外的には「関東空部隊」と称されて沖縄航空作戦に従事してきたが、その正式な作戦部隊名として「芙蓉部隊」と呼称されることに変更されたのである。いわゆる部隊発の愛称がそのまま作戦部隊名となった非常に稀有な例といえよう。

そしてこの日以後、海軍各方面へ出される各種の通達や海軍功績調査部に送付される戦闘詳報にも「芙蓉部隊」と記載されるようになる。これにならい、本編での表記もこれより「芙蓉部隊」と改めることとしたい。

その12日黎明、「一KFGB天信電令作第一六九号」に基づく指揮官所定により奄美大島周辺の索敵攻撃を企図した芙蓉部隊は『彗星』3機と『零戦』3機を準備して、種子島から屋久島南方に進出していると思われる敵哨戒機、並びに哨戒艦艇の撃滅を試みた。これをもって来たる沖縄航空作戦総攻撃の下準備とするものであった。

索敵攻撃隊の『彗星』3機のうち1機には、5月上旬の進出以来おなじみの橋本 豊上飛曹‐川添 普中尉の戦闘九〇一‐戦闘八一二混成ペアが胴体内

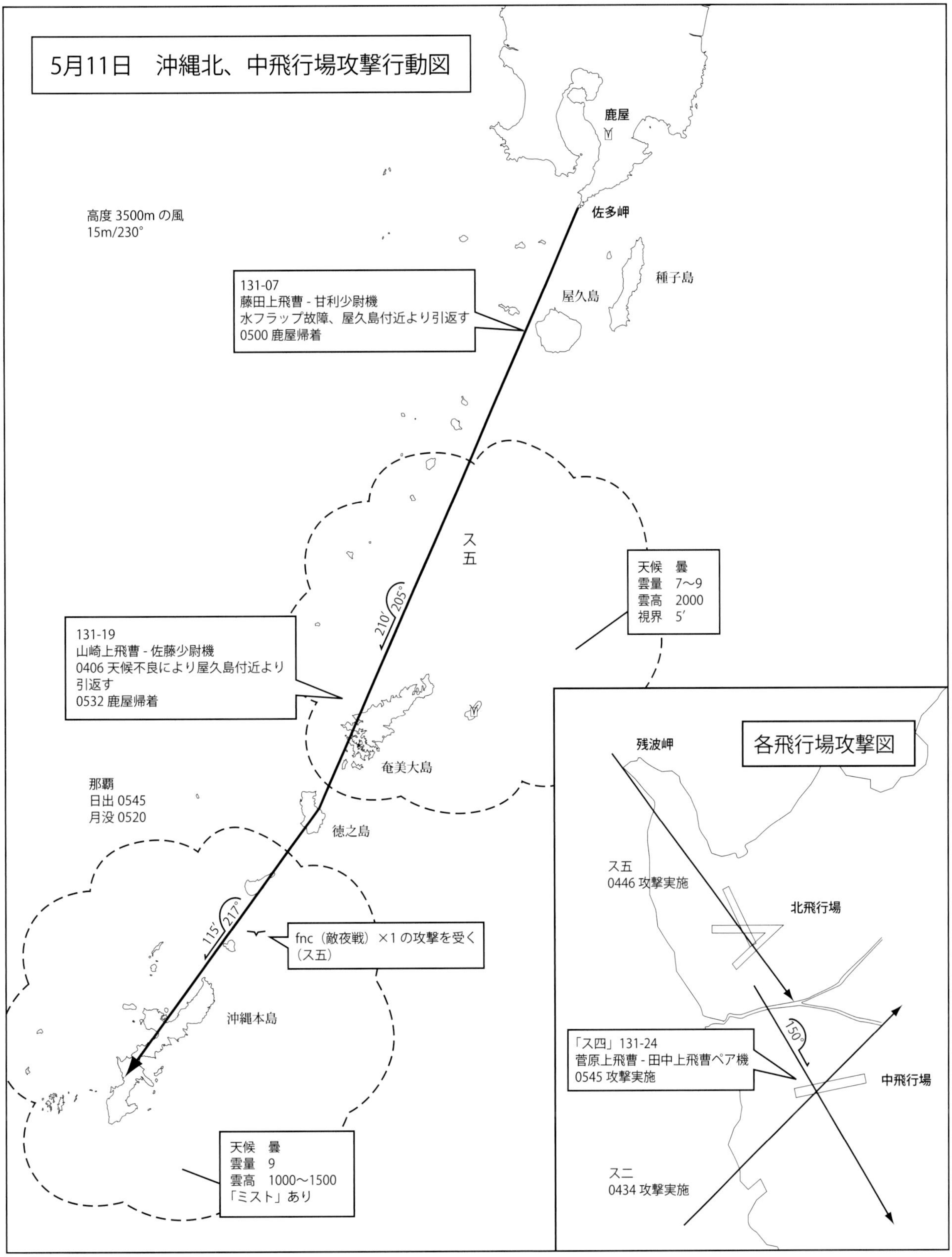
5月11日　沖縄北、中飛行場攻撃行動図
鹿屋
佐多岬
高度 3500m の風
15m/230°
種子島
屋久島
131-07
藤田上飛曹 - 甘利少尉機
水フラップ故障、屋久島付近より引返す
0500 鹿屋帰着
ス
五
210′
205°
天候　曇
雲量　7〜9
雲高　2000
視界　5′
131-19
山崎上飛曹 - 佐藤少尉機
0406 天候不良により屋久島付近より引返す
0532 鹿屋帰着
奄美大島
那覇
日出 0545
月没 0520
徳之島
115′
217°
fnc（敵夜戦）×1 の攻撃を受く（ス五）
沖縄本島
天候　曇
雲量　9
雲高　1000〜1500
「ミスト」あり
各飛行場攻撃図
残波岬
ス五
0446 攻撃実施
北飛行場
150°
「ス四」131-24
菅原上飛曹 - 田中上飛曹ペア機
0545 攻撃実施
中飛行場
スニ
0434 攻撃実施

爆弾倉に二五番陸用爆弾を懸吊した〔131-89〕号機に搭乗して参加していた。〇四一八に鹿屋を発進して佐多岬の205度150浬索敵を発動した川添中尉機は、諏訪瀬島の130度20浬に浮上している敵潜水艦を発見。〇五三〇、これが急速潜航に移ったところへすかさず二五番爆弾を投弾すると、これが至近弾となり海面に大量の油紋が湧き上がり帯状になるのを確認、その後も予定の索敵行程を続行して、〇七〇〇に無事帰投した。この戦果はのちに「撃沈概ネ確実」と判定され、海兵73期生にとっては4月の鈴木昌康中尉の一件の「仇」を討った形となった。

この日、〇四二〇に発進した他隊の1機は発動機に大振動を発して〇六〇五に帰着したが、もう1機は〇四一七に離陸した直後、何らかの理由により誘導コースを回って降着を試みた際に失速して、飛行場東端から1000mの付近に不時着、おりしもここは平地ではなく掩体の構築された地区であり、機体は大破して搭乗員2名はともに戦死してしまった。

この『彗星』〔131-25〕号機に搭乗していたのは戦闘八〇四の白井清一郎中尉（予学13期）-松木千年一飛曹（乙飛18期）のペアであったが、戦闘八一二の岩間子郎中尉はこの白井中尉機の事故に思い入れを抱くひとりである。

というのは、5月4日の『彗星』4機の鹿屋進出のこと。実はこの4機のうちの1機には当初、岩間中尉のペアが選ばれていた。その搭乗割を見た岩間中尉は内心、

「実施部隊（戦闘八一二）に配属されて2週間。いまだ夜間飛行の技倆に不安を残したまま第一線に出て、もしも戦死したとしたら無念だなぁ」

と感じていたのだが、それがほどなくして予備学生の白井中尉のペアに代わり、その進出を見送った経緯があった。

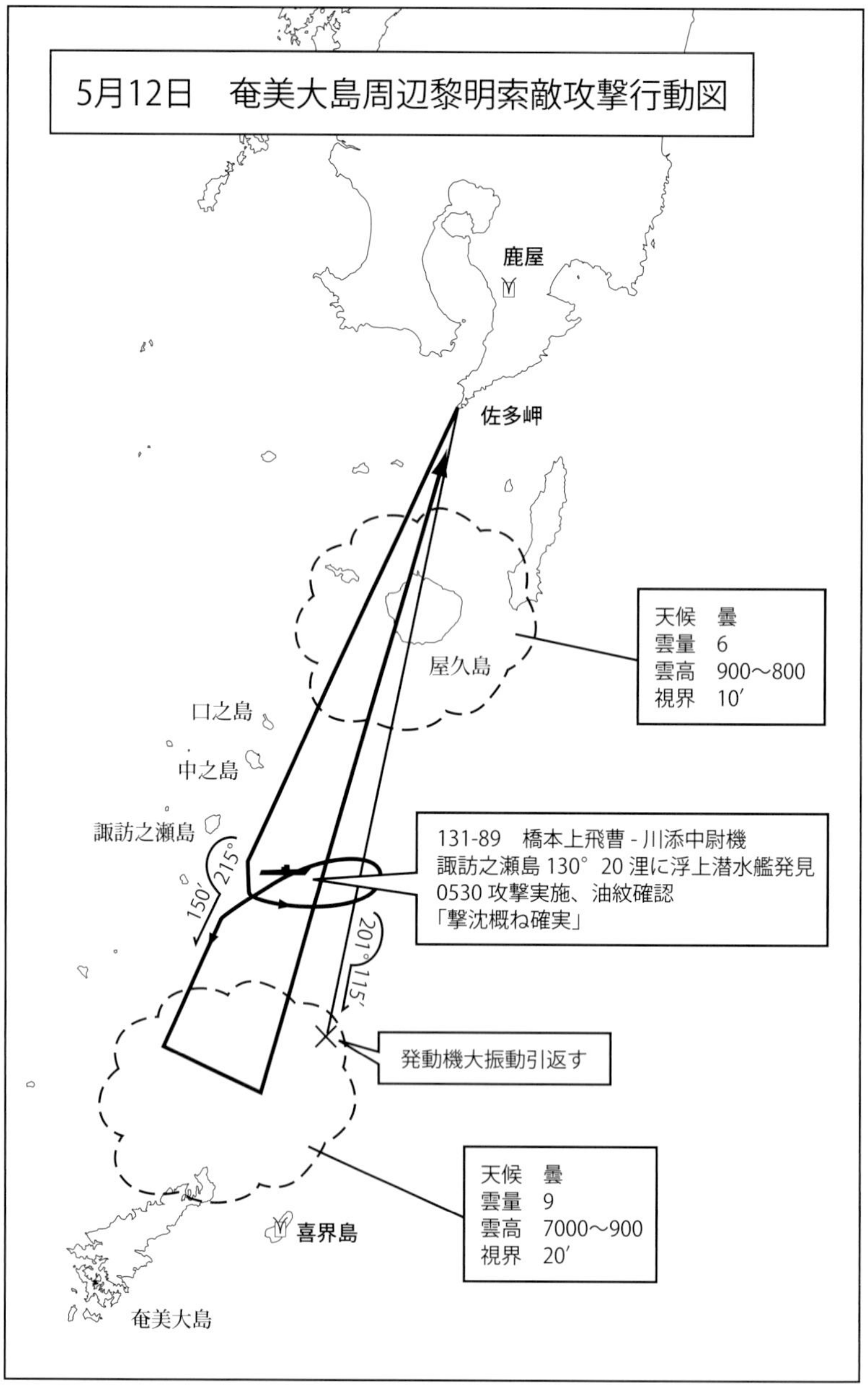

4月下旬、藤枝基地の草っぱらに寝転んだ佐藤正次郎中尉(左。海兵73期)と白井清一郎中尉(予学13期)。「ふたりの顔がそっくり」と誰かにいわれ、わざわざ並んで取った。白井中尉の鹿屋前進は、岩間中尉と順番を交代してのものだったという。

「同期生というわけでもなく、部隊も違った白井中尉ですが、何か自分の身代わりのように彼が戦死したように感じられ、忘れる事はありません」と岩間子郎氏は語る。

松木千年一飛曹についてはやはり隊が違うが乙飛18期同期生の戦闘八一二隊員、小田正彰一飛曹が不思議な体験をしている。

それは少し日が経った6月下旬から7月上旬にかけてのこと。第4章で後述するように、新基地となった岩川へ進出していた小田一飛曹が、日中に隊舎の軒先でまどろんでいると、夢かうつつか、戦死した同期生が3人ほど、その頭上に浮かんで見下ろしている。そのひとりが松木一飛曹であった。いわく
「これからお前のことを我々が護ってやる。決して戦死させることはないから安心して戦ってくれ」

その後、森實二中尉との梅雨時の悪天候に見舞われながらの作戦飛行では不思議と勘が働いてドンピシャリ岩川へ帰投でき、またエンジン不調で途中引き返した際には、基地周辺の谷底へ落ちそうに飛行していた愛機が突然息を吹き返したようにグンと持ち上げられて無事岩川へ降着することができたという（7月29日の出撃のようだ）。

時に戦場ではこうした不思議な経験がなされる場合があるものである。

結局この日、索敵攻撃隊が発進したのちの〇四二六から『零戦』3機が発進、硫黄島〜黒島間の移動哨戒を実施して敵を見ず、〇六四〇から〇六五〇にかけて全機無事に帰着している。

日付が13日へと変わる直前の12日二三五九、天航空部隊司令部は次のような指令を発した。

「ＴＦＢ信電令作第四号
本十二日ＰＵ（筆者註：ウルシーのこと）偵察ニ依レバ敵ＫｄＢハ既ニ出撃セルコト確実ニシテ夜戦来襲ノ状況ヨリ判断シ九州方面近接ノ算アリ丹作戦決行期日ヲ当分延期ス
明十三日対ＫｄＢ作戦左ノ通リ改ム
（イ）関東空部隊ハ地点「ヨイ０コ」ヲ中心トスル半径四〇浬圏ノ黎明索敵攻撃
（ロ）一七一部隊ハ〇四三〇発進、都井岬ノ一〇〇度ヨリ二〇〇度間二五〇浬ノ索敵
（ハ）其ノ他第二準備姿勢（戦斗機ヲ除ク）」
敵機動部隊泊地がもぬけの殻となっているのを受けて第3次丹作戦を延期するとともに、出撃したそれが沖縄周辺海域に出没するものと判断しての作戦命令である。

これにより「芙蓉部隊」は次のような企図で作戦準備にとりかかった。

「黎明期、敵ＫｄＢヲ捕捉シ二五番三号爆弾、又ハ二八号爆弾ヲ以テ発艦前ノ敵飛行機ノ焼打ニ依リ爾後ニ於ケル友軍特攻隊ノ進行路ヲ啓開セントス」

美濃部少佐がかねてからもくろんできた、夜明け前に敵機動部隊を捕捉し、その艦上機を母艦もろとも叩き潰す作戦だ。準備兵力は索敵隊の『彗星』6機と攻撃隊の『彗星』2機、『零戦』3機である。

索敵隊の『彗星』は佐多岬の144度、150度、156度、161度、167度、173度の、それぞれ150浬を、攻撃隊の『彗星』は佐多岬の155度と167度、『零戦』は149度と173度の間を開度12度として150浬進出する。

〇三三三に索敵隊の先頭を切って離陸したのは戦闘八一二の藤田泰三上飛曹－甘利洋司少尉ペアが搭乗する〔131－15〕号機。次いで〇三三八に同じく戦闘八一二の山崎里幸上飛曹－佐藤 好少尉ペアの〔131－07〕号機が発進した。他隊の隊員が搭乗する4機も〇三四〇から〇三五四にかけて離陸していく。

佐藤少尉機は〇四三六に先端到達、敵を見ずに〇五三七に無事鹿屋へ帰投してきた。ほか3機は〇四四五、〇四四六、〇四五四にそれぞれ先端に到達、途中で敵飛行機を見た1機を含む全機が基地周辺まで帰着したが、折りからの空襲警報によりいずれも〇六三〇〜〇六三五に大村へ一時不時着、夜になって鹿屋へ帰投し、もう1機は発進したあと一切の連絡なく、そのまま未帰還となった。

残る1機、藤田上飛曹－甘利少尉ペアの『彗星』は、まず〇四五〇に「敵飛行機見ユ、空母四隻」と報じてきた。その後の〇四五六に「敵見ユ、駆逐艦五隻」と、さらに〇五〇〇に「発動機不具合」と発信。〇五〇五に「先ノ敵ノ位置ハ基点ノ一四〇度一三〇浬」と報じてきたのち連絡が途絶、その後も音信がなく、ついに未帰還となってしまった。

甲飛2期出身の甘利少尉は、昭和17年6月のミッドウェー海戦で重巡『利根』4号機『零式水偵』の機長を務めた人物として知られる。緒戦時は水上機母艦『瑞穂』飛行機隊に属して『零式水上偵察機』の偵察員としてフィリピン進攻作戦などに参加。ミッドウェー作戦直前に陶 三郎三飛曹らととも

に重巡『利根』乗組みとなった経緯がある。第1章でも述べたようにその後は厚木空夜戦隊を経て、二〇三空夜戦隊、五一航戦司令部付夜戦隊を渡り歩いた戦闘八一二飛行隊草分けのベテラン偵察分隊士であった。この5月1日付けで海軍少尉に任官したばかりである。

一般的にミッドウェー海戦の勝敗を左右したように論ぜられ、その行動がことあるごとに取り沙汰される『利根』4号機であるが、事実、敵機動部隊を発見した殊勲機であることに変わりはない。

「それにしてもけしからんのは『筑摩』の飛行長ですよ（筆者註：特に名を秘す）。同じく索敵に出撃して『…しだいに雲が多くなってきて飛びにくくなったから雲の上に出た』って、戦後しばらくしてなんかの取材に答えたっていうんです。」

こう語るのは甘利少尉と甲飛2期の同期生にして、同じく偵察専修の吉野治男氏である。

「索敵っていうのは高度100mで飛んでいって水平線を見張るんです。はるか向こうの水平線を見張りながら飛びます。敵のフネがいる場合、その部分の水平線が三角に盛り上がって見える。戦艦であれ何であれ、フネというのはマストが一番高い構造物。これが水平線上に飛び出しているわけです。これを見つけて触接し、遠くから様子を探るのが索敵機の仕事ですから、雲が多いからと行って雲上に出た行動は言語道断。

本当はこの『筑摩』の飛行長が乗った索敵機が敵を発見していなければならなかった。アメリカ側も日本の索敵機が雲上を通過したからヒヤヒヤした、なんて言ってるくらいですから。それを『利根』4号機の敵機動部隊発見が遅れたためにミッドウェーで負けたなんて我々下士官のせいにして、しゃぁしゃぁと言ってのけている人がいる。」

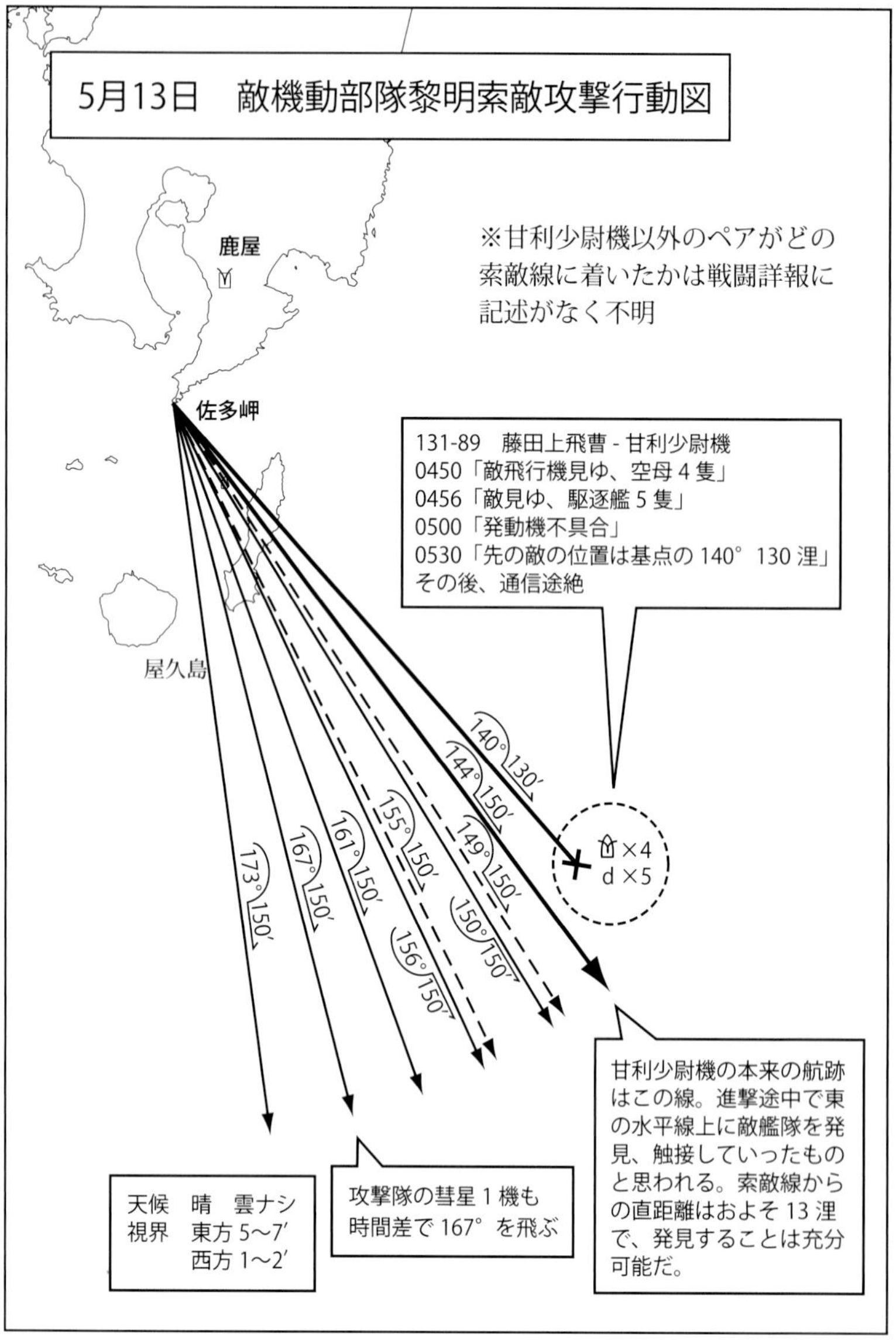

5月13日　敵機動部隊黎明索敵攻撃行動図
鹿屋
※甘利少尉機以外のペアがどの索敵線に着いたかは戦闘詳報に記述がなく不明
佐多岬
131-89　藤田上飛曹 - 甘利少尉機
0450「敵飛行機見ゆ、空母4隻」
0456「敵見ゆ、駆逐艦5隻」
0500「発動機不具合」
0530「先の敵の位置は基点の140°130浬」
その後、通信途絶
屋久島
140° 130′
144° 150′
149° 150′
150° 150′
155° 150′
156° 150′
161° 150′
167° 150′
173° 150′
×4
d ×5
甘利少尉機の本来の航跡はこの線。進撃途中で東の水平線上に敵艦隊を発見、触接していったものと思われる。索敵線からの直距離はおよそ13浬で、発見することは充分可能だ。
攻撃隊の彗星1機も時間差で167°を飛ぶ
天候　晴　雲ナシ
視界　東方 5〜7′
西方 1〜2′

甘利少尉の同期生である甲飛2期の偵察員、吉野治男氏はミッドウェー海戦でやはり空母『加賀』から索敵に飛んでいる。写真は昭和18年、館山空豊橋派遣隊として対潜哨戒に従事していた吉野上飛曹（まもなく飛曹長進級）。後方に『九七艦攻』が見える。

続けてこう話す吉野氏も、実はミッドウェー作戦で空母『加賀』から『九七艦攻』で索敵に飛んだひとり。当日の索敵機のうち、下士官機長の機は『利根』4号機とこの『加賀』機のみであり、いずれも当時は一等飛行兵曹であった甲飛2期生が機長を務めていたのである。

昭和17年7月に『利根』乗組みとなり、甘利一飛曹（当時）と面識のある田中三也氏（甲飛5期）は

「私が配属された時はちょうどミッドウェー海戦の敗戦直後で、勉強かたがた『ミッドウェー作戦の戦話を聞かせてください』と居並ぶ先輩搭乗員の方々に申しましても皆だんまり。『利根』の水偵の敵機動部隊発見の早い遅いが作戦失敗の原因云々と言われていることを後になって知り、『あぁ、意図的にではなかったにせよ、悪いことを聞いてしまったなぁ…』と思ったものでした。

甘利兵曹は口数の少ない、物腰の柔らかな方でしたが、演芸会などの時は真っ先かけて歌を披露するような、そんな好人物でした。」

と、当時の様子、甘利少尉の人柄について語ってくれた。

なお、田中氏は『利根』乗組み時代、水偵電信員として陶三郎二飛曹／一飛曹（当時）とペアを組んでおり、また戦闘八〇四の有木利夫飛曹長は甲飛5期の期長ということで古くから交流があり（有木飛曹長は4期生で入隊、5期生とともに卒業）、そういった意味で芙蓉部隊に所縁深き人物である。昭和20年のこの当時は『彩雲』装備の偵察第四飛行隊附の飛行兵曹長として松山にあり、6月には部隊前進とともに芙蓉部隊と入れ代わりに鹿屋へ進出する。

甘利少尉については生前、戦闘八一二のごく一部の隊員に

「いやぁ、ミッドウェーのあとはずいぶん絞られてねぇ…」

と語っていた様子が伝えられているが、むしろ同海戦で敵機動部隊を発見した戦功は特筆大書され、後世永く語り継がれるべきであろう。

操縦員の藤田上飛曹は第13期甲種飛行予備練習生出身。予科練とまぎらわしい「予備練」とは、もともと逓信省管轄の郵便新聞連絡機などの乗員を養成するための制度で、乗員養成所を卒業後に二級操縦士の資格と海軍予備下士官の籍を得られるというものであった。養成所によって陸軍系、海軍系に分かれ、海軍系は愛媛乗員養成所（陸上機）、長崎乗員養成所（陸上機）、福山乗員養成所（水上機）の3ヵ所である。

藤田上飛曹は昭和17年10月に愛媛乗員養成所に第12期生として入所し、昭和18年10月1日付けで甲種予備練第13期生として姫路航空隊に入隊、艦攻操縦を専修した。予備練は乗員養成所時代に初練、中錬を、予備練習生となってから実用機の訓練をするのが一般的だが、海軍では廃止されて久しい初練教程を踏んでいるため、同時期に飛練を卒業した予科練出身者より飛行時間が若干長いという特長があった。乗員養成所の期別にひとつ数字を足したものが甲種予備練の期別となるので覚えておきたい。

昭和19年秋、フィリピンから引き上げる戦闘九〇一から戦闘八一二へ編入された経歴を持つ彼は、短い期間に実用機だけでも『九七艦攻』、『月光』、『彗星』と数多くの機種の操縦桿を握ったことになる。本来ならば日本の空を北へ南へと跳び回る「空の郵便屋さん」になるはずだったのだが、時局がそれを許さなかったのである。

甘利機の未帰還はその攻撃効果こそ不明であったが、懸案となっていた敵機動部隊の所在を報じた功績は絶大なるものといえた。

索敵隊の発進と前後して、攻撃隊も離陸を開始した。まず〇三四三から〇三四九にかけて『零戦』3機が発進。『彗星』2機も〇三四九と〇四〇五に離陸した。この〇三四九に発進した『彗星』が戦闘八一二の菅原秀三上飛曹-田中 暁上飛曹ペアの搭乗する〔131-53〕号機。〇四五〇に先端に到達、〇五二六に敵戦闘機の追躡を受けると翼下の二八号弾で応戦、右翼に2発被弾、前後席の風防が破壊される被害をこうむりながらからくも離脱に成功し、〇六三五に出水基地に不時着、一八一五にここを発進して一九一五に降着したのが芙蓉部隊の新基地となる岩川であった。ここへは攻撃隊の『零戦』2機が〇五五八、〇五五九と先に降着しており（他の1機は鹿屋着）、作戦終了後の帰投基地が新基地に指定されていたものと思われる。

というのは岩川基地が芙蓉部隊の作戦基地として正式に変更されたのは13日一〇三一の、

「TFB信電令作第八号
芙蓉部隊作戦基地ヲ岩川ニ変更ス
九州空司令官ハ右移動ニ協力スルト共ニ急速基地施設ヲ完成シ基地任務ヲ担当スベシ」

という指示によってだからだ。いよいよ秘密基地岩川の始動かともとれるが、これはいささか気が早く、本格的な整備がなされて稼動するのはもう少し後になってからである。

残る攻撃隊の『彗星』1機は佐多岬で敵戦闘機の追躡を受けて避退、長崎

昭和17年11月頃、トラック諸島の砂浜にビーチングして自差修整を行なう重巡『利根』飛行機隊の『零式水上偵察機』。甘利少尉は『瑞穂』飛行機隊で南方進攻作戦に参加したのち、『利根』へ転勤し、ミッドウェー海戦、南太平洋海戦に参加した。垂直安定板に記入されたハイフンと「4」の文字が読み取れる(利根4号機の意)。P.113に掲載した958空のものと比べるとその細部に仕様の違いが見受けられ、面白い。

昭和18年1月1日(3日とする説もあるが甘利上飛曹のペアは1月2日から同月17日まで、ショートランドのR方面航空部隊へ派遣されているのでここでは1日とした)、重巡洋艦『利根』艦上で撮影された同艦の甲飛出身者一同。左から甘利洋司上飛曹(甲飛2期)、軽部哲夫上飛曹(甲飛2期)、田中信太郎上飛曹(甲飛3期)、清水孝作上飛曹(甲飛4期)、田中三也一飛曹(甲飛5期)で、各員の右腕の善行章1本と階級章に注目。甘利、軽部両上飛曹は左胸に勲章を帯びている。

県の大村へ向かったがここが空襲中のため佐世保に向かうとまたもや敵戦闘機に遭遇、大分県の宇佐へ向かおうとするも燃料欠乏となり、福岡県の雁ノ巣へ不時着を試みたところ、右脚のブレーキが利かずに回されて両脚を折損し大破と相成なった。搭乗員は無事で、翌朝帰隊の予定との連絡が入った。
結局13日は甘利少尉機を含む『彗星』2機が未帰還となり、降着時の事故により1機が大破して失われたことになる。
その13日夕刻の一七〇二には次のような指示が天航空部隊司令部から発せられている。
「TFB信電令作第十号
一六〇〇地点「アラ2チ」ニ空母各三ヲ基幹トスル敵KdB二群（空母計六）アリ
第一戦法発動
（イ）夜間索敵隊夜間攻撃隊既令ノ通リ
（ロ）七二一部隊爆戦、国分部隊彗星、七〇一部隊全力、明十四日早朝制空隊ニ策應索敵攻撃
（ハ）二〇三部隊、国分部隊戦闘機隊、明早朝各指揮官所定ニ依リ敵KdB上空制空
（ニ）関東空夜戦隊KdB黎明索敵攻撃」
さらに13日の二三四五には
「TFB信電令作第一三号
一七一部隊ハ明、黎明発進左ノ索敵ヲ実施スベシ
（中略）
芙蓉部隊ハ予定ノ索敵攻撃ヲ実施スベシ」
との指示が達せられた。2日連続の敵機動部隊黎明索敵攻撃である。
芙蓉部隊の作戦計画は次の通り。
まず準備兵力は索敵攻撃隊の『彗星』5機と攻撃隊の『彗星』1機、『零戦』3機。うち『零戦』2機は昨日岩川へ帰投したものである。『彗星』には翼下に二八号ロケット弾を装備したものと、胴体下爆弾倉に二五番三号爆弾を懸吊したものを用意し、『零戦』は機銃全弾を装備する。
索敵攻撃隊は鹿屋を基点に150度150浬、開度15度の並行索敵として東へ順次5線を索敵、攻撃隊は第3、第4索敵線をなぞるように進撃するものである。発進時刻は〇三一〇から〇三三〇にかけての30分。各機、作戦後の帰投基地は岩川と指示されていた。

逓信省愛媛乗員養成所に駐機する『九三式中間練習機』、通称“赤とんぼ”。乗員養成所はもともと新聞郵便機の操縦士を養成するための機関で、陸軍系と海軍系があった。海軍系の場合、卒業後に「甲種飛行予備練習生」の呼称で実用機教程に進み、修了後は二等操縦士の免状と海軍予備下士官の籍を得られるようになっていたが、戦中は総員が海軍籍に入り、苛烈な航空戦に投入されて散っていった。藤田上飛曹もそうしたひとりであった。

14日○三四○、先頭を切って発進したのは岩川からの『零戦』2機の攻撃隊。ところが1機は脚故障で引き返し、○四三五に岩川へ帰投してきた。

一方の鹿屋では○三四六に索敵4番線を担当する戦闘八一二の山崎里幸上飛曹‐佐藤好少尉ペアの〔131‐56〕号機が離陸。○三五四に3番目に離陸したのが索敵2番線を担当する芳賀吉郎飛曹長‐田中栄一大尉ペアの搭乗する〔131‐39〕号機であった。次いで○三五七に発進したのがやはり戦闘八一二の右川舟平上飛曹‐池田秀一上飛曹ペアの〔131‐131〕号機で、攻撃隊の彼らはちょうど10分遅れて佐藤少尉機と同じ索敵線を飛ぶ形である。

残る索敵攻撃隊の2機の『彗星』も○四○二から○四二○までに離陸していった。そして○四一五に発動機不調のため鹿屋へ引き返してきた1機を除き、○五三○に岩川基地へ帰投してきた田中分隊長機を皮切りに各機が敵を見ずに帰着、1機は松山へ不時着した。

右川上飛曹‐池田上飛曹ペアの『彗星』も予定の航程を飛んで戻り、鹿屋の北に位置する、田んぼの中に1本見える滑走路を新基地岩川と認め降着。ガタガタの滑走路に見事着陸した同期生の腕前を池田上飛曹が「たいしたもの」と感じていると、陸軍の兵隊が駆け寄ってきた。

「おい、こりゃ陸軍の飛行場らしいな」と会話するふたり。

右川上飛曹がエンジンを絞ってその兵隊に飛行場の名を訪ねると「みやこんじょう」との答え。

そこは岩川をひと越えした陸軍の都城飛行場だった。

向きを変えて追い風で離陸したふたりは、○六一○に無事新基地の岩川へ降着、燃料をもらって鹿屋へ帰投しようとしたところ「燃料は一滴もない」という。本部からは、じきに本隊も移動する、そのまま待てとの指示であった。この日、予定通り岩川へ帰投したのは彼らの他、芳賀飛曹長‐田中大尉ペアの『彗星』ら計3機である。

ところが、こうした一方で真っ先に発進した索敵攻撃隊の山崎上飛曹‐佐藤少尉ペアの『彗星』は発進後一切の連絡がなく消息不明となり、とうとう未帰還となってしまった。芙蓉隊第2陣のメンバーとして4月15日に鹿屋へ進出して以来これまで、変わらずペアを組んできたふたりだった。

操縦員の山崎里幸上飛曹は乙種第16期飛行予科練習生を昭和18年1月に卒業、谷田部空での第31期飛行練習生中練操縦教程を経て、18年9月に台湾の新竹空で陸上攻撃機の実用機教程に進み、同年12月に修了しているので、乙飛16期生の中では最も飛行キャリアが長いひとりだ。同じく陸攻操縦から転科した同期生には戦闘九○一の中川義正上飛曹や、五一航戦司令部附夜間戦闘機隊時代の梶田義雄一飛曹（当時）がいた。

甲飛3期生の佐藤少尉は昭和13年10月1日に265名の同期生とともに横須賀海軍航空隊飛行練習部に入隊、海軍四等航空兵となった。翌14年3月1日には予科練が土浦へ移転しているため、彼ら3期生は甲種飛行予科練習生として横須賀へ入隊した最後の期である（乙飛は10期が最後）。

15年3月31日に予科練を卒業、翌4月1日付けで飛行練習生第1期生偵察術専修者として鈴鹿空へ入隊、12月24日にこれを終えて大村空（宇佐空？）での延長教育に進んでいる。

昭和16年12月8日の開戦は高雄空所属の三等飛行兵曹で迎え、以後七五三空（17年11月1日付けで高雄空が改称）、七○五空と陸攻隊で活躍したのちに夜戦乗りとなった歴戦の搭乗員。その間、18年11月1日付けで飛行兵曹長に任官し、20年5月1日には甲飛2期生の甘利氏とともに海軍少尉へ進級したばかり。4月中旬に鹿屋へ進出した際には、包帯を顔に巻いた坪井飛長の姿を目にして「これまで苦労かけたな」と声をかけてくれた心優しき分隊士であった。

昨日の甘利少尉に続く甲飛ベテラン分隊士、そして中堅操縦員の山崎上飛曹の未帰還は戦闘八一二にとって何よりもの痛手であった。

「甲飛2期の甘利分隊士、同じく3期の佐藤分隊士が未帰還になられたことを聞いた時は『我々みたいなのはともかく、あんな歴戦の大ベテランの方々が還らんかったのはどうしてやったのか！』と、何ともいいようのない衝撃がありました。戦局の厳しさを改めて痛感させられたものです」

しばらくのちに両分隊士の未帰還の報に接した時の状況を、坪井晴隆氏はこう語ってくれた。

こうして3月30日に芙蓉隊の第1陣が鹿屋へ進出して以来、わずか1ヵ月半の作戦で多くの隊員たちが南冥の空に散っていった。

ベテランも若手も。

しかし芙蓉部隊、そして戦闘八一二の本当の戦いは、ここから始まるのである。

5月14日 敵機動部隊黎明索敵攻撃 攻撃隊編成表

索敵攻撃隊（『彗星』5機）

呼出符号	機体番号	操縦員		偵察員		兵装	発進時刻	帰投時刻	経 過
		氏名	階級	氏名	階級				
ス1	131-07	藤井健三	少尉	鈴木晃二	上飛曹	28号	0420	0700	敵を見ず松山着。16日1800鹿屋帰着
ス2	131-89※	芳賀吉郎	飛曹長	田中栄一	大尉	25番3号	0354	0530	敵を見ず岩川帰着
ス3	131-29	岸野兵蔵	飛長	牟田吉之助	飛曹長	25番3号	0347	0550	敵を見ず岩川帰着
ス4	131-56※	山崎里幸	上飛曹	佐藤　好	少尉	28号	0346		連絡なく消息不明。未帰還
ス5	131-55	河原政則	少尉	宮崎佐三	上飛曹	28号	0402	0415	発動機不調のため降着

攻撃隊（『彗星』1機、『零戦』2機）

呼出符号	機体番号	操縦員		偵察員		兵装	発進時刻	帰投時刻	経 過
		氏名	階級	氏名	階級				
ス6	131-131※	右川舟平	上飛曹	池田秀一	上飛曹	28号	0357	0610	敵を見ず岩川帰着
セ1	131-71	平野三一	飛曹長			機銃全弾	0340	0435	岩川発進。0400脚故障引き返し岩川帰着
セ2	131-90	本田春吉	上飛曹			機銃全弾	0340	0540	岩川発進。敵を見ず岩川帰着

・防衛庁戦史図書館所収「芙蓉空部隊戦闘詳報」当該日付の戦闘詳報より筆者作成。
・機番号に※印を付したのが戦闘八一二のペア。

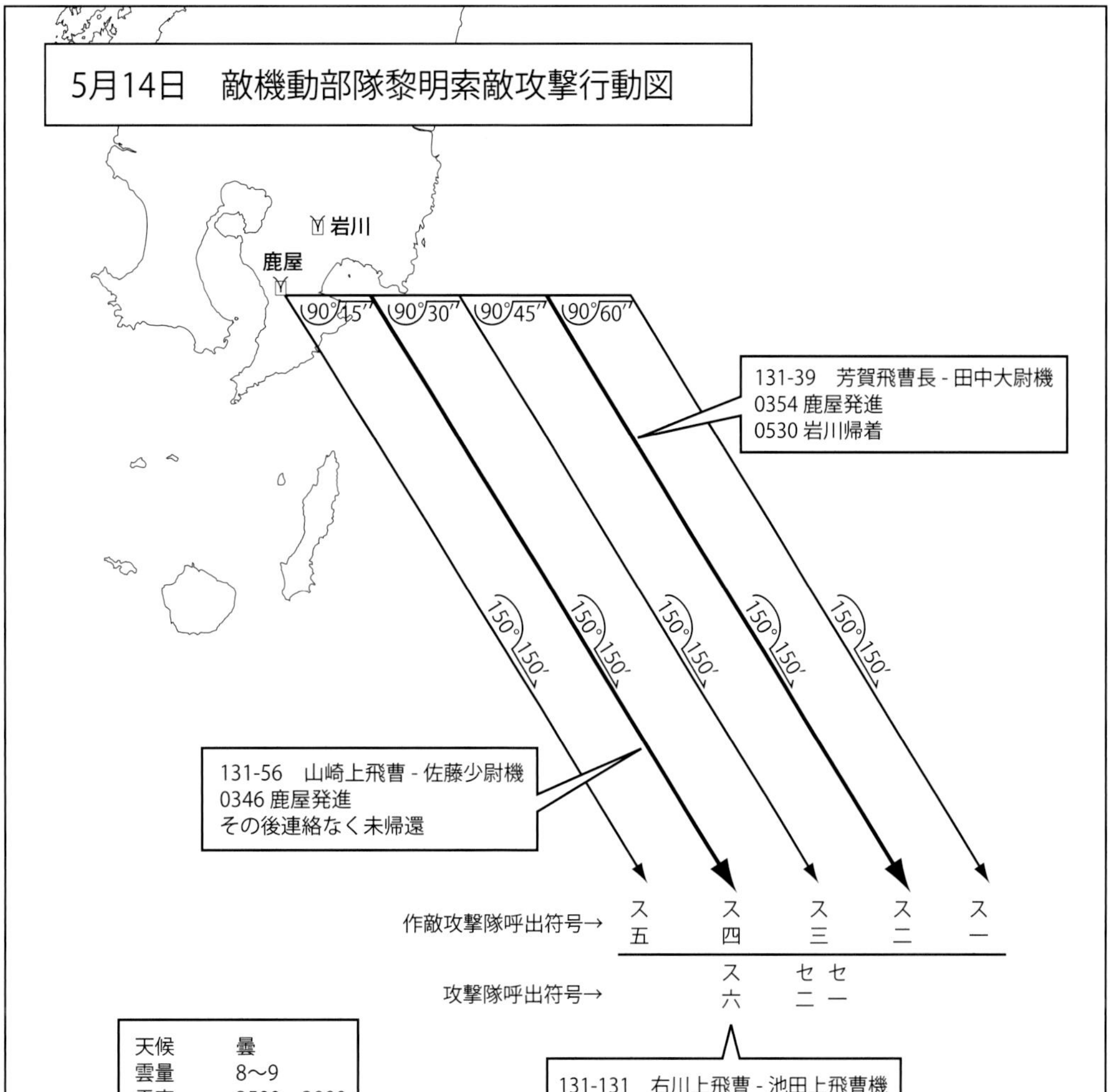

芙蓉部隊が使用した爆弾について　〔その2：小型爆弾＆ロケット弾〕

P.104に続き、芙蓉部隊が使用した爆弾を紹介する。ここでは主に『彗星』の主翼下に搭載された小型爆弾とロケット弾。

なお、海軍で小型爆弾と分類されるのは爆弾運搬車などの器具を用いないで、人力で担いで機体へ懸吊できるものを意味している。

5. 二式二五番三号爆弾、九九式三番三号爆弾（対空用）

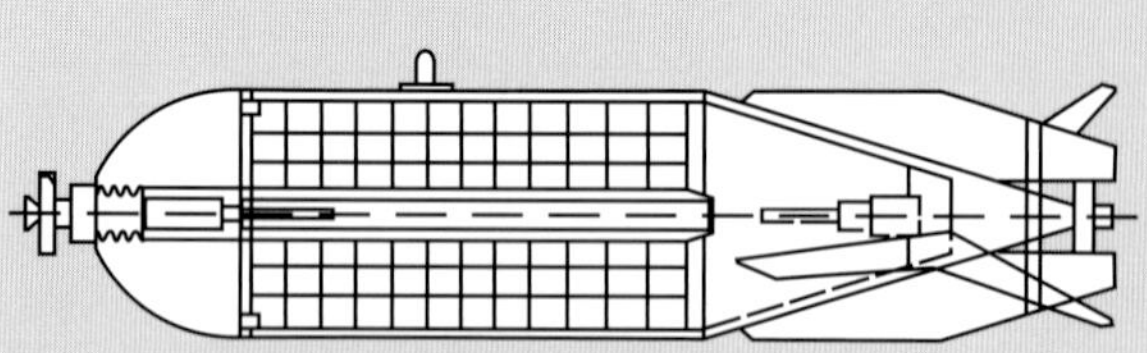

飛行する敵大型機を撃墜するために開発されたもので、敵機の上空で投下し、一定の時間が経過すると時限信管により格納された小型爆弾（黄燐）が弾体からタコ足のように飛び散り、その弾幕で捕捉撃墜を図るもの。芙蓉部隊では空対空だけでなく、飛行場に駐機する飛行機を攻撃するための空対地攻撃任務にも使用された。胴体爆弾倉内に増加燃料槽を有するため、翼下にしか爆弾を携行できない『二式艦偵』では三番三号爆弾も用いられている。図は三番三号爆弾を表す。

6. 二式六番二一号爆弾（対地上航空機用）

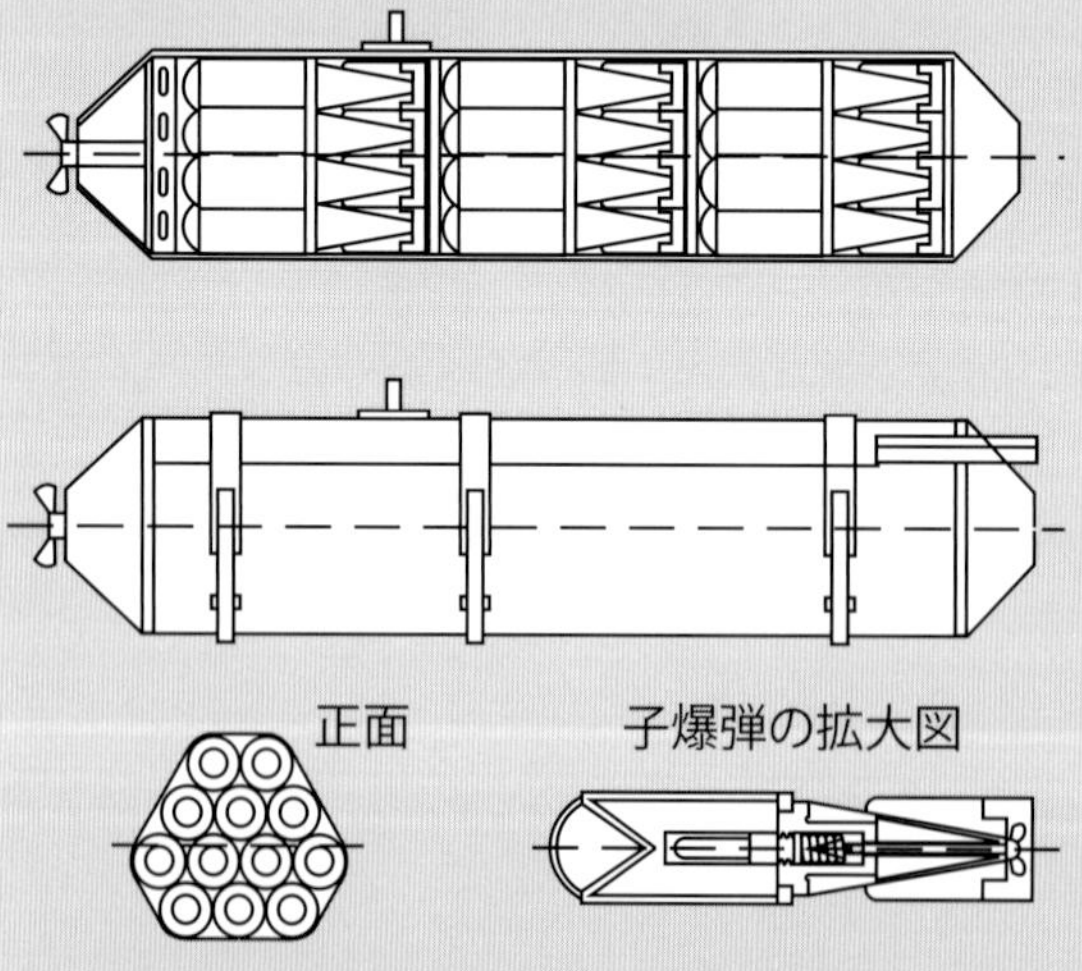

飛行場在地機攻撃用に開発された、陸軍で使用された「タ」弾と同様なもの。投下すると収束された1kgの小型爆弾36個が飛び散って弾幕を作り、目標を捕捉した。昭和18年半ばにはソロモン方面で暗躍する敵魚雷艇攻撃対策として、その使用法が横空で研究されたこともある。わずか1kgの弾子の威力は意外や大で、1発の命中でもかなりの損害を与えられることが実験結果でわかった。こちらもやはり翼下にしか爆弾を携行できない『二式艦偵』で用いられた。一型と二型があり、図は二型とその子爆弾を表す。

7. 三式六番二七号爆弾

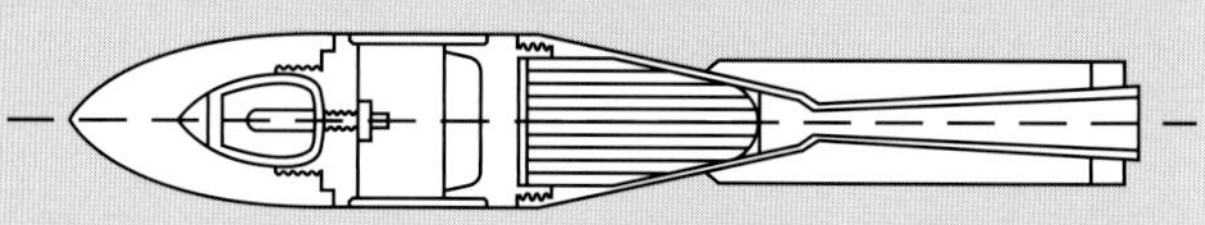

三番三号爆弾をロケット弾化したもので、発射後は初速265m/秒で目標へ飛翔、信管で調定された秒時（およそ10秒まで）で炸裂し、三号爆弾と同様に黄燐を含んだ小型弾子により目標を捕捉した。

8. 三式一番二八号爆弾（対空用）

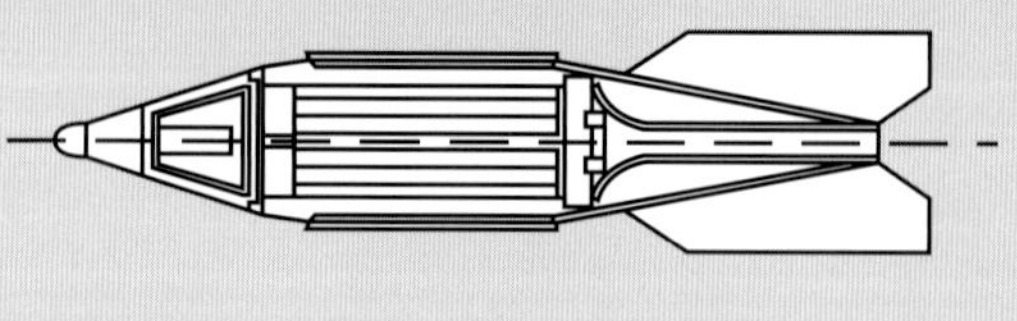

対空用に開発されたロケット弾で、爆弾架ではなく翼下に装着されたレールにより発射された。『零戦』の場合は52丙型からボルトオンで装着できるよう、生産段階であらかじめ翼内へその台座が造りつけられていたが、芙蓉部隊の『彗星』の場合は航空廠で工事をしてもらい装備し、対夜戦掃蕩や対潜掃蕩にも使用された。初速は400m/秒で、発射後およそ3〜5秒飛翔して炸裂し、目標に被害を与えるようになっていた。本土防空戦では大型機邀撃に手を焼く各戦闘機隊でも実戦に供された。一番と称するが重量は7kgほどのもので、芙蓉部隊の『彗星』は4発搭載した。

第四章

閃光きらめく夜空で

～岩川海軍航空基地～

秘匿基地の構築

航空ゲリラ戦構想の実現のため南九州に踏みとどまる決心をした芙蓉部隊は、新基地 岩川飛行場の本格整備に早速取り掛かることとなった。

「芙蓉部隊戦時日誌」の5月15日の項には「設営作業」の記述があり、それを裏付けるかのように天航空部隊司令部からも同日付け（15日一七四一着信）で次のような指示がなされている。

「TFB信電令作第三四号
夜間攻撃隊（関東空部隊ヲ除ク）ハ指揮官所定ニ依リ沖縄周辺艦船並ニ基地攻撃ヲ続行スベシ」

翌16日から22日にいたるまで基地設営作業に費やされ、この間の17日に『零戦』3機が、19日にも『零戦』2機が鹿屋から岩川へ移動、また同日鹿屋基地にいた『彗星』1機が藤枝へ帰隊、さらに22日に鹿屋の『彗星』1機が岩川へ移動との動きが見られるが作戦行動はなく、連戦の搭乗員たちにとっては3月末の鹿屋進出以来の長い休養となった。

「岩川への移動作業は2、3日に分けてトラックで実施しました。鹿屋～岩川間はそんなに遠くはありません。鹿屋にいた人数もそう多くはなかったのでとくに混乱はありませんでした」

この当時、戦闘八一二附の海兵73期生としてただひとり鹿屋にいた川添普氏は岩川への部隊移動の様子をこう語る。

大隈松山の台地上にあった岩川飛行場は元々填圧されただけの滑走路を持つ不時着場であり、基地機能を充分に備えた所ではなかったが、かえってそれが秘匿基地化に幸いした。

日本海軍航空隊が南東方面での攻防戦以来、継戦能力を失い次第に劣勢となった背景には、作戦による直接損耗の他、基地防衛能力の欠如による「基地機能の喪失」にあると美濃部少佐は分析していた。基地防衛能力の最たるものは米軍の基地のような敵の空襲に対する邀撃戦闘機や対空火器、電探などの充分な整備だが、物量的戦力差が著しくなった今となっては日本側がそれを真似するのは無理な話である。

空襲を防ぎきれないなら地上における被害を抑えることはできないか？

「基地機能の存続被害極限対策」と美濃部氏が称するその策は、飛行機の分散秘匿による空襲被害軽減に始まり、ついに「基地自体の存在を敵の目から欺き、空襲を受けない航空基地の創出」という極論に達した。

つまり、味方からも半ば忘れられていたような岩川の飛行場は〝敵に気づかれないままに使用する〟には打ってつけだったのである。

その構築要領は次のようなものであった。

まず飛行場。滑走路については降着接地点にのみ金網を敷いて飛行機の足をとられないようにし、全体には刈り草を敷いて、昼間は乳牛を数頭放って牧場のように見せる。その周囲は草地、あるいは芋畑として農家に貸与し緑地化を図った。ひとえに刈り草と言っても莫大な広さである飛行場に敷き詰めるのは大変で、しかも数日で枯れて変色してしまうからその都度取り替えが必要。この作業には近隣の農家の協力も要請し、その費用として月2万円が支払われたというが「一機十数万円の飛行機を焼かれるよりはましであった」と美濃部氏は回想する。

本部建物や隊舎はこれまた近隣の農家を借り上げたものか、間借りしたもので当面まかないつつ、周辺の山林に木造の三角兵舎を建て始めた。

次いで飛行機の分散隠蔽対策だが、幸いにして岩川基地周辺は山林地帯で、自然の掩体の様相であった。滑走路から５００～１０００ｍ離して分散された各機には入念な擬装が施された。

この飛行機隠蔽での大きなポイントは機体タンクからのガソリンの抜き取りを励行したこと。防弾が充分ではなく被弾に弱い日本機のこと、それは地上においても同じで、例えば米軍機の〝探り銃撃〟で1発でも被弾すれば炎上し、基地の所在を露呈してしまうことになる。揮発性のガソリンの抜き取りは手間であるだけでなく危険性も高いものだったが、こうした細かな努力が大きな見返りとなって実るのである。

こうして飛行場全体を擬装して昼間は完全になりをひそめる形だ。幸い芙蓉部隊は夜間作戦部隊なので昼間に飛行場で大がかりな作業を展開することはないから、敵に見つかる可能性は格段に低い。

しかし昼間の隠蔽策はいいとして、夜間作戦の発進降着時には必ず〝夜設（夜間着陸用の照明）〟を焚かなくてはならない。いかに夜間飛行に慣れた古強者でも、全く暗闇の飛行場には降りることはできないのである。

通常は滑走路の外周を取り巻くように夜間照明が設けられるのであるが、先述の通り防戦一方の現状では敵に発見されるだけだ。

敵からは発見されず、味方機にのみ有効な着陸誘導灯を作り出さなければならない。これはいわば原始的な機材が使われることとなった。

それは「ガンドウ」である。時代劇に詳しい読者ならすぐにピンとくるか

〔岩川海軍航空基地〕

岩川飛行場の建設が始まったのは昭和19年5月。当初計画では滑走路を3本とする発着練習用に整備とされていたが、用地買収の進捗からまずは200m×1300mの1本のみを先行して完成させることが急がれた。滑走路は当初からコンクリートでの舗装をしない砂利敷きの予定であったが、良質な砂利が入手できず、結局、填圧した上に芝生を張ることとなった。昭和20年4月ころには滑走路の南端140mを鉄筋ならぬ"竹筋"コンクリート舗装（末期の急造飛行場によく見られた方式）として着艦制動策を張るという改修も行なわれたが、戦局の推移によりその後は放置状態となっていたところへ芙蓉部隊が目をつけたのである。なお、実用機が頻繁に離着陸を行なうとせっかく敷き詰めた芝生が剥がれてしまうため、基地化にあたって降着点に近い部分には金網が敷設され、それを防止するよう図られた。写真を見てもわかるように、他の飛行場とは違って上空からは全くそうした施設があるようには見えない。（1946年撮影／国土地理院所蔵）

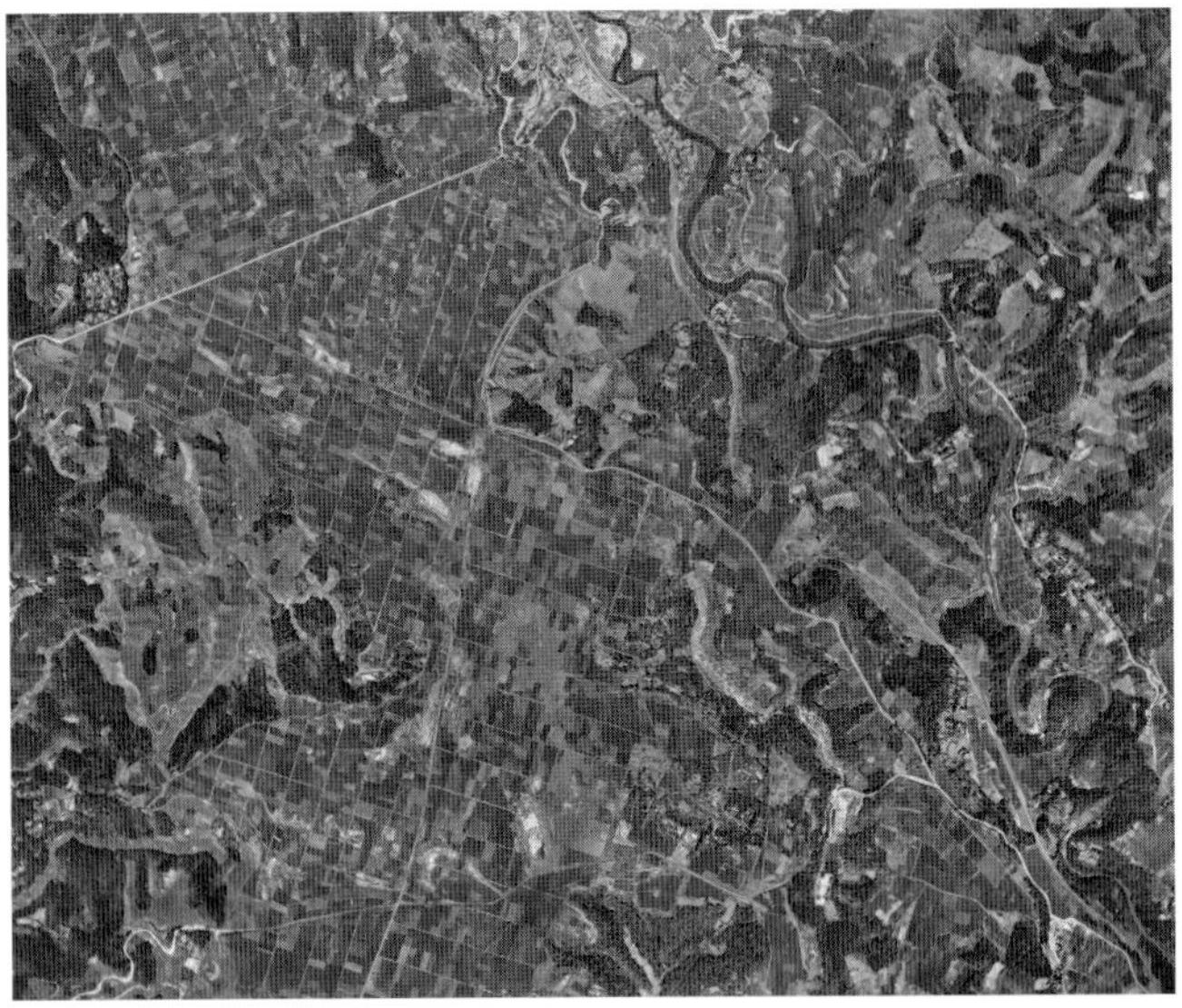

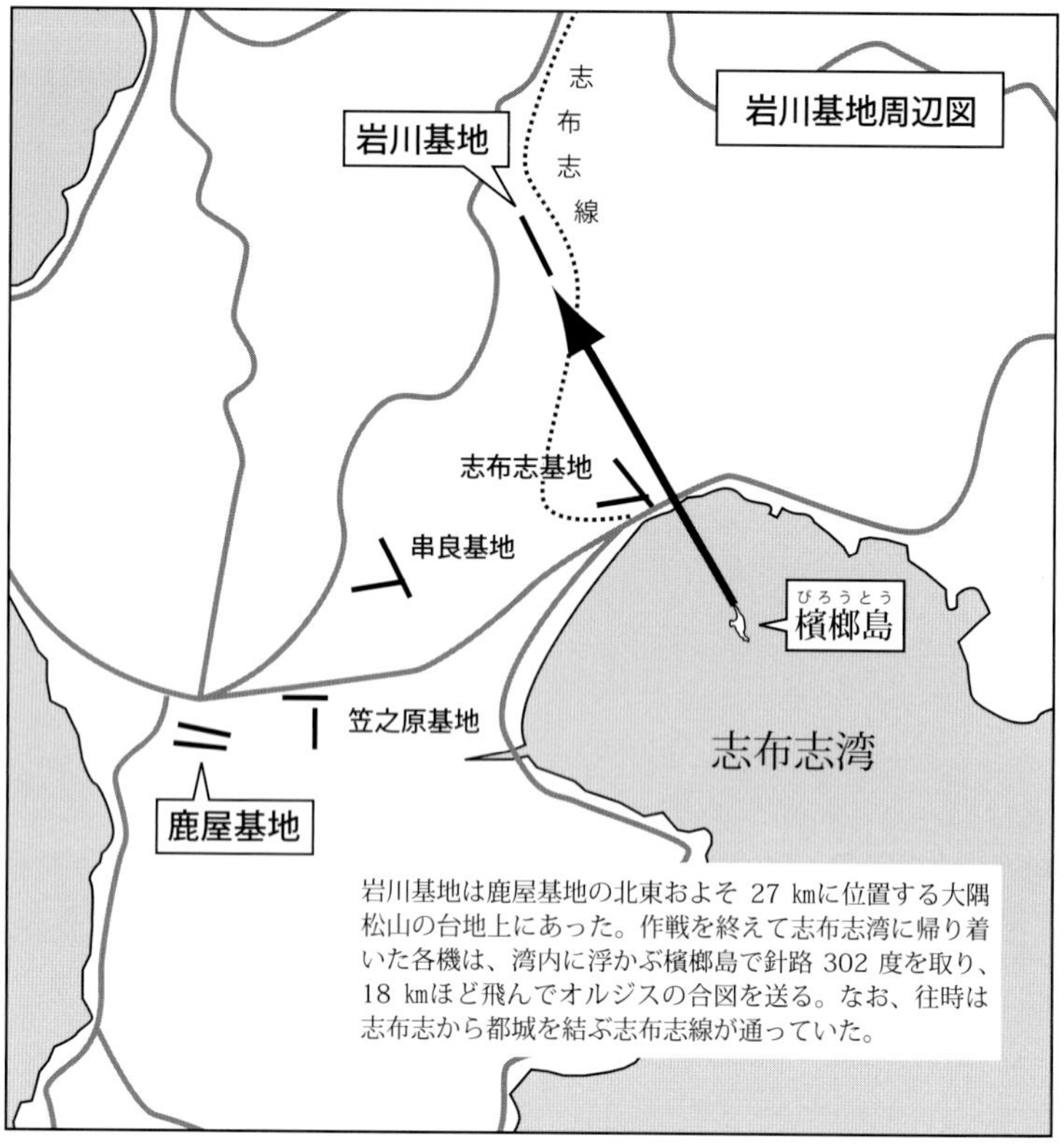

岩川基地は鹿屋基地の北東およそ 27 kmに位置する大隅松山の台地上にあった。作戦を終えて志布志湾に帰り着いた各機は、湾内に浮かぶ檳榔島で針路 302 度を取り、18 kmほど飛んでオルジスの合図を送る。なお、往時は志布志から都城を結ぶ志布志線が通っていた。

もしれないが、それは忠臣蔵で赤穂浪士が吉良邸に討ち入る際に使う、ろうそくの明かりを一定方向に向けるための道具だ。さすがに光源はろうそくではなかったが同じ原理のものが早速作られた。

まず作戦を終えた各機は志布志湾へと帰り着く。志布志湾には檳榔島（びろうとう。びんろうとうなどと、元隊員の古老は発音する）という小島が浮かんでいるが、これを帰投針路の目安に使う。ここで302度の針路を取り、10浬ほど飛行したところが岩川基地となる。

基地上空に帰ってきた『彗星』あるいは『零戦』が、機上からオルジスで味方識別の発光信号を送ると、夜設よろしく滑走路外周に陣取った地上員が在空機の航法灯に向けてガンドウを指向する。これを目印に降着した機体が行き足を止めるまで追いかけるといった段取りで、当該機以外に発見される可能性が最も低いという方法であった。

これらは全てが美濃部少佐だけの発想によるものではなく、隊員たちの意見を取り合わせて実現されたもの、と美濃部氏は謙遜するが、種々の提案をまとめ上げて実現させるのも指揮官の大きな使命のひとつであろう。

こうして着実に秘密基地を構築していくさなかの19日〇八四二には次のような指示が下達されていた。

「TFB信電令作第四五号
岩川基地指揮官ヲ芙蓉部隊岩川派遣隊指揮官ニ指定ス」

これにより名実ともに岩川基地を手中に収めた芙蓉部隊は、究極の夜間作戦を展開することになる。

決戦直前、最大の援軍

芙蓉部隊が岩川基地の築城にいそしんでいた5月19日一五五五には、天航空部隊司令部から次期作戦に関する次の命令が下されていた。

「TFB信電令作第四八号
一．菊水七号作戦X日ヲ二十三日ト予定ス
二．作戦要領
陸軍航空部隊ト協同X－1日夜間攻撃ヲ強化、X日一二AB、白菊隊、水偵隊、櫻花隊、制空隊ノ全力及銀河隊ノ大部ヲ以テ沖縄周辺艦艇ヘ昼間総攻撃
三．作戦実施細目別令」

菊水七号作戦と称する第7回航空総攻撃は発動予定を5月23日とし、陸軍航空部隊と協同、前日からの夜間攻撃を強化して昼間特攻隊の攻撃成功を導くという作戦方針は、もはやお題目じみたものだが、水偵隊、桜花隊、銀河隊に加え、ここにおいて白菊特攻の投入が明示された。

『白菊』という可憐な名を持つその飛行機は、偵察員や電信員を養成するために開発された機上作業練習機。この当時は大井空、鈴鹿空、徳島空、高知空などで偵察員教育に使われていた。それは中翼単葉、全金属製の機体ながらその実は固定脚の練習機に過ぎず、間違っても攻撃機として使えるような飛行機ではなかったが、『九七艦攻』や『九九艦爆』といった旧式実用機を装備した練習航空隊ですらが疲弊して解隊、整理される中にあって、ついに沖縄作戦に参加することとあいなったのである。

これらは、この年の2月4日の軍令部部員による「敵機動部隊ガ南西諸島

〔機上作業練習機『白菊』一一型〕

全長	9.98m	最高速度	230km/h/1,500m
全幅	14.98m	航続距離	1,176km
自重	1,677kg		
全備重量	2,569kg(射撃状態)		
許容過荷重	2,800kg		
発動機	「天風」二一型 離昇515馬力		

沖縄作戦参加に当たっては胴体内に増槽を特設して、25番爆弾を両翼下に懸吊し、操縦員1名、偵察員1名が搭乗した。

昭和20年4月、いよいよ沖縄作戦へ参加するために徳島空を出立する徳島空白菊特攻隊の隊員たち。その作戦参加は海軍航空本部で昭和20年2月から準備されてきたもので、同時に高知空も前進、大井空、鈴鹿空も特攻編成にとりかかる。背にした『白菊』の尾翼には〔トク-704〕という機番号のほかに、“大楠公”楠木正成の旗印である菊水マークが奢られている。

及九州方面ニ来襲スル場合」を題材とした研究会で
「白菊多数アリ、之ガ戦力化ヲ要ス」
として練習航空隊の実戦転用とともに提示され、以後着々と準備されていたものであった。

本機の最大速度120ノット（およそ230km／h）は『九九艦爆』二二型のそれの半分以下でしかなく、またこれは正規の使用法におけるカタログデータであり、翼下に二五番爆弾を2発も積み、胴体内に航続距離延伸用の増槽をくり付ければ巡航速度の90ノット発揮もおぼつかない。

それでも前記した練習航空隊のうち、まず徳島空が鹿屋へ、高知空が串良へと前進、次いで大井空、鈴鹿空も特攻編成に取りかかることとなった。選抜された隊員たちはこれらの航空隊で教官配置にあった第13期飛行予備学生出身の中・少尉のほか、飛練を終えて教員配置となったばかりの乙飛18期生や甲飛12期生、そして甲飛13期生が主体であった。

なお、以前にこれら白菊特攻隊に海兵出身の士官がいない（あるいは少ない）、と明らかに悪意のある文体で書いた作家がいたがこれは適切な分析とはいえず、前述したように昭和20年2月28日に飛行学生を終えたばかりの海兵73期生はそのほとんどが第1線の実施部隊、あるいは第2線というべき百里原空や名古屋空、宇佐空などの実用機練習航空隊へ教官として配属されて沖縄作戦においてすでに特攻戦死者も出しており（とくに偵察員の戦死は早く、多い）、機体の性能からして“第3線”ともいうべき偵察担当の練習航空隊にはあまり配属されていない背景があることを考慮しなければならない。また、徳島空の分隊長だった田中栄一大尉が戦闘八一二の分隊長として4月にやってきたのも記憶に新しいところだ。つまりこの当時、これら偵察教育の航空隊における海兵出身者の絶対数は非常に少ないのである。

この他、本菊水七号作戦では陸軍の義烈空挺隊の投入も計画されていた。「義号作戦」と呼ばれるそれは、『九七式重爆撃機』を敵飛行場に強行着陸させて便乗した空挺部隊を地上に放って在地機を焼き払い、かつ飛行場の機能を喪失させることを目途としたものであった。

さてこの間、再三にわたる索敵でも敵機動部隊の位置を掴めずにいたが20日一〇三二には次のような指示が下されていた。

「ＴＦＢ信電令作第五二号
電話傍受ニ依レバ敵機動部隊再度蠢動ノ兆アリ
一四〇〇以後第一警戒配備トナセ

第一戦法用意（大型機ハ後方基地ヨリ作戦ス）」

次いで20日一五四三には天航空部隊参謀長名で以下が下達されている。

「発、TFB参謀長

『第一戦法用意』発令中ト雖モ対kdB夜間攻撃兵力（七六二部隊、芙蓉部隊ノ可動全力九三一部隊ノ一部）以外ノ兵力ハ特令ナキ限リ沖縄周辺艦船及基地夜間攻撃ヲ続行セラレ度シ」

しかし、結局この日は敵機動部隊は見つからず、翌21日は終日の雨、日付の変わった22日〇二一六には次期菊水七号作戦に関する指示が麾下の各隊宛、次のように下された。

「TFB信電令作第五八号其ノ一

菊水七号作戦ノ実施細目左ノ通リ

一七一部隊、八〇一部隊、詫間部隊ヲ以テX-1日及X日昼夜間索敵ヲ実施、沖縄列島線附近所在敵機動部隊ノ全貌ヲ須知ス

敵機動部隊鹿屋ノ略三〇〇浬圏内ニアル場合ハ第一戦法ヲ以テ之ヲ撃滅スルト共ニ一部兵力ヲ以テ沖縄周辺ノ攻撃ヲ決行、本作戦ヲ『菊水七号作戦A法』ト呼称ス

敵機動部隊鹿屋ノ三〇〇浬圏外ノ場合ハ銀河昼間特攻隊ヲ以テ沖縄艦船攻撃ニ策應シ敵機動部隊ヲ攻撃スル外、全攻撃隊（彗星爆戦ヲ除ク）ヲ以テ夜間昼間ニ亘リ沖縄周辺ノ艦艇ヲ攻撃ス

本作戦ヲ『菊水七号作戦B法』ト稱ス、通報第八飛行師団」

さらに同22日〇二四二には前記した作戦A法（敵を近距離で捕捉した場合）、B法（敵を遠距離で捕捉した場合）についての要領がそれぞれ次のように達せられている。

「TFB信電令作第五八号其ノ二

一．菊水七号作戦A法

（イ）七六二部隊、芙蓉部隊、九三一部隊ヲ以テ機動部隊夜間攻撃、制空戦斗機全力（三四三部隊ハ奄美大島、喜界島附近迄制空）、七〇一部隊、七二二部隊、七二一部隊彗星、爆戦、七〇六部隊、七六二部隊銀河ヲ以テ黎明発進、機動部隊昼間攻撃

（ロ）八〇一部隊、七〇六部隊、出水部隊ヲ以テ概ネ左ノ通、二一〇〇ヨリ二二〇〇迄ノ間ニ伊江島基地ヲ集中攻撃、一二聯空部隊白菊隊ヲ以テ慶良間周辺艦船ヲ攻撃、櫻花隊、九九艦爆隊ヲ以テ〇八三〇ヨリ〇九三〇ノ間ニ沖縄周辺艦船ヲ攻撃

（ハ）一七一部隊ヲ以テ見張、電探欺瞞及戦果偵察ヲ実施ス

二．菊水七号作戦B法

（イ）八〇一部隊、芙蓉部隊、七〇六部隊、出水部隊ヲ以テ概ネ二一〇〇ヨリ二二〇〇ノ間伊江島基地ヲ集中攻撃、七六二部隊、九三一部隊、七〇六ノ一部、一二聯空部隊白菊隊ヲ以テ終夜大島北端周辺艦船ヲ攻撃

（ロ）三四三部隊ハ〇六三〇ヨリ〇七三〇ノ間、奄美大島、喜界島進攻、特攻推進、二〇三部隊（含七二二部隊戰闘機）ハ〇八〇〇ヨリ〇八四五ノ間沖縄泊地上空進撃制空

（ハ）七六二部隊七〇六部隊銀河特攻隊ハ列島線東方海面ヲ迂回敵機動部隊索敵攻撃（索敵範囲別令）ヲ決行、敵ヲ見ザレバ沖縄東方ヨリ〇九三〇頃泊地突入、一二空襲部隊白菊隊、七〇一部隊九六式艦爆隊、七二一部隊桜花隊ハ東海ヲ迂回

菊水七号作戦要領

菊水七号作戦A法【敵機動部隊が鹿屋のおよそ300浬圏内にある場合】

任務〔時間〕	兵力
機動部隊夜間攻撃	七六二部隊、芙蓉部隊、九三一部隊
機動部隊昼間攻撃	制空戦斗機全力（三四三部隊は奄美大島～喜界島附近迄制空）、七〇一部隊、七二二部隊、七二一部隊彗星、爆戦、七〇六部隊、七六二部隊銀河〔黎明発進〕
伊江島基地集中攻撃〔2100～2200〕	八〇一部隊、七〇六部隊、出水部隊
慶良間周辺艦船攻撃	一二聯空部隊白菊隊
沖縄周辺艦船攻撃〔0830～0930〕	櫻花隊、九九艦爆隊
見張、電探欺瞞、戦果偵察	一七一部隊

菊水七号作戦B法【敵機動部隊が鹿屋の300浬圏外にある場合】

任務	兵力
伊江島基地集中攻撃〔2100～2200〕	八〇一部隊、芙蓉部隊、七〇六部隊、出水部隊
大島北端周辺艦船攻撃〔終夜〕	七六二部隊、九三一部隊、七〇六部隊の一部、一二聯空部隊白菊隊
奄美大島、喜界島進攻特攻推進〔0630～0730〕	三四三部隊
沖縄泊地上空進撃制空〔0800～0845〕	二〇三部隊（含七二二部隊戦闘機）
敵機動部隊索敵攻撃	七六二部隊、七〇六部隊銀河特攻隊 →列島線東方海面を迂回。敵を見ざれば沖縄東方より0930頃泊地突入
	一二空襲部隊白菊隊、七〇一部隊九六式艦爆隊、七二一部隊桜花隊 →東海を迂回

※両作戦中、芙蓉部隊夜戦隊はX日0230～0430迄、鹿屋地区飛行機隊の次に発進附近援護

三．右両作戦中、芙蓉部隊夜戦隊ハX日〇二三〇ヨリ〇四三〇迄、鹿屋地区飛行機隊ノ次ニ発進附近援護

四．本作戦ニ協同スル第六航軍兵力、左ノ通リ

戦闘機約六〇機、特攻約一二〇、通報第八飛行師団」

芙蓉部隊には敵機動部隊に対する夜間攻撃の他、鹿屋地区の夜間援護哨戒の指示が出されていることがわかる。

B法の場合、進出距離300浬という航続距離の関係で『銀河』のみが敵機動部隊の攻撃に就くこととなっているが、それにしてもA法、B法とも日本海軍を挙げての総攻撃の兵力としてはさびしい限りの陣容だ。美濃部氏の言う「継戦能力の喪失」というのがここにも現れている。

好転しない気象状況から22日〇八五九には

「TFB信電令作第五九号

菊水七号作戦X日予定ヲ二十四日ニ改ム」

と総攻撃の予定は1日延期され、次いで同22日〇九三五には

「TFB信電令作第六二号

菊水七号作戦X日ハ二十四日ト決定ス」

と通達された。

これを受けて美濃部少佐は22日一六二〇、次のような指示を発している。

「発、岩川基地芙蓉部隊指揮官

菊水七号作戦時芙蓉部隊作戦要領ヲ左ノ通リ定ム

一．A法

（イ）対機動部隊索敵攻撃、彗星夜戦一〇機〇二〇〇以後即時待機

（ロ）鹿屋上空援護、零夜戦二機〇二〇〇岩川発進〇四三〇迄制空

二．B法

（イ）伊江島飛行場攻撃、彗星夜戦（C組以上）六機二一三〇頃攻撃

彗星夜戦（B組）四機〇四〇〇頃攻撃

（ロ）鹿屋上空援護、A法ニ同ジ

三．但シ藤枝ヨリ兵力進出セバ改メテ定ム」

ここにはA法、B法それぞれにおける準備兵力が明示されているが、文末に「藤枝から兵力が進出してくれば改めて定める」との但し書きがあるように、この時点で藤枝からの援軍が準備を始めていた。

明けて5月23日、『彗星』15機と『零戦』6機が藤枝を発進、岩川へ向かった。美濃部少佐の右腕、芙蓉部隊の副長的存在の戦闘八一二飛行隊長、徳倉正志大尉率いるそれは3月の芙蓉隊第1陣鹿屋進出以来、最大規模の補充兵力である。

戦闘八一二では徳倉隊長の他、岩間子郎中尉（海兵73期）- 安井泰二一飛曹（甲飛12期）、萬石巌喜少尉（予学13期）- 平原郁郎上飛曹（甲飛11期）、古谷寅雄上飛曹（乙飛16期）- 高橋未次二飛曹（特乙1期）、米倉 稔上飛曹（乙飛16期）- 恩田善雄一飛曹（甲飛12期）、小西七郎一飛曹（丙飛16期）- 森 利明一飛曹（乙飛18期）の5ペアがその陣容に加わっていた。

このうち平原上飛曹は徳倉隊長とともにやっとのことでフィリピンから帰還してきた隊員のひとりであり、萬石少尉は3月31日の芙蓉隊第1陣として鹿屋に進出したのちに藤枝に戻っての、2度目の進出。岩間中尉との不時着をつい先日体験したばかりの恩田一飛曹も今回の進出に選ばれている。なお、戦闘九〇一からは岩間中尉の同期生、藤澤保雄中尉や『零夜戦』隊の中西美智夫中尉もこの時の進出メンバーに名を連ねていた。

当日の天候は晴れ。編隊飛行にはちょうどよい気候であった。岩間中尉機は栄えある徳倉隊長2番機の位置で飛行する。時おりこっちを振り返る徳倉隊長の顔がニコニコして心強かった。またこの時、反対側の3番機の位置には萬石少尉機が付いていたのを岩間氏は記憶している。

『彗星』1機が松山基地に不時着して中破し、他に4機の『彗星』も途中で不時着したが、徳倉隊長機や岩間中尉機、戦闘九〇一の藤澤中尉機を含む『彗星』10機と『零戦』6機は志布志基地を経由して無事、岩川へ到着した。この日、『零式輸送機』3機も岩川へ到着、整備員を初めとする地上員も新基地へ無事進出している。

岩川に着いて早々、3月に進出した鈴木昌康中尉や原 敏夫中尉ら同期生の姿が見えないことに気が付いた岩間中尉は、その戦死と負傷とを聞くにつけ、一瞬身の引き締まるのを覚えた。

「兵学校を志願した時からそれまでに、折りに触れて何度も〝死〟というものに対する覚悟を固めてきたはずでしたが、鈴木君の戦死を聞いた時は非常にショックを受けました。戦況は誠に厳しいものだと、改めて痛感しました」とその時の様子を岩間子郎氏は語ってくれる。身近な存在である同期生の戦死という事実は、自らの戦死をより現実的なものとして感じさせるものであった。

その岩間中尉も感傷に浸る間もなく、すぐに苛烈な航空総攻撃に投入されることとなる。

〔5月23日の補充兵力〕

第1陣を率いて進出後に、後詰の錬成のため一度藤枝に出戻った戦闘812飛行隊長の徳倉正志大尉（海兵68期）は、最大の補充となる5月23日の進出兵力を直率して再び南九州へ向かった。左手に持つは「芙蓉隊」の幟旗。

5月23日の進出には3人の海兵73期生が名を連ねていた。前列に座る（左から右へ）藤澤保雄中尉（S901）、岩間子郎中尉（S812）、中西美智夫中尉（S901零）がそれだ。写真は壮行を兼ねて撮影された1葉。後列左の佐藤正次郎中尉（S804）も5月末に岩川へ進出するが、後列右の山田正純中尉（S804）は終戦まで藤枝にあり、『B-24』邀撃などに活躍する。

発進直前、搭乗割に見入る搭乗員たち。背中に「八幡大菩薩」と揮毫されたカポックを着けるのは戦闘804の隊員。

飛行場に向かう、左から藤澤中尉、岩間中尉、中西中尉の後姿。それぞれのカポックに記入された文言が「戦斗九〇一飛行隊 藤沢中尉」、「0戦 中西 中尉」などと異なり、面白い。岩間中尉のカポックだけ、敵味方識別用の日の丸のみが記入されている。

藤枝基地のエプロンに列線を敷き、準備なった各飛行隊の進出機。右端の機体の機番号は〔131-72〕と読み取れるが、こうして機番号全体がわかる芙蓉部隊の『彗星』の写真は珍しい。片隅には自転車が置かれており、こうした手軽な機動力は現代の飛行場でも同じ光景が見られる。

藤枝基地を離陸にかかる芙蓉部隊の『彗星』。やや不鮮明なため機番号は読み取れないが、偵察席から斜め上方へ突き出した20㎜機銃が判読できる。主翼下には増槽を懸吊。一二戊型の増槽を装着した写真もまた珍しい。

岩川からの第1戦

芙蓉部隊にとって最大の援軍がやってきた23日の一六一五、天航空部隊司令部からは次の命令が下達されていた。

「TFB信電令作第六五号
菊水七号作戦B法発動、但シ七〇一部隊、七二二部隊彗星隊、七二一部隊爆戦隊ハ〇四三〇以後、対機動部隊攻撃一時間待機トナセ」

ところが、沖縄近海が雨との情報により同日一八三五には

「TFB信電令作第六六号
菊水七号作戦X日ヲ一日延期シ二十五日トス」

と、菊水七号作戦実施日を1日延期して25日とする変更がなされた。

翌24日、進出途中で不時着した『彗星』2機が岩川へ合流、『零式輸送機』は原隊へ帰っていった。さらに同日の一一四五には前述の但し書きの通り、藤枝からの進出機を勘案した次の指示が出されるにいたった。

「発、岩川基地芙蓉部隊指揮官
菊水七号作戦ニ於ケル岩川基地機密第二二一六二〇番電ニ依ル芙蓉部隊作戦要領ヲ左ノ通リ改ム
A法
　対機動部隊索敵攻撃、彗星夜戦一五機
　鹿屋上空援護、零夜戦四機〇二〇〇岩川発進〇四三〇迄制空
B法
　伊江島飛行場攻撃、彗星夜戦（C組以上）一二機二一三〇攻撃
　奄美大島迄ノ夜間制空、彗星夜戦三機（C組以上）〇二三〇発進
　鹿屋上空援護、A法ニ同ジ」

これによりA法、敵機動部隊索敵攻撃に投入する『彗星』は10機から15機へ、B法の伊江島飛行場攻撃では『彗星』10機から12機に増勢され、加えて奄美大島附近の制空に『彗星』3機が乗り出すこととなっている。

文中にある「C組」とは搭乗員の技倆を表すもので、通常ならば夜間の長距離洋上進攻はとうてい無理なレベルなのだが、そのC組でも充分に夜間戦力となりうることを証明する意味もあったようだ。

「当時は新品中尉で行き足もずいぶんありましたが、今冷静になって考えると海兵73期の我々の技倆はD評価がいいとこだったと思います。それを何とか『C評価』にかさ上げしてもらって岩川へ進出したと言うのが実状でしょう」

戦後、航空自衛隊で空将まで務めた藤澤保雄氏の73期生の技倆に関するこうした分析は、非常に客観的なものといえよう。もっとも今やC組、D組と評価される多くの若手搭乗員こそが、敗走を続ける海軍航空部隊の屋台骨を支えているというのが事実だった。

この日の午後、完成したばかりの芙蓉部隊の講堂へ搭乗員集合がかけられた。士官・下士官を併せておよそ１００名を超す搭乗員たちが集まりえたことを池田秀一氏は覚えている。

美濃部少佐の号令で真っ先に戦没者への黙祷を捧げたあとに作戦打ち合わせが実施され、奄美大島以南は梅雨に入ったこと、天候を見極めて出撃を続けるという部隊意思の徹底がなされ、今日までの攻撃法、反省事項など、今後の作戦に参考にするべく真剣な討論が行なわれた。

「機長として、偵察員として、操縦員としてなど、それぞれの立場でなされる発言は命をかけた戦いだけあって、身にしみるものばかりでした」

とは池田氏の回想である。最後に、環境の変化による体調の異変については充分注意するようにと指示があったという。

この24日、一二四〇から一三四〇の間に索敵に出た『彩雲』が3群からなる敵機動部隊の発見を報じ、一四一二には

「TFB信電令作第六九号
菊水七号作戦A法発動」

と発せられたが、同時に南九州へ１２０機からなる米機動部隊艦上機が来襲、攻撃に転ずることはできず、『彩雲』の触接も途絶えてしまった。

そして菊水七号作戦発動前夜となるこの日、芙蓉部隊では菊水七号作戦A法発動による奄美大島東方海面の敵機動部隊黎明索敵攻撃と特攻隊発進掩護の準備に取り掛かった。いよいよ岩川基地からの初作戦である。

「索敵攻撃隊ヲ以テ敵機動部隊ヲ捕捉セバ攻撃隊ヲ以テ発艦前ノ敵飛行機ヲ撃破炎上セシムルト共ニ一方発進掩護隊ヲ以テ特攻隊基地発進ヲ掩護セシメントス」（「芙蓉部隊戦闘詳報5月25日」の項より）

との作戦企図であった。

まず敵機動部隊索敵に対する準備兵力は『彗星』15機と『零戦』4機。

このうち『彗星』8機が索敵攻撃隊で、〇一〇〇に発進して屋久島の２００度２００浬を基線として東へ15浬間隔の並行索敵線を張る。進撃高度は１０００m。

残る『彗星』7機と『零戦』が攻撃隊で〇一三〇発進、『彗星』4機と『零

戦』2機は岩川からの195度300海里、『彗星』3機と『零戦』2機は190度250浬という索敵線の内側を高度2000mで進撃する。

発進掩護隊は芙蓉部隊指揮官名で発せられた計画の通り、○二三○から○四三○の哨区哨戒を実施する。『零戦』2機編隊を○二○○から○四○○まで、右回りに21浬の三角形を高度1000mで哨戒、もう2機を鹿屋と佐多岬の間を高度2000mで往復運動させるものだ。

戦闘八一二からは芳賀吉郎飛曹長（甲飛5期）‐田中栄一大尉（海兵71期）と、右川舟平上飛曹（甲飛11期）‐池田秀一上飛曹（甲飛11期）の同期生ペアが索敵攻撃隊に、攻撃隊には菅原秀三上飛曹（丙飛16期）‐田中 暁上飛曹（甲飛9期）、そして進出早々の米倉 稔上飛曹‐恩田善雄一飛曹、小西七郎一飛曹‐森 利明一飛曹、また相馬 一一飛曹（丙飛16期・操縦）が、戦闘九○一の横山 功一飛曹（乙飛18期・偵察）とのペアで搭乗割に名を連ねていた。

○○四七に真っ先に発進したのが一番東寄りの第1索敵線につく田中分隊長機〔131‐19〕号機と第7索敵線につく戦闘九○一の『彗星』である。次いで索敵4番線の『彗星』が○○四八に、一番西よりとなる8番線につく〔131‐57〕号機に搭乗した右川上飛曹‐池田上飛曹ペアが○○四九に、6番線が○○五一に、2番線と5番線が○○五五にそれぞれ離陸。

ところが、○○四八に離陸した4番線と、○○五三に離陸した3番線の『彗星』が発動機故障で引き返したため、待機していた攻撃隊の中からこの3番線の代機として菅原上飛曹‐田中上飛曹ペアの搭乗する〔131‐15〕号機が○一一七に、4番線の代機として戦闘八○四の隊員が搭乗する『彗星』が○一三四に急遽発進していった。

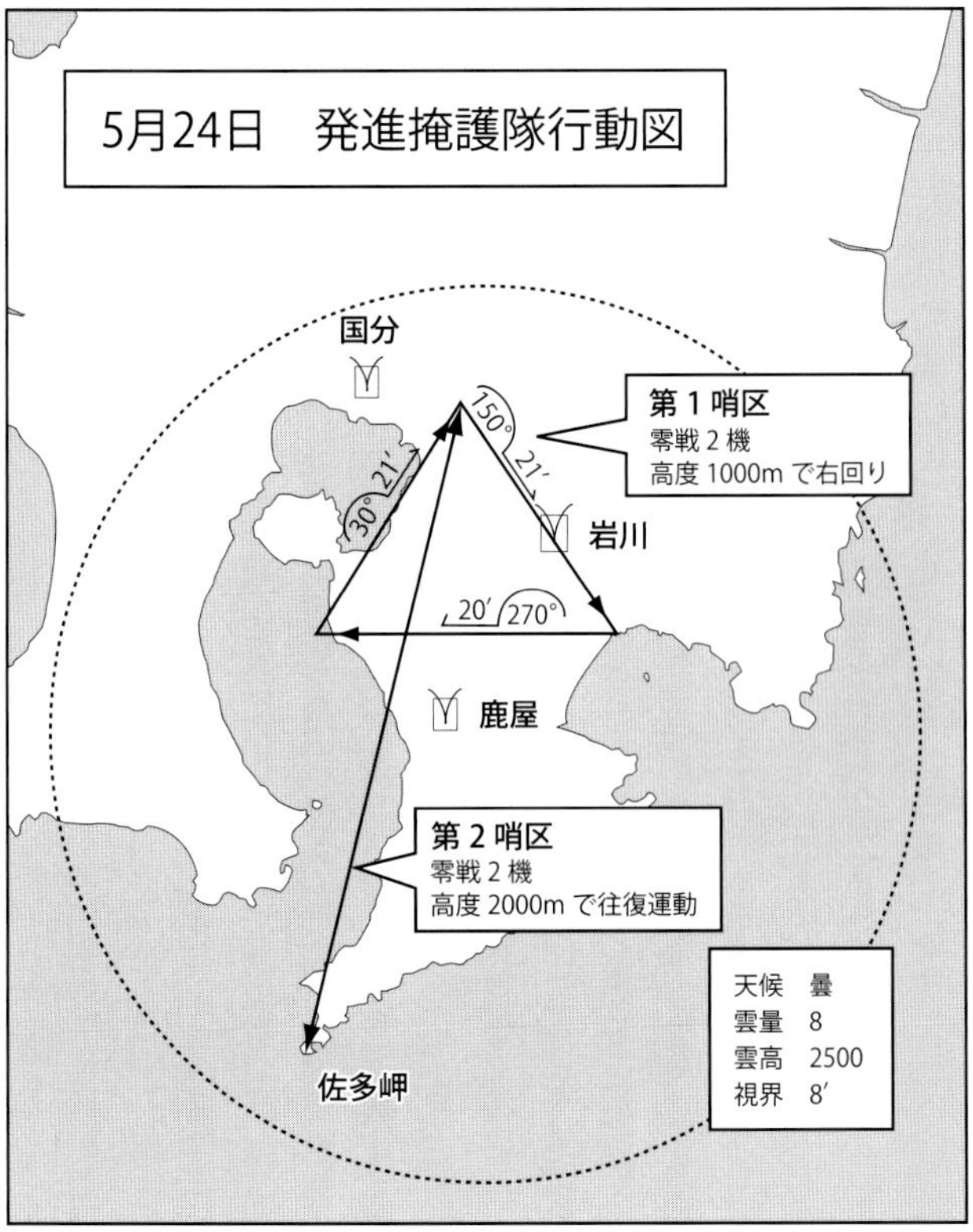

次いで攻撃隊の『零戦』4機が○一○九から○一一五までの間に順次発進。残る『彗星』攻撃隊も発動機故障のため発進を取止めた1機をのぞく4機が発進にかかる。まず○一三二に〔131‐89〕号機に搭乗する相馬一飛曹‐横山一飛曹ペアが、○一三六に〔131‐61〕号機の小西一飛曹‐森一飛曹ペアが、○一三七に戦闘八○四ペアが、○一三八に〔131‐65〕号機の米倉上飛曹‐恩田一飛曹ペアが発進していく。

岩川を発進した索敵攻撃隊は、発動機故障により140浬で引き返した5番線と、天候不良により170浬で引き返した6番線の2機を除き、各機が2時間ほど飛行した○二三○頃から進出線の先端に到達しつつあった。

右川上飛曹‐池田上飛曹ペアの8番索敵線は○二三九に先端到達、敵を発見せずに帰途に着き○四一○に無事に帰投、芳賀吉郎飛曹長‐田中大尉ペアは○二四○に先端に到達し、こちらも敵を見ず○四二五に岩川へ帰着、その他各機も敵を見ず帰投してきた。

代機として発進した菅原秀三上飛曹‐田中上飛曹ペアの『彗星』は○三○二に、米倉上飛曹‐恩田一飛曹ペアは○三一三に、小西一飛曹‐森一飛曹ペアは○三二○にそれぞれ先端に到達してこれも敵を見ず、○四四○から順次帰投。相馬一飛曹‐横山一飛曹の混成ペアは○三○七に先端到達した後、復路で屋久島を通過した直後に大型機1機を発見、これが岩川方面に向かうように感じたため大分に向かい○六○八に大分着、燃料を搭載して○七○○に同所を発進し○八二六に岩川へ帰投した。他の攻撃隊各機も敵を見ずに帰着。

攻撃隊の『零戦』も1機が○六一五に高知空に帰着した他、敵を見ずに○五○五から順次帰着。この日は発進掩護隊の各機も敵影を見ず帰投した。

岩川からの初戦としては空振りの観が強いが、各隊とも進出したばかりの隊員が多い状況においては、地形慣熟を兼ねた貴重な作戦行動となった。

この日、芙蓉部隊の索敵攻撃隊の各機が先端に到達した直後の○二五五、天航空部隊司令部から次のような命令が発せられた。

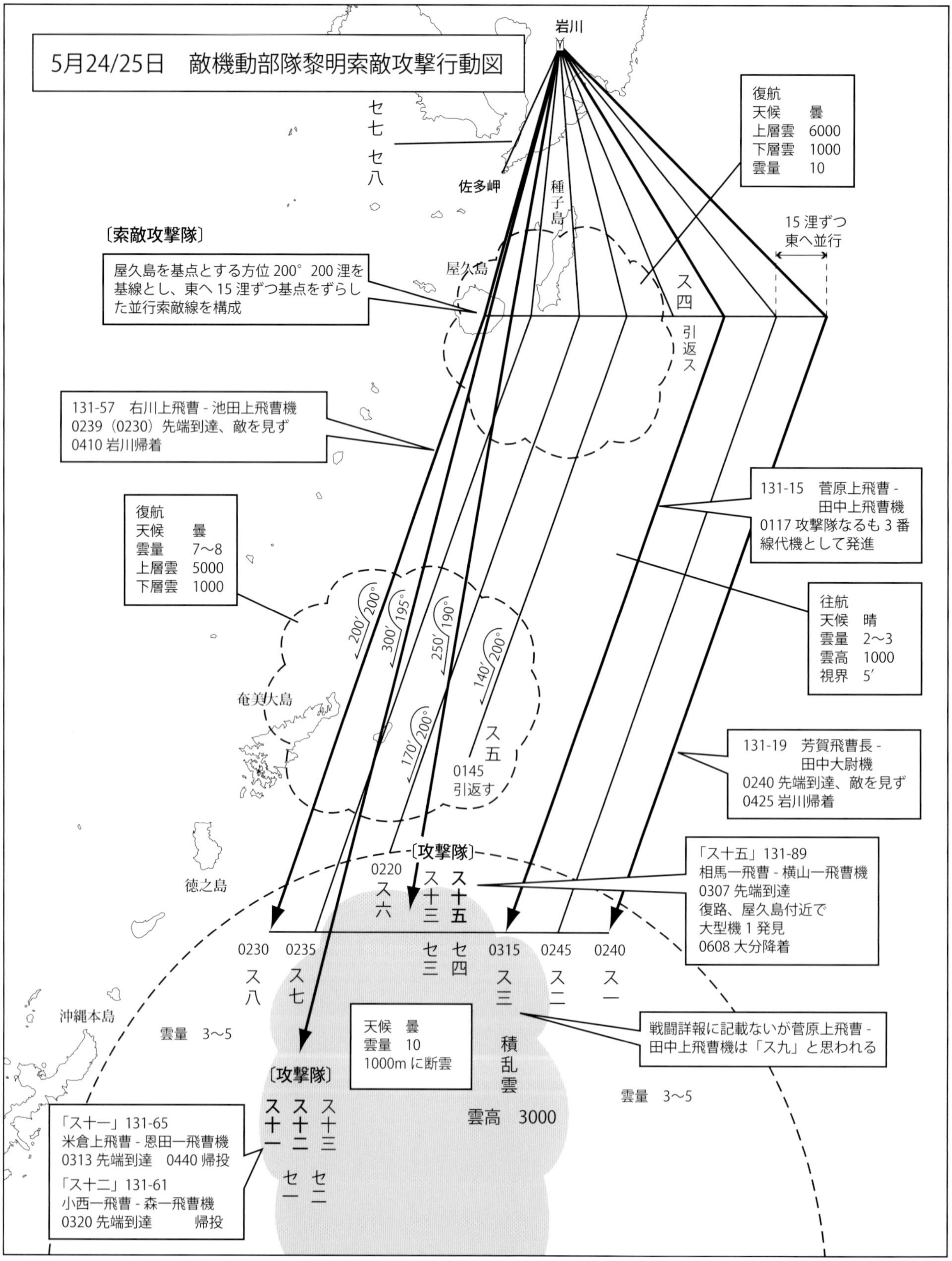

5月24/25日　敵機動部隊黎明索敵攻撃行動図
岩川
セ七
セ八
佐多岬
種子島
屋久島
〔索敵攻撃隊〕
屋久島を基点とする方位200°200浬を基線とし、東へ15浬ずつ基点をずらした並行索敵線を構成
復航
天候　曇
上層雲　6000
下層雲　1000
雲量　10
15浬ずつ東へ並行
ス四
引返ス
131-57　右川上飛曹 - 池田上飛曹機
0239（0230）先端到達、敵を見ず
0410 岩川帰着
131-15　菅原上飛曹 - 田中上飛曹機
0117 攻撃隊なるも3番線代機として発進
復航
天候　曇
雲量　7〜8
上層雲　5000
下層雲　1000
往航
天候　晴
雲量　2〜3
雲高　1000
視界　5′
200′ 200°
300′ 195°
250′ 190°
140′ 200°
170′ 200°
奄美大島
ス五
0145
引返す
131-19　芳賀飛曹長 - 田中大尉機
0240 先端到達、敵を見ず
0425 岩川帰着
〔攻撃隊〕
0220
ス六
ス十三
ス十五
「ス十五」131-89
相馬一飛曹 - 横山一飛曹機
0307 先端到達
復路、屋久島付近で
大型機1発見
0608 大分降着
徳之島
0230　0235　0315　0245　0240
セ三　セ四
ス八　ス七　ス三　ス二　ス一
沖縄本島
雲量　3〜5
天候　曇
雲量　10
1000mに断雲
積乱雲
戦闘詳報に記載ないが菅原上飛曹 - 田中上飛曹機は「ス九」と思われる
〔攻撃隊〕
ス十一　ス十二　ス十三
セ一　セ二
雲高　3000
雲量　3〜5
「ス十一」131-65
米倉上飛曹 - 恩田一飛曹機
0313 先端到達　0440 帰投
「ス十二」131-61
小西一飛曹 - 森一飛曹機
0320 先端到達　帰投

「ＴＦＢ信電令作第七七号
菊水七号作戦A法ヲB法ニ改ム」

芙蓉部隊の敵を見ずとの報告により、前日昼間に発見した敵機動部隊は南下して遠のいたものと判断、攻撃目標を沖縄周辺艦船に変更した形だ。

さらに同日の〇二五九

「ＴＦＢ信電令作第七八号
義号部隊着陸成功セリ、各隊殊死奮戦、菊水七号作戦ノ必成ヲ期スベシ」

と、義烈空挺隊の突入成功が天航空部隊麾下各隊に報じられた。12機の『九七重爆』に便乗した義烈空挺隊は途中４機が故障で引き返し、沖縄北飛行場に6機、中飛行場に2機が突入、敵信傍受により飛行場を大混乱に落としいれることに成功したものと判断された。翌日の偵察結果では北飛行場の機能は停止、中飛行場は使用拘束との判断を下している。義烈空挺の戦果については賛否両論、評価が分かれるところだが、敵陣殴り込みにより米軍に与えた心理的効果は絶大であった。

黎明には『彩雲』が索敵を実施し、七六二空K四〇六と七〇六空K四〇五の『銀河』が敵機動部隊を求めて索敵攻撃に発進した他は沖縄周辺の艦船攻撃に兵力が向けられた。

航続距離の関係で喜界島から奄美大島附近にまでしか進出ができない三四三空の『紫電改』も34機が出撃、二〇三空を基幹とする『零戦』隊も81機が沖縄上空まで制空進攻し、『九九艦爆』10機、徳島空と高知空の『白菊』29機、七二一空『桜花』特攻12機の前路啓開を試み、陸軍第六航空軍は61機の特攻機を含む91機を投入したが、この日は陸海両軍ともに悪天候に阻まれ、効果的な作戦行動は取れなかった。

敵は悪天候

天候の悪化に伴い菊水七号作戦は早々に見切りを付けられたかの如く、25日の一三三〇にはすぐに菊水八号作戦が下達されている。

「ＴＦＢ信電令作第八一号
ＴＦＢ当面作戦要領左ノ通リ
一．天候回復次第菊水八号作戦ヲ決行
二．月明期間中、極力沖縄方面攻撃ヲ強化ス
三．好期列島線附近在伏敵kdBヲ捕捉撃滅ス」

明けて26日は喜界島以南の天候が悪く、天航空部隊麾下の各部隊は攻撃作戦を実施しなかった。『戦史叢書　沖縄方面海軍作戦』（原資料は「五航艦作戦の記録」）では芙蓉部隊の『彗星』と『零戦』が列島線に沿って索敵を実施したとの記述が見られるのだが、同隊の戦闘詳報がないばかりか戦時日誌にも出撃の記述はなく、実際は作戦行動を行なっていないようだ。

昭和20年5月27日は40回目の海軍記念日であった。

同日、芙蓉部隊では「一ＫＦＧＢ電令作第一六九號」に基づき

「九州南方海面ニ於テ敵機動部隊ヲ捕捉、之ヲ黎明期ニ攻撃シ撃滅すると共ニ列島線西方海面ニ於テ敵潜水艦ヲ掃蕩セントス
他方、零戦隊ヲシテ都井岬及佐多岬上空ニ於テ待受邀撃ヲナサシメ黎明時来襲スル敵大型機ヲ撃墜セントス」

との企図のもと、指揮官所定による奄美大島附近黎明索敵攻撃ならびに対潜掃蕩を実施した。

準備兵力はまず索敵攻撃隊として『彗星』8機。このうちの5機には三一号爆弾を、３機には二五番通常爆弾を懸吊して〇二四五発進、佐多岬の１７５度より２１０度の間、２００浬圏内の索敵攻撃を行なう。

対潜掃蕩隊は『零戦』４機で同じく〇三四五発進、岩川基地よりの方位２４０度から２７０度、１００浬にかけての対潜掃蕩を実施。なお、戦闘詳報には8機と記載されているが書き間違いのようだ。

上空哨戒は『零戦』４機で、これを2機ずつに分けて〇二四五に発進、それぞれ都井岬上空と佐多岬上空で警戒に当たるというもの。

戦闘八一二からは寺井 誠上飛曹・井戸 哲上飛曹、古谷寅雄上飛曹・高橋末次二飛曹、岩間子郎中尉・安井泰二一飛曹、萬石厳喜少尉・平原郁郎上飛曹の4ペアが索敵攻撃隊に参加していた。

岩間中尉、いよいよ初陣である。

寺井上飛曹・井戸上飛曹ペアの搭乗する〔１３１-61〕号機は戦闘八〇四ペアの1機と共に〇二三〇に先頭を切って発進。次いで〇二三三に発進したのが〔131-63〕号機の岩間中尉・安井一飛曹ペア、〇二三五には〔１３１-１７２〕号機の古谷上飛曹・高橋二飛曹ペア、〇二三八には萬石少尉・平原上飛曹ペアの〔１３１-１７１〕号機が離陸していった。岩間中尉の同期生、藤澤保雄中尉も服部充雄上飛曹（乙飛17期）とのペアで〇二四〇に発進。次いで〇二四八から〇二五五にかけて上空哨戒の『零戦』4機が発進、さ

らに○三四○からは対潜掃蕩隊の『零戦』4機が発進にかかった。

この日も視界は不良、天候は南下するにつれて悪化し、佐多岬以南の列島線東方は雲量10、雲高300から500mで細かな雨が降り、列島線の西側も雲量6ないし10、雲高800から1000mでミストがある状況。一番東寄りを飛ぶ寺井上飛曹‐井戸上飛曹ペア機は進出距離150浬で、一番西よりを飛んだ萬石少尉‐平原上飛曹ペア機は180浬で引き返し、その他各機も140浬から190浬で敵を見ずに次々と引き返して、○四五五から○五五○までの間に帰着した。

ところが、ちょうど真ん中の索敵線を飛んだ形の古谷上飛曹‐高橋二飛曹ペアの『彗星』は○三○六以後感度が途絶え、とうとう未帰還となってしまった。天候に食われたものか、故障があったものかは不明。ふたりとも進出後、初めての作戦での戦死であった。

乙飛16期生は31期、32期、33期の3回に分かれて飛練教程に進んでいるが、古谷上飛曹は真ん中の32期。予科練を土浦空で卒業した彼は北浦空での飛練(中練教程)へと進んで水上機操縦員となり、引き続き小松島空での実用機教程に進んでいる。芙蓉部隊の3個飛行隊には同じような足取りで陸上機へ転科した搭乗員が多かった。

高橋末次二飛曹は東京出身。同じ特乙の後輩である坪井晴隆飛長と藤枝基地で一緒に写ったスナップが残されている。

「私たち"特乙"というのは予科練の中でもできたばかりの制度で、とにかく歴史が浅い。練習航空隊から実施部隊へ配属された時には先輩の下士官から『お前たち、トクオツってなんや!?』と不思議そうな、特異な目で見られたものでした。2期生の私たちでさえそんな状況でしたから1期生の苦労は並大抵なものではなかったと思います。

入隊は2ヶ月しか違いませんが、我々2期生が実施部隊に行った時は1期生が『これはこうする』『こういう時はこうする』などと先に気をまわして教えてくれました。まさに地獄に仏。非常に心強く、ありがたく感じたものです。

そういった環境にあったためか特乙1期生はみんなおとなしい感じ。高橋さんもおとなしくて、ひょうひょうとした人物でした。」

自らの体験を踏まえ、高橋二飛曹ら特乙の先輩との境遇を坪井氏はこう語ってくれる。

対潜掃蕩隊は○五○七に1機が岩川の252度71浬に潜望鏡を揚げた敵潜水艦を発見、機銃全弾を発射したものの効果不明で○六一○に帰着した他、全機が○五一五から○五三○までに無事帰投。上空哨戒隊も○三○○から○四五○までに哨戒を実施したのち、敵を見ずに全機が帰投した。この悪天候では敵も寄り付けないだろう。

この27日一○四九には次のように菊水八号作戦の実施が下達された。

「TFB信電令作第九○號
一・二・省略
三・本日夜間攻撃隊ハ全力沖縄方面攻撃ヲ決行スベシ
本攻撃ヲ菊水八號作戦ト呼稱ス」

次いで同27日、一四○六には「TFB信電令作第九二号」として、菊水八号作戦における攻撃部署が各隊へ次のように通達された。

「菊水八号作戦実施細目
一・芙蓉部隊彗星ヲ以テ○○○○ヨリ○三三○頃迄沖縄基地ヲ制圧ス
二・七○六部隊飛行場攻撃隊ハ○○○○ヨリ○三○○迄北飛行場ヲ攻撃ス
泊地艦船攻撃隊ハ○○○○ヨリ○三三○迄ノ間ニ周辺艦船ヲ攻撃ス
陸軍攻撃隊ハ○三○○ヨリ○三三○迄ニ中及伊江島飛行場ヲ攻撃シ翌朝
○七四五ヨリ○八○○迄ニ特攻攻撃決行ノ予定」

これにより芙蓉部隊では北飛行場攻撃隊として『彗星』8機を準備、これを○○○○発進の2機、○○三○発進の3機、○○四五発進の3機にと3回に分けて発進させることを試みたが、先頭の2機(共に戦闘八○四の隊員のペア)が発進した直後の○○一五頃から岩川基地には濃霧に覆われたため、以後の攻撃隊は発進を見合わせることとなった。『零戦』による対潜掃蕩も中止。発進した2機の『彗星』はそれぞれ伊江島飛行場と北飛行場を攻撃し、○三五七から○四一○迄に無事帰投している。

28日一五二五には

「発、芙蓉部隊岩川派遣隊指揮官
敵機動部隊九州南方二五○浬圏内ニ来襲セル場合ノ芙蓉部隊作戦要領左ノ如ク定ム
一・対敵機動部隊戰法第一法
(イ)索敵攻撃隊彗星七機、発進時刻○一○○屋久島ノ二○○度二○○浬ヲ
基線トシ東方二十五浬等間隔ノ並行索敵線七線
(ロ)第一攻撃隊彗星五機零戰二機発進時刻○一三○、彗星攻撃隊岩川
一九五度二四○浬ニ至ルモ敵ヲ見ザル時、伊江島飛行場ヲ攻撃、零戰

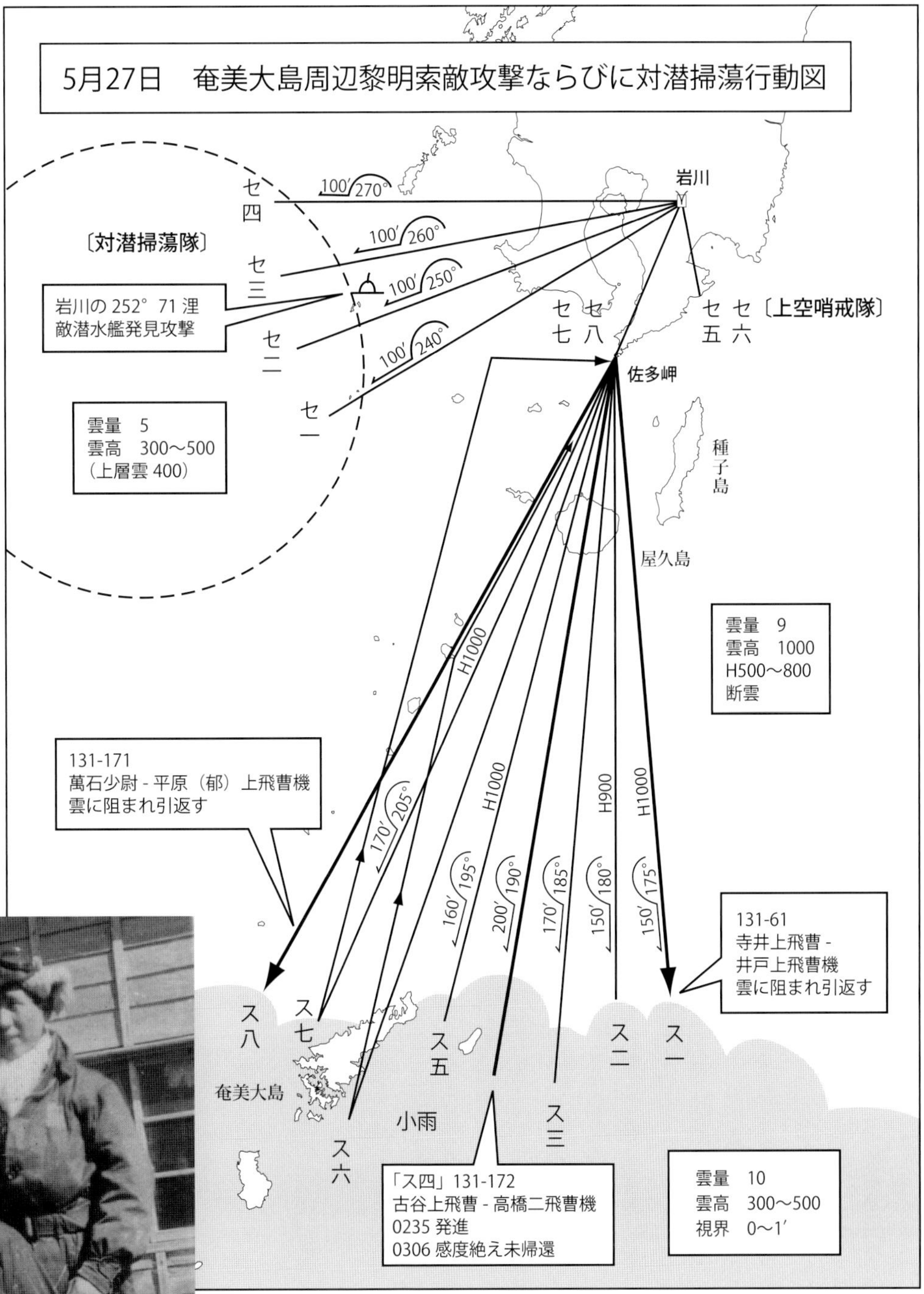

藤枝基地で撮影された高橋末次飛長（左手前。特乙１期）と坪井晴隆飛長（右奥。特乙２期）のツーショット。歴史が浅く、とかく異端視されがちな特乙のという境遇における先輩の存在は心強かったという。

攻撃隊ハ二四〇浬点ヨリ帰投ス
(ハ)第二攻撃隊彗星五機零戦二機発進時刻〇一三〇、彗星攻撃隊岩川ノ一九〇度二七〇浬側程左折二〇浬、零戦攻撃隊岩川ノ一九〇度二四〇浬側程左折二〇浬
二.発進掩護隊零戦四機
哨戒時間〇二三〇～〇五〇〇、哨区佐多岬都井岬上空高度一〇〇〇米二〇〇〇米ノ重層配備
三.対機動部隊戦法第二法
敵機動部隊第一法ノ圏外ニ来襲セル場合は其ノ都度定ム」

と、今後の作戦についての指示が芙蓉部隊の隊内に明示されたが、あいにくの悪天候により実際の作戦行動は一時見合せといった様子であった。

同28日一六五四に

「TFB信電令作第九七号
各部隊ハ指揮官所定ニ依リ沖縄方面夜間攻撃ヲ続行スベシ」

と発せられた命令も降り続く雨ではどうしようもなく、29日一七〇五には

「TFB信電令作第一〇〇号
天候不良ノタメ本日ノ夜間攻撃取止ム」

と、続く30日一七三七にも

「TFB信電令作第一〇一号
天候不良ノタメ夜間攻撃取止ム」

と発せられ、芙蓉部隊のみならず、天航空部隊麾下の各隊も身動きが取れないままに時間だけが過ぎていく。

この間、29日には芙蓉部隊では『彗星』隊員に対する作図訓練、『零戦』隊員に対する夜間空戦と航法の座学がおこなわれていた様子が戦時日誌に記述されている。いずれも実際に飛行機には乗らないものの、地上において効率良く夜間作戦能力を保持、向上させるための訓練であった。

30日は整備作業、31日には『彗星』6機、『零戦』4機が黎明発進訓練を実施した他、『彗星』2機、『零戦』2機も黎明の操訓を実施して錬度の向上を図るなどの動きが見られる。

この31日、〇五一二には

「TFB信電令作第一〇三号
一七一部隊ハ〇七〇〇以後天候恢復次第沖縄周辺並ニ基地ノ偵察ヲ実施スベシ
本三十一日天候恢復次第夜間全力ヲ以テ菊水九号作戦決行ノ予定」

と、天候回復次第の菊水九号作戦の実施が指示されているが、やはり悪天候は続き、実際の発動は翌6月の7日まで待たねばならない。

その名も時宗隊

5月31日、『彗星』9機、『零戦』2機、『零式練戦』2機からなる補充兵力が岩川へ向けて藤枝から発進した。

戦闘八〇四偵察分隊長の大野隆正大尉(予学10期)を指揮官とする彼らには、これまでの進出補充と違い『時宗隊』との名が付けられていた。モンゴル帝国の襲来、元寇を撃退した鎌倉幕府の執権、北條時宗にあやかったその名は、沖縄への「米寇」を押しのける意気込みを表していた。

この『彗星』のペアは戦闘八〇四と戦闘九〇一、そして戦闘八一二から3組ずつ選抜され、戦闘八一二の陣容は菊谷宏中尉(予学13期)・名賀光雄一飛曹(乙飛18期)、鈴木久蔵少尉(予学13期)・笹井法雄一飛曹(甲飛12期)、そして坪井晴隆飛長(特乙2期)・平原定重上飛曹(乙飛17期)の6名である。みな、若い隊員たちばかり、坪井飛長にとっては負傷により4月末に藤枝に戻ってから2度目の南九州進出である。

水上機出身の川口次男上飛曹(丙飛8期)が操縦する大野大尉機を先頭に9機は藤枝を発進。ところが坪井飛長・平原上飛曹ペアの『彗星』はあいにくと調子が悪く燃圧が低下、エンジンが不調となり編隊から徐々に遅れ始めてしまった。機長の平原上飛曹は区隊長の菊谷中尉機へ向け発動機故障を表す「ハコ」を打電、伊勢湾上空で旋回しながら処置をほどこすこととした。

しばらくして坪井飛長がふと目線を上へやると、2機の『彗星』が着かず離れず、かぶさるように付いているのに気が付いた。菊谷中尉機と鈴木少尉機が彼らを気遣って引き返して来てくれたのだ。4人が機上から手を振って励ましてくれているのが心強かった。

何とか機嫌が直った坪井飛長・平原上飛曹ペアの『彗星』と2機は翼を並べて西航を続け、南九州へやってくると一面ベタ曇り。宮崎基地上空の雲が切れているのを見てとった3機は不時着を決意。降着してみると指揮官の大野大尉機他の『彗星』もここへ不時着していた。

ところが、彼らが不時着してあまり時間を経ずに1機の『彗星』が降着してくる。尾翼のマークを見ると「131……」と芙蓉部隊の所属機である。

実は伊勢湾上空で平原上飛曹が菊谷中尉機へ発した「ハコ」の電文はそう遠くはない藤枝にまで届き、その代機として発進した戦闘九〇一の河原政則少尉（予学13期）‐宮崎佐三上飛曹（甲飛8期）ペアが追及してきたのである。このふたりも芙蓉隊第1陣として鹿屋へ進出して沖縄航空戦の経験をつんだ、今や歴戦の士であり、5月下旬になって休養のため藤枝へ戻っていたものだが、これで思いがけなくわずか1週間余りで再進出することとなってしまった。宮崎上飛曹の嫌味もごもっともで、なんとも申し訳ない次第。この日岩川へ直行して進出を果たしたのは『零戦』1機のみである。

坪井飛長にとって宮崎は陸攻操縦専修の飛行練習生実用機教程時代の古巣だ。その晩は外出の許可が出たため名賀一飛曹と笹井一飛曹を誘って当時の下宿に久しぶりに元気な姿を見せることができた。

明けて6月1日、この日は朝から雨が降りしきっていたが前日不時着した時宗隊の『彗星』の内、3機が岩川へ進出。この3機のペアが誰であったか判然としないが、坪井飛長は先日に続き、今度は戦闘九〇一の関　妙吉上飛曹を伴ってまたまた下宿を訪問している（この日は外出許可が下りなかったので〝脱〟だったとのこと）ので、戦闘八〇四のペアと思われる。

これにより同日付けの在岩川芙蓉部隊の使用可能機数は『彗星』22機、整備または修理中8機、『零戦』の使用可能機数は12機、整備または修理中3機となった。

その前日の5月31日一七一七に

「TFB信電令作第一〇六号

菊水九号作戦実施予定細目

一．芙蓉部隊夜戦隊（約二八機）、陸攻、銀河ノ一部ヲ以テ二四〇〇以後〇四〇〇迄基地銃爆撃

二．銀河、重爆、天山、白菊隊ヲ以テ二三〇〇頃ヨリ〇三〇〇頃迄周辺艦船攻撃（約四〇機）」

と菊水九号作戦の実施細目について通知されていたが、この悪天候により翌1日〇六〇九には

「TFB信電令作第一一一号

天候不良ノ為、本日ノ昼間沖縄周辺攻撃（陸軍一〇次總攻撃協同作戦）延期」

と通達され、総攻撃は一時延期をみた。さらに同日の一六三九には

「TFB信電令作第一一四号

天候不良ノ為、本日ノ夜間攻撃取止メ、明二日天候恢復セバ陸軍第一〇次總

〔時宗隊〕

5月31日、「時宗隊」の一員として藤枝から岩川へ向け進出する平原定重上飛曹（左。乙飛17期）と坪井晴隆飛長（右。特乙2期）が『彗星』137号機の操縦席脇（平原兵曹が肘かけたところに前部固定風防と射爆照準器のパッドが見えている）でファインダーに収まる。偵察員の平原上飛曹のみ、機外で落下傘の縛帯を装着している。火傷の痕を隠すように巻かれた坪井飛長のマフラーが痛々しい。

攻撃ニ協力、ＴＦＢ信電令作第一〇八号所定沖縄周辺晝間攻撃決行ス」と、夜間攻撃までが取止められることとなった。

6月2日も南九州は雨。昨日からの悪天候で予定されていた陸軍第十次総攻撃を含む日本側の作戦は中止となっていたが、〇八〇〇から一〇三〇にかけて『Ｆ4Ｕ』、『Ｆ6Ｆ』や『Ｐ-51』など敵の小型機が南九州に来襲、三四三空の紫電隊が中心になり邀撃戦が展開された。この日、同じく不時着した時宗隊の『彗星』1機が岩川入り。残る『彗星』6機と『零式練戦』1機が岩川へ合流、『彗星』全機がそろうのは翌3日のことである。

「こ〜んな所が飛行場じゃろか!?」

岩川に着陸し、そのだだっ広い草原のような様子を前にした名賀光雄一飛曹の第一印象は、こんなものだったという。その氏が戦後になって岩川の地に土着するのだから、人の人生というのはわからないものである。

戦列に加わる新隊員たち

6月3日、芙蓉部隊は「1ＫＦＧＢ天信電令作第一六九号」による指揮官所定で大島群島並びに奄美大島東方海面黎明索敵攻撃を実施した。

使用兵力は『彗星』8機と『零戦』6機。『彗星』隊は二五番三号爆弾を懸吊、〇二四五に発進して屋久島の200度150浬を基準として東方へ15浬間隔の併行索敵を行ない、『零戦』隊は機銃全弾装備、〇三三〇に発進して都井岬の110度より160度の間、150浬圏内を索敵する。彗星隊の懸吊する三号爆弾は元々は空対空爆雷だが、これを敵の哨戒艦艇にお見舞いしようとするものだ。

『彗星』隊は〇二四七から発進を開始。〇二五四に3番目に離陸したのが、この日唯一の戦闘八一二隊員であり、〔131-59〕号機に搭乗する小西七郎一飛曹-森 利明一飛曹ペアだ。彗星隊は〇三〇七までに6機が発進、うち1機は脚の故障ですぐに降着し、2機が発進を取止めた。

索敵3番線を飛ぶ小西一飛曹-森一飛曹ペアの『彗星』は〇四二八に先端到達、敵を見ずに〇五二八に帰投、他の4機も〇三五五から〇四二八までに先端に到達、敵を見ずに〇五一三から〇六二三までに帰投してきた。先端附近の天候は雲量9のベタ曇り、視界2〜5浬というものであった。

『零戦』隊は〇三三九から発進にかかり〇三四五までに全機離陸、脚の故障のため索敵線につかなかった1機と、発動機故障のため70浬附近から引き返した1機（降着時大破搭乗員無事）をのぞく4機が、〇四四三から〇四四八までに先端に到達し、〇六一〇から〇六二九までに無事帰投している。こちらも天候は雲量8、視界2浬というものであった。

芙蓉部隊の索敵攻撃隊が帰投した直後の3日〇七〇二、沖縄方面の天候回復の情報により天航空部隊司令部から

「ＴＦＢ信電令作第一二五号
菊水九号作戦発動（12ＡＦ兵力欠）各部隊ハ今夜可動全力沖縄方面攻撃ヲ決行スベシ」

との通達がなされた。

また、この日は一七一空の『彩雲』と『紫電』による黎明索敵も実施されており、これがまず〇八三〇に沖縄北端120度110浬に空母3隻その他を、〇九三〇に同じく沖縄北端90度70浬に空母3隻を含む別の1群の発見を報じてきた。

さらに時を同じくして〇八三〇頃から南九州には前日同様敵の小型機群が来襲。三四三空の『紫電』28機と二〇三空の『零戦』6機がこれを邀撃しつつ、『零戦』64機と『九九艦爆』6機が沖縄周辺の艦船攻撃に向かうという慌ただしさであった。陸軍特攻隊もこれに策応して攻撃を実施しているが、攻撃兵力の枯渇は火を見るよりも明らかであった。

同3日二〇〇一には

「ＴＦＢ信電令作第一二九号
一、天候不良ノ為、菊水九号作戦延期
二、本日ノ夜間哨戒取止ム、第二戦法別法待機解ク」

と下達され、総攻撃は再び延期される。沖縄方面の天候回復はつかの間のもので、その後、急速に悪化したためである。

3日二二四五には美濃部少佐から芙蓉部隊各隊へ、来たる総攻撃での使用兵力と攻撃目標、発進、攻撃時刻が、次のように指示されている。

「発、岩川基地芙蓉部隊指揮官
明朝菊水九号作戦当隊作戦要領左ノ如シ
一、機種機数、彗星十六乃至十八機、零戦二機
　他ニ南九州制空又ハ索敵零戦六機
二、攻撃目標、沖縄全飛行場、主力ハ伊江島飛行場
三、発進時刻、〇〇〇〇以後、主力ハ〇一四五以後

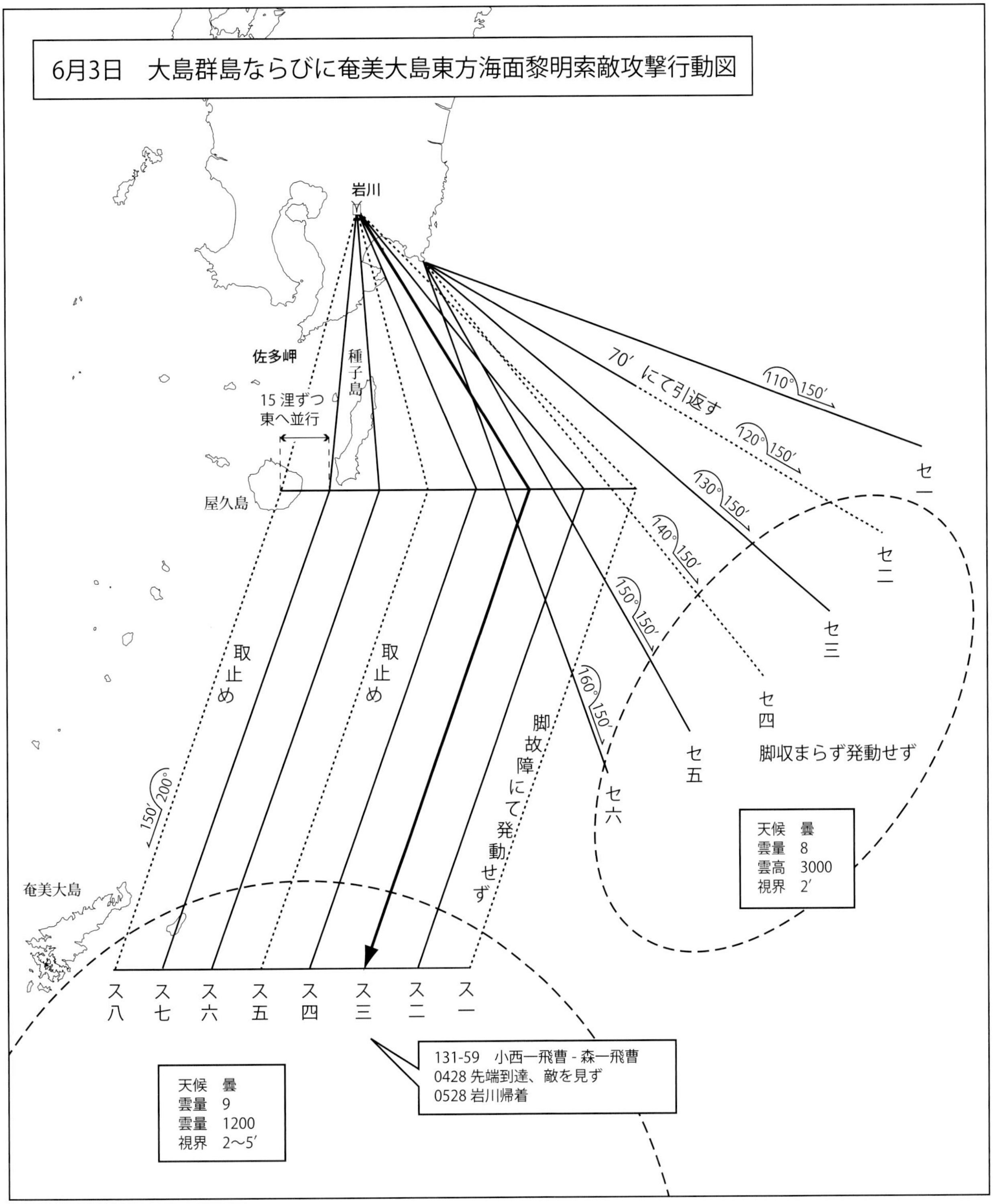
6月3日　大島群島ならびに奄美大島東方海面黎明索敵攻撃行動図
岩川
佐多岬
種子島
15 浬ずつ
東へ並行
屋久島
70′ にて引返す
110° 150′
120° 150′
130° 150′
140° 150′
150° 150′
160° 150′
セ一
セ二
セ三
セ四
脚収まらず発動せず
セ五
セ六
取止め
取止め
脚故障にて発動せず
150′ 200°
奄美大島
ス八　ス七　ス六　ス五　ス四　ス三　ス二　ス一
天候　曇
雲量　8
雲高　3000
視界　2′
131-59　小西一飛曹 - 森一飛曹
0428 先端到達、敵を見ず
0528 岩川帰着
天候　曇
雲量　9
雲量　1200
視界　2～5′

四．攻撃時刻、〇一三〇以後、主力ハ〇三四五～〇四一五ノ間
五．他ニ零戦六機〇三〇〇発進、〇六一五迄南九州制空、状況ニヨリ本日零戦索敵要領ニヨリ索敵攻撃トナス」
ところが、総攻撃菊水九号作戦は前述のとおりしばらく延期となったため、翌4日には再び指揮官所定による九州南方及び南東海面の索敵攻撃を実施することとなった。
3日二三三四には次のような作戦企図が発せられている。
「芙蓉部隊明朝天候許サバ列島線索敵攻撃ヲ実施ス
一．零戦六機都井岬一一〇度ヨリ一六〇度間、開度一〇度進出距離一二〇浬
二．彗星一〇機岩川ノ一六五度ヨリ二一〇度、開度五度進出距離一六〇浬
何レモ〇三一五以後発進」
広範囲にわたる索敵により敵機動部隊を捕捉し、黎明時の攻撃を実施するものである。進出距離はのちに『零戦』隊100浬、『彗星』隊120浬と改められ、発進予定時刻は〇三三〇。前日同様、『彗星』各機は二五番三号爆弾を懸吊、『零戦』は機銃全弾を装備する。
『彗星』10機のうち、戦闘八一二から選抜されたのは「時宗隊」として進出してきた菊谷 宏中尉‐名賀光雄一飛曹、鈴木久蔵中尉（6月1日進級）‐笹井法雄一飛曹、坪井晴隆飛長‐平原定重上飛曹と斉藤文夫二飛曹‐池田武則二飛曹の4ペア。他の6機も「時宗隊」の指揮官機、川口次男上飛曹‐大野隆正大尉ペアなど5月23日から6月3日までの間に進出してきた面々。進出距離100～120浬という指揮官所定による作戦は、総攻撃を前に新隊員たちを戦場慣れさせる意味合いが強かったようだ。
予定時刻を20分ほど過ぎた〇三五二からまず発進にかかったのは東寄りの索敵線に就く6機の『零戦』で、〇四〇四までに全機が発進。志布志湾を出たあたりで層雲に阻まれながらも各機は〇四三〇から〇四五五までに先端に到達し、〇五三七から〇六二〇までに無事帰投してきた。
『彗星』隊は『零戦』隊の離陸と前後した〇四〇一から発進を開始。〇四〇九に3番目に離陸したのが斉藤文夫二飛曹‐池田武則二飛曹ペアの搭乗する〔131‐19〕号機、鈴木久蔵中尉‐笹井法雄一飛曹ペアの〔131‐55〕号機は〇四一七に6番目に、続いて菊谷 宏中尉‐名賀光雄一飛曹ペアの〔131‐63〕号機が〇四一八に7番目に発進していく。1機が発進を取止めたため殿（しんがり）となった坪井晴隆飛長‐平原定重上飛曹ペアの〔131‐91〕号機が離陸したのは〇四二五。こうして9機の『彗星』が索敵線へ放たれた。
ところが、ちょうど坪井飛長‐平原上飛曹ペア機が離陸した2分後の〇四二七、6番索敵線の斉藤二飛曹‐池田二飛曹ペア機が天候不良により引き返し〇四四五に帰着。〇四三三には索敵7番線の鈴木中尉機が同じく天候不良を理由に大隅半島先端附近から引き返し〇五二五に、〇四五〇には索敵9番線の坪井飛長‐平原上飛曹ペア機が発動機故障により屋久島の北端附近から引き返して〇五二九に無事帰投。『彗星』隊の飛ぶ南寄りの索敵線には雲が多く、大隅半島を出たあたりに層雲が、それを越えるとさらに種子島附近にも層雲が屏風状に張りつめ、それが切れた先にまたもや雲が、といった状況であった。
引き返し機が続出する中、索敵5番線を飛ぶ菊谷中尉機は〇五〇七に先端到達、敵を見ずに〇六〇三に岩川へ帰投、他隊のペアが乗る各機も前後して先端に到達し敵を見ず、無事に帰ってきた。
敵は発見できなかったが、天候不良の中、未帰還も機材の損失もなく、腕慣らしという意味では充分効果を得られたはずだ。
〇五四〇には一七一空の『彩雲』2機が索敵に発進したがこちらも敵を発見せず、同じく昼間に『彩雲』1機と『百式司偵』1機が伊平屋島周辺の偵察を実施した他は天航空部隊によるこの日の作戦行動はなかった。
同4日〇九三〇には
「TFB信電令作第一三三号
芙蓉部隊ハ指揮官所定ニ依リ黎明薄暮時列島線略二〇〇浬ノ対潜掃蕩ヲ実施スベシ」
と通達されたが、一五一一には
「TFB信電令作第一三四号
天候不良ノ為、本日ノ夜間攻撃ヲ取止ム」
との指示がなされている。
芙蓉部隊でも一七一五に
「発、岩川基地芙蓉部隊指揮官
明朝夜戦隊左ニ依リ黎明索敵攻撃ヲ実施ス
一．彗星八機、岩川ノ一七〇度ヨリ二〇五度間、開度五度進出距離二〇〇浬
発進時刻〇三〇〇以後
二．零戦五機、岩川ノ二二〇度ヨリ二六〇度間、開度一〇度、進出距離一五〇浬、発進時刻〇二四五以後」

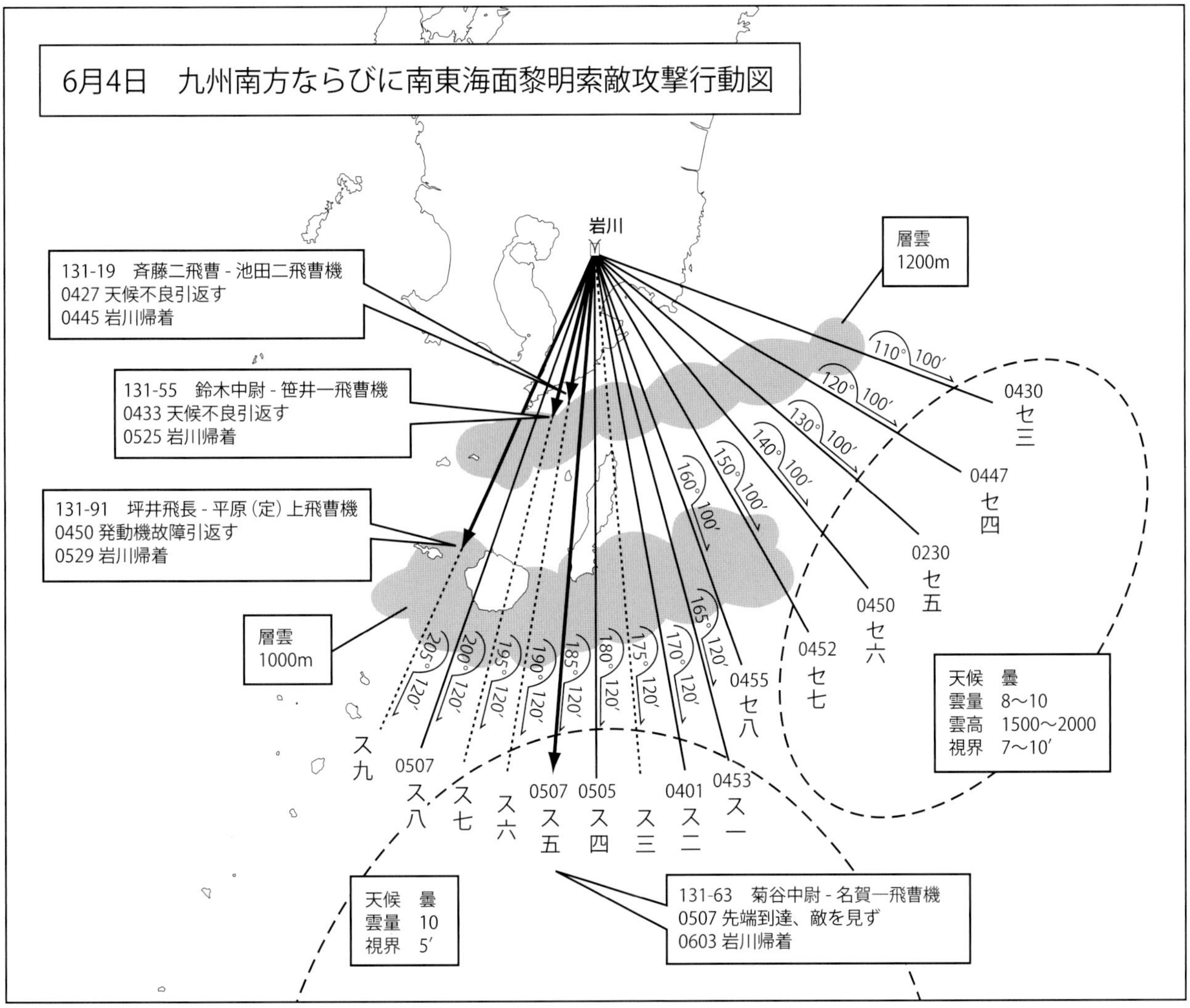

時宗隊の一員として岩川へ進出し、ペアの鈴木久蔵中尉とともに6月以降に出撃回数を増やした笹井法雄一飛曹（甲飛12期）。階級は違えど、坪井飛長と最も仲の良かった甲飛12期生のひとりだ。天測時計が間に合わなかったのか、偵察員である笹井一飛曹が首から計器盤用の航空時計を下げているのが珍しい。

との指示が美濃部少佐より通達されたが、結局この5日黎明の索敵攻撃は実施されずに終わった。

なお同日、『時宗隊』として5月31日に藤枝を発進、途中に不時着していた『零戦』1機と『零式練戦』1機が岩川へ到着。『零式練戦』は降着時に中破したが搭乗員は無事で、これで全機の進出を見たこととなる。

明けて5日一二三一、

「TFB信電令作第一三七号
菊水九号作戦用意」

と、さらに一四一〇には

「TFB信電令作第一三九号
菊水九号作戦発動（天候偵察機報告ニ依レバ東海方面曇、視界二〇浬、乃至一三〇浬下層雲高三〇〇〇、雲量一〇、上層雲高七〇〇〇、雲量一〇）」

と再び総攻撃の実施が天航空部隊司令部より令せられ、九三一空の『天山』や七六二空の『銀河』、及び陸軍重爆隊が沖縄方面の夜間攻撃に発進、芙蓉部隊でも二三三二に

「明朝彗星八機零戦五機ヲ以テ本朝ノ計画ニ依リ索敵攻撃ヲ実施ス」

と4日一七一五に通達した索敵攻撃を実施するつもりでいたのだが、二三五四にはなおも

「TFB信電令作第一四三号
天候不良ノ為、菊水九号作戦ヲ延期ス」

と作戦の延期が下達される目まぐるしさ。悪天候という決して侮れない〝敵〟に翻弄される様子が如実に現れていよう。『天山』や『銀河』なども天候不良によりこの日は全機が引き返している。

ところが、その約1時間半後の6日〇〇二〇には次のような命令が芙蓉部隊に対して達せられた。

「TFB信電令作第一四五号
一．芙蓉部隊ハ六日〇二四五発、都井岬一二〇度ヨリ二〇〇度迄、零戦
一五〇浬、彗星二二〇海里ノ索敵ヲ実施ス
二．略
三．〇四〇〇以後、第二戦法別法二時間待機トナセ」

これにより九州南方海面黎明索敵攻撃を画策する芙蓉部隊が準備した兵力は『彗星』8機と『零戦』5機。『零戦』は岩川からの方位120度から160度の間を開度10度で、『彗星』は170度から205度の間を開度5度でそれぞれ索敵を実施する。発進時刻まで2時間あまりしかないなか、『彗星』5機には二五番三号爆弾（信管10秒作動）を、3機には二八号弾を懸吊し、『零戦』には機銃全弾が搭載されていく。

戦闘八一二から選抜されたメンバーは岩間子郎中尉・安井泰二一飛曹ペアと萬石巌喜中尉（6月1日進級）・平原郁郎上飛曹ペア、そして寺井　誠上飛曹・津村国雄上飛曹ペアの3組である。

〇二四四から『零戦』各機が発進を開始、うち1機は離陸時に転覆大破（搭乗員は無事）、3機は天候不良でほどなく引き返し、残る1機は〇三三〇、岩川基地の140度120浬の洋上で浮上する敵潜水艦を発見、銃撃を実施したが効果は不明で、その後〇三五五に先端到達、〇五一五に鹿児島基地に不時着ののち、一〇三五に岩川へ帰着した。

『彗星』8機は〇二五八から順次離陸、岩間中尉・安井一飛曹ペアの搭乗する〔131-50〕号機は〇三〇三に、萬石中尉-平原上飛曹ペアの〔131-55〕号機は〇三〇五に、寺井上飛曹・津村上飛曹ペアの〔131-09〕号機は〇三〇八に発進していった。

『彗星』隊が飛ぶ南寄りの索敵線にも、何重もの雲が張りつめていた。このため岩間中尉機は〇三二四に進出距離30浬で、津村上飛曹機は〇三四五に進出距離70浬で、萬石中尉機は〇三五〇に進出距離80浬で引き返し、それぞれ〇四〇〇、〇五〇〇、〇四五八に岩川へ帰投、その他の各機も天候不良により引き返して〇五〇〇前後に全機帰着、うち1機は降着時に大破したが搭乗員は無事であった。種子島附近は雲量9、雲高も300～3000mと垂れこめ、視界は2浬、その先の喜界島東側附近（戦闘詳報には「喜界島西側」と記述されているが、誤り）は雲量7～8の層積雲があり、一番遠くまで進出した機は先端近くの190浬まで飛んだものの、敵の発見にはいたっていない。

この日6日、芙蓉部隊各機が発進した〇三〇〇より2時間前の〇一〇〇から夜間索敵に出た八〇一空の陸攻3機も天候不良で引き返し、また同じく都井岬の130度～150度間の黎明索敵に出た一七一空の『彩雲』4機も天候不良により引き返してきて、敵状は不明のままに過ぎる。夜が明けても天候は回復せず、沖縄方面への昼間攻撃も実施されなかった。

同日二一二四に、指揮官所定により

「発、芙蓉部隊指揮官
明朝夜戦隊左ニ依リ黎明索敵攻撃ヲ実施ス

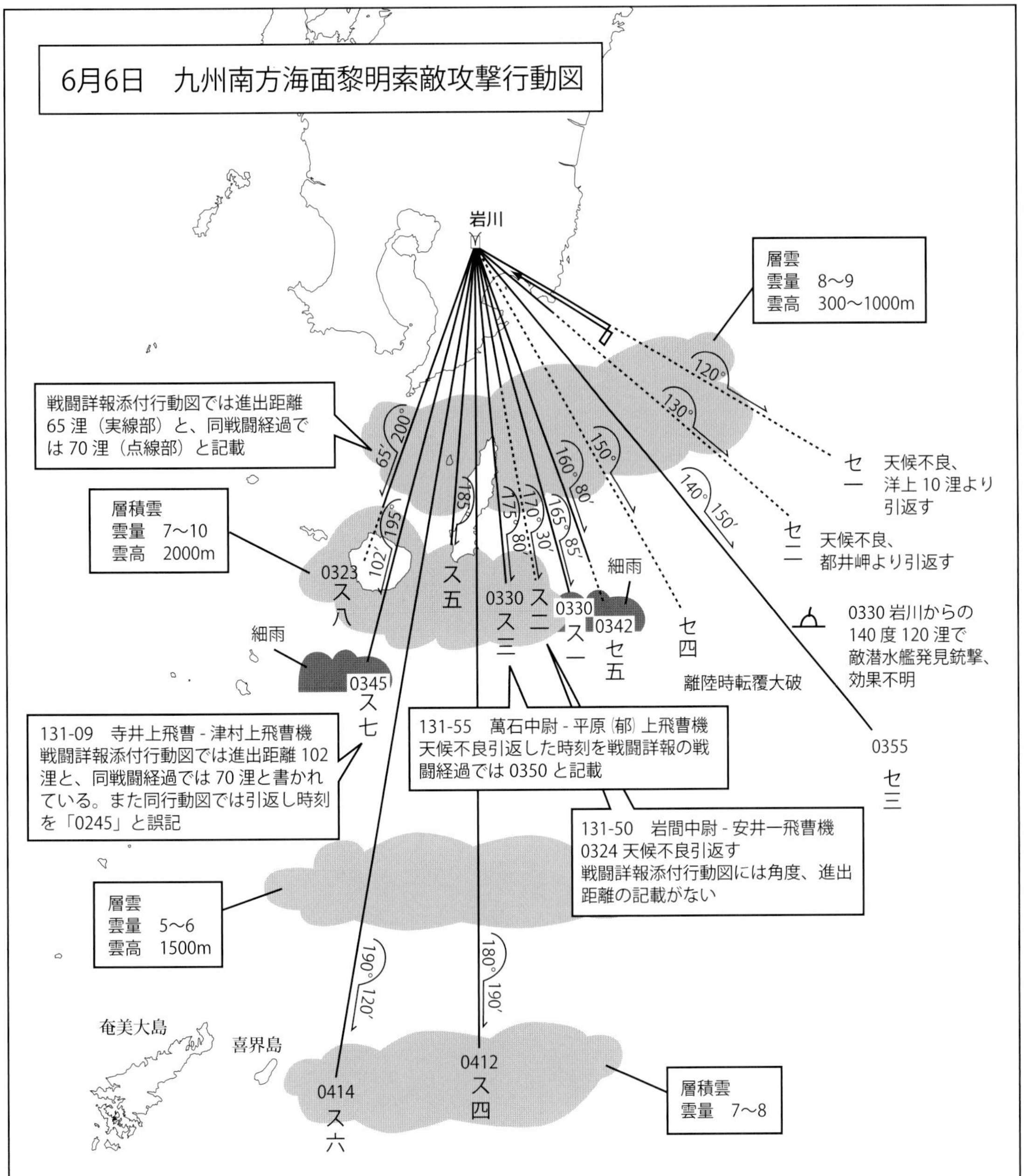

※6月6日の行動図には戦闘経過記事との齟齬が多く見受けられる。
一部は図中に注意書きしたが、その他に下記があげられる。

1.「セ五」は戦闘詳報添付行動図では進出距離80浬（実線部）と、同戦闘経過では90浬（延長点線部）となっている。
2.「ス三」の角度は戦闘詳報添付行動図では170度となっているが、175度の誤記と思われる。
3.「ス五」の進出距離は行動図に記載されていないが70浬

一・零戰六機、岩川ノ一三〇度ヨリ一八〇度間、開度一〇度進出距離一五〇浬、発進時刻〇三〇〇」

と令達された翌7日黎明の再度の索敵攻撃をも、二一四五には

「発、芙蓉部隊指揮官
明朝ノ索敵攻撃ヲ取止ム」

と、その実施を見送っている。

菊水九号作戦発動

6月7日〇五三〇、列島線東方並びに西方の索敵と沖縄局地偵察に発進した一七一空の『彩雲』3機と『百式司偵』1機は敵艦船を見なかったものの沖縄の写真偵察に成功。

天候回復の兆しを感じた天航空部隊司令部は〇八三〇に

「TFB信電令作第一五七号
一．菊水九号作戦発動
二．一七一部隊ハ一二〇〇以後、速ニ沖縄周辺偵察並ニ列島線天候偵察ヲ実施スベシ」

と、ついに3度目の菊水九号作戦発動を命じた。

これにより一七一空の『彩雲』1機が一二二六に再び沖縄周辺艦船と天候偵察に発進、

「那覇ノ一五〇度三〇浬ニ巡洋艦二、駆逐艦五、輸送船約二〇、東方三〇浬ニ巡洋艦二、駆逐艦四発見」

と報じてきた。天候は良好。

一五一九には九三一空の『天山』4機が串良基地を発進、沖縄周辺艦船への薄暮攻撃を実施した他、二〇三〇〜二一一五に発進した六三四空の『瑞雲』2機も沖縄周辺艦船夜間攻撃を行ない、さらに二一三〇には八〇一空の『一式陸攻』3機の他、飛行艇1機、『零式水偵』2機が列島線東方海面の夜間哨戒を実施した。

さかのぼること7日一一一六、芙蓉部隊でも以下の命令が隊内に下達されている。

「発、岩川基地芙蓉部隊指揮官
明朝当隊左ニ依リ作戦ヲ実施ス
一．彗星一〇機、伊江島飛行場攻撃、発進時刻〇二〇〇
二．零戦六機、岩川ノ一三〇度ヨリ一八〇度間、開度一〇度、進出距離一五〇浬ノ索敵攻撃、発進時刻〇三〇〇」

総攻撃に索応し、黎明以前において敵飛行場を制圧、後続特攻隊の前路を啓開せんとするものである。

飛行場攻撃隊10機の『彗星』には二五番三号爆弾、あるいは二五番三一号爆弾を懸吊。いずれも広範囲に渡って爆撃効果を得られる弾種だ。このうち、戦闘八一二からは米倉 稔上飛曹 - 恩田善雄一飛曹ペアと小西七郎一飛曹 - 森 利明一飛曹ペアが搭乗割に名を連ねていた。

1時間後に発進する『零戦』6機は機銃全弾を搭載、九州南東海面の150浬索敵を実施し、近距離に出没して我が特攻隊の動静をうかがう敵哨戒艦艇を捕捉、その撃滅を図る。

〇一五八、攻撃隊の先頭を切って発進した『彗星』は離陸直後に発動機不調となり〇二〇三に飛行場南端に不時着大破（搭乗員は軽傷）、その間の〇二〇二に離陸したのが戦闘八〇四飛行隊長の石田貞彦大尉（海兵70期）- 田崎貞平上飛曹（甲飛11期）ペアの『彗星』。続いて各機も発進にかかり、小西一飛曹 - 森一飛曹ペアの搭乗する〔131 - 61〕号機は〇二二二に、米倉上飛曹 - 恩田一飛曹ペアの〔131 - 65〕号機は〇二二六に離陸していく。

油温過昇、エンジンカバーはずれなどの症状で発進直後に2機が引き返し、その後に1機が発動機不調により佐多岬の210度145浬で、さらに2機が天候不良により引き返したため兵力は半減。途中、奄美大島附近の天候は雲量9、雲高1500〜2000mの曇りであったことが記録されている。

それでも〇四〇〇に攻撃を実施した戦闘八〇四の石田大尉 - 田崎上飛曹ペアの『彗星』を皮切りに、厚い雲を突破した4機が次々と目標に殺到、幸いにして沖縄本島上空の天候は雲量2の晴れであった。米倉上飛曹 - 恩田一飛曹ペアは〇四二五に伊江島飛行場攻撃に成功、石田大尉機と同じく二五番三号爆弾を投弾し、2ヶ所が炎上するのを確認して〇六〇七に、小西一飛曹 - 森一飛曹ペアも〇四三〇に伊江島飛行場に突入して、こちらも同じく二五番三号爆弾を投弾、炎上1ヶ所を確認し、〇六〇八に無事岩川へ帰投してきた。

残る1機も攻撃を実施、爆弾は命中したものの戦果は不明。前述のようにこの日は二五番三号爆弾と二五番三一号爆弾を搭載する『彗星』が5機ずつ準備されたのだが、後者の5機は全て引き返しており、伊江島飛行場に投弾されたのは全て二五番三号爆弾である。合計で6ヶ所の炎上、うち1ヶ所は大火災をみて、離陸直後に大破した1機を除き進撃した彗星隊に被害はなし。

なかでも九州進出以来、場数を踏んできた乙飛18期の若き偵察員、森一飛曹が困難な沖縄への夜間航法をこなし、見事ドンピシャリ、岩川へ帰投した技倆は評価に値するだろう。

索敵攻撃隊の『零戦』6機は〇三三一から〇三三七までに全機が発進、一番東寄りの索敵1番線が天候不良により130浬で引き返したほかは予定の150浬を進出し、敵を見ずに〇五一八から〇六一三までの間に岩川へ帰投、こちらも被害なく作戦を終えた。

〔戦闘804 田崎貞平上飛曹〕

田崎貞平上飛曹（甲飛11期）も数少ないフィリピン帰りの搭乗員のひとり。4月中旬の鹿屋進出以来、石田大尉とのペアで出撃した。

〔戦闘804飛行隊長 石田貞彦大尉〕

川畑栄一大尉の戦死後、戦闘804の飛行隊長となった石田貞彦大尉（海兵70期）。率先垂範、自らが攻撃隊の先頭に立って出撃した。

この一方で、〇二一三、及び〇三三〇、八〇一空の『一式陸攻』3機により沖縄糸満飛行場周辺の友軍に対する手榴弾緊急投下作戦が実施され（ただし日本軍の手には渡らなかった）、陸攻2機による喜界島挺身輸送も行なわれている。

同8日〇八一九には

「TFB信電令作第一六二号
沖縄方面ノ戦況ニ鑑ミ夜間攻撃部隊ハ今夜更ニ全力ヲ挙ゲ艦船基地攻撃ヲ決行スベシ」

と令達され、天航空部隊麾下の夜戦各部隊は8日から9日の夜にかけての作戦実施の準備にかかり、芙蓉部隊でも一〇三五、次の指示が下された。

「発、芙蓉部隊指揮官
当隊明朝作戦要領左ノ如シ
一．彗星一〇機　伊江島攻撃
二．索敵攻撃　零戦六機
三．戦斗要領　本朝ニ同ジ」

一〇〇〇に沖縄周辺偵察に発進した『彩雲』は伊江島西方10浬に戦艦1、巡洋艦1を発見、さらに慶良間諸島周辺に輸送船13隻のほか多数の艦船の、中城湾に輸送船3の、運天港に巡洋艦3の在泊を報じてきた。

ちょうどその頃の一二三〇から一三四〇にかけて南九州一帯に敵艦上機延べ約270機の来襲があったため敵機動部隊近しと感じ、『彩雲』2機、『紫電』2機により一六二三までに奄美大島南東海面の索敵を実施したが敵を見ず、その動静をつかむことができなかった。

そのため、夜間攻撃隊は予定通り沖縄周辺艦船と沖縄方面飛行場攻撃を実施することとなり、七六二空『銀河』隊と陸軍飛行第七戦隊の『四式重爆』は一九二〇から一九五〇までに宮崎基地を発進、沖縄周辺艦船雷撃を敢行して不詳大型艦1隻を大火災、艦型不詳艦2隻に雷撃効果不明と報じてきた。九三一空の『天山』4機、六三四空の『瑞雲』8機も一九三〇から二二四〇までに発進して沖縄周辺艦船夜間雷撃を実施、八〇一空（七〇六空？）の『一式陸攻』3機は沖縄飛行場の夜間攻撃に振り向けられた。

また、二二〇〇から二三〇〇頃までに鹿屋と詫間を発進した『一式陸攻』3機と飛行艇1機、『零式水偵』3機は列島線東方索敵を実施、（〇二一〇？）南大東島の145度60浬に大部隊を探知と知らせてきた。

芙蓉部隊では予定通りに次の如く伊江島飛行場攻撃を準備する。

只野飛長とのペアで未帰還となった田中 正中尉（海兵73期）。中尉は4月下旬に同期生の川添 普中尉とともに鹿屋に進出していたが、その後出撃の機会に恵まれず、今回の初出撃に非常に喜んでいたという。

おとなしいが、北国育ちで芯の強さが光ったという只野和雄飛長（左。特乙2期）。ダバオにいたため、遅れてフィリピンを脱出することとなった川畑隊長らの一行を詰め込んだ『月光』を操縦した人物と伝えられる。右は岩川進出後もしばらく只野飛長とペアを組んだ中島茂明上飛曹（甲飛11期）。

「伊江島飛行場ニ夜間攻撃ヲ加ヘ八日之ニ与ヘタル損害ヲ更ニ拡大シ以テソノ機能ヲ完全ニ破壊セントス、一方九州南東海面ヲ黎明時索敵シ敵艦船ヲ捕捉攻撃セントス」

『彗星』10機の伊江島攻撃隊は全機が二五番三一号爆弾を懸吊、○一四五から○二○○までに岩川を発進して攻撃に向かう。『零戦』6機は機銃全弾を搭載、○三○○に発進して岩川の130度より180度間、150浬圏内の索敵攻撃を実施する。

この日、戦闘八一二から搭乗割に名を連ねるのは馬場康郎飛曹長‐山崎良左衛大尉の超ベテランペア1組。3月末に芙蓉隊第1陣として鹿屋に進出、度重なる夜間攻撃に参加したのち、静養を兼ねて藤枝に一時後退、再び前進してきた、上からも下からも信頼される古武士たちだ。

日付が変わり9日となった○一四七、攻撃隊の先頭を切って発進したのがその馬場飛曹長‐山崎大尉ペアの搭乗する「131‐19」号機。これに続く各機は○二○八までに全機離陸したが、脚の故障で2機が、燃料漏洩のため1機が、さらにもう1機が燃料不吸引となって○三○八に170浬の距離から引き返してきた。

進撃を続けた馬場飛曹長‐山崎大尉ペア機は○二五二に奄美大島上空で敵の夜間戦闘機2機に遭遇、○二五六に「敵飛行機発見」と打電してきたが、何とかその追蹤を振り切って伊江島に到達。○三四八に同飛行場に突入して二五番三一号爆弾を投弾すると滑走路北西に命中、それが大火災を起こし、さらに大きく誘爆する様を○四○○までに望見しつつ離脱、○四○三に「命中弾大火災誘爆中」と報じ、○五三七に無事帰投する。

他の2機も伊江島飛行場攻撃に成功、うち1機は効果不明、もう1機は1ケ所の火災を確認してそれぞれ帰着。

ところが、○四○九に「我突撃ス」と発してきた戦闘八○四ペアの『彗星』はそのまま連絡が途絶え、残る2機もまた○三三○と○四五二にそれぞれ感度が絶え、未帰還となってしまった。

○三三○に感度が絶えた前者は戦闘八○四のペア、只野和雄飛長（特乙2期）‐田中 正中尉（海兵73期）の搭乗する『彗星』であった。只野飛長は坪井晴隆飛長の同期生で、戦闘八○四では数少ないフィリピン作戦以前からの隊員であった。フィリピンから脱出する戦闘八○四の隊員たちを乗せた、寄せ集めの部品でどうにか飛べるように仕立て上げた『月光』を操縦した人物と伝えられている。北国育ちの純朴な少年飛行兵であった。

田中中尉は4月12日に戦死した戦闘八一二の鈴木中尉と海兵の同期生であるばかりでなく、同じ東京市立二中の同級生でもあり、ともに4年生（旧制中学は5年制であり、4学年1学期修了の学歴で海兵受験資格を得られた）で海兵に合格した秀才であった。

また後者、〇四五二に感度が途絶えた『彗星』の操縦員は戦闘九〇一の橋本 豊上飛曹であった。橋本上飛曹は5月12日に戦闘八一二の川添 普中尉とのペアで敵潜水艦を発見、撃沈おおむね確実の戦果を挙げた手だれであったが、ついに未帰還となってしまったのである。

総合戦果は帰還してきた3機による炎上3ケ所、うち1ケ所は山崎大尉機による大火災誘爆であり、未帰還となった3機も通信状況から攻撃を実施したものと判断された。この日、天候は屋久島から沖永良部間、雲量6から8の曇り、雲高は1000から2000mというものだったが、沖縄本島周辺は全くの快晴であったことで効果的な攻撃が実施できたようだ。

索敵攻撃隊の『零戦』6機は〇三二七から発進を開始、うち1機は離陸直前に地上機材に接触して大破（搭乗員は無事）、ほか1機は発動機故障のため50浬附近から引き返したが、残る4機は〇四一八から〇四四三までに150浬の先端へ到達、各機敵を見ず、〇五三一から〇五五〇までの間に岩川へ帰投した。

〇六三〇には『彩雲』2機と『百式司偵』1機が鹿屋を発進して沖縄東方海面の索敵を実施、〇九〇二に沖縄南端の140度80浬に空母3、特設空母3を、〇九五〇にも同じく沖縄南端の140度60浬に戦艦1を、一〇〇〇には同じく沖縄南端の125度50浬に輸送船ほか十数隻の行動を報じてきた。さらに一一〇〇には徳之島南東海面の索敵に『彩雲』1機が発進、こちらは敵を見ずと知らせてくる。

これら結果により、空母を含む敵艦艇は沖縄本島から南へやや離れた位置を行動するものであり、陸攻などの大型機でなければその捕捉攻撃は困難と判断されて、引き続き9日から10日の夜にかけて沖縄周辺艦船と飛行場の攻撃が計画されるにいたった。

敵夜戦、ござんなれ

9日〇二五二に、馬場康郎飛曹長－山崎良左衛大尉ペアの『彗星』が敵の夜戦との遭遇を打電してきたのを受けた芙蓉部隊では、早速〇三一一に鹿屋基地へ向けて

「〇三〇〇彗星奄美大島北方一〇浬小型機二機ノ追躡ヲ受ク」

と報じ、他部隊へ敵夜戦への警戒をうながした。

この日、芙蓉部隊の伊江島飛行場攻撃隊は奄美大島で確認された2機の他、伊江島周辺でも夜戦の在空を観測していた。その数、延べ8機。

とくに沖縄への針路上にある奄美大島周辺を行動する敵夜戦の存在は危険である。そのままにしておけば自隊だけでなく友軍の夜間攻撃隊も待ち伏せされて次々と食われること間違いがない。

そこで明日10日以降、芙蓉部隊は所定の夜間作戦の他に、この敵夜戦の掃蕩を自発的に買って出ることとあいなった。

9日〇九四二には関係各所へ次のように発している。

「発、岩川芙蓉部隊指揮官
明一〇日以降天候許セバ奄美大島上空ニ於テ航空灯ヲ点灯セル敵夜戦ノ掃蕩戦ヲ実施ス
味方航空部隊ハ右上空附近ニ於テ航空灯ヲ消シテ通過セラレ度
使用機種機数、制空時間ノ順
彗星夜戦三機以内、〇二四五ヨリ〇三一五迄」

双発双胴の『P－61』や、『F6F』改造機と思われる敵の夜間戦闘機は敵味方の識別を兼ねて航法灯を点灯して行動しているのがこれまでに確認されていた。そこで友軍の各夜間作戦部隊に奄美大島周辺を飛行する際には航空灯を消して行動してほしいと要望し、これにより敵味方識別を間接的に行なおうとするものである。見方を変えると「航法灯を点じている機体は全て敵として見なして我が芙蓉部隊が撃ち落すぞ」との脅しとも受け取れる。

とはいえ作戦兵力が限られている現在、補助的任務ともいえる「敵夜戦狩り」に多くを割くわけにはいかない。そのため使用機数は『彗星』3機を上限としたようである。

そして同9日、一〇四六には部隊内へ次のように通達された。

「発、岩川芙蓉部隊指揮官
明朝夜戦隊ノ作戦要領左ノ如シ

（任務、機種機数、作戦要領、発進時刻ノ順）
一．制空戦闘、彗星三、奄美大島制空三十分間、〇一三〇
〃　、零戦四、　〃　、〇三〇〇
二．伊江島飛行場攻撃、彗星四、〇一四五
三．索敵攻撃、彗星零戦各二機、岩川ノ一四〇度ヨリ一七〇度ノ間、開度一〇度、進出距離一五〇浬、〇三三〇以後発進」

敵夜戦掃蕩を目的とする制空隊に『彗星』3機をあて、種子島東方海面に対する黎明索敵攻撃隊に2機を割くので、伊江島飛行場攻撃に向かう兵力は『彗星』4機のみとなる。前日までの到達率を考慮すれば攻撃兵力として心もとない数ではあるが、美濃部少佐の決心もゆるぎないものである。制空隊には零戦4機も加えられた。

前後した一〇二九には

「TFB信電令作第一六八号
夜間攻撃部隊ハ指揮官所定ニ依リ沖縄方面攻撃ヲ続行スベシ」

と発せられ（芙蓉部隊受信は一五一五）、いよいよ3夜連続での敵飛行場攻撃と、前代未聞の『彗星夜戦』による敵夜戦掃蕩が実施されることとなる。

敵夜戦掃蕩を担当する第1制空隊の3機の『彗星』は偵察席後方に装備した20mm斜め銃に加え、二八号ロケット弾4発を翼下に搭載する。敵夜戦と直接対決するこの3機は歴戦の戦闘九〇一隊員を中心に搭乗割が組まれたが、その中の1機には戦闘九〇一の中川義正上飛曹（乙飛16期）を操縦員に、戦闘八一二の川添 普中尉が乗り込む。中川上飛曹は三二一空、戦闘九〇一と渡り歩いた夜戦乗りで、先のフィリピン航空戦では『B-24』の夜間体当り撃墜（当該の『B-24』は実際には基地に帰り着いたが大破廃機となる）や、『P-38』の昼間撃墜を経験している、若武者ながら不思議なベテランの風格を漂わせる人物である。橋本上飛曹もそうだったが、川添中尉のペアはいつも他隊の下士官操縦員という組み合わせが面白い。この点について、川添氏自身は「芙蓉隊は3個飛行隊合同で〝芙蓉隊〟であるから、不思議なことではない」と語ってくれた。

この日の伊江島飛行場攻撃隊は4機のうち3機までが戦闘八一二の隊員で編成されていた。芳賀吉郎飛曹長-田中栄一大尉ペアに、菅原秀三上飛曹-田中 暁上飛曹ペア、そして寺井 誠上飛曹-津村国雄上飛曹ペアである。攻撃隊各機は二五番三一号爆弾を懸吊。

さらに2機の『彗星』と2機の『零戦』からなる黎明索敵攻撃隊には戦闘八〇四の川口次男上飛曹とのペアで池田秀一上飛曹が名を連ねていた。『彗星』は二八号弾を装備、『零戦』は機銃全弾を搭載する。

第1制空隊は10日に日付が変わった〇一二一から発進を開始、〇一三二に発進したのが〔131-80〕号機に搭乗する中川上飛曹-川添中尉のペアである。うち1機は機銃故障で佐多岬から引き返し〇二〇七に帰着。

これに続いて伊江島飛行場攻撃隊の4機の『彗星』が発進にかかった。寺井上飛曹-津村上飛曹ペアの搭乗する〔131-66〕号機は〇一四一に、菅原上飛曹-田中上飛曹ペアの〔131-72〕号機は〇一四六に、芳賀飛曹長-田中大尉ペアの〔131-19〕号機は〇一四八に次々と離陸。残る1機は離陸時に大破（搭乗員は無事）、発進を取止めている。

佐多岬を発動、針路211度、高度1800mで進撃を続ける川添中尉機は〇二一五、諏訪瀬島附近にさしかかったところで操縦員の中川上飛曹が前方の雲（雲高2000~3000m）の下にふたつの航法灯を発見、直ちに増速して上昇に転じたが1分ほどでこれを見失ってしまった。

直進を続けているとほどなくして再び前方上空に2機の機影が見えた。今度は灯火ではなく実体が確認できた。単発夜戦のようだ。高度差100m、すれ違いざまに撃ち込まれてくる射弾を機首を突っ込んで回避し、右への上昇旋回で反転、これを追いかけたが優速な敵機をすぐに見失ってしまった。

反転して再び進撃を続けると、またもや前方上空に2機の実体を発見、実に3度目の会敵である。同じく上方からすれ違いざまに射弾を浴びせてくる2機に対して同航戦に持ち込もうと中川上飛曹が旋回を打つと、このうちの1機を捕捉できた。背中の20mm斜め銃が火を噴くや被弾したものかこの敵機はクルクルと落ちていった。時間にして20分あまり。〇三一四には「我諏訪瀬島附近、敵夜戦ト空戦一機撃破ノ見込」と岩川へ打電した。

他の敵機を警戒しつつ帰投針路についた川添中尉機は〇四四八に岩川へ帰着。ところがこの殊勲機は惜しくも降着時に中破してしまう。中川上飛曹、川添中尉ともに無事。第1制空隊のもう1機の『彗星』は〇二三〇~〇二五〇まで大島上空を制空、会敵せずに〇四一三に帰着していた。

川添中尉と中川上飛曹から敵夜戦との会敵空戦の詳しい報告を受けた美濃部少佐は前述の1機を不確実撃墜と判断、ここに日本夜戦史上稀な敵夜戦撃墜戦果が記録されることになった。

中川上飛曹-川添中尉ペアの『彗星』が敵夜戦と交戦してから15分ほど経っ

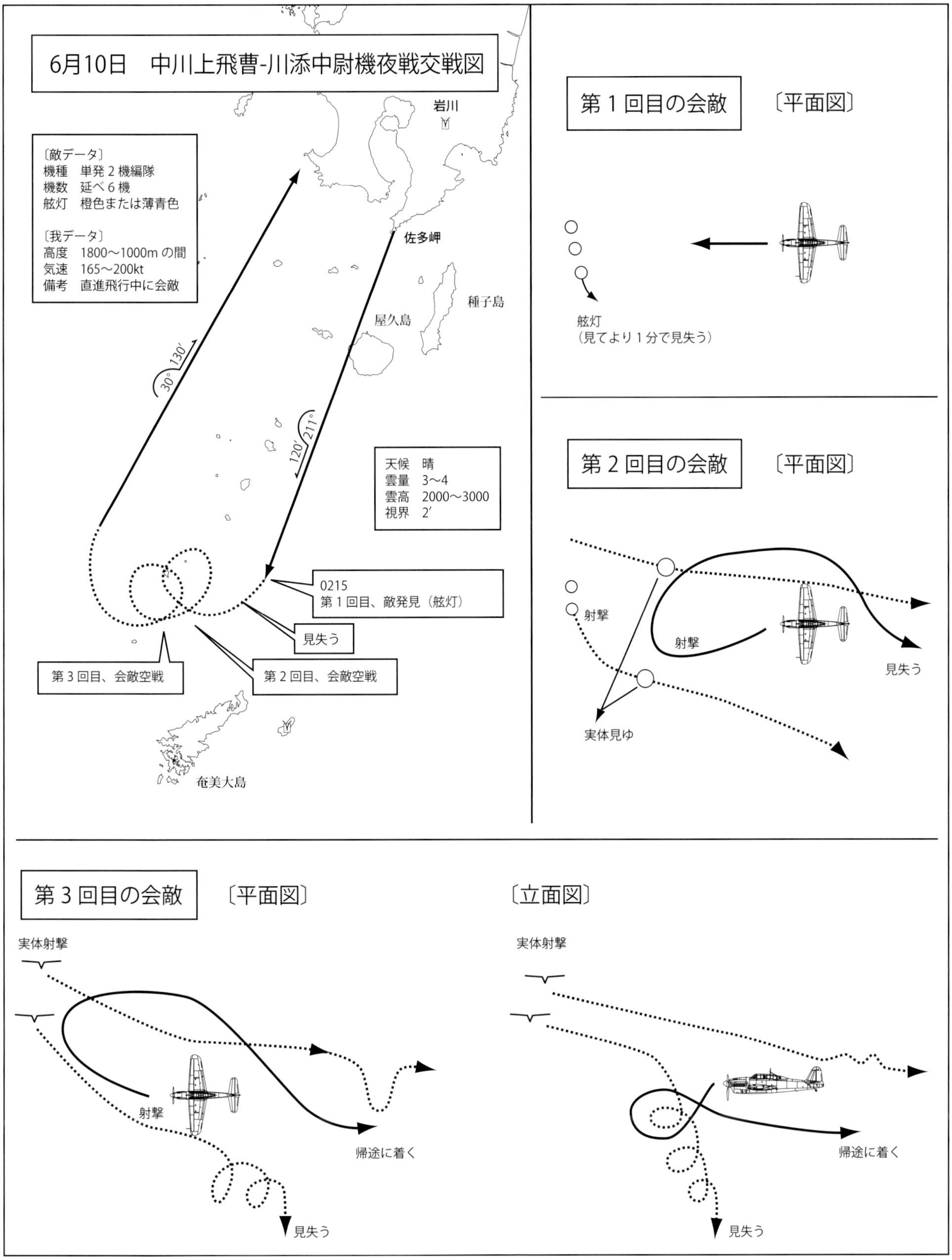
6月10日　中川上飛曹-川添中尉機夜戦交戦図
岩川
〔敵データ〕
機種　単発２機編隊
機数　延べ６機
舷灯　橙色または薄青色
〔我データ〕
高度　1800〜1000m の間
気速　165〜200kt
備考　直進飛行中に会敵
佐多岬
種子島
屋久島
30°
130′
211°
120′
天候　晴
雲量　3〜4
雲高　2000〜3000
視界　2′
0215
第１回目、敵発見（舷灯）
見失う
第３回目、会敵空戦
第２回目、会敵空戦
奄美大島
第１回目の会敵
〔平面図〕
舷灯
（見てより１分で見失う）
第２回目の会敵
〔平面図〕
射撃
射撃
見失う
実体見ゆ
第３回目の会敵
〔平面図〕
実体射撃
射撃
帰途に着く
見失う
〔立面図〕
実体射撃
帰途に着く
見失う

6月10日　伊江島飛行場黎明攻撃　攻撃隊編成表　その1

第一制空隊（『彗星』3機）

機体番号	操縦員		偵察員		呼出符号	発進時刻	戦場到達	帰投時刻	経　過
	氏名	階級	氏名	階級					
131-29	中森輝雄	上飛曹	加藤　昇	中尉	ス1	0121	0230	0413	0230～0250大島制空、敵ヲ見ズ
131-131	中野増男	上飛曹	清水武明	少尉	ス2	0131		0207	機銃故障ノ為佐多岬ヨリ引返ス、敵ヲ見ズ
131-80	中川義正	上飛曹	川添　普	中尉	ス3	0132	0215	0448	0215～0235諏訪瀬島附近ニ於テ敵夜戦二機 編隊三度空戦其ノ一機ヲ撃墜（不確実） 0448着、降着時機体中破、搭乗員無事

彗星一二戊型 二八号爆弾搭載仕様機

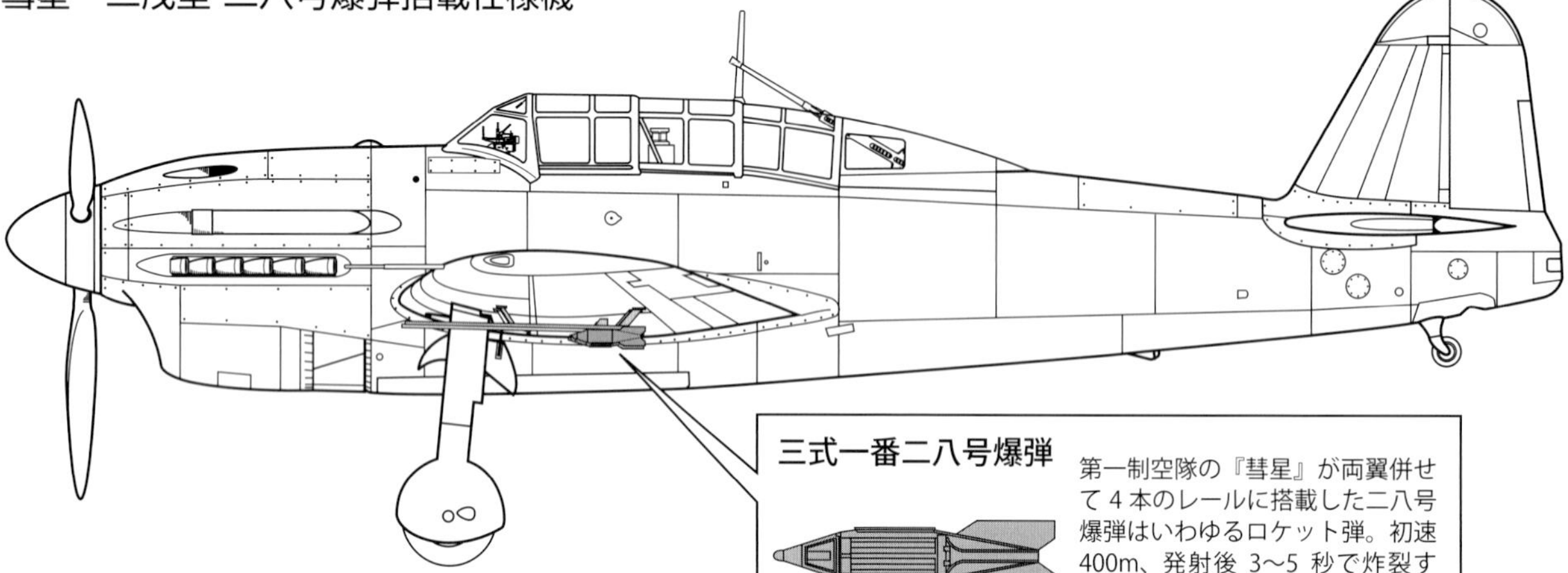

三式一番二八号爆弾

第一制空隊の『彗星』が両翼併せて４本のレールに搭載した二八号爆弾はいわゆるロケット弾。初速400m、発射後 3～5 秒で炸裂するようになっていた。

『零戦』五二丙型と違い、『彗星』にはボルトオンで二八号爆弾用レールを装着できないため、航空廠に持ち込んで改修した。同じロケット弾ながら二七号爆弾搭載機はまた別の改修が必要だった。

6月9/10日の夜間制空で見事に敵夜戦の撃墜を経験した川添 普中尉（海兵73期）。実線参加期間は短いながらも、敵潜水艦撃沈など珍しいエピソードの持ち主。

中川義正上飛曹（乙飛16期）の活躍はこれまでに雑誌などで取り上げられており有名。飛練卒業後、わずか１年という短い間での実績は群を抜いており、今回の敵夜戦撃墜もそのひとつ。

た〇二五〇、沖永良部附近にまで進出していた菅原上飛曹‐田中上飛曹ペアは天候不良により攻撃を断念、岩川への帰投を開始した。

ちょうど同じ頃、寺井上飛曹‐津村上飛曹ペアの『彗星』は奄美大島附近を針路218度、高度2500m、敵夜戦を警戒して左右角30度で蛇行運動をしながら約150ノットで飛行していた。蛇行運動を開始してから10分ほど経過した〇二五〇、津村上飛曹がやおら後方を振り返ると移動するふたつの灯火を視認。敵夜戦と直感した上飛曹が寺井上飛曹に増速を命じ、195ノットで引き続き蛇行運動を続けながら欺瞞紙を撒布していると灯火はみるみる近付き、右後方から射弾を浴びせてきた。

とっさに寺井上飛曹が左に急変針して60度の角度で降下、さらに右に旋回して反転し離脱を図ると再び射撃を受けたがからくも脱出に成功した。川添中尉機と同じく敵機は2機以上で行動していることが確認された。

再度沖縄へ進撃を始めると今度は厚い雲に阻まれる。〇三〇〇に進撃を断念した寺井上飛曹‐津村上飛曹ペア機は〇四五〇に岩川へ無事帰投した。

ところが、〇一四八に発進した芳賀飛曹長‐田中大尉ペアの『彗星』は〇三四四に「我突撃ス」と伊江島飛行場への攻撃を報じたまま消息が絶え、そのまま未帰還となった。第3陣として進出して以来、田中大尉が芳賀吉郎飛曹長とのペアで常に先頭に立って闘っていた様子が「芙蓉部隊戦闘詳報」からも読み取れるが、戦闘八一二はまたもや大黒柱の分隊長とベテラン分隊士のペアを失ってしまったのである。

第2制空隊の『零戦』4機は機銃全弾装備、〇三一七から〇三二五までに全機離陸していったが、やはり天候不良により〇四四五から〇五〇〇に宝島、及び奄美大島附近から引き返し、〇六〇三から〇六一八にかけて帰着した。こちらは全機敵と遭遇していない。当日の宝島附近はミストが濃かったと記録されている。

これに続き索敵攻撃隊も行動を起こす。まず〇三三五、〇三三七に『零戦』2機が、次いで〇三三九に川口次男上飛曹‐池田秀一上飛曹ペアの搭乗する『彗星』(131‐132)号機が、〇三四六に残る1機の『彗星』が発進した。『零戦』は機銃全弾装備、『彗星』は翼下に二八号爆弾を搭載。各機は〇四三〇から〇四三五までに先端到達、〇五三四から〇五四八にかけて岩川へ帰投、川口上飛曹‐池田上飛曹ペア機のみは岩川の170度100浬附近の捜索を実施して〇六〇〇に無事帰着している。敵艦船は見つからなかった。

結果としてこの日は唯一、田中分隊長機が未帰還となり、他に『彗星』1

6月10日　伊江島飛行場黎明攻撃　攻撃隊編成表　その2

伊江島飛行場攻撃隊（『彗星』4機）

機体番号	操縦員		偵察員		呼出　符号	発進時刻	戦場到達	帰投時刻	経　過
	氏名	階級	氏名	階級					
131-66※	寺井　誠	上飛曹	津村国雄	上飛曹	ス7	0141		0450	0250大島附近ニテ敵夜戦ノ追躡ヲ受ク0300天候不良ノ為引返ス
131-72※	菅原秀三	上飛曹	田中　暁	上飛曹	ス6	0146		0432	0250天候不良ノ為引返ス（沖泳良部）
131-19※	芳賀吉郎	飛曹長	田中栄一	大尉	ス4	0148	0344	未帰還	0344「我突撃ス」以後消息絶エ未ダ帰還セズ
131-25	加治木常允	中尉	関　妙吉	上飛曹	ス5				離陸時大破炎上シ出発取止メ

第二制空隊（『零戦』4機）

機体番号	操縦員		偵察員		呼出　符号	発進時刻	戦場到達	帰投時刻	経　過
	氏名	階級	氏名	階級					
131-24	河村一郎	飛曹長			セ1	0317	0500	0618	0500奄美大島、敵ヲ見ズ
131-21	黒川数則	上飛曹			セ2	0324		0615	0445宝島ヨリ引返ス、敵ヲ見ズ
131-90	本多春吉	上飛曹			セ3	0324		0613	0455宝島附近ヨリ引返ス、敵ヲ見ズ
131-83	山本義治	上飛曹			セ4	0325		0603	0500宝島ヨリ引返ス、敵ヲ見ズ

6月10日　黎明索敵攻撃　攻撃隊編成表

索敵攻撃隊（『零戦』2機、『彗星』2機）

機体番号	操縦員		偵察員		呼出符号	発進時刻	戦場到達	帰投時刻	経　過
	氏名	階級	氏名	階級					
131-88	早田　辿	中尉			セ5	0335	0430	0545	敵ヲ見ズ
131-80	江畑実二	上飛曹			セ6	0337	0430	0534	敵ヲ見ズ
131-132	川口次男	上飛曹	池田秀一	上飛曹	ス9	0339	0430	0600	岩川ノ170度100浬附近捜索、敵ヲ見ズ
131-91	斉藤　陽	中尉	菊池文夫	上飛曹	ス8	0346	0435	0548	敵ヲ見ズ

・防衛庁戦史図書館所収「芙蓉空部隊戦闘詳報」当該日付の戦闘詳報より筆者作成。
→原書の搭乗割を参考とし、筆者の責任において搭乗割の順序を「発進順」に並べ替えている。
・戦闘詳報に「中森政雄」とあるのは誤り
・機番号に※印を付したのが戦闘八一二のペア。他、川添中尉、池田上飛曹が戦闘八一二隊員。

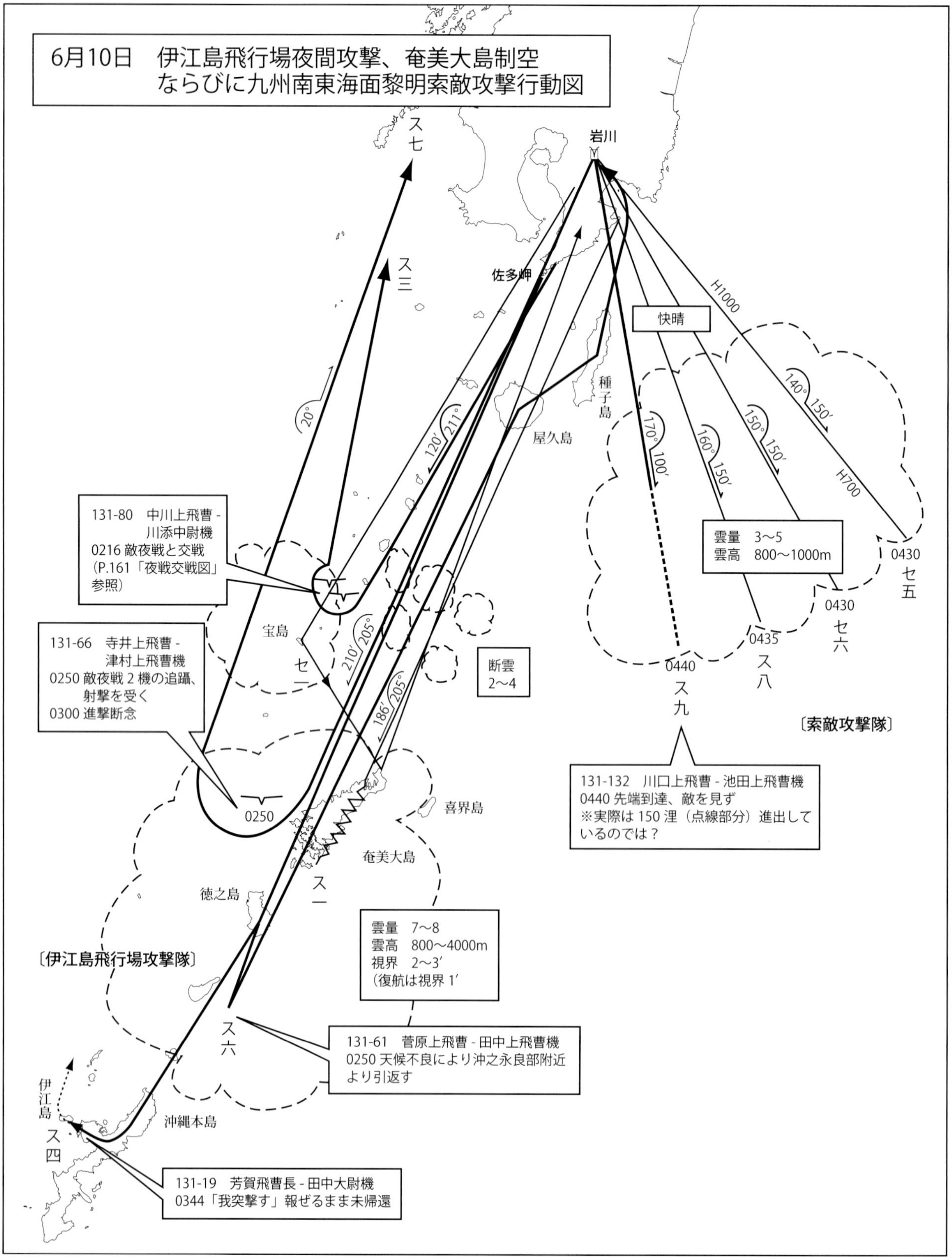
6月10日　伊江島飛行場夜間攻撃、奄美大島制空
ならびに九州南東海面黎明索敵攻撃行動図
ス七
岩川
ス三
佐多岬
快晴
H1000
種子島
屋久島
20°
120′
211°
140°
150′
150°
150′
170°
100′
160°
150′
H700
131-80　中川上飛曹 - 川添中尉機
0216 敵夜戦と交戦
（P.161「夜戦交戦図」参照）
雲量　3〜5
雲高　800〜1000m
0430
セ五
0430
セ六
0435
ス八
0440
ス九
宝島
セ二
210′
205°
断雲
2〜4
131-66　寺井上飛曹 - 津村上飛曹機
0250 敵夜戦２機の追躡、射撃を受く
0300 進撃断念
186′
205°
〔索敵攻撃隊〕
131-132　川口上飛曹 - 池田上飛曹機
0440 先端到達、敵を見ず
※実際は 150 浬（点線部分）進出しているのでは？
0250
喜界島
奄美大島
ス一
徳之島
雲量　7〜8
雲高　800〜4000m
視界　2〜3′
（復航は視界 1′
〔伊江島飛行場攻撃隊〕
ス六
131-61　菅原上飛曹 - 田中上飛曹機
0250 天候不良により沖之永良部附近より引返す
伊江島
ス四
沖縄本島
131-19　芳賀飛曹長 - 田中大尉機
0344「我突撃す」報ぜるまま未帰還

機が離陸時大破、1機が降着時に中破するという損害を出して終わった。戦果は川添中尉機による敵夜戦の不確実撃墜1機である。

　未帰還となった田中栄一大尉が海軍兵学校第71期生として江田島に入校したのは昭和14年12月1日のこと。昭和16年12月8日の対米戦争開戦を一号生徒で迎えた彼ら71期生は、ミッドウェーの敗戦、ガダルカナル戦の激化を経た昭和17年11月14日に海軍兵学校を卒業（おりしもこの日は第3次ソロモン海戦当日であった）、まずは少尉候補生として『長門』、『伊勢』、『日向』、『扶桑』、『山城』、そして新鋭の『武蔵』の6戦艦に乗組み、実務練習を行なうこととなった。戦艦6隻が練習艦隊となったのである。これはその1年前、開戦直前に先輩の70期生が卒業後すぐに艦隊各艦へ配属され、即実戦投入されたことを思えば戦中にあって異例の措置ともいえた。

　戦艦『武蔵』乗組みで2ヶ月ほどの艦隊勤務を経験した田中少尉候補生は、18年1月15日付けで第39期飛行学生となり飛行科士官への道を進むこととなる。なお、彼ら71期生の飛行学生は大きく39期（海兵70期生と半々で構成。71期生は93名）、40期（71期主体）のふたつに分かれており、41期と42期にも若干名が採用された。中練教程を経て偵察術専修士官となった彼は、その修了の昭和19年1月29日付けで築城空附（2月20日付けで五五三空に改編）となり、次いで3月8日付けで徳島空教官に発令され、同3月15日には海軍中尉に任官している。

　海兵71期の岩崎 保中尉が40期飛行学生の実用機教程を昭和19年6月に宇佐空で終え、教官として徳島空へ着任すると、ひとりの若い中尉が迎え入れてくれた。てっきりこの中尉が先輩の70期生だと思いかしこまっていたところ、クラス（同期生）の田中栄一中尉であることがわかりホッとする。およそ600名の同期生全てを知っているつもりでいた岩崎中尉は、彼に全く面識がなかったことに驚いた。半年早く飛行学生を卒業した田中中尉はすでに第13期飛行予備学生（特修学生）偵察術専修者の指導官附として頑張っていたところだった。

　この当時、徳島空には飛行長の田中武克少佐（海兵62期）、分隊長の田中一郎大尉（海兵67期・のちに飛行隊長就任）、そして田中栄一中尉と田中姓の海兵出身者が3人もおり、それぞれ大政、中政、小政の愛称で親しまれていたという。

　徳島空当時の田中中尉についてを岩崎 保氏は次のように回想している。

「田中君は明朗で、さわやかな人柄だったので、皆の人気者であった。なかなか奇智に富み、私の悪口を歌った『岩崎中尉を讃えるの歌』なるものを作詞し、一三期の少尉諸君に披露して喝采を受けたりした。」

『岩崎中尉を讃えるの歌』がどんな内容であったか大いに興味の湧くところだが、インテリ、リベラルな13期予備学生の心を掴むに充分な、ウィットなユーモアに満ち溢れたものだったようだ。

　彼ら71期生は昭和19年12月1日に大尉へ任官、田中大尉は同12月10日には徳島空分隊長となり、引き続き第14期飛行予備学生の教育を担当した。その後、20年3月31日に不時着戦死した野田貞記大尉の後任として、4月14日付けで戦闘八一二分隊長へ補されたことは第2章でも述べた通りだ。

　同じく海兵71期同期生の寺部甲子男氏は兵学校生徒時代の田中大尉の人となりについて、同期会誌に次のように寄せている。

「二十八分隊四号で一年間哀歓を共にした。身長は十七名中ビリから二番目、相当な東北弁で、入校当初は姓名申告で苦労していた。十五年秋彌山競技の練習が始まると、小さな体に大きな顔で、体を前倒しにして山路を上っていた姿が目に浮かぶ。」

　田中分隊長の操縦員として短い期間でペアを多く組み、共に未帰還となった芳賀吉郎飛曹長は甲飛5期の水上機操縦専修者。井戸先任とは呉空以来の古い仲であったという。

「芳賀さんはおとなしい、とても素敵な飛曹長でしたよ。予科練の先輩にこんな紳士がおらっしゃったのか…、とつねづね思ったものでした。」

と、戦闘八一二の坪井晴隆氏は在りし日のその人柄を語ってくれる。

　芳賀飛曹長は飛行時間も長く、水上機出身であるだけに夜間飛行もお手の物だったが、藤枝での陸上機への転科については『九三式中間練習機』の操訓に励んでいた様子が伝えられ、また着任早々、坪井飛長に「おい、ちょっとブレーキの使い方を教えろよ」とそっと『彗星』の操縦特性について聞きにきたことがあったという。

「ベテランの兵曹長ですし、古い下士官の方々には〝今さら…〟と聞きづらかったからかもしれません。その点、私なんかは『彗星』は（操縦歴が）長いくせに階級は飛長でしたから聞きやすかったんでしょうね」

　とはいえ、とかく気ぐらいの高い搭乗員たちの世界において、なかなか自分より下の者に教えを請うことはできないもの。若いながらも人格的に老成した芳賀飛曹長のふところの大きさが伝わってくるような話だ。

　甲飛5期生と海兵71期生は同年代であり、双方に中学の同級生がいたとい

〔芳賀吉郎少尉〕

田中大尉のペアとして出撃回数を増やしていた芳賀吉郎飛曹長（甲飛5期）は水上機出身。戦闘812の井戸 哲上飛曹とは呉空以来の古い付き合いだったという。

〔田中栄一少佐〕

4月中旬に着任、すぐさま鹿屋に進出して以降、分隊長として常に先頭に立って戦った田中栄一大尉（海兵71期）。徳島空当時はユーモアを解して予備学生たちの信望を集める教官だった。

う話もある。田中分隊長と芳賀飛曹長もまた、気心の知れたペアだったのではないだろうか。

ふたりが未帰還となったこの6月10日、芙蓉部隊はその戦闘速報で天航空部隊司令部、並びに藤枝へ敵夜戦との会敵を次のように報告している。

「敵夜戦状況
（イ）本朝〇二〇〇ヨリ〇四〇〇迄ニ諏訪瀬島ヨリ徳之島間ニ於テ遭遇セル
　　敵夜戦延一〇機
（ロ）敵夜戦ハ概ネ對機（筆者註：2機）ニテ行動シ飛行高度二〇〇〇〜
　　三〇〇〇、航空灯ヲ点出シアリ」

〇八〇〇には『彩雲』1機と『百式司偵』1機が発進、沖縄南東方面の索敵に向かったが敵を見ず、その一方で南西諸島に延べ220機、南九州に45機の来襲をみた。

「TFB信電令作第一七五号
天候不良ノ為、本日ノ夜間攻撃ヲ取止ム」

同10日一五五八、天航空部隊司令部はこう発したが、一六〇二には次のように通達した。

「TFB信電令作第一七六号
夜間攻撃部隊ハ急速ニ兵力整頓、練度ノ向上ニ務ムルト共ニ指揮官所定ニ依リ一部兵力ヲ以テ沖縄方面攻撃ヲ続行スベシ」

ここでいう「一部兵力」の中に芙蓉部隊も入っていたが、11日〇五四一には

「発、岩川基地芙蓉部隊指揮官
本朝『ミスト』ノ為発進不能作戦取止ム」

として作戦を中止する。

岩川周辺は地形的な理由から不意に真っ白な霧に覆われることが多く、これにより度々発進を見合わせたり、降着することができず他の基地へ不時着するケースがみられるのはこれまでにも見てきた通りだ。

〇八五〇から1時間あまりの間、沖縄を発進した『B-24』11機、『P-47』30機が南九州に来襲し、『零戦』40機が邀撃を実施した他、『彩雲』2機が一五〇〇に列島線東方索敵に発進したものの敵を見ず、沖縄周辺艦船夜間攻撃に発進した九三一空の『天山』4機、七六二空の『銀河』4機も天候不良により引き返してきた。

この11日以降、南西諸島方面の天候は悪化し、芙蓉部隊を初めとする夜間攻撃部隊の作戦行動もしばらくの休息をみることとなる。

第二時宗隊、前進

6月12日も天候不良。この日一二〇五、後日の天候回復を見据え、天航空部隊司令部は「菊水十号作戦方針並びに要領」を麾下各隊へ次のように通達した。

「TFB信電令作第一七九号

陸軍第十次總攻撃ニ協同シX日（十四日ト予定ス）菊水十号作戰ヲ決行ス

一．作戦方針　作戦可能ノ全兵力ヲ以テ桜花作戦ノ必成ヲ期ス

二．作戦要領

（イ）X－一日ヨリ基地艦船攻撃ヲ強化ス

X日黎明基地発進戦斗機ノ全力、桜花、爆戦ノ一部ヲ以テ晝間強襲ヲ決行ス

（ロ）X日右攻撃ニ策應シ偵察機ヲ以テ電探欺瞞戦果確認ヲ実施ス

（ハ）X－一日ヨリ南大東島ニ対シ偽交信ヲ実施シ敵機動部隊ヲ牽制ス

三．本作戦ニ協同スル陸軍兵力戦斗機約五〇、特攻約五〇」

菊水九号作戦でもそうであったが、我が昼間攻撃兵力の枯渇は見るも無残で、3月中下旬から5月上旬まで鹿屋ほか南九州各基地に展開していた艦爆、艦攻各隊の戦力再建は6月中旬になっても進んでおらず（もっとも、彼我の戦力差は歴然たるものとなり、正攻法も特攻も、昼間作戦自体が成り立たなくなっていた状況ではあるのだが）、ことここに到って七二一空神雷部隊の『桜花』特攻、爆戦特攻が主力という有様であった。

そして、その作戦の成否は芙蓉部隊をはじめとする夜間攻撃隊による敵兵力の漸減にかかっていた。

13日も天候不良。一三四八には

「TFB信電令作第一八〇号

菊水十号作戦決行予定十四日ヲ十五日ニ延期ス」

と、作戦実施を1日延期すると通達される。次いで一七三五になって作戦区分が次のように指示された。

「TFB信電令作第一八一号

菊水十号作戦ヲ左ノ通リ区分

A法　X－一日ノ夜間攻撃ニ引キ続キX日晝間攻撃決行

B法　晝間攻撃ノミ決行

C法　桜花攻撃ヲ除ク晝間攻撃決行」

これは天候条件によるもので、続いて同日一七四二には各部隊の作戦実施細目が次のように達せられている。

「TFB信電令作第一八二号

菊水十号作戦実施細目左ノ通リ

一．夜間攻撃

（イ）基地攻撃　八〇一部隊陸攻ノ一部、七〇六部隊陸攻、芙蓉部隊、出水部隊ヲ以テ終夜ニ亘リ北、中、伊江島基地攻撃並ニ制圧

（ロ）艦船攻撃　七六二部隊、九三一部隊、六三四部隊ノ全力ヲ主トシテ湊川沖、那覇沖巡洋艦以上ヲ攻撃ス

二．晝間攻撃部隊ハ〇八三〇ヨリ〇九〇〇頃迄ニ攻撃ヲ終了シ得ル如ク各基地ヲ発進

（イ）桜花隊ハ西方海面ヲ迂回、主トシテ晝間攻撃、湊川附近ノ戦艦、空母ヲ攻撃

（ロ）爆戦隊部隊攻撃ニ協同、東方海面ヨリ中城湾、湊川沖、那覇沖晝間攻撃ノ巡洋艦並ニ空母ヲ攻撃ス

（ハ）二〇三部隊ハ桜花隊ノ直衛ニ任ズベシ、三四三部隊ハ収容制空隊トシテ奄美大島喜界島附近ノ制空ニ任ズベシ

一七一部隊並ニ偽瞞隊ハ攻撃隊攻撃前、沖縄東方海面、及攻撃後、久米島附近ニ行動、電探偽瞞ヲ実施ス」

夜間攻撃兵力は沖縄基地攻撃と同島周辺艦船攻撃に二分されており、我が芙蓉部隊は沖縄北、中、伊江島の3飛行場攻撃隊の一翼を担う。11日以降、日本側の攻撃作戦は実施されていないが、南九州は3日連続で沖縄からの大小陸上機による空襲を受ける状況であり、総攻撃実施の際には事前に不沈空母化したその兵力を削いでおかねばならなかった。

これを受けて菊水十号作戦前日の14日〇九二七、芙蓉部隊はこれに次のような作戦計画を立てた。

「発、岩川芙蓉部隊指揮官

菊水十号（明十五日）当隊作戦要領左ノ通リ

一．彗星二機、沖縄夜間制空佯動

彗星八機、伊江島飛行場攻撃、制空時間　〇一五〇～〇四〇〇

零戦六機索敵攻撃、都井岬ノ一四〇度ヨリ一九〇度間、開度一〇度、進出距離一五〇浬、発進時刻〇三二〇」

伊江島飛行場攻撃の他、10日と同様、敵夜戦の制空を図るものである。

ところが、14日一二〇六になって天航空部隊司令部は天候不良を理由に

「ＴＦＢ信電令作第一八四号
菊水十号作戦決行予定ヲ十六日ニ延期ス」

と、さらに15日一五五八には

「ＴＦＢ信電令作第一八六号
菊水十号作戦ヲ特定アル迄延期ス」

と、総攻撃の延期を通達した。

14日、15日と南九州の天候は不良。南西諸島の列島線も雨である。その後も天候不良は続き、16日以降19日までの状況は、17日に『Ｂ－29』による鹿児島、大牟田への夜間空襲があった他は南九州への敵機の来襲もなく、日本側の作戦行動も16日と18日に八〇一空の飛行艇1機が索敵を行なった程度であった。

「芙蓉部隊戦時日誌」によると6月11日以降の活動は連日「整備作業」となっている。作戦がないとはいえ、格納庫がなく、露天掩体においてカバーを掛けただけの状態で駐機する『彗星』や『零戦』は雨に打たれ続けることとなり、整備員の苦労は増すばかりだ。

搭乗員たちにとっては梅雨空の下、長い休息となったわけだが、この間にも、11日には「写真資料判読」、14日には「航法」「増槽」、16日には「会敵処置」、17日には「通信兵器」、19日には「次期作戦」といった座学が実施されている。

坪井晴隆氏はこれら座学の模様を次のように回想する。

「航法の訓練は室内で、実戦のように操縦員と偵察員がペアになって行なわれました。岩川を発進して沖縄を攻撃し、帰投するまでの行動をなぞるわけですが、偵察員は図板と航法計算盤を持っていて、美濃部飛行長が途中、ところどころで『今の機の位置は!? 偏流は!?』などと矢つぎ早に質問します。若い偵察員だと答えがしどろもどろになって…、『何をやっとる！』と発破をかけられる光景もしばしばでした。」

これまでベテランや中堅以上の搭乗員を中心に戦ってきた芙蓉部隊であったが、各隊ともこのころになると乙飛18期生や甲飛12期生といった若手の偵察員が岩川へ進出して来ており、この技倆向上が戦力持続の鍵を握っていたのである。自然、美濃部少佐の語気も荒くなった。

19日には天作戦航空部隊司令部から芙蓉部隊に対し、次のような指示がなされている。

「７ＦＧＢ電令作第四七號
関東空司令ハ二十日以後、成可ク速ニ彗星十機岩川基地ニ進出セシムベシ」

6月上旬に「時宗隊」として10機の『彗星』が進出したばかりだが、さらに兵力を加えようというものである。芙蓉部隊に対する天航空部隊司令部の期待の高さがうかがい知れよう。

ただし、これを受けた在岩川の芙蓉部隊は同19日、藤枝に向けて次のような通達をしている。

「発、岩川部隊指揮官、宛、関東空司令
當基地降雨ノ為軟弱化セリ、夜戦隊進出ハ晴天二日目ノ一七〇〇以后トサレ度
尚當基地ヨリ敵情天候等ヲ連絡ス
電波六一五五ＫＣ連絡時間〇八〇〇及一二〇〇ヨリ各五分間」

岩川基地は台地を填圧しただけの無舗装滑走路であり、降雨直後には飛行場全体が泥濘となり使用に耐えない。そのため進出を雨が上がり路面の乾いた晴天2日目とするよう指示するもの。岩川着を一七〇〇以降としているのは、せっかくの秘匿飛行場が敵に発見されるのを避けるためだ。

準備された『彗星』10機の補充兵力は前回に引き続いて「第二時宗隊」と称された。6月20日現在の藤枝の『彗星』の可動機数は22機（他に4機が整備または修理中）だから、兵力の半分を岩川へ抽出する形だ。この時は予備員を含め各隊とも4ないし5ペアが選抜されたようで、戦闘八一二では森實二中尉（海兵73期）‐小田正彰一飛曹（乙飛18期）ペアの他、操縦員が蒲生安夫一飛曹（丙飛15期）、白川良一二飛曹（特乙1期）、偵察員は金子忠雄一飛曹（甲飛11期、本当は上飛曹？）らの名を見ることができる。

この6月20日は芙蓉部隊を取り巻く環境が再度変わった日でもあった。

「７ＦＧＢ電令作第四八號
一．７ＦＧＢ兵力部署中六月二十日附左ノ通變更ス
（イ）芙蓉部隊（配備基地藤枝）ヲ關東空ヨリ除ク
中略
二．東海空司令ハ芙蓉部隊ニ對スル基地任務ヲ擔当スルト共ニ作戰竝ニ錬成ニ關シ同隊ニ協力スベシ」

同日付けで東海航空隊が新編成されたことにより、藤枝での錬成開始以来、長らくお世話になってきた関東空の指揮下を離れることになったのである。「東海空司令ハ芙蓉部隊ニ…協力スベシ」との文面が両隊の関係を表しているといえる。

その翌日の6月21日一五〇〇、文字通り「晴天二日目」に半数の5機が藤

〔第二時宗隊〕

6月21日から順次、岩川へ前進した第二時宗隊の隊員たち（椅子に座っていない人員）。1列目左から落合義章上飛曹（甲飛11期、804）、小川次雄大尉（偵練17期、901分）、1人おいて市川 重大佐（関東空司令）、座光寺一好少佐（海機47期、131空附）、江口 進大尉（海兵70期、901隊）。2列目左から笹谷亀三郎中尉（推定、操練19期、901）、宇田勇作上飛曹（甲飛11期、804）、瀧崎二三雄中尉（予学13期、804）、青柳俊治中尉（予学13期、804）、渡部松夫中尉（予学13期、804）、國井義章中尉（予学11期、901）、森 實二中尉（海兵73期、812）、鞭 杲則中尉（予学13期、804）、高濱正之中尉（予学13期、901）、鈴木照矢一飛曹（甲飛12期、804）。3列目左から島川龍馬二飛曹（特乙1期、901）、近藤 博二飛曹（特乙1期、901）、小西 肇上飛曹（甲飛9期、901）、重田兵三郎上飛曹（乙飛13期、804）、白川良一二飛曹（特乙1期、812）、小田正彰一飛曹（乙飛18期、812）、豊田孝一上飛曹（甲飛11期、804）、金子三二二飛曹（特乙1期、901）。

藤枝で訓練に励んできた小田正彰一飛曹も、森 實二中尉とのペアで岩川へ。写真は擬装された『彗星』一二戊型の操縦席に立つ小田一飛曹（ただし彼は偵察員）。画面左端、アンテナ支柱の向こうに銃口をシーリングされた20㎜斜め銃が見えている。

枝を発進、岩川に向かった（ただし、この内の1機は途中で引き返したものか、この日岩川へ到着したのは4機）。

ちょうどその頃、岩川ではいよいよ再開される総攻撃に向けた作戦準備がなされていた。

菊水十号作戦発動

藤枝基地で「第二時宗隊」の隊員たちが進出の朝を迎えた21日〇八四一、天航空部隊司令部は菊水十号作戦を発動させた。

「TFB信電令作第一九二号
菊水十号作戦A法発動
（艦船攻撃隊ニ白菊ヲ加フ）
一七一部隊ハ一二〇〇頃発進、列島線天候偵察ヲ実施スベシ」

前日したように作戦A法は前夜の夜間攻撃を前提とした昼間総攻撃である。

これにさかのぼること〇七〇〇、『百式司偵』1機が天候偵察に発進、台湾に展開する偵察第一二飛行隊の『彩雲』も索敵に発進し、〇九二〇には那覇の南西80浬に空母1隻、戦艦2隻を基幹とする1群、〇九五〇にも那覇の南南西130浬に空母4隻を含む1群を発見したと報じてきた。

伊江島飛行場攻撃を担当する芙蓉部隊は、作戦計画を同日一二五六に次のように報告している。

「発、岩川芙蓉部隊
夜戦隊菊水十号作戦実施要領左ノ如シ
一．機種機数、発進時刻、攻撃目標、攻撃時刻
彗星五、二〇〇〇、伊江島飛行場、二二〇〇
〃　、二一〇〇、　〃　、二三〇〇
彗星四、二二〇〇、　〃　、〇〇〇〇
〃　、〇〇一五、　〃　、〇二一五
二．零戦六、〇二三〇発進索敵攻撃、基点都井岬一四〇度〜一九〇度間、開度一〇度、進出距離一五〇浬、側程左折十五浬、
零戦四、二〇〇〇以後邀撃三十分間待機」

二二〇〇から一時間ごと、4回にわたって攻撃をかける手はずである。『彗星』各機は二五番三一号爆弾を懸吊、爆弾倉に増槽を装備している『二式艦偵』タイプの機体のみ六番二一号爆弾を主翼に懸吊する。併せて『零戦』隊は機銃全弾を装備、都井岬南方150浬を索敵して敵哨戒艦艇の捕捉攻撃を企図する。なお、のちに『零戦』隊の索敵範囲は岩川の200度から250度の列島線以西に変更された。

この日、戦闘八一二から搭乗割に名前を連ねたのは第1次攻撃隊に寺井誠上飛曹（甲飛11期）・津村国雄上飛曹（乙飛14期）ペア、第2次攻撃隊に岩間子郎中尉（海兵73期）・安井泰二一飛曹（甲飛12期）ペア、萬石巖喜中尉（予飛13期）・平原郁郎上飛曹（甲飛11期）ペア、米倉 稔上飛曹（乙飛16期）・恩田善雄一飛曹（甲飛12期）ペア、坪井晴隆飛長（特乙1期）・平原定重上飛曹（乙飛17期）ペアの4組、第3次攻撃隊に右川舟平上飛曹（甲飛11期）・井戸 哲上飛曹（普電52期）ペアである。とくに第2次攻撃隊は5機中4機が戦闘八一二のペアで占められていた。

21日二〇〇二、第1次攻撃隊の1番機が発進を開始し、続いて二〇〇四、二〇〇六、二〇〇八と2分間隔で1機ずつ飛び立っていく。このうち、二〇〇六に発進した1機が寺井上飛曹・津村上飛曹ペアの搭乗する〔131-62〕号機。彼らの機は『二式艦偵』だったようで翼下に六番二一号爆弾を2発懸吊していたことが記録にもわかる。残る1機は天候不良を理由に発進を取止めている。離陸後15分ほどたった二〇一八に天候不良を理由に1機が、さらに二〇三五には発動機故障で佐多岬の20浬付近から1機が引き返し、後者の機は降着時に機首をこすって中破した。搭乗員は無事。

残る2機は進撃を続け、まず1機が二一三〇に沖縄に到達、中飛行場を攻撃して効果不明、〇〇〇二に無事帰投する。

寺井上飛曹・津村上飛曹ペアの『彗星』は発進から1時間ほど経過した二一〇〇頃、針路200度、高度3500m、155ノットで屋久島と奄美大島の中間地点を巡航していた。見張りに徹していた津村上飛曹が、やおら後ろを振り返ると後下方に占位せんとする実体を発見。双発双胴、敵夜戦だ。航法灯は点灯していない。

前方の断雲に飛び込んで急角度で右（西方向）へ変針、次いで左（南方向）へ急旋回、急降下して260ノットに増速、一気に離脱を図る。降下姿勢のままこの雲を飛び抜けると、さらに右前方に断雲を発見、これへ飛び込む。この雲の中は雨。海面スレスレの高度100mで水平飛行に戻し、この雲を突破、後方を確認すると距離300〜400m、50mほどの高度差で敵夜戦も離れずついてきた。それでも雲中で津村上飛曹が欺瞞紙を撒布し、寺井上

6月21／22日　伊江島飛行場攻撃及び黎明索敵攻撃　編成表

第1次攻撃隊

機体番号	操縦員		偵察員		兵装	発進時刻	戦場到達	帰投時刻	経　過
	氏名	階級	氏名	階級					
131-106	川口次男	上飛曹	大野隆正	大尉	25番31号	2002	2130	0002	2130沖縄中飛行場攻撃効果不明、被害ナシ
131-150	斉藤　陽	中尉	菊地文夫	上飛曹	25番31号				天候不良ノ為取止メ
131-55	村上　明	二飛曹	布施己知男	中尉	25番31号	2004		2122	2035発動機故障佐多岬205度20浬ヨリ引返ス（着陸時鼻ヲツキ中破）
131-62※	寺井　誠	上飛曹	津村国雄	上飛曹	6番21号	2006	2206	0330	2206伊江島飛行場攻撃、夜戦ノ追躡ヲ受ケ効果確認セズ、被害ナシ
131-61	及川末次	飛長	小林大二	中尉	25番31号	2008		2027	2018天候不良ノ為引返ス

第2次攻撃隊

機体番号	操縦員		偵察員		兵装	発進時刻	戦場到達	帰投時刻	経　過
	氏名	階級	氏名	階級					
131-96※	岩間子郎	中尉	安井泰二	一飛曹	25番31号				天候不良ノ為出発取止メ
131-91※	萬石巌喜	中尉	平原郁郎	上飛曹	6番21号				天候不良ノ為出発取止メ
131-09※	米倉　稔	上飛曹	恩田善雄	一飛曹	25番31号	2110		海没	2120頃発動機故障ノ為志布志東方3粁ノ海上ニ不時着　操縦員行方不明偵察員無事
131-131	島崎順一	上飛曹	千々松普秀	中尉	25番31号	2107		未帰還	2215奄美大島通過ヲ報ジタル後消息不明
131-29※	坪井晴隆	飛長	平原定重	上飛曹	25番31号				天候不良ノ為出発取止メ

第3次攻撃隊

機体番号	操縦員		偵察員		兵装	発進時刻	戦場到達	帰投時刻	経　過
	氏名	階級	氏名	階級					
131-94	藤澤保雄	中尉	横堀政雄	上飛曹	25番31号				天候不良ノ為出発取止メ
131-137	深堀三男	上飛曹	浜名今朝次	二飛曹	25番31号				天候不良ノ為出発取止メ
131-95	安藤秀雄	飛曹長	宮　恒治	二飛曹	25番31号				天候不良ノ為出発取止メ
131-57※	右川舟平	上飛曹	井戸　哲	上飛曹	25番31号				天候不良ノ為出発取止メ

第4次攻撃隊

機体番号	操縦員		偵察員		兵装	発進時刻	戦場到達	帰投時刻	経　過
	氏名	階級	氏名	階級					
131-16	藤井健三	中尉	鈴木晃二	上飛曹	25番31号				天候不良ノ為出発取止メ
131-105	堀野勝芳	二飛曹	守屋正武	中尉	25番31号				天候不良ノ為出発取止メ
131-72	小林　弘	上飛曹	木内　要	中尉	25番31号				天候不良ノ為出発取止メ
131-19	上田英夫	上飛曹	中野望正	中尉	25番31号				天候不良ノ為出発取止メ

索敵攻撃隊

機体番号	操縦員		索敵コース	兵装	発進時刻	先端到達	帰投時刻	経　過
	氏名	階級						
131-97	河村一郎	飛曹長	岩川200度170浬	機銃全弾	0341	?	0835	敵ヲ見ズ、基地附近霧ノ為0615宮崎着、0750全発
131-56	尾形　勇	飛曹長	岩川210度170浬	機銃全弾	0343	?	0531	敵ヲ見ズ
131-31	黒川数則	上飛曹	岩川220度170浬	機銃全弾	0353	?	0840	敵ヲ見ズ、基地附近霧ノ為0624宮崎着、0755全発
131-80	山本義治	上飛曹	岩川240度170浬	機銃全弾	0347	?	0556	敵ヲ見ズ
131-90	小峯　茂	上飛曹	岩川230度170浬	機銃全弾	0350	?	0620	敵ヲ見ズ
131-24	加藤圭二	一飛曹	岩川250度170浬	機銃全弾	0356	?	?	唐瀬原飛行場ニ不時着

・防衛庁戦史図書館所収「芙蓉空部隊戦闘詳報」当該日付の戦闘詳報より筆者作成。
・機番号末に※印を付したのが戦闘812のペア。
・『零戦』隊の先端到達時間は不明だが、各機任務を遂行している。

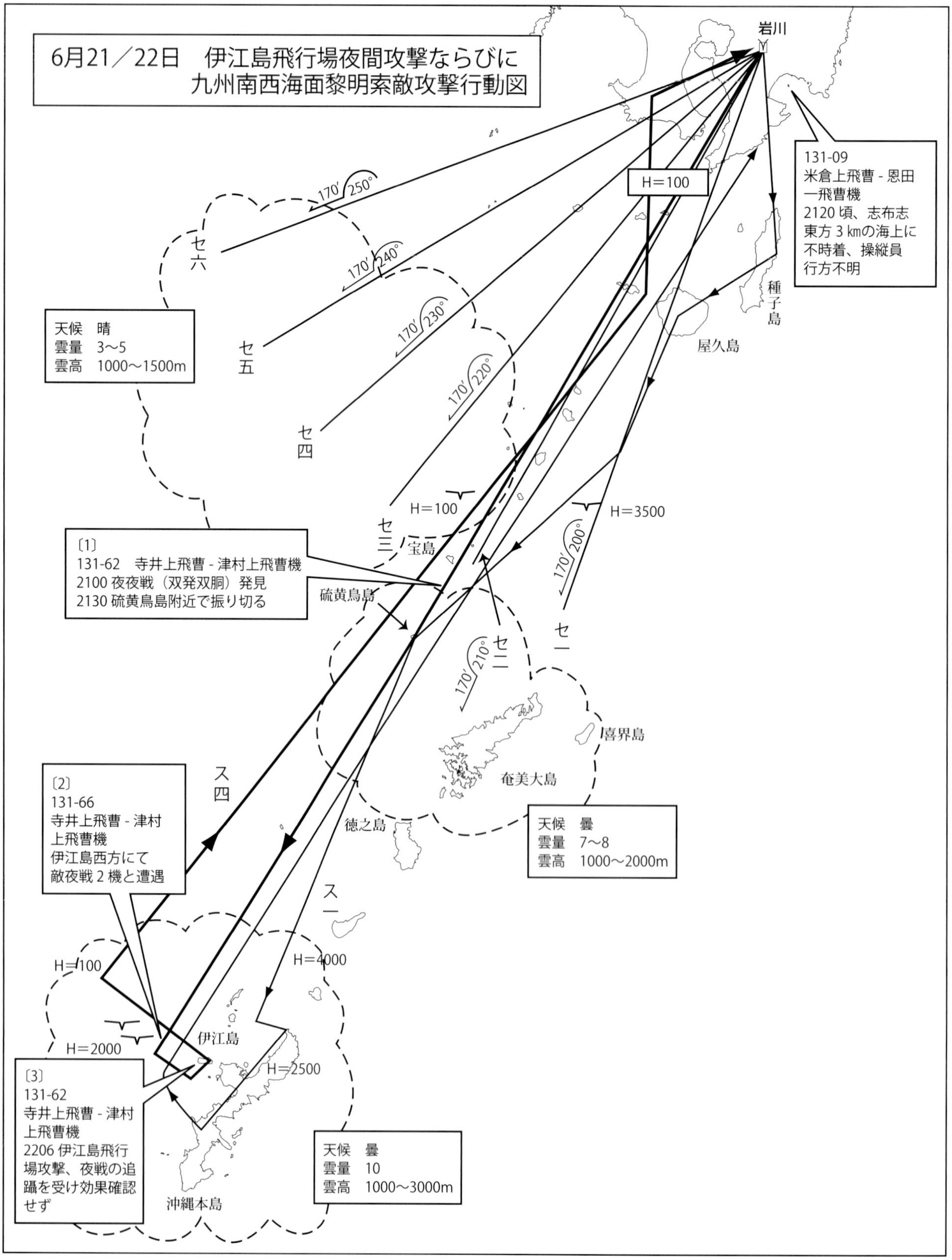

6月21／22日　伊江島飛行場夜間攻撃ならびに
九州南西海面黎明索敵攻撃行動図
岩川
131-09
米倉上飛曹 - 恩田
一飛曹機
2120 頃、志布志
東方 3 kmの海上に
不時着、操縦員
行方不明
H＝100
170′ 250°
セ
六
170′ 240°
セ
五
170′ 230°
170′ 220°
セ
四
天候　晴
雲量　3〜5
雲高　1000〜1500m
種
子
島
屋久島
H＝100
H＝3500
170′ 200°
セ
三
宝島
〔1〕
131-62　寺井上飛曹 - 津村上飛曹機
2100 夜夜戦（双発双胴）発見
2130 硫黄鳥島附近で振り切る
硫黄鳥島
セ
二
セ
一
170′ 210°
喜界島
奄美大島
ス
四
〔2〕
131-66
寺井上飛曹 - 津村
上飛曹機
伊江島西方にて
敵夜戦 2 機と遭遇
徳之島
天候　曇
雲量　7〜8
雲高　1000〜2000m
ス
一
H＝100
H＝4000
H＝2000
伊江島
H＝2500
〔3〕
131-62
寺井上飛曹 - 津村
上飛曹機
2206 伊江島飛行
場攻撃、夜戦の追
蹤を受け効果確認
せず
天候　曇
雲量　10
雲高　1000〜3000m
沖縄本島

飛曹が大変針したのが幸いして少し彼我の距離が開いたようだ。

　時刻はすでに二二三〇、前方には鳥島（硫黄鳥島）が見えていた。ここで一計を案じた彼らは自らの機体をこの島影に重なるようにして欺瞞紙を撒布、敵夜戦の電探の撹乱を試みる。さらに急変針をすることで何とか引き離しに成功したようだ。

　気を取り直して鳥島から210度の針路をとって進撃を続ける。敵夜戦の待ち伏せが考えられる列島線を避けるのだ。

　ところが、伊江島の西で110度に変針、150ノット、高度2000mで左右角30度の蛇行運動をしながらいよいよ伊江島への接敵に移ろうとしていた矢先、右真横300mと左160度400mに再び双発双胴の敵夜戦を発見した。今回も実体を確認、航法灯は点灯していなかった。

　伊江島はすぐ前方の雲の下に横たわっている。この雲の上端をなめるようにして飛行していると切れ間を発見、ここから降下。敵夜戦も追いかけてくる。その追躡を警戒しながら投弾して急変針、270度で雲の下端を飛び離脱を図る。爆撃効果を確認していられる状況ではない。すがりつく敵の夜戦は好機と見て射撃をしてくる始末。さらに低い位置にあった雲の下へ高度100mで滑り込むと敵夜戦はこちらを見失ったようだった。時刻は二三一〇、針路120度へ変針し帰路につく。

　虎口を脱した寺井上飛曹‐津村上飛曹ペアが鳥島の上空を飛び、しばらくたった二三五五、宝島にさしかかると、操縦員の寺井上飛曹がその上空にまたもや反航してくる敵夜戦を発見した。高度差200から300m、やはり今度も双発双胴、航法灯は点じていない。しかし、この夜戦はレーダーで捉えることができなかったのか津村機には反応せずにすれ違い、そのまま行ってしまった。

　こうして3度にわたる敵夜戦との遭遇を経た彼らは〇三三〇にようやく岩川基地へ帰投してきた。

　続く第2次攻撃隊は二一〇七から発進を開始、二一一〇に発進したのが「131-09」号機に搭乗する米倉上飛曹‐恩田善雄一飛曹ペアの『彗星』であった。これはちょうど寺井上飛曹‐津村上飛曹ペアの『二式艦偵』が宝島上空で最初の敵夜戦と遭遇した頃なのだが、ほんの一瞬で岩川基地は特有の霧に覆われたため、残る第2次攻撃隊各機の発進は取止められ、出撃したのは2機のみである。

　ところが、米倉上飛曹機は発進直後に発動機が不調となり志布志湾の沖合い3kmの海上に不時着、偵察員の恩田一飛曹は救助されたが、操縦席でうつ伏せとなったままの米倉上飛曹は機体とともに海中へ沈んでいった。

　その後に予定されていた第3次攻撃隊、第4次攻撃隊も天候不良を理由に発進を取止められた。これは基地周辺の天候というよりも沖縄附近の天候が「雲量一〇、雲高二〇〇〇以下ニシテ飛行場発見困難」との情報によるものである。そんな中、二一〇七に発進した第2次攻撃隊の1機は二二一五に奄美大島通過を報じたまま未帰還となった。

　日付が変わった22日、〇三四一から索敵攻撃隊の『零戦』6機が発進、こちらは各機予定どおりの索敵を実施して敵を見ず、〇五三一ころから順次帰投した。

　この21日夜からの作戦で沖縄に到達したもの2機、それぞれ沖縄中飛行場に二五番三一号爆弾1発と伊江島飛行場に六番二一号爆弾2発（寺井上飛曹‐津村上飛曹ペア機）を投弾しているが、あいにくの雲のため効果不明。『彗星』1機が降着時に中破し、1機が未帰還、1機が海上へ不時着し、搭乗員3名が戦死したことになる。『零戦』隊に被害なし。

　戦死した米倉上飛曹は乙飛16期、飛練32期北浦空水上機専修と進み、昭和20年2月に戦闘八一二へ配属されて陸上機に転科した。藤枝に配属されてすぐにペアを組むことになった米倉兵曹が宮城県出身であることを知った恩田二飛曹（当時）は、幼くして母を亡くした自分も仙台に住む祖母に育てられたことなどを話して同郷の誼みから打ち解け、死なばともにと藤枝駅近くの写真館でツーショット写真を撮ったばかりだった。

　なお、米倉上飛曹には「普通科電信術練習生第52期（掌電信）」として昭和14年に海軍に志願した実兄、米倉金留氏がいた。普電52期といえば、専修こそ違うが戦闘八一二の先任下士官である井戸哲上飛曹とは同期生の間柄だ。米倉上飛曹が実家にあてた手紙（絶筆となる）には前年の8月4日に戦死した兄を踏まえた、母親への気遣いが綴られている。

　この6月21日の夜間攻撃は他隊でも活発で、七六二空の『銀河』4機、重爆6機、九三一空の『天山』5機、六三四空の『瑞雲』8機が一九〇〇から二三〇〇の間に九州各基地を発進して沖縄周辺艦船攻撃を実施、敵信傍受により巡洋艦1小破、駆逐艦1炎上、輸送船1撃沈などの戦果を確認した。また、高知空と徳島空の『白菊』計16機は一九〇〇から二〇〇〇までの間に、『零観』8機の特攻隊は二三三〇に指宿を出撃し、突入電1を報じてきたほか、陸攻9機も芙蓉部隊に呼応し一九〇〇から二三〇〇の間に発進して沖縄飛行場攻撃を行なった。
そしていよいよ総攻撃当日の22日、夜が明けた〇五三〇には『彩雲』1機と『百式司偵』1機が発進し、沖縄東方海面における電探欺瞞を実施、七二一空神雷部隊の『桜花』特攻『一式陸攻』6機と爆戦8機が〇五二〇から〇五三〇にかけて鹿屋を発進、『桜花』直掩の各部隊混成『零戦』隊66機も〇五三〇から〇六〇〇までに発進していく。
これが昼間攻撃隊の総力である。
〇九三〇には『紫電』50機が喜界島上空制圧に発進し、あわせて攻撃隊の収容（帰還してくる味方が敵の送り狼にやられないよう掩護をすること）を行なった。また前日に引き続き台湾の一三二空T一二の『彩雲』も索敵を実施、〇九四五に宮古東方60浬に空母4隻、その他9隻からなる1群の、一四二〇に同じく宮古東方120浬に空母6隻、その他約10隻からなるもう1群の存在を報じてきた。
その夜、二〇二〇になって陸軍飛行第七戦隊の重爆6機が宮崎を発進、六三四空の『瑞雲』8機も櫻島基地を発進して沖縄周辺艦船への夜間攻撃を実施している。
この間にも〇六五五には
「TFB信電令作第一九四号
各隊指揮官所定ニ依リ沖縄周辺攻撃ヲ強化続行スベシ」
と、一〇一四には
「TFB信電令作第一九四号
（TFB機密第二二〇六五五番電）中『沖縄周辺攻撃』ヲ『沖縄周辺夜間攻撃』ニ訂正サレ度」
といった命令が下達されていたが、結局この日の攻撃を最後として菊水十号作戦は終わりを告げた。沖縄の地上軍がついに力尽き、第三二軍司令官、牛島 満陸軍中将は翌23日〇四三〇に自決、ここに沖縄における日本陸海軍の組織的な地上戦闘は終了したからである。4月1日の米軍の本島上陸以来、3ケ月に渡ろうとする激戦であった。
この22日一五〇〇、前日に引き続いて「第二時宗隊」の『彗星』5機が藤枝を発進して岩川へ向かった。うち1機は途中基地に不時着、4機が岩川入りする。これで『彗星』8機が岩川へ補充された勘定である。
この後、天候は下り坂となり、翌23日、南九州は雨となった。

〔米倉 稔 飛曹長絶筆〕

平成七年夏、宮城県田尻町の米倉 稔上飛曹の生家で、出撃直前の岩川基地でしたためたと思われる母堂宛の書簡が見つかった。時に終戦五十年の年で、亡くなった母上が「稔からの最後の便たよりです」と、粗末なわら半紙二枚に書かれた手紙を厚紙に貼り付け、大切に保存していたものであった。
以下に掲げるのは御遺族の米倉米子さん（米倉兵曹の義理の妹にあたる）によりご提供いただいたその全文であり、藤枝基地時代にお世話になった下宿での様子や出撃直前の決意などが生々と書き連ねられている。ぜひ御一読いただきたい。

昭和19年8月4日に戦死した米倉兵曹の実兄 米倉金留氏。手紙の冒頭にその戦死に触れた記述が見られる。

母上様、其の後も相変わらずお元気の事と思ひます。稔も元気です。何卒御安心下さい。永らく便りもせず心配して居られた事でせう。悪しからず御許し下さい。進出前神奈川の叔母さんと面会せし事は便りにて知って居られる事でせう。

兄の居られし頃は兄に、又兄の死後は此の弟に恰も子供同様に稔はうれしくうれしく思っております。稔は母上様とお会ひしたつもりにて二日間を心残りなく話して参りました。兄の公報も入り町葬も間近き事と思ひますので出来ることなら神奈川の叔母さんを呼び、くわしい兄の話を聞き共に冥福を祈って下さい。稔も必ず兄の仇をうち、九州の果てよりひたすら冥福を祈って居ります。稔が静岡へ来てからも母上の如く心配され、毎日のように便りを下され下宿はあるかやれ腹はすくだろう等と小包等をも再三の様に送って下さいました。稔も何一つ遠慮せず実の親の如く思っております。

母上も亡き兄、稔の事を思ひ末永く文通の程切に御願ひ致します。面会に来て下さる際も下宿もないだろうしどこで会ふのか心配しながらも野宿する覚悟で来て下さったのです。最後の面会なので母上を呼ぼうと思ひましたが、兄の公報も入りあれよこれよと忙しき事と思ひ呼び兼ねました。悪しからず御許し下さい。

所が此の事は叔母さんよりの便りにて母上も知って居られる事とは思ひますが、来てびっくり野宿どころか、こんな裕福な家で我が子の様に可愛がられて居る稔の様子を見て安心して帰郷致しました。

叔母さんは母上神奈川の叔母さんと同様に自分の子供と何等変わる所なく思って来れました。

僅か一ヶ月そこそこの生活ではあったが、稔にとっては実に忘れる事が出来ません。返って月日が短いだけに印象深いものがありました。

外出しては家内中にて稔さん稔さん又稔もお父さんお母さん姉さん等と一日中気侭を言ひ通しでしたが、稔の言ふ事はなんでも聞いて来れました。芳子と言ふ女学生三年の妹とは喧嘩したり仲良く遊んだり其の度に叔母さんから怒られたり賞められたりこういふ稔の幸福な生活を見て神奈川の叔母さんは我が子の様にうれしげに早速亡き兄に告げようと涙をながして喜んで居られました。

毎日毎日稔の事を思ひ母上、神奈川の叔母さんの如く一日たりともかかさず神かけ武運を祈って下さる其の姿を見る時、自然に母上を思はれ、何とも言へぬ感にうたれました。稔の二十才の今日あるも波々ならぬ母上の苦労を思ふ時、誠に頭の下がるを覚ゆる程です。兄と言ひ稔と言ひ幸福ものです。あんなにあんなに裕福な家庭で稔の思ふまま生活されし事を考ふる時、只々嬉しさあるのみです。進出前には叔父さんより稔の手柄は実家は勿論、鈴木家一家の誉として居る故一生懸命頑張って里の御両親様によろこばせて来れ稔は只此の言葉を聞いただけでも感極まる思ひでした。個人にして見れば、僅か下宿人に過ぎぬものを全く下宿人だ言ふ事は針の穴程もなくまるきり親子の生活でした。

始めはあまりにも裕福な家庭過ぎるので遠慮して居りましたが、あまりにも子供の様にしてく来れるので母上と思ひ気兼ねもせず、又姉さんも貴方は家の人も同様なんだから何も遠慮せず子供の如くなさる様にと稔も返ってその方が暮しみもあるだろうと思ったので、姉さんの言はれる通り洗濯でもなんでも稔の思ふ侭させてやったのです「ハ……」稔の方から見れば勿体ない位ですが、返ってその方が一層親子の生活の如く交わったのです。

相変わらず稔の勝ち気な心を笑はないで其の上勿論下宿代は受け取らず、進出時御礼として返そうと思っても父母様はじめ子供達が家の人も、なんだからなんて受け取るどころかいろいろのものを稔に下さるのです。

何一つ不自由なく、食べたい時は食べ遊びたい時は芳子をつれてどこへでも行ったり、そうかと思へば喧嘩して仲良くなったり姉さんからもさんざん可愛がられました。進出以来も度々便り下され、稔の言ふ通りして下されし事を思ふ時、一層頑張り強いものがあります。

稔も益々張り切って微力ながらも沖縄決戦を担ひ兄の仇をうつべく、そして母上の永久の大恩に報いるべく暗夜もものともせず敵撃滅に頑張って居ります。

多分去る十三日、十四日の新聞にて承知の事と思ひますが、稔も斯の如く元気にて働いて居ります。或いは出身地が宮城と宮崎が間違って居るのでよしや見たとしても稔と同姓同名の人もあるものだ、それに等級迄も同じだなあ等と思って居るんぢゃないかと思ひ一日でも早く知らすべく速達にて出した所です。

元より生は期さず撃滅の二字に向かひ邁進致します。今、元気で征きます。生は運命なる事は今更言ふ迄もなくいつ如何なる場合に稔の死を耳にしても最後迄悲しします賞めて下さい。

兄もあの世で稔の成功を祈って下さる事でせう。間もなく整列です。暗夜をついて攻撃に向かひます。時間もなく恩師（斎藤先生）同級生諸君にも便りかる事も出来なければ、母上様の方からよろしくお伝へ下さい。

尚、神奈川の叔母さん静岡の叔母さんには呉々も末永く文通の程攻撃前の稔の御願ひとしてペンを置きます。

差し当たり稔が出て以来出してない事と思ひますが、直ちに両叔母さんに出してください。

先ずは皆々様の御健康をお祈り致します。では生を期さずい征きます。

生あらば後便りにて。便り楽しみに待つ。

母上様

みのる

乱筆乱文お許し下さい

全方位夜間戦闘

雨がそぼ降る23日一〇一五、第三航空艦隊の航空参謀から岩川の美濃部少佐のもとへ、次のような指示が口達された。

「明二十四日、白菊零観特攻隊ハ二三三〇ヨリ〇一〇〇迄ニ沖縄泊地艦船攻撃予定ニ付、成可ク二三〇〇ヨリ〇一三〇間ニ基地ヲ制圧スル様計画報告サレ度」

『白菊』と『零観』の夜間泊地攻撃の実施に伴い、指定の時間に沖縄の敵基地を制圧、間接的に特攻作戦の陽動をするべく自隊の計画を立案、司令部へ報告せよというのである。

これにより美濃部少佐は次のような企図の下に作戦準備へはいった。

「彗星零戰ノ一部兵力ヲ以テ敵夜戰ノ制圧竝ニ沖縄附近佯動ヲ行ヒ其ノ間彗星攻撃隊ヲ以テ沖縄島飛行場ニ突入セシメ白菊零観特攻隊ノ血路ヲ開カントス」

『彗星』と『零戦』をもってして敵夜戦の制圧と陽動を行ない、さらに自隊の『彗星』で沖縄の飛行場を攻撃し、その前路を啓開するものであり、準備、編成された各隊は任務ごとに次の5隊に分けられていた。

まずはじめに『零戦』4機の「第1制空隊」が一九三〇に発進、二〇三〇から二一三〇の間に大島と諏訪瀬島の間を哨戒して敵夜戦の制空に当たる。次いで二〇〇〇に発進するのが『彗星』2機の「陽動隊」で六番三号爆弾2発と機銃全弾を装備、二一〇〇から二一三〇の間に沖縄の飛行場を攻撃をし、敵夜戦の誘出を試みる。

この間、二〇三〇にも『彗星』2機からなる「第2制空隊」が発進して二一三〇から二二一五まで、大島と徳之島の間の制空を行なう。

『彗星』6機からなる「伊江島飛行場攻撃隊」は二五番三一号爆弾を懸吊、二一三〇から二二三〇の時間差で発進し、二三三〇から〇〇三〇までの波状攻撃を実施、さらに『零戦』2機の「慶良間泊地攻撃隊」は二三〇〇に発進して〇二〇〇ころに戦場へ到達するという緻密な計画である。

ところが、あいにくと24日も天候は引き続き雨となり、作戦は1日延期されるにいたった。23日、24日共に整備作業。搭乗員には「通信兵器」に関する座学が実施された。

明けて25日、岩川基地上空はどん曇りであった。いよいよ作戦決行。

この日〇九三〇、列島線東方及び泊地偵察に発進した一七一空の『彩雲』1機が中城湾に空母1隻、輸送船20隻の在泊を報じて未帰還となった。一三〇〇には『百式司偵』1機が発進したが引き返している。なお同日、第二時宗隊の『彗星』1機が午後に藤枝から岩川へ進出している。

日が暮れた一九二三、第1次制空隊の『零戦』4機が翼を揃えて発進。二〇〇〇前後から、敵夜戦の待ち伏せが懸念される種子島南端、屋久島、諏訪瀬島、佐多岬上空の哨戒を開始する。

次いで予定を少し遅れた二〇一六、陽動隊の2機の『彗星』が発進にかかる。このうち、二〇二〇に発進した〔131-62〕号機に搭乗するのが右川舟平上飛曹-井戸 哲上飛曹の戦闘八一二隊員ペア。

30分後の二〇四七からは斜め銃を背負った第2次制空隊の2機の『彗星』も発進を開始する。こちらは二〇四九に発進した〔131-67〕号機に川添普中尉が、おなじみ戦闘九〇一の中川義正上飛曹とのペアで搭乗。ところが、1機は速力計の故障により離陸後すぐに、川添中尉機も二一三一に発動機故障で引き返して二二一四に降着、制空任務を果たせなくなった。

第2次制空隊の発進から30分ほどが過ぎた二一二八からは伊江島飛行場攻撃隊の『彗星』6機が行動を起こす。この攻撃隊は6月21日の第3次、第4次攻撃隊に予定されながら出撃できなかった隊員たちがその多くを占めていた。戦闘八一二からは二一五六に離陸した〔131-96〕号機に搭乗する岩間子郎中尉-安井泰二一飛曹ペアが同様、21日には第2次攻撃隊として編成されていたが天候不良で出撃できなかった経緯がある。

ところが、離陸した『彗星』の内、2機は脚の故障と発動機の不調によりすぐさま降着し、伊江島飛行場攻撃隊は4機となる。

その頃、陽動隊の2機の『彗星』は順調に進撃を続け、1機は二二四〇に伊江島飛行場に到達して飛行場北西部に六番三号爆弾を投弾、帰途奄美大島附近で敵夜戦と遭遇したものの大角度の回避機動で離脱に成功し、〇〇四五に無事出水基地に帰投。

もう1機の右川上飛曹-井戸上飛曹ペア機も高度4000mで蛇行しながら爆撃針路に就き、二二四五に沖縄本島の西側から沖縄北飛行場への侵入に成功するや、1本の探照灯に照らされた。これに続き前後左右から次々と敵の探照灯が井戸機を捉え、その数20本。井戸上飛曹が「機内で新聞が読めるくらいの明るさ」などとのんきに感じていると高角砲が打ち上げてきて、その至近弾により機体は揺さぶられ、頭をガンガン風防にぶつける状況となった。全速で緩降下接敵すると前方には飛行場の輪郭がうっすらと浮かび上

6月25／26日　沖縄基地攻撃並ニ夜間制空戦闘　編成表

第1次制空隊

機体番号	操縦員		偵察員		兵装	兵装2	発進時刻	帰投時刻	経　過
	氏名	階級	氏名	階級					
131-31	井村雄次	大尉			機銃全弾	増槽付	1923	2120	2020～2030種子島南端上空哨戒、敵ヲ見ズ
131-90	秋山洋次	上飛曹			機銃全弾	増槽付	1923	2133	2020～2030屋久島附近上空哨戒、敵ヲ見ズ
131-28	本多春吉	上飛曹			機銃全弾	増槽付	1923	2137	2023～2035諏訪瀬島上空哨戒、敵ヲ見ズ
131-80	天辰重雄	一飛曹			機銃全弾	増槽付	1923	2036	1947～2012佐多岬附近上空哨戒、敵ヲ見ズ

陽動隊

機体番号	操縦員		偵察員		兵装	発進時刻	戦場到達	帰投時刻	経　過
	氏名	階級	氏名	階級					
131-91	中野増男	上飛曹	清水武明	少尉	6番3号	2016	2240	0045	2240伊江島飛行場北西ニ6番3号弾2弾投下 2317敵夜戦1機ト遭遇（大島ノ南44浬）、0045出水着
131-62※	右川舟平	上飛曹	井戸　哲	上飛曹	6番3号	2020	2245	0130	2245北飛行場ニ6番3号弾2弾投下、中城湾ニ 小型舟艇200ヲ認ム、2250～2350（沖縄～大島附近） 敵夜戦ノ追躡ヲ受ク、0130着、右翼及脚故障ノ為 降着時大破

第2次制空隊

機体番号	操縦員		偵察員		兵装	発進時刻	戦場到達	帰投時刻	経　過
	氏名	階級	氏名	階級					
131-106	高木　昇	大尉	波村一一	上飛曹	斜銃	2047		2054	速力計不良直チニ降着
131-67	中川義正	上飛曹	川添　普	中尉	斜銃	2049		2214	2131発動機故障引返ス（屋久島）、敵ヲ見ズ

伊江島飛行場攻撃隊

機体番号	操縦員		偵察員		兵装	発進時刻	戦場到達	帰投時刻	経　過
	氏名	階級	氏名	階級					
131-94	藤澤保雄	中尉	横堀政雄	上飛曹	25番31号	2128		2141	脚故障直チニ降着
131-105	堀野勝芳	二飛曹	守屋正武	中尉	25番31号	2137	0035	0140	0035夜設点灯中ノ伊江島飛行場西側滑走路 南端ニ25番31号弾1弾投下、0140串良飛行場着
131-137	深堀三男	上飛曹	浜名今朝次	二飛曹	25番31号	2144	0000	0200	0000伊江島飛行場北西端ニ25番31号弾1弾投下
131-96※	岩間子郎	中尉	安井泰二	一飛曹	25番31号	2156		0010	2310天候不良引返ス（黒島ヨリ130海里）、敵ヲ見ズ
131-72	小林　弘	上飛曹	木内　要	中尉	25番31号	2208		2216	発動機不調直チニ降着
131-95	安藤秀雄	飛曹長	宮　恒治	二飛曹	25番31号	2212	0028	0223	0028夜設点灯中ノ伊江島飛行場ニ25番31号弾 1弾投下

・防衛庁戦史図書館所収「芙蓉空部隊戦闘詳報」当該日付の戦闘詳報より筆者作成。
・0000以降は26日の日付である。
・機番号末に※印を付したのが戦闘812のペア。他、川添中尉が戦闘八一二隊員。

〔井戸 哲上飛曹〕

岩川基地で擬装された『彗星』を背にポーズを決める井戸 哲上飛曹。振り返ると3月末の芙蓉隊第1陣の鹿屋進出以来、終戦まで一貫して戦ったのは戦闘812の先任下士官 井戸上飛曹のみとなった。外された脚カバーに記入された機番号の末尾「0」から〔131-80〕号機と推定する（この時期に-10、-50、-60はすでにないため）。左主脚の向こうに、二八号爆弾用の2本のレールが黒く見えているのに注意。

がっている。井戸上飛曹がふと計器盤に目をやると速力計は340ノットを指している。高度2000mでは高角砲の射撃は止み、代わって機銃の一斉射撃に見舞われた。

「曳痕弾というものは四方から自分の目の中に飛び込んでくるようで、直前に来ると左右に分かれて飛び去っていく。分かれなかったら自分に命中ということ。これほど気持ちの悪いものはない」

とは井戸氏の対空砲火、とくに機銃弾に対する感想だ。

敵飛行場に高速で侵入した井戸上飛曹機は高度600mで六番三号爆弾2発を投弾、そのまま一気に東へ飛び抜けて中城湾へ至る。ここへ小型舟艇200隻余りが停泊しているのを認め、「ここならどんな下手くそでも爆弾落とせば命中間違いなしだナ」などと思いつつ避退。爆撃針路に入ってからここまでわずかに2、3分あまり。

すると、沖縄本島を東へ30㎞ほど離れ、ひと安心と感じた二二五〇ころ、後方の見張りをしていた井戸上飛曹は左後方200mに敵夜戦1機を発見した。双発双胴、『P-61』だ。こちらの高度は500m、相手の高度は300mで下方へ回りこもうとしている模様。降下して増速しつつ左右角30度の蛇行運動を開始。高度はすぐに100mほどになり、海面を這うような態勢となったにもかかわらず、敵夜戦は視界内を離れずに着いてくる。

それでもようやく二三五〇に奄美大島にさしかかろうという頃になってその執拗な追撃を振りきることができ、〇一三〇には岩川へ帰投。右翼への被弾と脚の故障により降着時に機体が逆立ちして大破したが、右川上飛曹も井戸上飛曹も無事に元気な顔を指揮所に見せた。

伊江島飛行場攻撃隊の岩間中尉-安井一飛曹ペアの『彗星』は二三一〇、天候不良により黒島から130浬の洋上で引き返し、〇〇一〇に岩川へ帰投。残る攻撃隊3機は26日〇〇〇〇から〇〇三五にかけて次々と伊江島飛行場に到達、夜設がこうこうと点じられている飛行場にそれぞれ二五番三一号爆弾を投弾して1ケ所炎上を確認、〇一四〇に串良に1機が不時着した他、残る2機も〇二〇〇と〇二二三に無事岩川へ帰着した。

この日は沖縄上空は晴れであったが、列島線は高度2000～4000mに層雲があり、往路は雲量5～6、帰路は雲量9～10、屋久島以北から南九州にかけて次第に雨となる状況で、二三〇〇に発進を予定されていた『零戦』2機による慶良間泊地攻撃隊は発進取り止めとなっている。

この日の芙蓉部隊の総合戦果は、伊江島飛行場に二五番三一号爆弾3発、並びに六番三号爆弾2発を投弾し1ケ所炎上を確認、沖縄北飛行場にも六番三号爆弾2発を投弾して、被害は井戸上飛曹機の降着時大破のみ。

芙蓉部隊ではこういった戦況の他、次のような情報を天作戦航空部隊へ報告している。

「芙蓉部隊戰斗概報第三十四号（六月二十六日）

（中略）

敵状

目視セル敵夜戰延十機（内P61ヲ含ム）、敵夜戰ハ相当執拗ナル追躡ヲ続ケ約五〇浬ニ及ブコトアリ、其ノ射撃技倆又侮ルベカラズ

敵基地ハ灯火管制ヲ実施スルコトナク設営竝ニ飛行作業ヲ実施シアリ

（後略）」

敵夜戦の活動の活発化を感得するとともに、いよいよ沖縄の各飛行場が不夜城と化し、夜の制空権をも握られつつあることを思わせる文面である。

芙蓉部隊各機の沖縄到達と時を同じくした25日二三〇〇、七六二空の『銀河』5機、九三一空の『天山』3機、六三四空の『瑞雲』8機はそれぞれ南九州を発進、沖縄周辺艦船攻撃を実施して輸送船1隻の撃沈を報じ、また一八〇〇から一九〇〇にかけて指宿を発進した水偵特攻隊10機と二〇〇〇に発進した徳島空、高知空の『白菊』14機、二一三〇に古仁屋を発した水偵特攻1機も沖縄泊地艦船への夜間特攻を実施している。

夜が明け始めた26日の〇四五〇

「TFB信電令作第二〇三号

芙蓉部隊ハ天候回復次第速ニ発進、都井岬一〇〇度ヨリ一五〇度迄、進出距離二五〇浬ノ索敵ヲ実施スベシ」

と命令されたがあいにくこの日は朝から雨となり、同26日一三三七には

「TFB信電令作第二〇七号

天候不良ノ為、芙蓉部隊ノ本日ノ索敵ヲ取止ム」

と、作戦の中止が伝達された。

この作戦を一区切りとして、南九州は再び長い梅雨空となっていった。

岩川基地点描

6月26日から28日までの南九州の天候は雨。26日に松山を発進した一七一

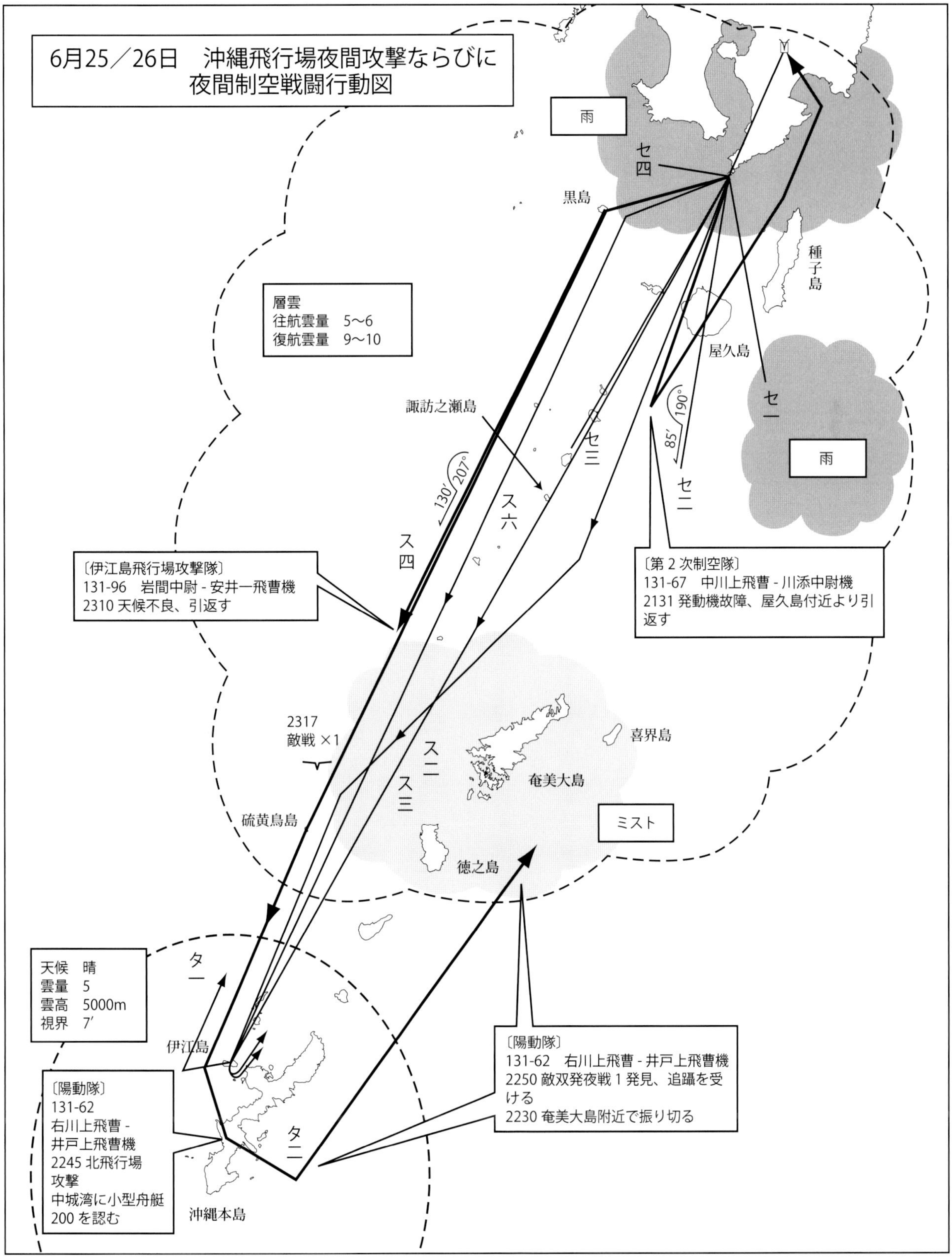

6月25／26日　沖縄飛行場夜間攻撃ならびに
夜間制空戦闘行動図
雨
セ四
黒島
種子島
層雲
往航雲量　5〜6
復航雲量　9〜10
屋久島
諏訪之瀬島
セ一
セ三
85′
190°
セ二
雨
130′
207°
ス六
ス四
〔伊江島飛行場攻撃隊〕
131-96　岩間中尉 - 安井一飛曹機
2310 天候不良、引返す
〔第 2 次制空隊〕
131-67　中川上飛曹 - 川添中尉機
2131 発動機故障、屋久島付近より引返す
2317
敵戦 ×1
喜界島
ス二
奄美大島
ス三
硫黄鳥島
ミスト
徳之島
天候　晴
雲量　5
雲高　5000m
視界　7′
タ一
伊江島
〔陽動隊〕
131-62　右川上飛曹 - 井戸上飛曹機
2250 敵双発夜戦 1 発見、追躡を受ける
2230 奄美大島附近で振り切る
〔陽動隊〕
131-62
右川上飛曹 -
井戸上飛曹機
2245 北飛行場
攻撃
中城湾に小型舟艇
200 を認む
タ二
沖縄本島

空の『彩雲』1機も天候不良のため偵察不能。それでも27日夜間には六三四空の『瑞雲』1機が金武湾在泊艦船攻撃を実施、『零観』特攻1機が泊地への突入を報じ、28日にも『零観』特攻1機が泊地へ突入している。

29日になってようやく雨は上がったが満天の曇り空で、日本側が諸作戦の実施ができないのを尻目に一六〇〇には沖縄からの『P-47』40機が鹿屋周辺に来襲した。夜になって六三四空の『瑞雲』1機が沖縄周辺艦船攻撃に発進して未帰還となった他には作戦はなく、翌30日には一七一空の『彩雲』2機が沖縄周辺の写真偵察を実施し、一六一五頃に戦艦3隻、巡洋艦3隻、駆逐艦3隻、輸送船155隻、その他185隻の存在を報じている。

6月26日から30日までの芙蓉部隊の活動は「整備作業」に限られ、30日に「二十七号爆弾」に関する座学が実施されている他は大きな動きは見られない。またこの日、進出途中で不時着していた「第二時宗隊」の『彗星』1機が岩川着、これでようやく当初予定の10機が進出した。

5月中旬に慌ただしく岩川へ移動した芙蓉部隊であったが、6月に入ると基地周辺の杉林の中に建築中であった隊員用の三角兵舎も完成し、搭乗員たちは民家の下宿を引き上げて逐次ここへ移り住むようになっていた。

「杉林といっても山の斜面ですよ。この斜面に生えている杉の木を根本で水平に切ってそのまま土台にして、その上に兵舎が建てられていましたね」

「時宗隊」の一員として6月上旬に岩川へやってきた平松光雄（旧姓：名賀、乙飛18期）氏は、戦後にここ岩川へ土着。かつて兵舎が建っていたという山林の斜面を前にしてこう語ってくれた。

また同じく元戦闘八一二隊員の坪井晴隆氏は

「6月の三角兵舎の湿気はすごかったですね。着ないときは兵舎のかたわらに飛行服を吊るしておくのですが、いざ出撃というときに手に取ると全体がカビでうわーっと真っ白になっていて、払い落としたぐらいではダメ。濡れぞうきんで一生懸命拭いて、それでもカビ臭いままの飛行服を急いで着た記憶があります」

と岩川基地の隊舎がなかなか過酷な居住環境であったことを思い出す。

岩川に移動直後は劣悪であったとされる食料事情は幾分改善されたあとだったのか、6月になって進出してきた坪井氏も平松氏もとりわけ食べ物に困った記憶はないそうだが、海兵73期の岩間子郎氏は

「藤枝基地にいる頃はビールなどが飲めましたが、岩川には匂いのきつい芋焼酎しかなく、これには閉口しました。」

と、アルコール類に関する少し面白い証言をしてくれる。

同じく海兵73期生で、元戦闘九〇一の藤澤保雄氏は岩川での宿舎について、次のようなことを語ってくれた。

「岩川の新しい宿舎ができたときに、これがふたつに分かれていて一方を『坂東隊』、もう一方を『相模隊』と呼んでいました。同じ戦闘九〇一の『零戦』の搭乗員はまた別の宿舎にいて『人龍隊』と呼ぶようになりましたね。『時宗隊』というのは、岩川ではなかったと思いますが。」

また前出の坪井氏は

「『時宗隊』というのは確かに覚えていますが、これは我々が藤枝から発進するときにだけ、士気高揚のために付けられたものだったのではないでしょうか？ 岩川に着いたばかりの頃は例の隊舎が間に合わず、我々戦闘八一二の下士官は赤松さんという地元の農家に下宿させてもらっていました。井戸先任たちも一緒です。その後、三角兵舎が完成して移るときに井戸先任や津村兵曹などの古い人たちは『相模隊』に、我々若手は『坂東隊』に、と3個飛行隊をごちゃ混ぜにして再編成されたみたいです。」

海兵73期の川添 普氏は本格的夜間戦闘が始まったばかりの5月はじめに鹿屋へ進出して以来、継続して岩川にいた隊員のひとり。その、次のような回想は芙蓉部隊の実像を象徴するものといえそうだ。

「私の場合は藤枝に着任して1週間ちょっとで鹿屋に進出しましたし、鹿屋、岩川では3個飛行隊を一括して美濃部飛行長が統率していたので、自分が属している飛行隊が“何飛行隊”という意識はとくになかったですね。“芙蓉隊”が自分の隊だと思っていました。私は『坂東隊』でした。」

芙蓉部隊といえば戦闘八一二、戦闘九〇一、戦闘八〇四の3個飛行隊を統一運用したことでも知られるが、地上での行動はもっぱらそれぞれの飛行隊ごとに分かれており、それはとくに下士官、兵の場合に顕著で、戦闘八一二の場合は、温和な性格の井戸先任の統率の下に行動していた。

それがこの隊舎の割り当てでシャッフルされて他の飛行隊の隊員とも行動を共にするようになり、壁を感じなくなったともいう。藤枝基地では他の飛行隊の隊員と話したことがなかったという坪井氏が、戦闘九〇一、戦闘八〇四の下士官、同期生との思い出を作ったのもこの岩川の三角兵舎時代のことである。

坪井氏によれば、こんなこともあったそうだ。

「戦闘八〇四の同期生、岸野兵蔵と隊舎の下を流れる小川で洗濯なんかしま

自慢の愛馬にまたがった芙蓉部隊指揮官 美濃部 正少佐。美濃部少佐は当時3頭の馬を持っており、毎日、広大な飛行場の様子や分散された飛行機の擬装状況などの見回りに自ら赴いていたという。

したよ。ある日、うっかりして自分のシャツを流してしまったときに岸野の奴、『俺もうひとつ持ってるぞ』と、1枚自分に譲ってくれて…。戦後もしばらく、〝岸野〟と名前が書かれたそのシャツ、大事に着てました。」

また、ここ岩川で「坪井、貴様生意気だ」と戦闘九〇一の古い下士官に因縁を付けられた際に、持ち前の機転を利かせて助け舟を出してくれたのが、やはり他隊である戦闘九〇一の中川義正上飛曹だった。

「乙飛16期の中川さんとは年はひとつぐらいしか違いませんでしたが、すでに歴戦の勇士といった風格の方でした。頭脳明晰で、頭の回転がものすごく良い印象でした」

中川上飛曹は川添 普中尉とのペアで度々出撃し、6月10日には日本陸海軍を通じても稀な敵夜戦撃墜の戦果を報じた若手ナンバーワンの操縦員である。何かと戦闘八一二の隊員とのゆかりが深い人物でもあった。

「岩川基地での生活は、出撃以外は比較的自由な感じで、昼は愛機の点検や夜間出撃の準備。あとは昼寝をしたり運動をしたりとブラブラしてましたね。」

こう語るのは「第二時宗隊」の一員として岩川へ進出した小田正彰氏。前出の平松氏とは同期生の間柄だ。小田氏は次のようなエピソードも紹介してくれた。

「自分が出撃するときはもちろんなんですが、誰かが搭乗割に入ると、出撃しない者を含めて同期生のみんなで協力していっせいにチャートを作ります。我々のような若い搭乗員の技倆では、機上で風向を調べ、偏流を割り出すようなことだとこれにかかりきりになってしまい見張りもできません。ですから、あらかじめどんな索敵線に振り分けられてもいいようにその日の風向や天候、その他の情報を集めて何本も線を引いたチャートを作っておくわけです。そういった作業も我々の昼間の仕事でした。」

それから彼ら若手の偵察員たちに指導された航法についてのコツをひとつ披露してくれる。

「万が一、敵夜戦と遭遇するなどしてジグザグ飛行やめちゃくちゃな回避運動を行なった場合、ようやくのことで敵を振り切って、はっと気が付いた時には機位不明になってしまうことがあります。そういった時はイチイチ『何度に何分飛んで、何度に変針して…』などと自機の航跡を追いかけるのではなく、最初に大変針してから何分飛んだかだけを押さえておけ。つまり最初に何度の方向へ変針して何分間回避運動をしたか、これを計算して割り出し

6月　芙蓉部隊 人員現状表

※「芙蓉部隊戦時日誌 6月1日～6月30日」より。　在岩川の芙蓉部隊准士官以上の陣容を現したもの。

職	主務	官	氏名	所属部隊/記事
	岩川芙蓉隊指揮官	少佐	美濃部　正	131空
飛行隊長	飛行隊長	大尉	徳倉　正志	戦812
〃	〃	大尉	石田　貞彦	戦804
分隊長	整備隊長	大尉	牛島　嘉幸	131空
〃	飛行機整備部分隊長	大尉	岩本　直樹	戦804
〃	飛行部分隊長	大尉	山崎　良佐衛	戦812
〃	〃	大尉	田中　榮一	戦812　6月10日未帰還
〃	〃	大尉	大野　隆正	戦804
〃	〃	大尉	高木　昇	戦804
〃	〃	大尉	井村　雄次	戦901
〃	飛行機整備部分隊長	大尉	清浦　好文	戦901
〃	〃	大尉	中原　博	131空
〃	醫務科分隊長	醫大尉	西村　敏雄	関東空
〃	兵器整備部分隊長	大尉	浜田　一郎	戦812
〃	飛行部分隊長	中尉	國井　善章	戦901
隊附	飛行機整備部分隊士	中尉	高槻　俊彦	131空
〃	〃	中尉	柴内　利夫	戦901
〃	飛行部分隊士	中尉	中西　美智夫	戦901
〃	〃	中尉	藤澤　保雄	戦j901
〃	〃	中尉	川添　普	戦812
〃	〃	中尉	佐藤　正次郎	戦804
〃	〃	中尉	岩間　子郎	戦812
〃	〃	中尉	森　實二	戦812
〃	〃	中尉	田中　正	戦804　6月9日未帰還
〃	飛行機整備部分隊士	中尉	藤井　浩	戦812
〃	飛行部分隊士	中尉	斉藤　陽	戦901
〃	〃	中尉	菊谷　宏	戦812
〃	飛行機整備部分隊士	中尉	眞家　昇	戦804
〃	〃	中尉	中島　克己	戦901
〃	〃	中尉	村山　明	戦804
承命服務	通信科分隊士	中尉	近藤　英夫	131空
隊附	飛行部分隊士	中尉	笹谷　亀三郎	戦812
〃	〃	中尉	加藤　昇	戦901
〃	〃	中尉	河原　政則	戦901
〃	〃	中尉	依田　公一	戦804
〃	〃	中尉	鞭　杲則	戦804
〃	〃	中尉	小林　大二	戦804
〃	〃	中尉	二井田　良作	戦901
〃	〃	中尉	鈴木　久蔵	戦812
〃	〃	中尉	木内　要	戦804
〃	〃	中尉	大野　実	戦901
〃	〃	中尉	藤井　健三	戦804
〃	〃	中尉	渡部　松夫	戦804
〃	〃	中尉	荒木　健太郎	戦812
〃	〃	中尉	佐久間　秀明	戦804
〃	〃	中尉	白木　千三	戦804
〃	〃	中尉	万石　巖喜	戦812（萬石）
〃	〃	中尉	早田　辿	戦901
〃	〃	中尉	高浜　正之	戦901

職	主務	官	氏名	所属部隊/記事
〃	〃	中尉	中野　房正	戦804
〃	〃	中尉	千々松　普秀	戦901　6月21日未帰還
〃	〃	中尉	布施　己知男	戦901
〃	〃	中尉	加治木　常允	戦901
〃	〃	中尉	守屋　正武	戦804
〃	〃	中尉	黒田　喜一	戦812
〃	飛行機整備部分隊士	中尉	石井　文一	131空
〃	〃	中尉	澤田　浩	131空
〃	〃	中尉	尾崎　誠	131空
〃	〃	中尉	武良　敬喜	131空
〃	〃	中尉	児玉　国雄	131空
〃	兵器整備部分隊士	中尉	亀岡　一男	戦804
〃	〃	中尉	植村　祐一	戦901
〃	飛行部分隊士	少尉	太田　勝二	戦812
〃	〃	少尉	瀧崎　二三	戦804
〃	〃	少尉	青柳　俊治	戦804
〃	飛行機整備部分隊士	少尉	中島　正信	戦901
〃	飛行部分隊士	少尉	清水　武明	戦901
〃	飛行機整備部分隊士	少尉	荒川　一夫	戦901
〃	掌飛行長	少尉	青木　安五郎	戦804
〃	〃	少尉	中島　惠	関東空
〃	飛行部分隊士	少尉	柿原　朋之	戦812
〃	要務士	少尉	平野　卓治	戦901
〃	〃	少尉	渡辺　栄一	戦812
〃	〃	少尉	高橋　正幸	戦804
〃	飛行機整備部分隊士	少尉	天野　五平	関東空
〃	主計科分隊士	主少尉	浅野　博三郎	関東空
〃	暗号士	少尉	岩元　清己	関東空
〃	要務士	少尉	野口　友三郎	戦901
〃	〃	少尉	梅村　耕一	戦804
〃	飛行機整備部分隊士	少尉	長尾　光雄	戦901
〃	〃	少尉	三浦　義一	戦812
〃	兵器整備部分隊士	少尉	森山　信五郎	戦901
〃	〃	少尉	藤本　紫明	戦804
〃	飛行機整備部分隊士	整曹長	小村　未市	戦901
〃	〃	整曹長	畠添　寅美	戦804
〃	兵器整備部分隊士	整曹長	吉岡　治典	戦901
〃	通信科分隊士	兵曹長	溝上　政則	戦901
〃	兵器整備部分隊士	整曹長	宮本　慶作	戦812
〃	〃	整曹長	桑幡　景治	戦804
〃	〃	整曹長	竹岡　秀夫	戦901
〃	飛行部分隊士	飛曹長	馬場　康郎	戦812
〃	〃	飛曹長	有木　利夫	戦804
〃	〃	飛曹長	牟田　吉之助	戦804
〃	〃	飛曹長	河村　一郎	戦901
〃	〃	飛曹長	尾形　勇	戦901
〃	〃	飛曹長	安藤　秀雄	戦901
〃	飛行機整備部分隊士	整曹長	長南　誠	戦812
〃	〃	整曹長	武川　甚一	戦812

下士官兵

区分／所轄別	兵科	飛行科	整備科	機関科	工作科	看護科	主計科	其ノ他	計
飛行隊	11	78	297						386
131空	1	3	100				3		107
関東空	11	78	248	12		3	2		254

た地点がだいたい自分の機位だ、そこから航法をやり直す、などとベテランの偵察員から教えられました。」

なるほど、合理的な話だが、なかなか古い搭乗員からのレクチャーを受ける機会というのは得られないもの。こうしたちょっとした積み重ねが突発事態に遭遇した際の強みとなるのだ。

他方、相模隊、坂東隊対抗のバレーボールも毎日のように行なわれ、運動不足になりがちな隊員たちの体力の保持や気分転換にも配慮がなされていたようだ。バレーボールは当時からメジャーなスポーツで、野球（あるいはソフトボール）に比べボールひとつでできるので（ネットはいろいろとある）どこの部隊でも親しまれた競技であった。

それでは士官たちはどのように過ごしていたのだろうか？

このころ岩川基地には戦闘九〇一に藤澤中尉、中西美智夫中尉（『零戦』）、戦闘八〇四に佐藤正次郎中尉がおり、戦闘八一二には岩間中尉と森中尉、そして川添 普中尉と6人の海兵73期生がいた。これまでに芙蓉部隊の3個飛行隊に配属された73期生の偵察員は4人いたのだが、4月12日に戦闘八一二の鈴木昌康中尉が、6月9日に戦闘八〇四の田中 正中尉が共に戦死し、戦闘九〇一の原 敏夫中尉も負傷して戦列を離れており、川添中尉がただひとりの偵察士官として彼らの分も頑張っていた。

岩間子郎氏は、岩川基地時代について次のような話をしてくれた。

「出撃のない昼間はコンパスの自差修正も率先してやりました。また岩川の基地にはどこから連れてきたのか馬がいましたね。美濃部さんはよくこれに乗って飛行場を見回りに行っていたようです。私も山梨の田舎の出身ですから、懐かしい思いでこの馬の世話なんかしましたよ。」

この当時、美濃部少佐は3頭の馬を持っており、広大な秘匿基地の擬装状況や整備状況などの把握のため、これを大いに活用していた。のち7月下旬に五航艦司令長官の宇垣 纏中将が岩川基地視察に訪れた際には自動車代わりとして共に手綱を取り、乗馬で基地を案内する。

「美濃部さんはなかなかユニークな方で、たまに『岩間分隊士、いっちょ腕相撲でもやるか？　勝ったらモモ缶やるぞ』なんて声をかけてくれました。勝つと本当に桃の缶詰、くれたんですよ」

こう話す岩間氏の横で、同期生の藤澤保雄氏は

「いやいやあれはねぇ、美濃部さんもちゃんと相手をみてしかけてるんだよ。相手が佐藤正次郎や森 實二だったら、やってないんだ」

と横槍を入れる。こういった掛け合いは同期生ならではのものといえよう。

なるほど、少佐が勝負を避けた（!?）佐藤中尉や森中尉は海兵73期生の中でもとくにガタイのいい方で、まさに艦爆体型。藤枝に着任して以降、共に甲板士官を務めていたことは紹介してきたとおりだが、ここ岩川でも充分にその元気を発揮していた話が聞かれる。

鹿屋に比べれば全くの田舎であった岩川周辺だが、それでも海軍伝統の脱柵を楽しんだりして各自で英気を養い、また精神修養が重ねられていた。

なお、こうした天候不良の間でも休みとはならない整備隊、整備分隊の昼夜を分かたぬ作業が芙蓉部隊の高い稼働率を支えていたことを忘れてはならないだろう。

岩川基地は秘匿のため昼間の訓練はほぼ行なわれないと言ってもよいが、そのため搭乗員たちは昼間は寝ている（隊長管理のため）かブラブラしていることがしばしば。徳倉大尉が折りをみて隊員を引率し、分散秘匿された『彗星』の整備作業を手伝わせるのが日課のひとつにもなっていた。

芙蓉部隊での飛行機擬装は非常に手の込んだもので、地上でだいぶ近付いても飛行機だとわからないほど。機付の整備員に挨拶をして搭乗員たちは操縦席回りの手入れにかかる。

敵機の発見に遅れないよう風防を磨くほか、フットバーまわりの掃除を入念に行なった。これを怠ると離着陸で風防を開けた時に足元の砂ボコリが舞い上がり、目に入れば大変なことになる。

ひととおり作業が終わると隊員たちを前列に操縦員、後列に偵察員とペアごとに2列横隊に並べる徳倉隊長。その顔つきをひとりひとり観察していく。整列する隊員たちは無言で前を向いたまま、キョロキョロはしない。

目の前にきた隊長がニヤッと微笑み、

「おい坪井、今晩は平原と〝ヤジさんキタさん〟でいっちょう行って来るか？」

などと告げればその日の出撃が決定だ。

「兵学校出の士官にしてはバンカラで、ちょっとケタはずれ」

「人間味のある、親しみやすい感じ」

こうした意見が徳倉隊長に対する隊員たちの大方の印象である。

芙蓉部隊指揮官の美濃部少佐の信頼も厚く、美濃部氏自身が

「教育訓練には、S八一二の徳倉大尉が先任飛行隊長として計画指導してくれた。幸い同郷の愛知県刈谷中学の後輩であり海兵六八期、四年後輩の水上機パイロット。よくS八〇四の川畑大尉、S九〇一の江口大尉飛行隊長及び

老練な偵察小川大尉達幹部を纏め実施してくれた。部隊の協力一心は、若年未熟な指揮官としての心の支えであった。」

と芙蓉隊始動直後からの徳倉大尉の補佐の様子を回想している。

戦闘八一二隊長である徳倉正志大尉は九三四空分隊長時代は連日のように『零式水偵』に乗り南西方面を飛び回っていたが、この沖縄作戦では一度も戦場に飛ばず、戦闘八〇四の川畑栄一大尉（海兵69期。4月12日未帰還）、ついで隊長になった石田貞彦大尉（海兵70期）とは対照的である。飛行隊長が出撃しないことに批判的な意見もあるが、フィリピン脱出の際に最後まで指揮官として踏みとどまったことは特筆に値するだろう。

そして、芙蓉部隊という特殊な存在の中核にあり、美濃部少佐の補佐役として支え続けた功績は、他の飛行隊長とはまた違った尺度で評価されるべきなのかもしれない。

悪天候をついて

7月に入り南九州周辺は幾分の天候回復を見たが、1日は九三一空の『天山』4機が沖縄周辺艦船攻撃に出撃をしただけ。2日には一七一空の『彩雲』2機が薄暮索敵に発進し、一五一〇に沖縄東方１００浬へ戦艦2隻、巡洋艦3隻、駆逐艦十数隻の遊弋を報じてきた。

芙蓉部隊でもこの2日、「TFB信電令作第一九四号」による沖縄周辺夜間攻撃強化続行の指示にのっとり、指揮官所定で伊江島飛行場への攻撃準備にとりかかっていた。作戦企図は次の通り。

「彗星一〇機ヲ以テ伊江島飛行場ヲ攻撃、敵ノ基地使用ヲ封止シツヽ敵勢力減殺ヲ図リ、来タルベキ決号作戦ニ資セントシ、更ニ彗星六機ヲ以テ最近頓ニ跳梁ヲ来セル敵夜戦ヲ奄美大島附近上空ニテ捕捉掃蕩セントス」

伊江島攻撃隊10機の『彗星』は二五番三一号爆弾を懸吊、〇一三〇の発進を予定し、進攻制空隊6機の『彗星』は斜め銃全弾装備に二八号弾4発を搭載、攻撃隊に1時間遅れで〇二三〇の発進を予定する。敵夜戦の掃蕩は6月10日、25日に続き今回で3度目。とくに25日の出没状況と執拗な追躡行動を考慮して、これまでにない6機という兵力が準備されていた。

全軍が戦力温存の決号作戦準備態勢に移行しつつある中、それに備えつつ16機もの『彗星』を繰り出せるほど芙蓉部隊の兵力は充実していた訳だ。

この伊江島攻撃隊10機の搭乗割に戦闘八一二からは萬石巖喜中尉‐平原郁郎上飛曹、坪井晴隆飛長‐平原定重上飛曹、小西七郎一飛曹‐森 利明一飛曹、斉藤文夫二飛曹‐池田武則二飛曹の4ペアが、進攻制空隊にも6機のうち、菊谷 宏中尉‐名賀光雄一飛曹、鈴木久蔵中尉‐笹井法雄一飛曹、森 實二中尉‐小田正彰一飛曹の3ペアが名を連ねていた。この中では6月末に進出してきた森中尉ペアが進出後一番日が浅いことになる。

「命令は昼間（ちゅうかん）達した通り。健闘を祈る。かかれ！」

日付が3日に変わり、指揮所に集合した出撃隊員たちは美濃部少佐の短い訓示を受けて列線に準備されている愛機へ乗り込む。

〇一一九に攻撃隊の先頭を切って発進したのが戦闘八〇四分隊長の高木昇大尉機であったが、この機は脚故障ですぐに引返してきた。〇一三〇に攻撃隊の4番目に離陸したのが萬石中尉‐平原郁郎上飛曹の搭乗する〔１３１‐１５１〕号機、次いで〇一三七、5番目に離陸したのが小西一飛曹‐森一飛曹ペアの搭乗する〔１３１‐61〕号機。〇一四七には坪井飛長‐平原定重上飛曹ペアの搭乗する〔１３１‐１３９〕号機が7番目に発進にかかる。続いて〇一五〇には斉藤二飛曹‐池田二飛曹ペアの搭乗する〔１３１‐94〕号機が離陸していく。

残る2機はそれぞれ回転計の不良と潤滑油の漏洩のため発進を取止め、斉藤二飛曹‐池田二飛曹ペア機もまた潤滑油を漏洩したため離陸後すぐに、さらにもう1機が油温上昇により引返し、攻撃隊は5機となった。

そのうちの1機、萬石中尉‐平原郁郎上飛曹ペアの『彗星』は発進から30分後の〇二〇五に敵夜戦と遭遇、その射弾を回避して進撃を続けていたが、〇二三五になってそれがさらに近付くのを発見。からくもその追撃を振りきったが、この回避運動で燃料を消費したため引返し、〇三四〇に無事岩川へ帰着してきた。

萬石中尉機が虎口を脱出したのとほぼ同時刻の〇二三〇、2機の『彗星』が敵夜戦と鉢合わせていた。1機は宝島附近で敵夜戦の追躡に気づき回避運動を開始、〇三三五に離脱に成功したが、やはり回避運動による残燃料不安のため大島の２８０～２９０度と思われる地点から引返し〇四一〇に帰投。被害はなし。

もう1機が坪井飛長‐平原定重上飛曹ペアの『彗星』。航法そっちのけで見張りに徹していた後席の平原上飛曹が突然に「夜戦だ！」と叫んでその発見を報じたため、坪井飛長はすぐさま回避運動をとる。自分自身の目で悠長に確認している暇はない。部隊の中でも『彗星』の操縦には一日の長がある飛長の巧みな機動でどうにか振り切るのに成功したようで、その後も幸いにして敵夜戦の姿は見えなかったが、性能いっぱいの運転がたたったのか5分ほどでエンジンが不調となってしまった。このままでは沖縄までの飛行は困難と判断したふたりは反転を決意、北上して〇三三〇には九州南岸と思われる附近に到達した。

ところがあいにくのベタ曇りで陸岸が発見できない。それでも何とか雲の切れ間に西側の海岸線を発見。

「美濃部さんは常日頃から『こうした場合にはとにかく海岸線が東西南北何度の方向に走っているかだけ記録しておけ』と言っていました。それによってだいたいの機位がわかる、と」

こう坪井氏が語るように、このほんの少しの発見で機位を確認でき、エンジンをいたわりながら北上を続けて〇四四五になんとか福岡の雁ノ巣飛行場に無事降着できた。

ちょうどこれら各機が敵夜戦と遭遇していた頃、岩川では進攻制空隊の各機が発進にかかっていた。時刻は予定の20分ほど前、〇二一三に1番機が離陸。森中尉・小田一飛曹ペアの搭乗する〔131-16〕号機は〇二二〇に、菊谷中尉・名賀一飛曹ペアの搭乗する〔131-29〕号機は〇二二四に、鈴木中尉-笹井一飛曹ペアの搭乗する〔131-171〕号機は〇二四〇？（戦闘詳報の文字が読めず判然としない）に発進し、これら6機は1機の引返しもなく受け持ち空域へ展開したのだが、皮肉にも敵夜戦とは全機が会敵することなく〇五〇〇前後に帰投。なかなかうまくはいかないものである。

こうして攻撃隊5機中3機が引返す状況の中、進撃を続けた戦闘八一二の小西一飛曹・森一飛曹ペアの『彗星』は、〇三三〇に「沖縄北端通過」と報じてきたのを最後に未帰還となってしまった。残る1機は発進後全く連絡なく未帰還となっている。

この日の被害はこの『彗星』2機未帰還、4名の戦死である。戦果は不明。未帰還となった小西七郎一飛曹は丙飛16期の出身。整備兵から丙種飛行予科練習生に採用された彼は、この当時同じ一飛曹であった甲飛12期生や乙飛18期生とは飛行キャリアが大幅に異なる。彼ら丙飛16期生の飛行練習生教程は第32期であり、これは上等飛行兵曹に任官していた乙飛16期生や甲飛10期生と同等であった。

丙飛は伝統ある操縦練習生、偵察練習生という、海軍の下士官、兵の中か

7月2／3日　伊江島飛行場黎明攻撃竝びに奄美大島上空進攻制空　編成表

伊江島飛行場攻撃隊（各機25番31号爆弾1発懸吊）

機体番号	操縦員		偵察員		呼出符号	発進時刻	戦場到達	帰投時刻	経　過
	氏名	階級	氏名	階級					
131-176	高木　昇	大尉	波村一一	上飛曹	ス1	0119		0159	脚故障引返ス
131-89	斉藤　陽	中尉	菊地文夫	上飛曹	ス2	0124		0410	0230宝島附近ニテ敵夜戦ノ追躡ヲ受ケ回避 0335離脱燃料不足ノ為大島280～290度（推定） ヨリ引返ス、被害ナシ
131-137	及川末次	飛長	小林大二	中尉	ス3	0125		0414	油温上昇引返ス
131-139※	坪井晴隆	飛長	平原定重	上飛曹	ス4	0147		0445	0230敵夜戦ノ追躡ヲ受ケ避退、0235発動機不具合 ノ為引返ス、0330予定地点ニ到ルモ雲深ク陸岸 発見セズ、海岸伝ヘニ0445雁ノ巣不時着、被害ナシ
131-94※	斉藤文夫	二飛曹	池田武則	二飛曹	ス5	0150		0202	油漏洩引返ス
131-95	村木嘉行	飛長	服部充雄	上飛曹	ス6	0139		未帰還	0139発、爾後連絡ナク未帰還
131-61※	小西七郎	一飛曹	森　利明	一飛曹	ス7	0137		未帰還	0330沖縄北端通過ヲ報ゼルママ未帰還
131-57	相馬　一	一飛曹	横山　功	一飛曹	ス8				回転計不良ノ為、出発取止メ
131-16	佐久間秀明	中尉	長山舜一	二飛曹	ス9				油漏洩ノ為、出発取止メ
131-151※	萬石巖喜	中尉	平原郁郎	上飛曹	ス10	0130		0340	0205敵夜戦ノ射撃ヲ回避、0235更ニ近付クヲ発見 燃料不安ノ為引返ス

進攻制空隊（各機斜め銃装備、28号爆弾爆装）

機体番号	操縦員		偵察員		呼出符号	発進時刻	先端到達	帰投時刻	経　過
	氏名	階級	氏名	階級					
131-19	國井善章	中尉	豊田孝一	上飛曹	サ1	0213	0337	0215	敵ヲ見ズ
131-29※	菊谷　宏	中尉	名賀光雄	一飛曹	サ2	0224	0330	0518	敵ヲ見ズ
131-171※	鈴木久蔵	中尉	笹井法雄	一飛曹	サ3	0240?			
131-16※	森　実二	中尉	小田正彰	一飛曹	サ4	0220	0330	0515	敵ヲ見ズ
131-72	重田兵三郎	上飛曹	依田公一	中尉	サ5	0231	0340	0505	敵ヲ見ズ
131-14	青柳俊治	中尉	鈴木照矢	一飛曹	サ6	0226	0325	0459	敵ヲ見ズ

・防衛庁戦史図書館所収「芙蓉空部隊戦闘詳報」当該日付の戦闘詳報より筆者作成。
・機番号に※印を付したのが戦闘八一二のペア。

ら搭乗員を選抜するふたつの制度を〝予科練〟の呼称・制度に統一する形で一本化したものだったが、その弊害も引き継がれていた。乙飛、甲飛に対する進級の遅さもそのひとつである（これは元々の予科練制度の設立目的に起因するものであり、遺恨を残した）。

偵察員の森 利明一飛曹は小田正彰一飛曹や名賀光雄一飛曹と同じ乙飛18期の出身。小西一飛曹と彼とのペアが、6月7日から8日にかけての夜間に伊江島飛行場攻撃を実施して二五番三号爆弾を投弾、1ヶ所を炎上させてのち見事に洋上航法をこなして岩川へ帰投してきた様子を紹介したが、そういった意味では5月下旬の岩川進出以来、1ヶ月余りの間に自らの飛行キャリア以上の実力を発揮した若武者であったといえよう。

未帰還となったもう1機は戦闘九〇一の村木嘉行飛長（特乙2期）‐服部充雄上飛曹（乙飛17期）ペア。村木飛長は坪井飛長と、服部上飛曹は平原定重上飛曹との同期生である。

芙蓉部隊には戦闘八〇四に只野和雄飛長（6月9日戦死）、及川末次飛長、岸野兵蔵飛長、松尾敏也飛長（6月9日戦死）などの特乙2期生がいたが、中でも戦闘九〇一の村木飛長と戦闘八一二の坪井飛長はとくに仲のよい間柄だった。

「私が昭和20年2月にただひとりで転勤していったときには藤枝基地にはまだ5、6人しか戦闘八一二の隊員がいませんでしたが、戦闘九〇一の方はだいぶ隊ができ上がっていて、その中に村木がいました。彼とは予科練、大村空の中練、宮崎空の実用機と実施部隊配属で分かれるまで同じ足取りでした。そういった気心の知れた同期生に出会えたことで非常に心強く感じたのを覚えています。

どちらかというと戦闘八〇四の同期生はおとなしい優等生タイプで、村木や私なんかはちょっと〝刎ね上がり〟なところがあったためかウマが良く合いました。」

また、藤枝基地時代、共に静岡の市街まで外出して〝終バス〟に間に合わず、月明かりの中をトボトボとふたりで歩いて帰ってきたこともあった。

「この時は翌日の整列に間に合わないと大変なことになると、街灯のない田んぼ道をふたりで一生懸命歩きましたよ。その日は寝不足で目を真っ赤にしながら飛行場に詰めていました」

服部上飛曹は、藤枝基地時代は藤澤保雄中尉とペアで、共に岩川へ進出してきた偵察員だったが、その後に村木飛長とペアになったものだった。

出撃直前、服部上飛曹と村木飛長が、進撃高度はどうする、航路はどうする、と真剣に作戦を練っていた様子が伝えられている。

4人とも、若き隊員ばかりであった。

3日の夜が明けて天候は晴れ。しかし、日本側の昼間攻撃は実施されず、沖縄偵察に向かった一七一空の『彩雲』も天候不良のため引返してきた。

こういった状況の中、芙蓉部隊では昨晩に続いて

「最近頻ニ跳梁ヲ来セル列島線上ノ敵夜戦ヲ掃蕩セントス」

と、3日から4日の夜間にかけての敵夜戦掃蕩を計画。岩川から天作戦航空部隊司令部ならびに藤枝へは次のように作戦要領が発せられた。

「発岩川芙蓉部隊指揮官

明朝当隊作戦要領次ノ如シ

彗星四機〇二〇〇発進、零戦三機〇二三〇発進、列島線上敵夜戦掃蕩」

長距離を進出する『彗星』4機は「進攻制空隊」と称し斜め銃全弾と二七号爆弾を装備、岩川を発進後、屋久島～大島～喜界島～種子島を結ぶ線を制空、比較的進出距離の短い『零戦』3機は「制空隊」として機銃全弾と二八号爆弾を搭載、佐多岬を発動して宝島まで進出、右へ折れて20浬飛行し坊ノ岬へと帰ってくるコースである。

戦闘八一二からは6月下旬に進出してきたばかりの白川良一二飛曹（特乙1期）が、荒木健太郎中尉（予飛13期）とのペアで、同じく偵察の黒田喜一中尉(予飛13期)が戦闘九〇一の金子三二飛長(特乙1期。本当は二飛曹か？)とのペアで参加する。

日付が4日に変わり、予定時刻を少し過ぎた〇二二五になって進攻制空隊は発進を開始。ところが、『彗星』隊は準備に手間取ってしまったのか、次いで〇二三五に発進に取り掛かったのは制空隊の『零戦』で、これを挟むように〇二四〇に金子飛長‐黒田中尉ペアの搭乗する〔131‐176〕号機が離陸、続いて〇二四四に戦闘八一二の白川二飛曹‐荒木中尉ペアの〔131‐136〕号機が発進するという交互発進の形となる。その1分後の〇二四五と〇二四八に『零戦』が離陸し、〇二五〇に最後の『彗星』が発進していった。

白川二飛曹‐荒木中尉ペアの『彗星』は脚と発動機の故障のため離陸後しばらくして引返し〇三三七に鹿屋へ降着。その他にも『零戦』1機が発動機不調により佐多岬から引き返し〇三〇〇に岩川へ帰着、その際、脚を折損して機体は中破した。〇三三〇にも送信機の故障により『彗星』1機が屋久島

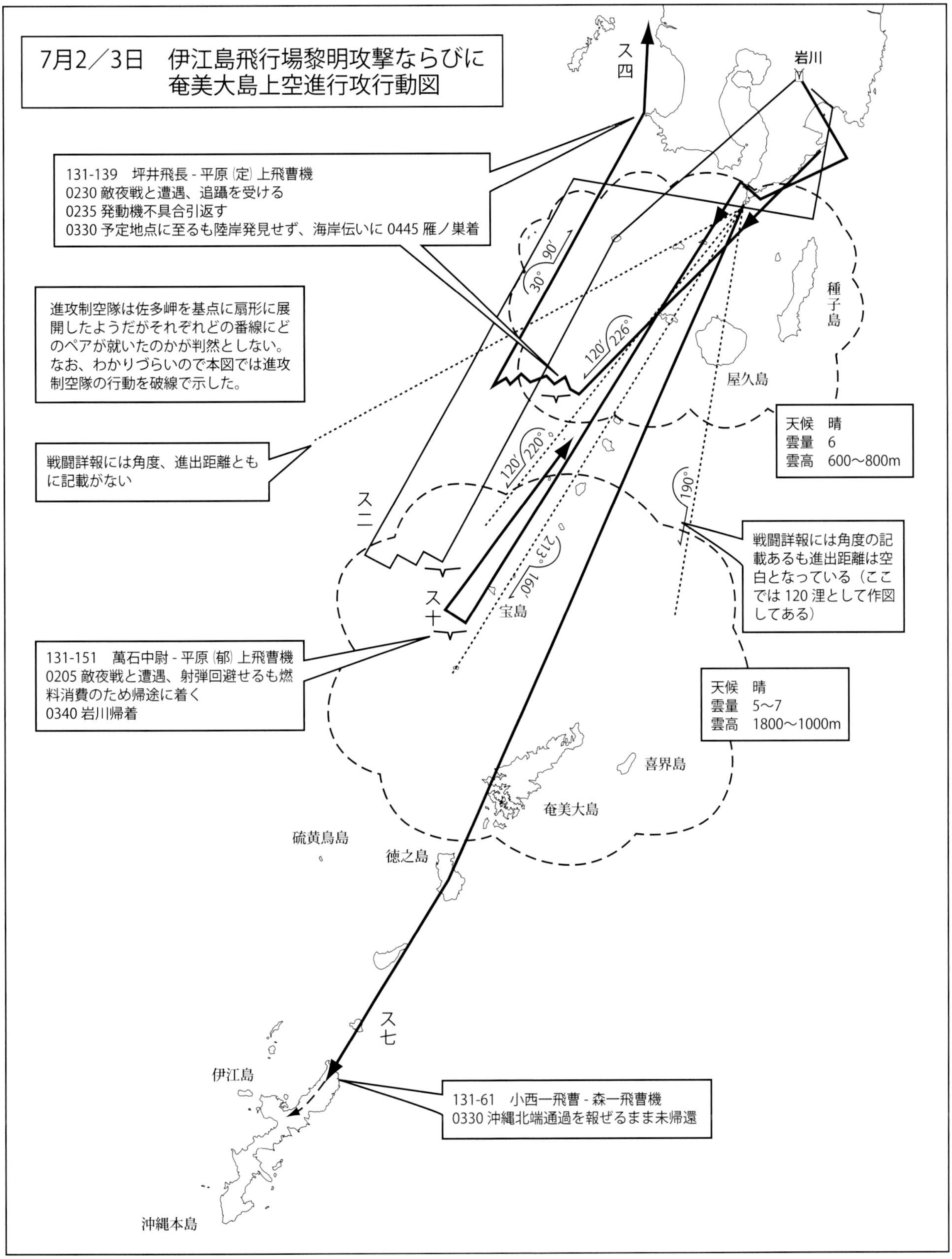
7月2／3日　伊江島飛行場黎明攻撃ならびに
奄美大島上空進行攻行動図
131-139　坪井飛長 - 平原（定）上飛曹機
0230 敵夜戦と遭遇、追躡を受ける
0235 発動機不具合引返す
0330 予定地点に至るも陸岸発見せず、海岸伝いに 0445 雁ノ巣着
進攻制空隊は佐多岬を基点に扇形に展開したようだがそれぞれどの番線にどのペアが就いたのかが判然としない。なお、わかりづらいので本図では進攻制空隊の行動を破線で示した。
戦闘詳報には角度、進出距離ともに記載がない
131-151　萬石中尉 - 平原（郁）上飛曹機
0205 敵夜戦と遭遇、射弾回避せるも燃料消費のため帰途に着く
0340 岩川帰着
131-61　小西一飛曹 - 森一飛曹機
0330 沖縄北端通過を報ぜるまま未帰還
戦闘詳報には角度の記載あるも進出距離は空白となっている（ここでは 120 浬として作図してある）
天候　晴
雲量　6
雲高　600～800m
天候　晴
雲量　5～7
雲高　1800～1000m
岩川
ス四
ス二
ス十
ス七
90'
30°
120'
226°
120'
220°
213°
160'
190°
種子島
屋久島
宝島
喜界島
奄美大島
硫黄鳥島
徳之島
伊江島
沖縄本島

の20浬附近から引返し〇四二七に帰投する。

残る進攻制空隊の『彗星』は2機。おりしもこの日は喜界島周辺は雲量8から10の曇り、雲高700から1000mで、視界は5浬というもの。それでも『彗星』1番機は〇三三五に、金子飛長‐黒田中尉ペアも〇三五五に喜界島西端に到達し針路90度へ左折、同島を横断して洋上でさらに左折し、種子島上空を経由して両機とも無事岩川へ帰投してきた。

制空隊の『零戦』2機も〇三四五と〇三五八にそれぞれ宝島へ到達、こちらは右折して20浬飛行しまた右折、坊ノ岬を経由して帰投する。各機とも会敵はなく、昨日に引き続き敵夜戦に肩透かしをされた形となった。

4日の夜が明けて一七一空の『彩雲』2機が九州南東海面索敵に向かったが敵を見ず、この日はその他の昼間作戦も実施されていない。

そんな中、芙蓉部隊は次の指示に基づき、3夜続いての作戦を準備する。

「機密天航空部隊電令作第二号
七月一日以後決号作戦ノ準備期間ニ於ケル航空作戦要領別紙ノ通定
（中略）
二．兵力配備
芙蓉部隊　夜間沖縄基地攻撃（夜間黎明索敵攻撃）（以下略）」

ただし、沖縄までの長距離進出はせず、列島線の索敵により敵哨戒艦艇を捕捉攻撃することと、敵夜戦の制空を行なうのである。

準備された兵力は『彗星』4機の艦艇掃蕩隊と、『零戦』3機の制空隊である。艦艇掃蕩隊は二七号爆弾を装備し5日〇二〇〇発進、岩川からの方位200度から209度の間を開度3度で、200浬索敵。制空隊は機銃全弾を装備、〇三〇〇の発進を予定する。

この日の『彗星』の出撃隊員は戦闘九〇一と戦闘八〇四からそれぞれ2ペアが選抜されており、戦闘八一二からの参加はない。

艦艇掃蕩隊は5日〇二二七から発進を開始、〇二三二までに4機全機が無事離陸し索敵線に散らばっていく。屋久島を過ぎたあたりからところどころ断雲がある状況。索敵線の中側2本を飛ぶ『彗星』2機はそれぞれ〇三四五と〇三五〇に奄美大島附近に差し掛かったところで敵夜戦と遭遇、積極的な戦闘行動をとったものの効果は不明で、順次引返して〇五〇五と〇五一〇に無事帰投してきた。残る2機は敵を見ずに〇四〇五に先端到達（280浬附近）、あるいは沖永良部附近から引返し、〇五一三と〇五四八に岩川へ帰投する。戦果被害はなし。制空隊の『零戦』4機は基地附近が霧に覆われたため発進を取止められていた。

それにしても敵夜戦との交戦を狙って出撃した隊が会敵せず、攻撃隊などそれ以外の兵力が敵夜戦と遭遇するという状況はなんとも奇妙である。ただ、中川上飛曹‐川添中尉ペアの先例があるとはいえ、『P‐61』や『F6F』と我が『彗星』夜戦が真っ向からぶつかれば〝分〟が悪いのはこちらの方で、実現していたら思わぬ損害を被むったのかもしれない。

こうして3夜連続での芙蓉部隊の作戦は終わり、5日の夜が明けて天候は悪化。この日以後、本土決戦態勢への移行もあり、日本側の航空作戦は下火となっていく。

決号作戦体勢の下で

7月7日一一二九、天作戦航空部隊司令部は次のような指示を麾下の各隊へ達した。

「TFB信電令作第二一五号
一．敵ノ新作戦開始ノ時期切迫シ敵ノ機動部隊ハ既ニ出動当方面来襲ノ算大ナリ
二．当方面兵力配備標準（部隊、基地、機種、主要任務ノ順）
（イ）兵力配備並ニ作戦要領左ノ如シ
（1）偵察部隊　鹿屋　彩雲　沖縄常続偵察、機動部隊索敵触接
八〇一部隊　大分　陸攻六機　夜間哨戒
六三四部隊　桜島　零式水偵四機　夜間哨戒
詫間部隊　詫間　大艇三機　夜間哨戒
（2）夜間攻撃部隊
芙蓉部隊　岩川　夜戦一〇機　機動部隊黎明索敵攻撃、沖縄艦船攻撃
九三一部隊　串良　天山八機　機動部隊攻撃
六三四部隊　桜島　瑞雲六機　沖縄艦船攻撃」

文中「敵の機動部隊はすでに出動、当方面来襲の算大なり」と書かれているように、これは敵機動部隊の九州方面来襲近しと兵力部署を定めたものであったが、8日には通信情報により敵機動部隊のレイテ出撃が確実視され、一層の警戒がなされた。

その予測は的中し、2日後の7月10日に米機動部隊はついに関東方面へ来

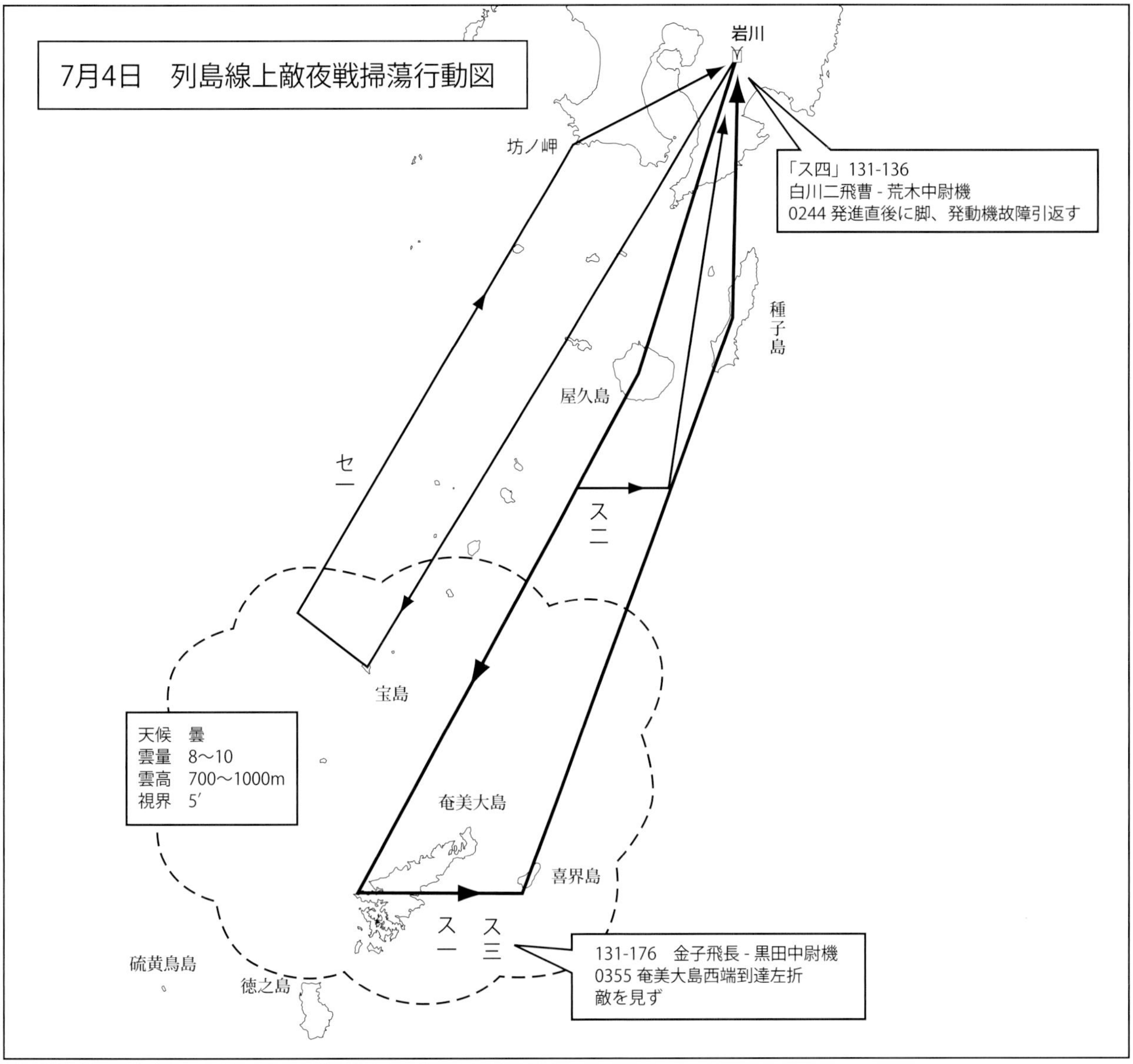

藤枝基地にいた頃に飛行場の片隅で撮影された平原郁郎上飛曹（左。甲飛11期）と森 實二中尉（右。海兵73期）。ともに6月〜7月以降の搭乗割に多く加わった隊員だ。戦闘812には平原姓の上飛曹で偵察員はふたりいた（もうひとりは乙飛17期の平原定重上飛曹）。

襲、〇五一〇から一七〇〇にかけての終日、延べ１２００機にのぼる艦上機により航空基地と都市はその攻撃を受けた。これに呼応してマリアナ方面からも『B‐29』が『P‐51』の掩護をともなって来襲、その攻撃は仙台から阪神地区にまで及んだのである。

この日の南九州の天候は雨。昼間、一七一空の『彩雲』４機と八〇一空の陸攻３機が九州南東方海面の索敵と哨戒を行なったが敵を見ず、詫間空の『二式大艇』１機も夜間哨戒を実施して会敵しなかった。

明けて11日も天候は雨。米機動部隊が西進したものと推測した天作戦航空部隊と三航艦司令部は陸攻延べ７機と飛行艇１機による四国南方海面及び関東当方海面索敵を実施したが敵情を得ず、陸攻３機が未帰還となった。

12日以降14日までの３日間もやはり天候は雨、あるいは曇りで南九州における日本側の作戦行動が行なわれない中、米機動部隊は14日に突如として東北地方東方沖に出現。艦上機７００機により北海道、奥羽地方を空襲し、一一四〇には釜石へ艦砲射撃を実施するにいたった。

翌15日も敵機動部隊は依然として北海道の沖合いにあり、青森、厚岸、室蘭が〇四五〇から延べ１３００機の空襲を受けた。東海地方には１００機にのぼる『P‐51』が来襲している。また、九州各地は〇九〇〇から一時間余りの間に中小型機１００機による空襲を受けた。

沖縄の地上戦が終わり20日あまり。本格的な本土決戦体勢に移行した日本陸海軍航空兵力の反撃はおりからの天候不良ともあいまってなく、米機動部隊、並びに陸上基地航空部隊の蹂躙に任せるがごとき状況であった。

この15日の夕刻、芙蓉部隊では前掲の「機密天航空部隊命令作第二号」に基づき、実に10日ぶりの作戦となる薄暮対潜掃蕩を実施している。

準備兵力は『彗星』２機と『零戦』６機。一八〇〇発進予定として、岩川の２２５度から２８５度の間にかけて開度15度の索敵を行なう。『彗星』は二五番二号爆弾を懸吊して外側両端の索敵線を１５０浬、『零戦』は機銃全弾を装備して内側の索敵線を１３０海里進出する計画であった。この日、戦闘八一二から作戦に加わった隊員はない。

日が長くなった夏の夕刻、一七五五から一八一〇にかけて『彗星』２機と『零戦』５機が発進（６機のうち１機は発動機不調で出発取止め）、離陸直後に１機が脚故障で引き返したため、『零戦』は４機となる。一番南寄りの索敵線を飛んだ『彗星』が天候不良により一九〇三に１３０浬附近から引返した他は全機が一九〇〇前後に先端に到達、各機敵影を見ず二〇〇〇過ぎから二〇三〇にかけて無事帰投した。

これにより南方海面、とくに１００浬より先の天候が不良であることを把握した芙蓉部隊は、明16日黎明に予定していた指揮官所定による沖縄基地攻撃を取止め、薄暮攻撃に変更する旨の報告をしている。

この日は九三一空の『天山』４機も沖縄周辺艦船夜間雷撃に出動、３機は引き返したが残る１機は悪天候をついて攻撃を敢行し、「戦艦二命中確認」と報じた。

翌16日は雨。『彩雲』２機が沖縄方面偵察に発進し、一六〇〇に「慶良間大型輸送船二〇、ソノ他五〇」と報じてきたが、その他の作戦はおこなわれていない。芙蓉部隊の薄暮攻撃も中止になった。

17日は曇り。〇八五〇に発進した『彩雲』２機は沖縄方面の写真偵察に向かい、戦艦５、巡洋艦10、輸送船１５０の在泊を確認、さらに慶良間の西60浬を戦艦３、巡洋艦５、駆逐艦15が北上中であるのを発見している。

明けて７月18日、天候はようやく回復して晴れとなり、芙蓉部隊は16日から延期されていた伊江島飛行場薄暮攻撃を次のように計画する。

「零夜戦ヲ以テ最近跳梁甚シキ敵夜戦ヲ奄美大島附近ニテ制空、彗星夜戦十機ヲ以テ決号作戦発動前敵兵力ノ漸減ヲ計リ伊江島飛行場薄暮攻撃ヲ決行セントス」

伊江島飛行場攻撃隊の『彗星』10機は二五番三一号爆弾を懸吊して一九〇〇発進を予定、奄美大島制空隊の『零戦』は４機で、機銃全弾を装備して攻撃隊より30分早い一八三〇の発進を予定して準備にかかる。

この日の搭乗割に戦闘八一二から名を連ねたのは菅原秀三上飛曹‐田中暁上飛曹ペア、そして戦闘八〇四の操縦員、川口次男上飛曹とのペアを組む池田秀一上飛曹の３名である。

一八三〇、予定通りに『零戦』４機の制空隊が離陸を開始。続いて伊江島飛行場攻撃隊も一八五五から発進にかかる。川口上飛曹‐池田秀一上飛曹ペアの搭乗する〔１３１‐１０６〕号機は一八五七に３番目に、菅原上飛曹‐田中上飛曹ペアの搭乗する〔１３１‐96〕号機は一九〇二に８番目に離陸し、一九一三までに全機が発進していったのだが、回転計の不良によりすぐに降着してきた１機の他、エンジンの馬力が出ず引返すものが１機、操縦装置の不具合を理由に引き返すもの２機、方向舵と昇降舵の利きが悪く引き返す１機と櫛の歯が欠けるように兵力は減少してしまう。しかしこれは恥ではなく、万全の態勢で作戦に挑まなければ無事に行って帰ってくることはおろか、敵

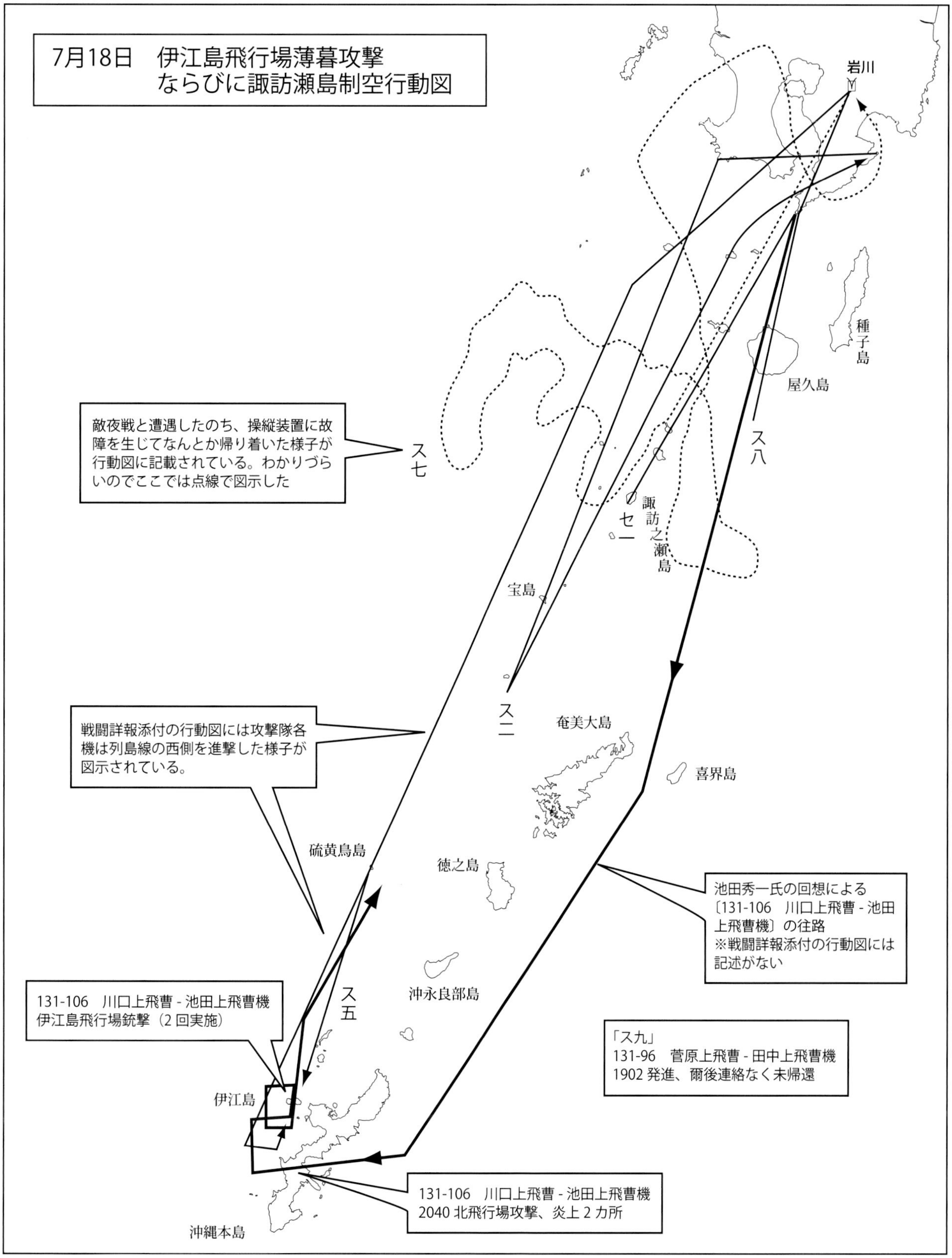
7月18日　伊江島飛行場薄暮攻撃
ならびに諏訪瀬島制空行動図
岩川
種子島
屋久島
敵夜戦と遭遇したのち、操縦装置に故障を生じてなんとか帰り着いた様子が行動図に記載されている。わかりづらいのでここでは点線で図示した
ス七
ス八
セ一
諏訪之瀬島
宝島
ス二
奄美大島
喜界島
戦闘詳報添付の行動図には攻撃隊各機は列島線の西側を進撃した様子が図示されている。
硫黄鳥島
徳之島
池田秀一氏の回想による〔131-106　川口上飛曹 - 池田上飛曹機〕の往路
※戦闘詳報添付の行動図には記述がない
沖永良部島
131-106　川口上飛曹 - 池田上飛曹機
伊江島飛行場銃撃（2 回実施）
ス五
「ス九」
131-96　菅原上飛曹 - 田中上飛曹機
1902 発進、爾後連絡なく未帰還
伊江島
131-106　川口上飛曹 - 池田上飛曹機
2040 北飛行場攻撃、炎上 2 カ所
沖縄本島

戦闘804の川口次男上飛曹（丙飛８期）は時宗隊として
進出して以来、池田上飛曹とたびたびペアを組んだ。

戦闘812開隊以来の偵察員 池田秀一上飛曹
（甲飛11期）。

夜戦の待ち受ける列島線を突破し、沖縄まで到達することすら困難なのだ。

制空隊の『零戦』4機は一九三〇を前後してそれぞれ先端に到達、敵を見ずに二〇二〇から二〇五五までに全機が無事岩川へ帰ってきた。

その間にも攻撃隊は進撃途上にあった1機が敵夜戦と遭遇、回避運動で燃料を消費して引き返したため4機となっていた。

そのうちの1機、川口上飛曹・池田上飛曹ペアの搭乗する『彗星』は敵夜戦に出会うことなく進撃を続けていた。戦闘八一二生え抜きの偵察員で、同期生の右川上飛曹とのペアでこれまでに何度も沖縄へ飛んでいた池田上飛曹は洋上航法もお手のもの。視界は15浬。途中、喜界島を左下に望見したあと、列島線の東側へと飛行、沖縄本島に到達するや金武湾で右変針する。針路は290度、高度4000m。

湾内にいるはずの敵艦船から対空砲火が上がってこないのを不気味に思いつつ二〇四〇に北飛行場に突入、高度1000mで二五番三一号爆弾を投弾し、東支那海へ避退しながら後方を見ると飛行場南側、2ヶ所に小火災を確認。「やったやった」と喜びながら左に旋回して再確認。池田上飛曹にとってはフィリピン以来、目視で確認できる2度目の戦果である。

ところが、本島西側を北上していると、彼らの『彗星』に気づいてか知らずか、伊江島飛行場の灯火が煌煌と点灯しているのが見てとれた。

池田上飛曹が「野郎…ナメテヤガル」とこの光景に敵愾心を燃やしているのと同時に前席の川口上飛曹が

「機銃掃射するぞ」

と伝声管で伝えてきた。彼もまた、灯火管制をしない敵の所業にご立腹の様子。池田上飛曹が

「舐められたものですな～、やりましょう！」

と答えると機は大きく左旋回、高度30mで海面を這うように伊江島に突入して銃撃を実施。灯火はパッと消えた。しかし、伊江島から離れてしばらくすると再び電灯と思われる灯火が点灯する始末。

「ナメテヤガル、もう一度やったろか！」

意気投合するや再び機首をひるがえして伊江島の南側から銃撃を敢行、パッと電灯が消え灯火管制に入るのを確認して離脱し、佐多岬へと針路をとる。敵も懲りたのか、さすがに今度は点灯しない。

それから帰投針路で飛行することしばらく、

「燃料の余裕がないから正確に航法を頼むぞ！」

と落ち着いた口調で川口上飛曹が伝えてきた。一瞬戸惑った池田上飛曹、あわてたってしょうがない、とまず深呼吸して気持ちを落ち着けるや
「大丈夫ですよ、任せて下さい。」

と努めていつもの口調で答え、操縦員を安心させる。

幸わいにして帰路も敵夜戦と遭遇せず、二二四〇に岩川上空へ帰ってくると、あいにく基地周辺は濃霧に覆われている。垂直視界１００ｍ、水平視界も50ｍと判断される中、指揮所からは「着陸待て」との指示があったが、すでに上空で待つ燃料はおろか周辺の飛行場に不時着する余裕もない。

「強行着陸するぞ、いいな」

と川口上飛曹が言うのを受けて池田上飛曹は
「ワレネン0、キョウコウチャクリクス（我燃料ゼロ、強行着陸す）」

とすぐさま指揮所へ発信。川口上飛曹の腕前を信頼しきっている池田上飛曹は普段と変わらず、気楽な気持ちで高度と速度を読み上げていく。

下に見える菱田川と雑木林のなどの地形から滑走路に近づいたことを確認した池田上飛曹が
「滑走路まであと５００（５００ｍ）」と伝えると川口上飛曹からも
「滑走路確認」との答えが返ってきた。

やがて池田上飛曹の「艦尾かわった！」の号令に川口上飛曹がスロットルを絞るとドーン、ドッシャンと2、3度バウンドした感触があり、そしてそれ以後の記憶が池田上飛曹にはない。

「大丈夫か！」と揺り動かされた池田上飛曹の気が付くと、その声の主はフィリピンで苦労を共にした同期生、平原郁郎上飛曹だった。見ると彼らが乗っていた『彗星』［１３１－１０６］号機は左主脚を折って鼻を突き、プロペラは曲がって中破していた。

ほほが生暖かいのに気が付いた池田上飛曹が鼻柱に手を当ててみると切り傷を負い、体を支えていた右腕には割れた計器のガラスの破片が数片突き刺さっていた。すでに現場には救急隊が駆けつけていて、トラック（救急車）に乗せられた上飛曹は診療所に運ばれて鼻柱を右横に5針と鼻口を縫い、1週間の入院加療と診断された。

視界ほとんどゼロという中、池田上飛曹の負傷を含めこの程度の被害で収拾を付けた川口上飛曹の技倆は見事であった。池田一飛曹は7月26日に通院治療の許可が出て、隊内に戻ってくる。

一方、彼らに続いて二一一〇にも1機が伊江島飛行場攻撃に成功、飛行場南端への弾着を認めながらも効果は不明で、被害なく二三二五に帰投。もう1機は沖縄飛行場への攻撃実施を報じたのち、基地周辺まで帰ってきたが、霧で機位を失したものか〇〇四五に塔ノ原に不時着、機体は大破し、搭乗員はふたりとも戦死してしまった。まさに天候が最大の敵であった。

そして残る1機、菅原上飛曹－田中上飛曹ペアの搭乗する『彗星』は発進後、一切連絡がなく、ついに未帰還となった。

この日の戦果は沖縄北飛行場の攻撃に成功した川口上飛曹－池田上飛曹ペアによる炎上1ケ所、伊江島飛行場攻撃を実施した1機の効果不明というもので、被害は『彗星』1機が未帰還、大破と中破がそれぞれ1機で、搭乗員4名の戦死である。これらは全て進撃した4機に対する収支で、沖縄攻撃がいかにハイリスクな作戦であったかの証左といえよう
未帰還となった菅原秀三上飛曹は広島県出身。呉海兵団に整備兵として入団してのち丙飛16期生となった人物である。偵察の田中 暁上飛曹は甲飛9期の出身であった。

ふたりは4月24日、25日に鹿屋へ進出してきた芙蓉隊第3陣の一員であり、これまでに何度も沖縄攻撃に参加、その度に虎口を脱して元気な姿を見せた中堅ペアであった。また、隊内対抗バレーボールではともに相模第2中隊のエースとして大活躍していた様子が伝えられる。

在りし日の先輩ふたりを偲んで坪井氏は次のように語ってくれた。

「この日は当直で飛行場にある仮設指揮所に詰めていましたが、夕焼けの美しい空を、ふたりの乗った『彗星』の機影が米粒のようになって消えるまで見送ったのを鮮明に覚えています。菅原兵曹は笑うと目が細くなるのが特徴で、田中兵曹は素晴らしい美男子。このふたりを失ってバレーも寂しくなりました。」

菅原上飛曹と田中上飛曹の未帰還により、芙蓉隊第3陣として進出してきたメンバーも、右川上飛曹と負傷した池田上飛曹を残すのみとなった。

7月18日の夜間は九三一空の『天山』4機も沖縄周辺艦船雷撃を実施、巡洋艦に命中1を、輸送船1に効果不明と戦果を報じ、芙蓉部隊と共に大きく気を吐いている。

好機を捉え、攻撃す

7月19日、天航空部隊司令部は決号作戦前における作戦方針を次のように定めている。

「好機勝算ある場合は空母群を主目標とし、また状況により、本土周辺に近接した戦艦、巡洋艦群に対して攻撃を決行する。東海以東の決号作戦、南方作戦は第七基地航空部隊（三航艦）兵力をもって作戦する」

この日は天候こそ晴れであったが、おりしも台風が接近中とのことで天航空部隊の活動は六三四空の水偵6機が九州東方海面の哨戒を行なったのみ。ただ、陸軍の偵察報として潮岬の160度200㎞に空母1その他の行動を、また同じく陸軍の第八飛行師団からの情報として沖縄に特空母8、戦艦8、巡洋艦10、輸送船307の在泊が知らされている。

明けて20日には「海軍総隊電令作第一三〇号」として次のような作戦指示が海軍各部隊へ通達された。

「決号作戦生起前ニ於ケル敵機動部隊ノ本土ニ対スル機動空襲竝ニ艦砲射撃ニ対シテハ機密海軍総隊命令作第七号ニ依ルノ外、左ニヨリ作戦スベシ

一．各航空部隊指揮官ハ決号作戦攻撃態勢ヲ保持シツツ極力温存ニ務ムルモ、敵空母又ハ艦砲射撃艦艇ニ対シテハ好機之ヲ奇襲撃摧シ得ル確算アル場合ハ少数精鋭ナル兵力ヲ以テ攻撃シ敵企図封殺ニ務ム」

敵機動部隊艦上機の来襲や戦艦までが本土に近付いて艦砲射撃を行なうような状況が7月上旬から続く中、被害はもちろん、士気の低下を防ぐためにも〝極力戦力温存に務めるが、敵空母又は近接する艦砲射撃艦艇に対しては好機を捉えて少数精鋭なる兵力をもって果敢に討って出る〟方針である。

ことここにいたり、敵機動部隊を奇襲撃滅できる好機はなかなかつかめないものと思われるが、これにより五航艦とともに天航空部隊を構成する、東日本方面所在の三航艦麾下各部隊も積極的行動を開始する。

その20日、米機動部隊の1群による沖縄との通信連絡が密であり、偵察の結果からも沖縄の敵艦船の行動が活発であると見て取った天航空部隊司令部では、米軍の新作戦発動の公算大と判断し、23日を期して沖縄艦船夜間攻撃を企図することとなった。

明けて21日、九三一空の『天山』4機が沖縄方面夜間攻撃を実施して巡洋艦に命中1を報じたが、22日には天候は雨となった。それでも早朝から一七一空の『彩雲』1機が沖縄方面偵察に発進して、その周辺に合計戦艦4、巡洋艦10、駆逐艦10、その他300を、一〇二〇には沖縄東方に駆逐艦5、輸送船10が南下中であることを確認している。

23日、天候はやや回復。昨日に続き〇六三〇に発進して沖縄方面偵察を実施した一七一空の『彩雲』は戦艦3、巡洋艦6、駆逐艦7、輸送船150、その他30隻の存在を確認する。

同日、芙蓉部隊でも「機密天航空部隊命令第二号」に基づく列島線西方海面薄暮対潜掃蕩を計画。その企図は次のようなものである。

「薄暮時彗星零戦ヲ以テ東支那海方面ニ出没スル敵水上艦艇及潜水艦ヲ掃蕩殲滅シ併セテ黄海方面機動部隊ノ索敵ヲ兼ス」

5日ぶりの作戦に対して用意する戦力は『彗星』8機と『零戦』4機。針路は岩川の190度から300度の間、開度10度で、『彗星』は二五番二号爆弾を懸吊して北側の130浬を、『零戦』は機銃全弾を装備して南側の100浬を担当する。発進予定時刻は一八二〇である。

この日の攻撃隊に占める戦闘八一二の割合は多く、菊谷 宏中尉・名賀光雄一飛曹ペア、森 實二中尉・小田正彰一飛曹ペア、白川良一二飛曹・荒木健太郎中尉ペア、鈴木久蔵中尉・笹井法雄一飛曹ペア、蒲生安夫一飛曹・金子忠雄一飛曹ペアと実に5組が搭乗割に名を連ねていた。荒木中尉以外、6月になってから岩川に進出してきた面々ばかりである。

各機は予定通り一八二〇過ぎから離陸を開始。エンジン起動困難の1機をのぞく『零戦』3機が発進し、続いて『彗星』隊が発進にかかる。

一八二四に索敵1番線（一番北寄りの300度）に就く菊谷中尉・名賀一飛曹ペアの搭乗する〔131-136〕号機ほか1機が先頭をきって発進したのを皮切りに、一八二七には索敵8番線（230度）に就く蒲生一飛曹・金子一飛曹ペアの搭乗する〔131-99〕号機が4番目に、一八三〇には索敵2番線（290度）に就く森中尉・小田一飛曹の搭乗する〔131-14〕号機が、一八三一には索敵4番線（270度）に就く白川二飛曹・荒木中尉ペアの搭乗する〔131-52〕号機と6番線（250度）に就く鈴木久蔵中尉・笹井一飛曹の乗る〔131-135〕号機が、そして戦闘八〇四のペアの搭乗する『彗星』が最後に離陸し、ひとまず全機の発進を見た。

ところが、あいにくと九州南部は雲量10、雲高300から500mの曇り空。『零戦』2機は九州沿岸にまで張りつめた厚い雲を突破できず引返し一八四五と一九二〇に帰着、2番線の森中尉・小田一飛曹ペア機も天候不良で引返し一九一三に岩川へ帰投してきた。

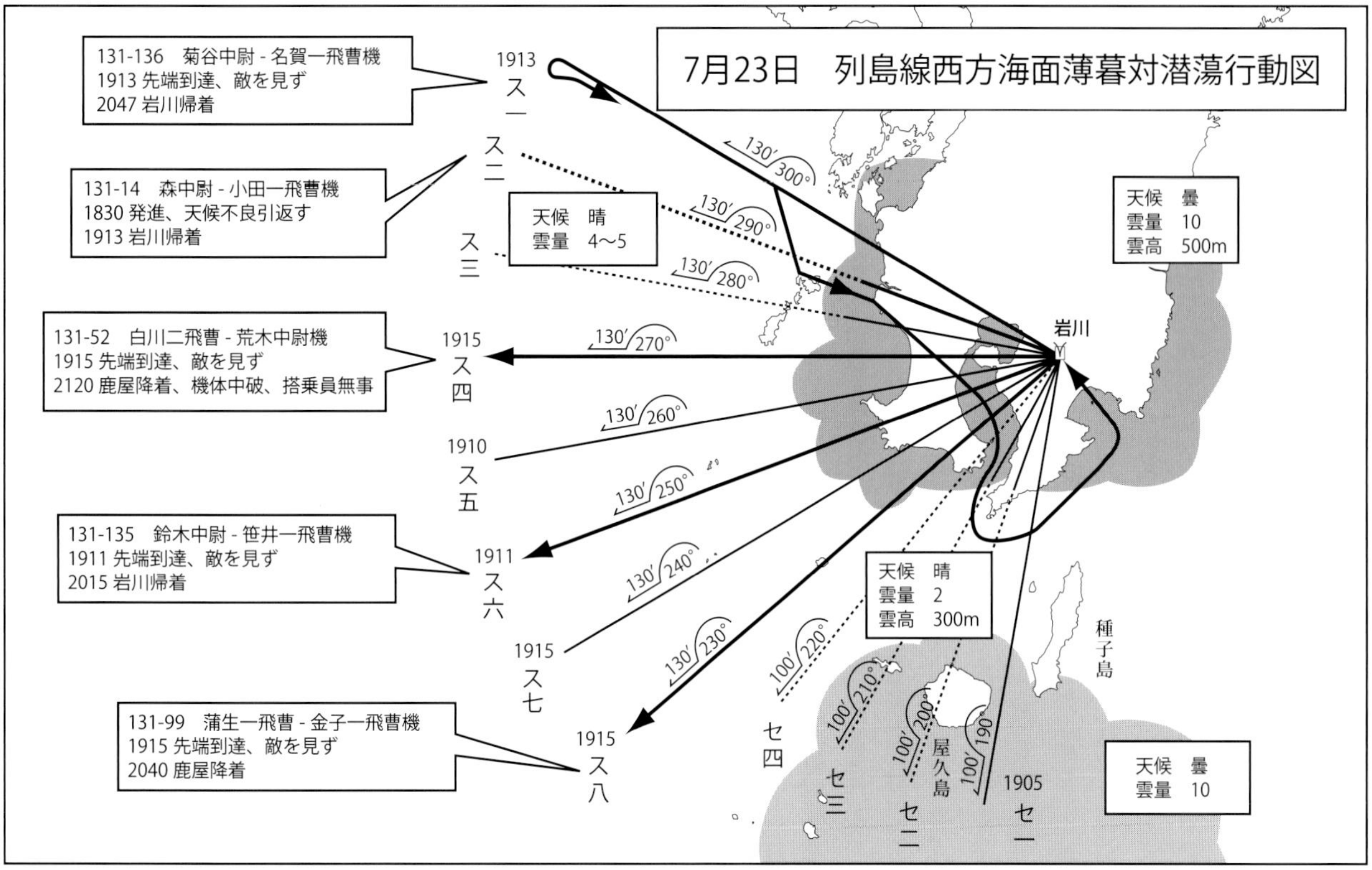

残る『彗星』1機は一九〇五に先端到達して二〇一五に帰投。鈴木久蔵中尉 - 笹井一飛曹ペアの『彗星』は一九一三にそれぞれ先端に到達して敵を見ず無事に帰着してきた。白川二飛曹 - 荒木中尉ペアと蒲生一飛曹 - 金子一飛曹ペアの『彗星』はそれぞれ一九一五に先端に到達、敵を見ずに帰投針路について南九州沿岸まで帰ってきたが、雲に阻まれ岩川へ降着できず2機とも鹿屋へ不時着。その際、二一二〇に降着した荒木中尉機は中破の損傷を負ってしまった。搭乗員は無事。蒲生一飛曹 - 金子一飛曹ペア機は二〇四〇に鹿屋へ無事に降着し、翌24日一九三〇に岩川へ帰ってくる。

その他2機の『彗星』も一九一〇と一九一五に先端に到達して敵を見ず、これも一九五〇と二〇五〇に鹿屋へ不時着し、1機が降着時に中破している（1機は24日一八二二岩川帰着）。残る1機は一九二〇に天候不良のため甑島附近から引返して二〇四五に薩摩半島西側に位置する陸軍の万世飛行場に不時着し、24日〇七一〇に岩川へ帰ってきた。

『彗星』、『零戦』とも120浬、100浬という進出距離は巡航速度でわずか30分ばかりの飛行時間であったが、九州南岸に張り付いた雲は難敵で各機の帰投針路をさえぎり、また、『零戦』が飛んだ南側の索敵線の先端附近の天候も悪かった。そんな状況で被害が『彗星』2機の降着時中破、搭乗員無事に留まったことは幸いであったといえよう。

ちょうどこの23日は第五航空艦隊司令長官の宇垣中将が『白菊』に便乗して、鹿屋から15分あまりの飛行を経て一三三〇ころに岩川基地を視察に訪れた日であり、この時に岩間中尉らも世話をしていた美濃部少佐の愛馬2頭が活躍、宇垣中将に秘匿基地の様子を説明して回ったエピソードは宇垣日記『戦藻録』にも記載されている。

明けて24日、この日は〇六〇〇から名古屋以西の西日本方面、中国、四国地方に敵機動部隊艦上機1150機による大規模な空襲があり、とくに呉方面に潜伏状態で在泊していた戦艦、空母以下の艦艇は大打撃を受け、これらはさらに28日の空襲でトドメを指される形となる。これに対して大村の三四三空『紫電改』31機が邀撃、18機の撃墜を報じ、本土決戦態勢下における海軍戦闘機隊の存在を知らしめた。

この他、〇六三〇から一五五〇にかけて『P - 51』延べ300機が浜松方面に来襲、〇九二〇から一三三〇に渡り、『B - 29』延べ約750機が名古屋、阪神、中国方面に来襲してその猛威を振るっている。

天航空部隊では〇八一〇に一七一空の『彩雲』2機を索敵に放ったがそれぞれ未帰還となり、午後にも同じく『彩雲』2機が発進、一五〇五になって四国室戸岬南方160海里を遊弋中の敵機動部隊の存在を報じてきたが、積極的な攻撃は行なえず、夜になり、二三〇〇には八〇一空の『一式陸攻』4機が引き続き四国南方海面夜間索敵を実施している。

こうした一方で日付が25日に変わった〇二一〇から20分間、串本附近が数隻の敵艦艇により艦砲射撃を受けた。さらに〇五四〇ころから西日本一帯には敵機動部隊艦上機が来襲、一六〇〇ころまでに観測されたその数、延べ1000機と判断。その間、〇七〇〇には一七一空の『彩雲』1機が敵機動部隊索敵に発進したが未帰還となった。

この25日は関東方面に展開する三航艦の各隊も活発に索敵と攻撃を実施しており、千葉県木更津基地を発進した七五二空T一〇二の『彩雲』1機は一五三〇から一五四五にかけて潮岬南東80浬に空母8、巡改空母4、特空母7から10の4群発見と報じてきた。これに対して同隊の『彩雲』1機が薄暮触接に発進、夕刻の一七三〇過ぎには同じく木更津基地に展開する七五二空麾下の攻撃第五飛行隊も『流星』12機からなる急降下爆撃隊を発進させ、時間差で同じく『流星』5機からなる雷撃隊を攻撃に向かわせた。

これらの動きに呼応して芙蓉部隊では指揮官所定により

「潮岬南東海面ニ出現セル敵有力機動部隊ヲ索敵シ日没時之ニ攻撃ヲ加ヘ撃滅セントス」

との企図の下、『零戦』8機による敵機動部隊薄暮索敵攻撃を計画。

発進予定時刻は一七三〇、『零戦』8機を2機ずつの4個小隊に分けて、都井岬を基点とする85度から100度の間へ放ち、開度5度で200浬の索敵を行なう。兵装は機銃全弾装備。出撃隊員は全員、戦闘九〇一の隊員である。

各機は予定通り一七三二から発進を開始、一七三六までに全機が無事離陸していった。ところが、基点附近では晴れであった天候は進撃途中で雲量6から8の曇りとなり、雲高500から700m、視界10浬ほどとなってきた。これにより一番北側寄りを飛ぶ1小隊と南側を飛ぶ4小隊が一八四〇とほぼ同時刻に150浬地点から引返し、1小隊はその復路の一九〇二、都井岬の80度100浬附近で浮上している潜水艦を発見、これを銃撃して艦上から乗組員ふたりが転落するのを目視で確認した後、二〇〇六に岩川へ帰投してきた。4小隊は一九三七に帰着。

その他の各機は一八五七から一九一三までに先端に到達し、敵を見ず二〇〇〇から二〇五〇までに帰着した。この日、芙蓉部隊の被害はなし。

紀伊半島沖合いの敵機動部隊を夕刻になって捕捉したのはK五の『流星』艦爆隊であったが、敵夜戦に阻まれるなどで4機が未帰還となり、攻撃を実施して生還した各機も戦果を確認できる状況ではなかった。その後、天候が悪化したため、時間差で出撃したK五の雷撃隊は会敵していない。

この攻撃のあとの二一一七以降、敵機動部隊は電波輻射管制を実施した模様で、夜間索敵のために二〇〇〇に大分基地を発進した八〇一空の『一式陸攻』3機と、二三〇〇までに島根県大社基地を発進して索敵攻撃に向かった七六二空攻撃第五〇一飛行隊の『銀河』8機も敵発見にいたらず、再びその動向は不明となった。

なお、「第五航空艦隊作戦記録」には25日の芙蓉部隊の記事として〇一三〇岩川発として『彗星』9機と『零戦』3機が九州東方海面黎明索敵を実施し、敵を見ずとの記述があるのだがこの作戦行動についてては戦闘詳報が残っておらず、判然としない。

沖縄攻撃再開

26日の天候は雨。この日は敵機動部隊艦上機や『B-29』など大型機の来襲はなかった。天候は午後になって回復し、九三一空の『天山』4機が一九三〇から二〇三〇までに串良基地を発進、沖縄周辺艦船雷撃を実施して巡洋艦2、輸送船1への命中を報じたのが唯一の攻撃作戦行動であった。

明けて27日、天候は晴れとなり、敵機動部隊艦上機は早朝から浜松方面へ来襲、その数も一二〇〇までに5波延べ700機と観測されたが、昼間における日本側の主体的な攻撃作戦は実施されなかった。

その27日一二〇七、芙蓉部隊指揮官美濃部少佐は天航空部隊司令部並びに藤枝へ向け次のような作戦計画を発している。

「明二十八日、左ニ依リ作戦実施ノ予定

彗星十六機〇〇〇〇ヨリ〇一三〇間ニ発進、沖縄飛行場攻撃

彗星四機〇一三〇発進、索敵攻撃、都井岬ノ六五度ヨリ八九度間迄、開度八度、進出距離二〇〇浬、右折レ二十浬

零戦四機〇三三〇以後発進、南九州西海岸距離八〇浬、対潜掃蕩」

芙蓉部隊にとって沖縄攻撃は実に10日ぶりである。その作戦企図は次のよ

馬場康郎飛曹長（操練46期）は203空夜戦隊6人の侍のうち、ただひとりとなった歴戦の操縦員。第1陣で進出したが、一度藤枝に戻り、再度進出して出撃をくり返した。右で図盤に記入しているのは同じくベテランの戦闘901偵察員、清水武明少尉（甲飛1期）。藤枝基地にて。

敵機動部隊の本土近接に対し、それまで決号作戦のため兵力温存に努めていた各航空部隊は積極果敢に討って出る態勢へと移行した。写真はこの頃木更津基地に展開していた752空攻撃第5飛行隊の『流星』一一型（ただし、撮影時期は昭和20年5月、場所は香取基地）。7月25日の薄暮攻撃は“新鋭雷兼爆”として期待された本機の初陣となった。

うなものであった。

「（1）彗星夜戰ヲ以テ夜間沖縄各基地ニ奇襲ヲ加ヘ、敵ガ同方面ニ蓄積セル兵力ヲ漸減シ敵ノ心膽ヲ寒カラシメントス

（2）彗星夜戰及零夜戰ヲ以テ九州西方海面ヲ索敵シ二十五日以来潮岬南方海面ニ行動シツヽアル敵機動部隊ヲ黎明時捕捉攻撃シ之ヲ撃滅セントス

（3）零夜戰ヲ以テ南九州近海ニ出没スル敵潜水艦ヲ掃蕩セントス」

この計画に基づき兵力を5つに分けて攻撃隊が編成された。まず28日〇〇〇〇に発進して北飛行場攻撃に向かう『彗星』8機は二五番三一号爆弾1発を懸吊。ついで〇一三〇に発進する『彗星』7機は二五番三号爆弾1発を懸吊する伊江島飛行場攻撃隊、これと時を同じくして二八号弾4発を搭載する『彗星』4機からなる索敵攻撃隊が発進、その1時間後には『零戦』8機の索敵攻撃隊も発進し、最後に〇三三〇に『零戦』4機の対潜掃蕩隊が出撃するというもの。文字通り、全力出動である。

この日の編成表に戦闘八一二から名を連ねたのは、北飛行場攻撃隊に馬場康郎飛曹長‐恩田善雄一飛曹ペアと、戦闘九〇一の村上 明二飛曹（特乙1期）とペアを組む柿原朋之少尉、伊江島飛行場攻撃隊に岩間子郎中尉‐安井泰二一飛曹ペア、菊谷 宏中尉‐名賀光雄一飛曹ペアの2組、そして索敵攻撃隊に萬石巖喜中尉‐平原郁郎上飛曹ペア、蒲生安夫一飛曹‐金子忠雄一飛曹ペア、斉藤文夫二飛曹‐太田勝二少尉ペアの3組、計13名であった。当日の搭乗割を見る限り、北飛行場攻撃には比較的老練者を中心としたペアが、伊江島飛行場攻撃隊には海兵73期、予備学生13期を機長とする若き搭乗員のペアが振り分けられていたことがわかる。

27日二三五八に先陣を切って発進したのは戦闘八〇四飛行隊長の石田貞彦大尉‐田崎貞平上飛曹ペアの『彗星』。ついで日付が変わった28日〇〇〇二に村上 明二飛曹‐柿原朋之少尉ペアの搭乗する〔131‐67〕号機が離陸にかかる。〇〇〇五になって4番目に発進したのが馬場飛曹長‐恩田一飛曹ペアの〔131‐19〕号機。1機が発進を取り止め、1機は〇〇三五に発動機故障で、1機が天候不良により引返し（〇一三〇鹿屋へ不時着）、柿原少尉機が奄美大島附近で敵夜戦5機と遭遇したのち〇一三〇に発動機不具合となって引返したため、北飛行場攻撃隊は4機となった。

伊江島飛行場攻撃隊は予定時刻少し前の〇一二三から発進にかかり、岩間中尉‐安井一飛曹ペアは〇一三三に離陸したが発動機不調となり引き返し、

○二二○に岩川へ帰着。これと前後して菊谷中尉‐名賀一飛曹ペアが発進したようだが、こちらについては発進、帰着の時刻の記述がなく、あるいは発進取り止めだったのかもしれない。この攻撃隊は○一三六までに発進を終えたのだが、前後して燃料漏洩のため1機が、また天候不良のため別の1機が引き返して帰着。こちらも攻撃隊は4機となる。

続いて○一四二に索敵攻撃隊の『彗星』も離陸を開始。○一四二に萬石中尉‐平原郁郎上飛曹ペアの〔131‐102〕号機が、○一五六に蒲生一飛曹‐金子一飛曹ペアの〔131‐175〕号機が、○一五八に斉藤二飛曹‐太田少尉ペアの〔131‐64〕号機が発進したが、萬石中尉機は脚の故障のため○二○四に、平原上飛曹機は発動機不調のため○二二四に降着してきた。進撃したのは2機。

この索敵攻撃隊が発進を終えたころ、ちょうど北飛行場攻撃に向かった各機が戦場に到達していた。まず○二○○に戦闘八○四のペアが搭乗する『彗星』が伊江島飛行場の奇襲攻撃に成功、続いて○二○五に戦闘八○四分隊長の石田大尉機が北飛行場滑走路に投弾。

ちょうど同じころに馬場飛曹長‐恩田一飛曹ペアの搭乗する『彗星』が伊江島飛行場を目標に捉えていた。恩田一飛曹は前述の米倉上飛曹（戦死）との不時着水で水恐怖症となり、洋上を飛ぶのが怖くなっていたという。その様子を見て取った馬場飛曹長は出撃前に

「この戦況ではいつか誰でも経験することさ。さぁ、行こう」

とやさしく励ましてくれていた。歴戦のベテランのちょっとした心配りは誠に嬉しく、心強い。

奄美大島を過ぎるころから之字運動を開始して敵夜戦を警戒しつつ進撃、恩田一飛曹も目を皿のようにして夜空を見回す。敵夜戦の姿は見えないようだ。やがて伊江島に到達した馬場飛曹長機は打ち上げてくる対空砲火に身じろぎもせずに一度接敵をやり直し、○二一○に絶好のタイミングで中央滑走路に三一号爆弾を投弾、対空砲火を避けるため左右に機を滑らせながら弾着4ヶ所の炎上を確認して離脱する。大戦果であった。残る攻撃隊の1機も○二一二に伊江島飛行場東側滑走路中央に投弾成功した。

攻撃に際しては北飛行場、伊江島飛行場ともに夜設をこうこうと点灯しているのが確認され、中城湾及び北飛行場沖合いには大小の敵艦艇が停泊、薄い煙幕も展張されているようで、さらに残波岬の飛行場も夜設を点灯して飛行作業を実施している様子が見てとれた。

各機は○四二六に岩川へ帰着。しかしあいにくと○四○○ころから岩川周辺は濃霧に覆われたため、1機が鹿屋へ、1機が出水に不時着している。

伊江島飛行場攻撃隊は○一五五にレバー不良のために口永良部附近から1機が、やはり同時刻に昇降舵の不良のため黒島附近から1機が引き返し、藤澤中尉機が○二三五から○三一五まで諏訪瀬島附近で敵夜戦の執拗な追躡を受けて回避機動を実施、燃料不足となり○三三○に引き返したため、戦闘八○四ペアの搭乗する1機のみとなった。この機も○三○五に敵夜戦と遭遇していたがこれをうまくかわし、○三三五に伊江島飛行場の攻撃に成功、二五番三号爆弾を命中させて○五四五に鹿屋へ不時着した。

残る索敵攻撃隊の2機のうち、斉藤二飛曹‐太田少尉ペアは○二二四に発動機が不具合となり進出50浬にして引き返して敵を見ず、残る1機は○三二○に天候不良のため230浬附近から引き返したが○五○五に大分沖に不時着水を敢行、機体は海没したが搭乗員は2名とも無事であった。

索敵攻撃隊の『零戦』は○二三二から離陸を開始、1機が発進を取止めたため○二四五までに7機が発進していったが、すぐに1機が発動機故障で引き返して佐多岬沖に不時着水し、機体は海没した。搭乗員は無事。○三二○にはさらに1機が天候不良のため進出35浬で引き返してきた。

残る5機の『零戦』はそれぞれ○三五○から○四二五までの間に先端に到達、うち1機は○四二五に先端附近の都井岬の90度200浬で敵駆逐艦を発見して銃撃を実施し、○四五○まで索敵を継続してその他を認めず、濃霧のため鹿屋へ不時着。他の各機も志布志、都城、宮崎へと降着した。

最後の出撃兵力となる『零戦』4機の対潜掃蕩隊は○三四九から発進にかかり、○三五四までに全機が離陸。割り当てられた空域を飛んで敵を見ず、○五三○から○六一○までに全機が志布志、笠之原に無事に降着した。

この日の戦果は総合して北飛行場に二五番三一号爆弾1発、伊江島飛行場に二五番三一号爆弾3発と二五番三号爆弾1発（戦闘詳報には2発と書かれているが、誤り）が命中。駆逐艦1隻の捕捉銃撃に成功というもの。

被害は索敵攻撃隊の『彗星』1機海没、『零戦』1機の海没の他に、鹿屋に不時着した『彗星』がのち敵機の爆撃により2機炎上、1機大破というもので、人的被害はなかった。なお、鹿屋で炎上した『彗星』のうちの1機は柿原少尉機であった。

沖縄攻撃に向けられた『彗星』16機のうち、故障や天候不良に見舞われず

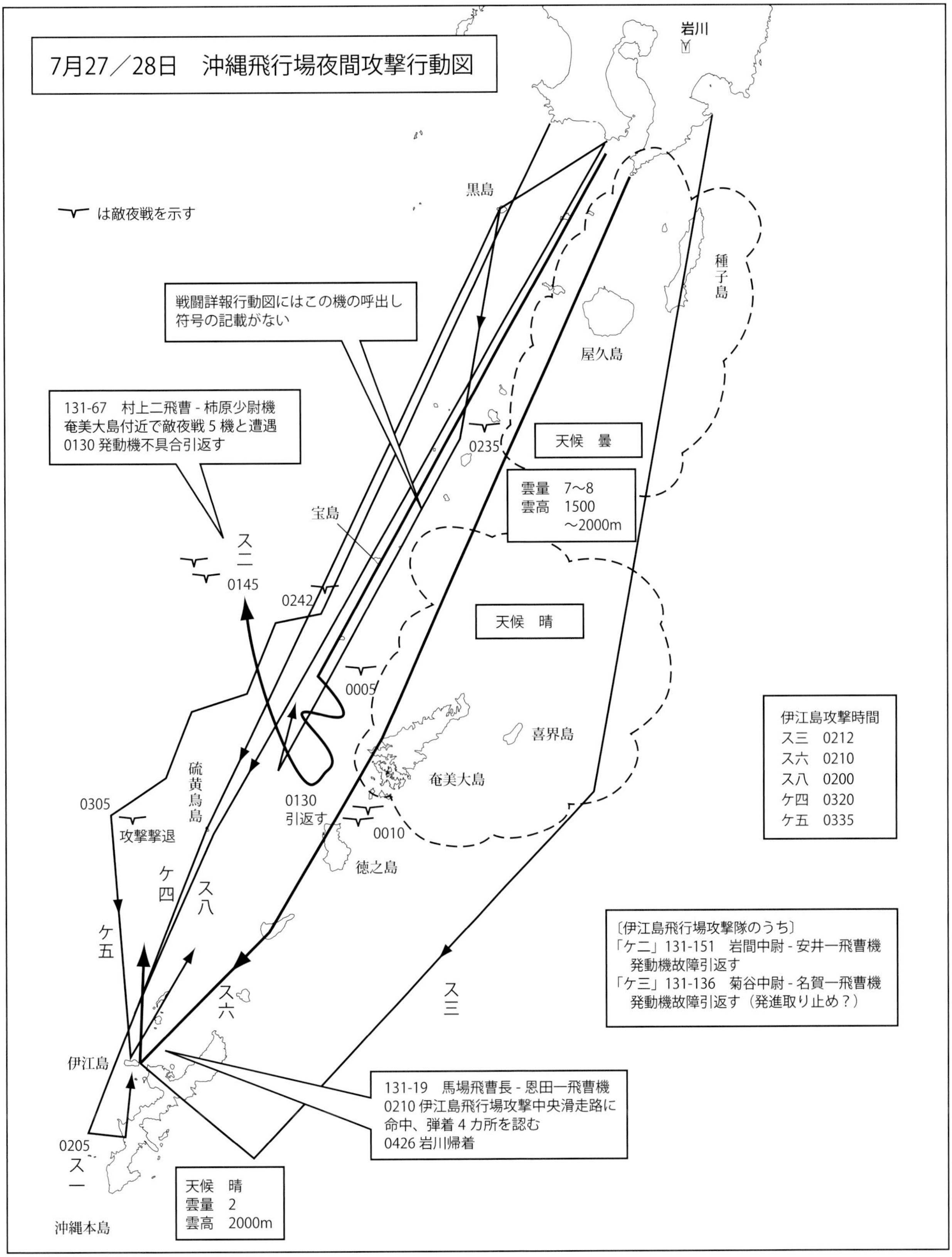

7月27／28日　沖縄飛行場夜間攻撃行動図
岩川
は敵夜戦を示す
黒島
種子島
屋久島
戦闘詳報行動図にはこの機の呼出し符号の記載がない
131-67　村上二飛曹 - 柿原少尉機
奄美大島付近で敵夜戦 5 機と遭遇
0130 発動機不具合引返す
0235
天候　曇
雲量　7～8
雲高　1500
～2000m
宝島
ス二
0145
0242
天候　晴
0005
喜界島
奄美大島
伊江島攻撃時間
ス三　0212
ス六　0210
ス八　0200
ケ四　0320
ケ五　0335
硫黄鳥島
0305
攻撃撃退
0130
引返す
0010
徳之島
ケ四
ス八
ケ五
ス六
ス三
〔伊江島飛行場攻撃隊のうち〕
「ケ二」131-151　岩間中尉 - 安井一飛曹機
発動機故障引返す
「ケ三」131-136　菊谷中尉 - 名賀一飛曹機
発動機故障引返す（発進取り止め？）
伊江島
131-19　馬場飛曹長 - 恩田一飛曹機
0210 伊江島飛行場攻撃中央滑走路に命中、弾着 4 カ所を認む
0426 岩川帰着
0205
ス一
天候　晴
雲量　2
雲高　2000m
沖縄本島

7月27／28日　沖縄基地夜間攻撃　編成表

北飛行場攻撃隊（各機25番31号爆弾1発懸吊）　　※（　）の数字は不時着時間

機体番号	操縦員		偵察員		呼出符号	発進時刻	戦場到達	帰投時刻	経　過
	氏名	階級	氏名	階級					
131-105	石田貞彦	大尉	田崎貞平	上飛曹	ス1	2358	0205	0420	0205北飛行場滑走路ニ25番31号弾投下
131-67	村上　明	二飛曹	柿原朋之	少尉	ス2	0002		不明	奄美大島附近ニテ敵夜戦5機ト遭遇0130発動機不具合引返ス
131-75	加治木常允	中尉	関　妙吉	上飛曹	ス3	0004	0212	(0500)	伊江島飛行場東側滑走路略中央ニ25番31号弾命中。0500鹿屋着、敵機ノ爆撃ニ依リ機体炎上
131-14	藤井健三	中尉	鈴木晃二	上飛曹	ス4	0009		0058	0035発動機故障ノ為引返ス（黒島附近）。敵ヲ見ズ
131-39	中森輝雄	上飛曹	加藤　昇	中尉	ス5				取止メ
131-19※	馬場康郎	飛曹長	恩田善雄	一飛曹	ス6	0005	0210	0426	0210伊江島飛行場中央滑走路ニ25番31号弾命中 弾着4ヶ所ヲ認ム
131-150	堀野勝芳	二飛曹	守屋正武	中尉	ス7	0011		(0130)	天候不良ノ為引返ス。0130鹿屋着、敵機ノ爆撃ニ依リ機体炎上
131-29	新原清人	上飛曹	波村一一	上飛曹	ス8	0007	0200	(0450)	0200伊江島飛行場東側滑走路ニ25番31号弾投下 0450出水着。2000帰投

伊江島飛行場攻撃隊（各機25番3号爆弾1発懸吊）

機体番号	操縦員		偵察員		呼出符号	発進時刻	戦場到達	帰投時刻	経　過
	氏名	階級	氏名	階級					
131-94	藤澤保雄	中尉	横堀政雄	上飛曹	ケ1	0130		(0520)	0235ヨリ0315迄敵夜戦ノ追躡ヲ受ク（諏訪瀬島附近） 0330燃料不足ノ為引返ス0520志布志着1605帰投
131-151※	岩間子郎	中尉	安井泰二	一飛曹	ケ2	0133		0220	発動機故障ノ為引返ス
131-136※	菊谷　宏	中尉	名賀光雄	一飛曹	ケ3	不明		不明	発動機故障ノ為引返ス（発進取止めか?）
131-139	重田兵三郎	上飛曹	依田公一	中尉	ケ4	0125		0327	0155レバー不良ノ為引返ス（口永良部） 0322鹿屋着30日1925帰投
131-109	宇田勇作	上飛曹	鞭　杲則	中尉	ケ5	0123	0335	0545	0305敵夜戦ト遭遇之ヲ撃退ス0335伊江島飛行場ニ25番3号弾1弾投下0545鹿屋着。敵機爆撃ニ依リ機体大破
131-176	小西　肇	上飛曹	島川龍馬	二飛曹	ケ6	0131		0303	0155昇降舵不良ノ為引返ス（黒島附近）。敵ヲ見ズ
131-57	小林　弘	上飛曹	木内　要	中尉	ケ7	0136		0223	燃料漏洩ノ為引返ス
131-137	及川末次	飛長	小林大二	中尉	ケ8	0134		0245	天候不良ノ為引返ス

・防衛庁戦史図書館所収「芙蓉空部隊戦闘詳報」当該日付の戦闘詳報より筆者作成。
・機番号に※印を付したのが戦闘八一二のペア。

に目標に到達して攻撃を実施したのは5機だが、これを多いと見るか少ないと見るかは評価が分かれるところだろう。ただ、昼間攻撃の有様を見れば前者の評価が妥当であることは明白だ。

夜明けとともに昨日浜松を襲った機動部隊艦上機は中国、四国、九州一帯に来襲、とくに呉軍港を中心とする地域には650機の艦上機の他に沖縄からの『B-25』など110機も観測され、終日4波にわたる攻撃で戦艦『伊勢』『日向』をはじめとする大小艦艇が被弾着底、さらに沖縄からの来襲機300機は九州方面へと分かれて来襲、また関東地方にはマリアナ方面からの250機が来襲した。

この日〇八〇〇には一七一空の『彩雲』2機が四国南東海面へ索敵に出たが敵機動部隊の捕捉はかなわず、その位置はようとして知れぬままであった。

こうした状況のなか、芙蓉部隊は「機密天航空部隊命令作第二号」による指揮官所定で7月28日から29日の夜間における伊江島飛行場攻撃と敵機動部隊索敵攻撃を計画した。その作戦企図は次の通り。

「近時沖縄ノ敵飛行場ハ強化セラレ在地機又集中セラレツヽアリ之ヲ焼拂ヒ出鼻ヲ挫キ室戸岬南方海面ニ出現セル敵有力機動部隊ヲ索敵シ黎明時之ニ攻撃ヲ加ヘ撃滅セントス」

すでに沖縄の組織的な地上戦が終わってひと月あまり。昨夜の攻撃で実際に沖縄本島や周辺の様子が改めて確認されたため、その基地機能を喪失させるとともに、再び28日に呉などの内海への空襲を実施した敵機動部隊を黎明時に捉え、攻撃を行なおうとするものである。

準備された兵力は伊江島飛行場攻撃に『彗星』4機、機動部隊索敵攻撃に『彗星』8機、『零戦』4機であり、後者の索敵攻撃に重点が置かれていたことがわかる。索敵攻撃隊の『彗星』の主装備が斜め銃と二八号弾というのは敵艦船の撃沈撃滅を図るにはいささか心もとない打撃力だが、敵の夜間警戒機をいなしつつ敵艦艇を捕捉するための装備ともいえよう。

この攻撃要領の詳細については28日一五二六に次のように定められた。

「発岩川芙蓉部隊指揮官
当隊明朝作戦要領次ノ如シ
一、伊江島攻撃　彗星四機　発進時刻〇一三〇
二、索敵攻撃
（イ）彗星八機　都井岬ノ七〇度ヨリ一四〇度間、開度一〇度、進出距離二四〇浬右折三〇浬　発進時刻〇二〇〇

7月28日　黎明索敵攻撃ならびに対潜掃蕩　編成表

索敵攻撃隊（各機28号弾搭載）

機体番号	操縦員		偵察員		呼出符号	発進時刻	戦場到達	帰投時刻	経　過
	氏名	階級	氏名	階級					
131-102	笹谷亀三郎	中尉	近藤　博	二飛曹	タ1	0142		海没	0320天候不良ノ為引返ス（230浬）敵ヲ見ズ 0505大分沖ニ不時着、機体沈没搭乗員無事
131-91※	萬石巖喜	中尉	平原郁郎	上飛曹	タ2	0145		0204	脚故障ノ為引返ス
131-175※	蒲生安夫	一飛曹	金子忠雄	一飛曹	タ3	0156		0224	発動機故障ノ為引返ス
131-64※	斉藤文夫	二飛曹	太田勝二	少尉	タ4	0158		0315	0224発動機不具合ノ為引返ス（50浬）、敵ヲ見ズ

索敵攻撃隊（『零戦』全弾装備）

機体番号	操縦員		索敵線	呼出符号	発進時刻	先端到達	帰投時刻	経　過
	氏名	階級						
131-108	井村雄次	大尉	都井岬65度200浬	セ1				取止メ
131-90	本多春吉	上飛曹	都井岬80度200浬	セ2	0239	0415	（0600）	0600志布志着。敵ヲ見ズ。29日0700帰投
131-31	二井田良作	中尉	都井岬90度200浬	セ3	0231	0425	（0610）	0425先端附近ニテ敵駆逐艦発見銃撃ヲ加フ。0610鹿屋着。1735帰投
131-99	秋山洋次	上飛曹	都井岬100度200浬	セ4	0245		0345	0320天候不良ノ為引返ス（35浬）。敵ヲ見ズ
131-101	早田　辿	中尉	都井岬110度200浬	セ5	0232		海没	発動機故障引返ス。佐多岬沖ニ不時着機体沈没搭乗員軽傷
131-97	山田四郎	上飛曹	都井岬120度200浬	セ6	0232	0350	（0530）	0530都城着。敵ヲ見ズ。29日0700帰投
131-24	河村一郎	飛曹長	都井岬130度200浬	セ7	0239	0420	（0630）	0630宮崎着。敵ヲ見ズ。1920帰投
131-100	加藤圭二	一飛曹	都井岬140度200浬	セ8	0240	0405	（0525）	0525志布志着。敵ヲ見ズ。29日0700帰投

対潜掃蕩隊（『零戦』全弾装備）

機体番号	操縦員			呼出符号	発進時刻	戦場到達	帰投時刻	経　過
	氏名	階級						
131-56	上田友茂	一飛曹		タ1	0349	0430	（0530）	0430屋久島00530志布志着。敵ヲ見ズ。29日0700帰投
131-06	石川昭義	一飛曹		タ2	0351	0425	（0610）	0425口永良部島00610志布志着。敵ヲ見ズ。
131-04	山崎博久	一飛曹		タ3	0353	0340	（0610）	0340宇和島00610笠之原着。敵ヲ見ズ。
131-05	中野一吉	一飛曹		タ4	0354	0430	（0600）	0430甑島00600志布志着。敵ヲ見ズ。29日0700帰投

・防衛庁戦史図書館所収「芙蓉空部隊戦闘詳報」当該日付の戦闘詳報より筆者作成。
・機番号に※印を付したのが戦闘八一二のペア。

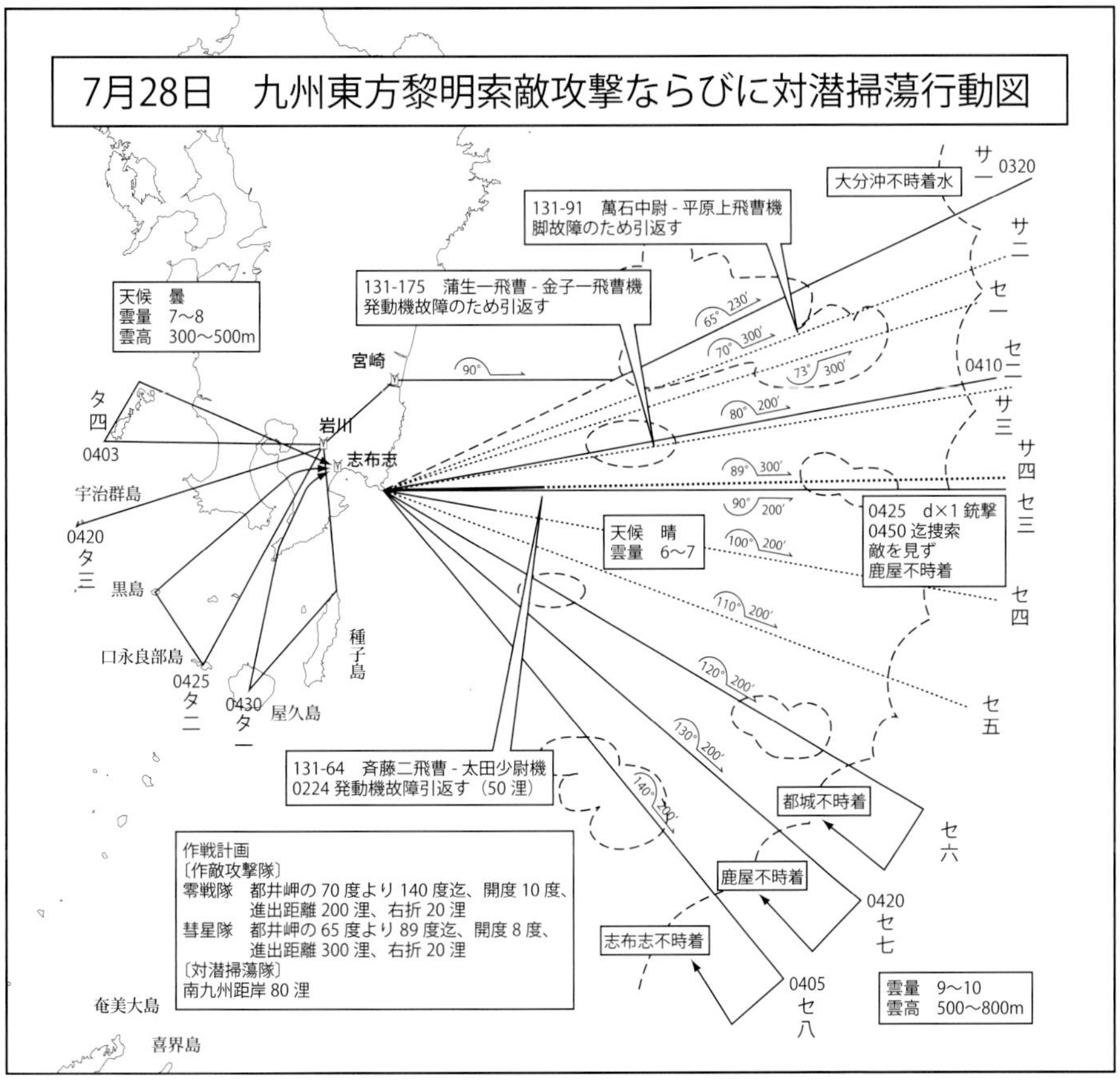

(ロ)零戰四機　都井岬ノ九〇度ヨリ一二〇度間、開度一〇度、進出距離
　一〇〇浬　発進時刻〇三〇〇」

さらにその約2時間後の一七三八には次のように追加兵力も定められた。

「発岩川芙蓉部隊指揮官
機密第二八一五二六番電ニ左ヲ追加ス
零戰十機　〇三〇〇以後、銃撃即時待機」

戦闘詳報には明文化されていないが、昨夜の『彗星』の故障引き返しが多かったことを鑑みての『零戦』の追加措置と思われる。『零戦』による夜間銃撃は〝美濃部流夜間制空〟の源流ともいうべきものである。

この日の各攻撃隊に占める戦闘八一二隊員の割合は多く、16機中7組と混成ペアを組むひとりの計15名。まず伊江島飛行場攻撃隊に白川良一二飛曹-荒木健太郎中尉ペア、鈴木久蔵中尉-笹井法雄一飛曹ペア、坪井晴隆飛長-平原定重上飛曹ペアの3組、機動部隊索敵攻撃隊には森 實二中尉-小田正彰一飛曹ペア、萬石巌喜中尉-平原郁郎上飛曹ペア、斉藤文夫二飛曹-太田勝二少尉ペア、蒲生安夫一飛曹-金子忠雄一飛曹ペアと、戦闘九〇一の金子三二飛長とのペアを組む黒田喜一中尉という陣容であった。

日付けが29日に変わった〇一二三、二五番三一号爆弾を懸吊した伊江島飛行場攻撃隊は発進を開始、〇一二五には鈴木中尉-笹井一飛曹の搭乗する〔131-135〕号機が2番目に、〇二〇三には坪井飛長-平原定重上飛曹ペアの〔131-94〕号機が発進したが、天候不良により平原上飛曹機はすぐに引き返して〇二三五に降着。鈴木中尉機も同じく天候不良により都井岬附近から引き返してきて〇二五一に無事帰着。ところが、〇一二三発進の戦闘八〇四ペアの『彗星』は発動機故障により〇二二〇に佐多岬附近の海上に不時着水し、操縦員は軽傷を負い、偵察員は行方不明となってしまった。荒木中尉機が発進を取止めたため、伊江島飛行場攻撃隊はゼロとなる。

斜め銃を装備し、翼下のレールに二八号弾4発を装着した索敵攻撃隊の『彗星』は〇一四七に森中尉-小田一飛曹ペアの〔131-151〕号機を先頭に発進にかかり、〇二〇五に蒲生一飛曹-金子一飛曹ペアの〔131-105〕号機が、〇二一〇に萬石中尉-平原郁郎上飛曹ペアの〔131-174〕号機が、〇二一五に斉藤二飛曹-太田少尉ペアの〔131-19〕号機が離陸、金子飛長-黒田中尉ペアが発進取止めとなったため、出撃は7機となった。

しかし都井岬の東方海面も天候は不良で、離陸直後に発動機故障となった森中尉機は志布志湾から引き返してパンパンと爆発音をたてながら排気管から火の粉を噴き出しつつやっとのことで〇二一八に岩川へ降着、同じく発動機故障により引き返して〇二三七に帰着して大破した萬石中尉機の他、各機が天候不良を理由に引き返し、蒲生一飛曹-金子一飛曹ペアが〇二四六に帰投、太田少尉機は〇四一〇に出水に不時着(同夜一九三九岩川帰着)、全機が予定の索敵を行なうことができなかった。

同じく索敵攻撃隊の『零戦』4機は〇三三九から〇三四五までに発進して3機が天候不良で引返し、1機だけが都井岬の60度150浬を飛んで敵を見ず、〇六〇〇以後連絡が途絶えたため安否が気遣われたが、これは〇五二〇に種子島へ不時着していたことがわかった(同夜一九四五岩川帰着)。

引き返してきた各機の報告で九州南東海面の天候が雲量9~10のベタ曇り、雲高も200~500m、視界1浬以下ということが判明、これでは作戦どころか飛行機が飛べる状況ではない。〇三〇〇に四国南方海面の索敵に出た八〇一空の『一式陸攻』6機も敵影を見ず、1機が未帰還となっている。

この29日は日本各地に敵機の来襲はなかったが、30日には関東、東海、近畿地方を中心として敵機動部隊艦上機700機が来襲、千葉県の突端の野島崎と藤枝基地至近の御前崎は艦砲射撃を受けるにいたった。日本側による有効な索敵は行なわれず、ただし、電波傍受によりこれら機動部隊は米空母15隻、英空母5隻を基幹とする強大なものであると判断された。

ちょうどこの30日は沖縄方面の航空作戦の指揮をとってきた第五航空艦隊司令部が大分への移転を開始した日であり、まずこの日夕刻、参謀長と幕僚が鹿屋から『零式輸送機』で空路大分へ向かい、翌31日には宇垣中将自身も移動を実施する予定であったところが天候不良で飛行機が飛べず、8月1日、2日の両日も天候不良であったため、結局鉄路により3日朝に大分へ移動し、改めて将旗をここへ掲げている。

7月31日には、雨ののち曇りとなった天候をついて九三一空の『天山』4機とともに芙蓉部隊の『彗星』4機、『零戦』2機が機動部隊索敵攻撃を実施した旨が第五航空艦隊作戦記録にも記述されているのだが、29日を最後として芙蓉部隊戦闘詳報は現存しておらず、その作戦計画や出撃隊員、行動などの詳細については不明である。

こうして秘匿基地岩川に展開して以来、粘り強く戦いを続けてきた芙蓉部隊も、ついに昭和20年8月という戦争の最終局面を迎えるにいたった。

7月28／29日　伊江島飛行場攻撃及び敵機動部隊索敵攻撃　編成表

伊江島飛行場攻撃隊　　※（　　）の数字は不時着時間

機体番号	操縦員		偵察員		呼出符号	兵装	発進時刻	戦場到達	帰投時刻	経　過
	氏名	階級	氏名	階級						
131-16	佐久間秀明	中尉	長山舜一	二飛曹	ス1	25番31号	0123		海没	発動機故障、0220佐多岬附近海上不時着 操縦員負傷、偵察員行方不明
131-99※	白川良一	二飛曹	荒木健太郎	中尉	ス2	25番31号				取止メ
131-135※	鈴木久蔵	中尉	笹井法雄	一飛曹	ス3	25番31号	0125		0251	天候不良ノ為都井岬附近ヨリ引返シ0251着
131-94※	坪井晴隆	飛長	平原定重	上飛曹	ス4	25番31号	0203		0235	天候不良ノ為都井岬附近ヨリ引返シ0235着

機動部隊索敵攻撃隊

機体番号	操縦員		偵察員		呼出符号	兵装	発進時刻	戦場到達	帰投時刻	経　過
	氏名	階級	氏名	階級						
131-151※	森　實二	中尉	小田正彰	一飛曹	サ1	ロケット、斜銃	0147		0218	発動機故障志布志湾附近ヨリ引返シ0218着
131-89	渡部松夫	中尉	落合義章	上飛曹	サ2	ロケット、斜銃	0211		(0520)	天候不良0520宇佐空不時着、1900発1945帰着
131-174※	萬石厳喜	中尉	平原郁郎	上飛曹	サ3	ロケット、斜銃	0210		0237	発動機故障ノ為引返シ0237着、降着時機体大破
131-72	金子三二	飛長	黒田喜一	中尉	サ4	ロケット、斜銃				取止メ
131-14	青柳俊治	中尉	鈴木照矢	一飛曹	サ5	ロケット、斜銃	0201		0220	天候不良ノ為引返シ0220着
131-19※	斉藤文夫	二飛曹	太田勝二	少尉	サ6	ロケット、斜銃	0215		(0410)	天候不良ノ為引返シ0410出水着、1905発1939帰着
131-176	波多野　茂	一飛曹	有木利夫	飛曹長	サ7	ロケット、斜銃	0206		0238	天候不良ノ為引返シ0238着
131-105※	蒲生安夫	一飛曹	金子忠雄	一飛曹	サ8	ロケット、斜銃	0205		0246	天候不良ノ為引返シ0246着

機動部隊索敵攻撃隊

機体番号	操縦員				呼出符号	兵装	発進時刻	先端到達	帰投時刻	経　過
	氏名	階級								
131-104	黒川数則	上飛曹			セ1	機銃全弾	0339	0448	(0635)	敵ヲ見ズ0635種子島不時着、1900発1931帰着
131-102	江畑實二	上飛曹			セ2	機銃全弾	0334		0445	天候不良ノ為引返ス
131-103	石田　実	一飛曹			セ3	機銃全弾	0345		0318	天候不良ノ為引返ス
131-108	山本　巖	一飛曹			セ4	機銃全弾	0341		0450	天候不良ノ為引返ス

※防衛庁戦史図書館所収「芙蓉空部隊戦闘詳報」当該日付の戦闘詳報より筆者作成。
※機番号を黄色く囲ってあるのは戦闘812のペア。ほか黒田喜一中尉か戦闘八一二隊員。

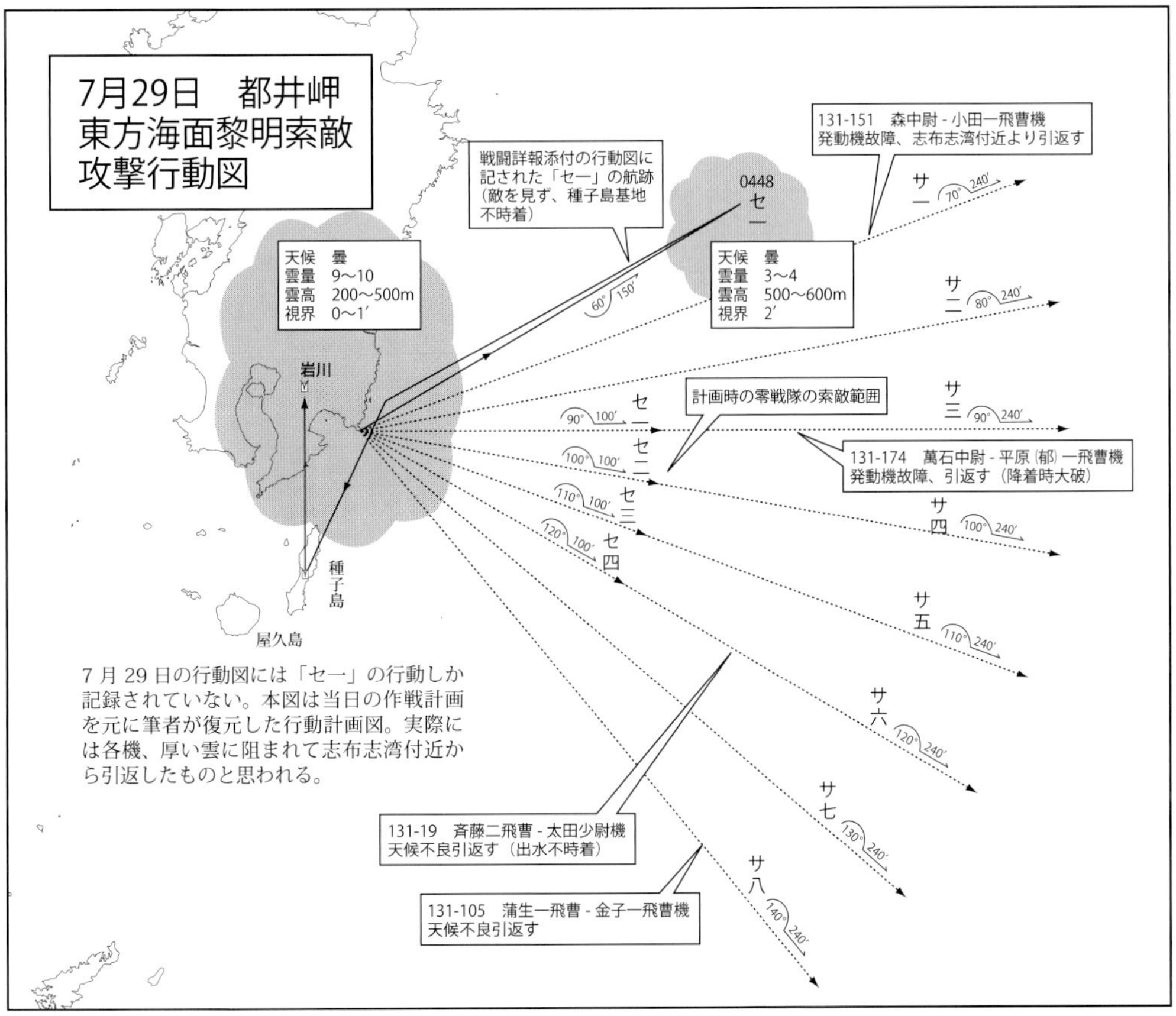

〔坂東隊 隊員集合　岩川基地　昭和20年7月〕

昭和20年7月、藤枝の芙蓉部隊留守隊の指揮を執っていた座光寺一好少佐（海機47機）が岩川にやってきた際に撮影された坂東隊の隊員一同。前列左から6人目：三上 正一飛曹（甲飛12期、804）、池田秀一上飛曹（甲飛11期、812）、中川義正上飛曹（乙飛16期、901）。2列目椅子に座る左から川添 普中尉（海兵73期、812）、大野隆正大尉（予学10期、804分）、座光寺一好少佐（海機47期、131空附）、美濃部 正少佐（海兵64期、131空飛行長）、徳倉正志大尉（海兵68期、812隊）、國井義章大尉（予学11期、901）。3列目左から7人目：岩間子郎中尉（海兵73期、812）、1人おいて加治木常允中尉（予学13期、901）、1人おいて小林大二中尉（予学13期、804）。4列目左から7人目：佐藤正次郎中尉（海兵73期、804）。夏の強い日差しに下からレフ板（がわりのなにか）をあてて撮影されたと思われるもので、各員の顔の感じがほかの写真の写り方と違って見えるのが面白い。このほかに准士官以上総員、相模隊、人龍隊の合計4葉が撮影された。座光寺氏の回想では当初は美濃部少佐と指揮官を交代するような指示で岩川へ進出、美濃部少佐には静養をかねて藤枝へ下がってもらうような手はずだったようだが「美濃部少佐が頑としてきかなかった」という。徳倉大尉と並んで沖縄本島の模型を眺めたのが良い思い出であったとも。

第五章

好漢たちの落日

本土決戦態勢

多くの海軍航空部隊が戦力再建に入り、五航艦司令部が大分に後退した今、芙蓉部隊の展開する岩川は第一線からも飛び出した存在となった。

8月上旬現在、同じ南九州では九三一空のK二五一集成『天山』隊が串良に、六三四空『瑞雲』隊が九州南部の水上機基地に潜伏しながら作戦を継続するほか、鹿屋に展開していた一七一空T四『彩雲』隊がほそぼそと沖縄の動静を探り、七二二空爆戦特攻隊が攻撃の機会をうかがっている状況である。

7月末、芸能慰問団が岩川基地を訪れた。芙蓉部隊指揮官 美濃部少佐は隊員たちに心から喜んでもらい、心機一転して戦うことができればと願っていたが、観劇する隊員たちの目はうつろ。心ここにあらずといったその表情を見るにつけ、自らの部隊の継戦もまた限界に近いことを感じ取った。

「3月末に芙蓉隊の第1陣のひとりとして鹿屋へ進出した時は『やってやるぞ、俺たちが敵を撃滅してみせる』という気概で戦いに挑んだものでしたが、負傷して藤枝に引っ込み、6月に再進出して以降、多くの先輩たちが戦死していく状況にあって、『あぁ、何とか俺たちの命でもって勝てないものだろうか!?』『我々が死ぬから何とかこの戦いに勝たせてほしい』という、神頼みのような、切実な想いに次第に変わっていきました。」

戦闘八一二の再編成以来、若いながらもその中核にあって戦ってきた坪井晴隆氏のこうした回想は、多くの隊員たちの当時の想いを代表するものといえるだろう。

ちょうど慰問団が岩川へやってきたのと同じ時期に美濃部少佐の実兄、太田守少佐（海兵60期）が芙蓉部隊を訪れていた。

美濃部少佐の旧姓は太田。昭和16年8月に軽巡『阿武隈』飛行長を発令された彼は、第一航空艦隊（当時の一航艦は空母機動部隊）の一翼としてハワイ作戦に出撃する前の11月11日に海兵42期の美濃部貞功大佐の愛娘 篤子さんと慌しく結婚。同作戦後に美濃部家で歓待を受けた太田大尉は、女性ばかりの同家の将来を案じて養子となることを決意したという。

昭和20年夏、兄の太田少佐は軍令部第二課の部員という役職に就いており、作戦部隊視察を名目に岩川を訪れたのである。海兵出身者同士とはいえ、戦時にあって行き会うことが割合になかった兄の来訪は、同期生との他愛のない会話もままならない美濃部少佐にとって貴重な時間となった。

兄から聞く話では、芙蓉部隊の活躍は中央でも認められているようであっ

芸能慰問団の来訪は陸海軍、艦隊、航空、地上のどこの部隊でも心待ちにされた娯楽のひとつ。昭和20年7月末には第1線の岩川基地にもその来訪があったが、観劇する隊員たちが心から笑うことがない様子を美濃部少佐は感得した。写真は終戦直後の藤枝基地での風景（観劇しているのは残務整理中の芙蓉部隊の整備員たち）だが、当時の様子がよくわかるのでここに掲載した。

た。しかし、「鈴木貫太郎首相らは密かに降伏和平を工作中」との言葉に、つい声を荒げた。

「今頃になって和平なんて、もってのほか。比島戦以来の亡き友が浮かばれるか!?」

どうせ降伏するのなら、特攻作戦が行なわれる前に軍令部総長以下が切腹して「もはやこれまで」と死をもって天皇陛下に和平を奏上するべきだったのだ、との強い思いからである。

軍令部へ帰っていく太田少佐を見送った美濃部少佐は、密かに本土決戦時の芙蓉部隊の作戦を構想し、およそ次のような計画を練り上げた。

米軍が上陸部隊をともなって南九州に来攻し、決号作戦が発令された場合、芙蓉部隊は美濃部少佐を先陣として最後の航空攻撃を行なう。戦力は今後の増減を見積もって『彗星』18機と『零戦』12機。

まず索敵隊の『彗星』6機が黎明時に350浬の洋上索敵（芙蓉部隊としてはかなりの長距離）を実施、これが空母を含む敵艦隊を捕捉したら触接攻撃隊の『彗星』6機が2機ずつ3群に分かれて触接を実施、照明弾を用いて攻撃隊の『彗星』6機、『零戦』12機の誘導を行なう。攻撃隊各機は銃撃を実施しながら空母の飛行甲板上に突入、並べられた艦上機をなぎ倒してその航空兵力の漸減を図るというもの。この兵力では空母撃滅は夢のまた夢。冷静に戦力を分析した上での、まさに最後の作戦であった。

これら攻撃隊はは古参の者や海兵73期の若い士官を中心に編成する。ここに海兵出の士官たちの最後の意地があった。空中指揮官は自ら『零戦』の操縦桿を握る美濃部少佐である。

「これは戦後になって聞いた話ですが、『彗星』は主翼の外翼タンクにまで火薬を詰め込んで破壊力を増大する予定だったとのこと。文字通り、片道特攻です」

こう語るのは当時戦闘九〇一の分隊士であった第13期飛行予備学生出身の河原政則氏。

岩川での芙蓉部隊次席指揮官ともいうべき戦闘八一二の徳倉正志大尉は、残された多くの搭乗員たちと整備員をはじめとする地上員を指揮して基地防衛指揮官として米上陸軍を迎え撃つ。

とはいえ、フィリピンでの地上戦がそうであったように海軍航空部隊には陸戦兵器の準備など元より皆無である。対抗兵器は飛行機用の爆弾、二八号ロケット弾など。これを大隅松山の街道隘路に設置して、これまた飛行機用のバッテリーによる電気発火で起爆させ、敵戦車の破壊を試みる。さらに街道の山上からはガソリンを満載したドラム缶に火をつけて転がし、敵歩兵群にぶつけるというもの。

それでも兵器所持にあぶれた隊員たちは、もはや基地に留まっていてもいたずらに犠牲者を増やすだけである。これらについては新日本の再生の日が来るまで地下にもぐり、あるいは民間人の中にまぎれて再挙の日をさぐってほしいとのかすかな期待を抱いて芙蓉部隊指揮官名で自由行動を指示する「開放命令書」を書面で出す手はずであった。軍規違反も甚だしいが、その時には組織としての海軍も有名無実となっているだろう。

多くの隊員にとってこうした作戦計画は全く知らされることのないものであったが、戦後の慰霊祭の場で「おい、お前の名前、最後の特攻計画の搭乗割に入っていたぞ～」と元戦闘八〇四飛行隊長の石田貞彦氏がポツリと乙飛16期の元隊員に語った様子からその一部を垣間見ることができる。

また、不時着負傷から復帰した池田上飛曹は搭乗割がないとはいえ飛行場に詰める毎日であったが（このころは搭乗割にない者はよほどのことがない限り隊舎にいた）、こうした際に美濃部少佐や徳倉隊長から「池田君、大丈夫かね～」とひんぱんに声をかけられたため、随分と大事にしてくれるなと感じたという。その裏側には、最後の搭乗割の編成に入ることができるのかどうかの確認の意味もあったようだ。

芙蓉部隊　決号作戦計画

空中総指揮官：美濃部 正少佐

区分	兵力	任務
索敵隊	彗星6機	敵機動部隊索敵、進出距離350浬
触接攻撃隊	彗星6機	2機ずつ3隊に編成 照明弾により攻撃隊を誘導
攻撃隊	彗星6機	銃爆撃をしつつ空母飛行甲板に突入、 飛行機を破壊して作戦能力を奪う
	零戦12機	

※芙蓉部隊指揮官であった美濃部 正氏の回想によるもので、文書としての資料は未見である。

その頃、芙蓉部隊の母屋である藤枝基地では通常の夜間訓練のほか、房総半島に米軍が上陸した際を想定しての訓練が行なわれていたことを甲飛6期の杉本良員氏は覚えている。

千葉県を構成する房総半島、その東岸の九十九里浜は、九州の志布志湾と並び遠浅の海となだらかな海岸が続く場所であり、大規模な上陸作戦にはうってつけ。もうひとつの米軍上陸地点と見られていたところだ。

またその藤枝基地では座光寺一好少佐の統率の下、戦闘九〇一の整備分隊長佐藤吉雄大尉（予整5期）が中心となって、本土決戦の際に整備員ほかの地上員を陸戦隊に編成する「直協整備隊」名簿を密かに作成し、地上戦への即応準備を進めていた。こちらもやはり各自にいきわたるだけの満足な陸戦兵器はなく、飛行機搭載機銃や爆弾を用いた玉砕部隊であった。

たゆまぬ作戦

昭和20年7月の芙蓉部隊の戦時日誌や30日以降の戦闘詳報は現存しておらず、その戦いの模様を詳述することは困難だが、戦後早い時期に調製された「第五航空艦隊作戦記録」に関係各部隊の概要が記述されている。多少の記述違いはあるようだが、これを参考にしてその他の残された資料で補完しつつ終戦までの動きを見てみたい。

8月1日の天候は曇り。この日、芙蓉部隊は沖縄飛行場攻撃のため『彗星』12機を〇一〇〇に送り出し、〇四〇〇には『零戦』4機を対潜掃蕩に発進させた。戦果についての記録は記述されていない。

ついで作戦行動が行なわれたのは5日夕刻。九州南方対潜掃蕩の任を帯びて『彗星』8機、『零戦』4機が一八〇〇に岩川を発進している。特記事項なし。この日は一七一空の『彩雲』1機が済州島南西方面夜間哨戒を、八〇一空の『一式陸攻』2機が夜間索敵を実施しているがこれも敵を見なかったようである。

日付が6日に変わった同じ夜の〇三〇〇、一七一空の『彩雲』1機が索敵に発進。芙蓉部隊でも東支那海機動部隊索敵攻撃のため『彗星』6機と『零戦』6機が〇三〇〇から〇四〇〇の間に出撃しているが、どちらも会敵していない。一二三〇には一七一空の『彩雲』が索敵に発進したが、敵状はつかめなかった。

広島に原子爆弾が投下された8月6日は日本人にとって決して忘れてはならない日であるが、芙蓉部隊にはこのあたりの情報は入ってこなかったという。岩川の一般隊員には新聞を目にする機会もなかった。

明けて7日、沖縄周辺偵察に出た一七一空の『彩雲』が喜屋武の南方50浬に敵機動部隊を発見、「特空母二、戦艦一〜二、巡洋艦五、駆逐艦十五、南下中」と報じてきたが、捕捉攻撃を実施するには困難な距離であった。

芙蓉部隊ではこの日、『彗星』6機、『零戦』4機を一八〇〇に発進させ東支那海対潜掃蕩を行なったが、七六二空K五〇一は『銀河』7機により沖縄周辺艦船夜間攻撃を実施している。K五〇一は当時、島根県大社基地に展開しており、夕方に宮崎に進出して燃料補給のうえ沖縄へ飛び、夜間雷撃をしたのちまっすぐ大社基地へ帰るという変則的作戦行動であった。

8日はこの七六二空K五〇一の『銀河』7機と九三一空の『天山』4機が沖縄周辺艦船の、そして芙蓉部隊の『彗星』が沖縄飛行場の夜間攻撃を実施した。芙蓉部隊の戦果は「中飛行場炎上一、伊江島大火災」と記録されたが、戦闘九〇一のペアが搭乗した1機が未帰還となっている。

9日、米空母機動部隊は突如として金華山東方近海に現れ、青森、山形、宮城など東北地方は朝からその艦上機の空襲を受けるに至った。その数延べ1700機と観測。関東に展開する諸部隊のうち、攻撃を実施したのは茨城県百里原に展開していた六〇一空K一の『彗星』15機と、7月25日に敵機動部隊薄暮攻撃を実施した千葉県木更津の七五二空K五の『流星』8機。両隊とも戦闘機の掩護のない昼間強襲ではあったが、『流星』1機が駆逐艦1隻に突入し、これを大破させている。

同日、長崎には広島に続いて2発目の原子爆弾が投下され、満州北部ではソ連が日ソ不可侵条約を一方的に破って国境線からなだれ込んできた。

ソ連を頼みの綱に英米との和平を画策していた日本首脳部にとって、いまだ得体の知れない原爆の投下よりもその参戦が与えるショックの方が大きく、いよいよ絶体的な窮地に追い詰められた観を強めるものであった。

これにより日本国中央が急速にポツダム宣言受諾のための調整に入る一方で、関係各部隊はむしろ果敢に討って出る動きを見せていく。

この9日は七二一空の爆戦特攻2機が沖縄周辺艦船攻撃に出撃したほか、芙蓉部隊の『彗星』7機も沖縄飛行場攻撃を実施して、またも戦闘九〇一の隊員のペアの搭乗する1機が未帰還となった。

8月10日、敵機動部隊の猛攻は関東地方から東北方面に指向され、〇六〇〇から〇九〇〇までの間にその数1600機を観測、『P-51』50機をともなった『Ｂ－29』１００機も東京方面に来襲し、九州方面では所在の各飛行場や基地、船舶などに対する沖縄からの『Ｂ－24』40機、『Ｂ－25』40機、ほか小中型機１３０機の来襲を数えた。
同日は一七一空の『彩雲』が沖縄周辺偵察を行なって敵を見ず、その夜には九三一空の『天山』４機が沖縄周辺艦船雷撃を実施して「大型一命中」と報じている。芙蓉部隊の出撃記録はなし。
明けて11日、海軍総隊は麾下の各部隊に対し以下のような命令を発した。
「ＧＢ電令作第一七四号
新情勢ニ対応シ決号作戦戦備ヲ顧慮スルコトナク速ニ主敵米ノ機動戦力ヲ封殺スルト共ニ対『ソ』作戦ニ備ヘントス
天航空部隊指揮官ハ速ニ左ニ依リ作戦スベシ
好機ニ投ジ積極的ニ敵機動部隊ヲ撃滅ス
沖縄敵艦船及航空機攻撃ヲ積極果敢ニ実施ス
敵大型機邀撃戦ハ前ニ項ノ作戦ニ支障ヲ及ボサザル範囲ニ於テ之ヲ協力ニ実施ス
前諸項ノ外各部隊ハ既令ニ依ル作戦ヲ続行スベシ」
文中にある「決号作戦戦備を顧慮することなく」という表現から、戦力温存策に縛られていた各地の部隊はいよいよ即戦態勢を強めていく。
とくに在九州の一七一空、九三一空と芙蓉部隊は
「好機に投じ積極的に敵機動部隊を撃滅す」
「沖縄敵艦船及航空機攻撃を積極果敢に実施す」
との文言により、敵機動部隊と沖縄の両方を相手に見据えた作戦となるのだが、多くの部隊が南九州を去った中にあって戦場に踏みとどまり、これまでにも同様な作戦を地道に続けてきた彼らにとっては、この仰々しい文句もしらじらしいだけであり、今までどおり黙々と戦い続けるのみであった。
この日は一七一空の『彩雲』４機により沖縄周辺偵察が実施され、喜界島に潜伏して攻撃の機会をうかがっていた七二一空の爆戦特攻隊５機が一八〇〇に発進、沖縄周辺艦船攻撃を行なって２機が未帰還となった。芙蓉部隊では『彗星』６機、『零戦』４機が一七四五に岩川を発進し、列島線の索敵攻撃を実施したが敵を見ていない。
12日、関東から東北地方にかけてを襲ったのち本土近海を去った敵機動部隊の行方はようとして掴めなかったが、九州方面には〇五四〇ころから沖縄を発進したと思われる中小型機２００機が来襲、松山附近も中小型機39機の

昭和20年4月に沖縄作戦が始まると攻撃254、攻撃256、210空ほかありとあらゆる天山隊が全国から串良に集結、集成天山隊（書類上は攻撃第251飛行隊に編入されていたが、実際には元の飛行隊ごとに行動していた）として夜間雷撃に活躍していたことは芙蓉部隊に比べあまり知られていない。写真は鹿児島基地に翼を休める『天山』一二型。後方に桜島が見える。

来襲を数えた。この日、南九州所在部隊では八〇一空の『一式陸攻』2機と九三一空の『天山』4機が沖縄周辺艦船攻撃を実施しただけである。

明けて13日、芙蓉部隊では〇四〇〇に『彗星』8機、『零戦』6機を発進させて九州南方、西方海面の黎明索敵を行なったが、敵の発見にはいたらなかった。時刻は不明ながら一七一空では『彩雲』2機が発進して朝鮮東方海面索敵に向かって天候不良により引き返し、八〇一空では『一式陸攻』2機が大島西方海面索敵を実施して敵を見ずに帰投したと前掲の「五航艦作戦記録」にある。ここで一七一空とあるのは、大分と戸次（大分近郊の戸次川の河川敷に造られた秘匿基地）に展開していたT一一のことで、ソ連の動向を探るためウラジオストックの偵察を企図したのだが、機体の不調により朝鮮半島へ不時着という結果に終わっていた。

また、この日は姿をくらましていた敵機動部隊の艦上機が早朝から関東一円の航空基地や市街地を目標に来襲、再び東日本は蜂の巣をつついたような修羅場となった。

この空襲の合い間を縫って百里原の六〇一空K一の『彗星』と、木更津の七五二空K五の『流星』が、〇七五五に七五二空T一〇二の『彩雲』が発見を報じてきた敵機動部隊に対してまたも昼間特攻を実施し、『彗星』は4機が未帰還、『流星』も4機が未帰還となった。

さらにこの日の夕刻には、これまでに本土防空部隊として活躍してきた厚木の三〇二空から『月光』、『彗星』、『銀河』が敵機動部隊攻撃に発進した。

本書ではあまり触れてこなかったが、昭和19年7月にフィリピンの一五三空戦闘九〇一の飛行隊長に発令される前の美濃部大尉（当時）の配置がこの三〇二空附であった。この時、昼戦隊の第一飛行隊長を務めていたのが海兵同期生の山田九七郎大尉（両名とも水上機出身の転科組）。そのため、美濃部大尉は夜戦隊長格として本土防空戦術だけではなく、敵機動部隊来攻時の夜間攻撃についても指導し、実際に19年7月に三〇二空索敵攻撃隊の指揮をとったことがあった。

この8月13日の三〇二空の敵機動部隊夜間攻撃はそれ以来二度目のことだった。出撃機数は『銀河』6機と『月光』8機、『彗星』7機で、この数は芙蓉部隊にも引けをとらない戦力である。この作戦は単機での索敵攻撃となったが、各機とも敵夜戦と悪天候に阻まれた激戦で、不時着機が続出する中、それでも『銀河』数機が敵艦隊の捕捉に成功して攻撃を実施し、3機の未帰還機を出している。

昭和20年8月13日夕刻、崩れる天候の下、本土防空部隊である302空の第2飛行隊の『月光』、『銀河』と第3飛行隊の『彗星』が爆装して敵機動部隊薄暮攻撃に向かった。写真はその302空の『銀河』一一型夜戦〔ヨD-176〕。その胴体には『B-29』の撃墜を表す八重桜と撃破を表す黄桜が2個ずつ記入されている。

三〇二空が敵機動部隊攻撃を求めて出撃する一方、九州方面では九三一空の『天山』4機が二一一〇に発進、沖縄周辺艦船攻撃を行なって輸送船1に命中火柱及び水柱を確認と報じた。

8月14日も一七一空の『彩雲』2機が沖縄方面偵察を実施したほか芙蓉部隊も『彗星』3機をもって敵機動部隊索敵攻撃を行ない、敵を見なかった。九三一空の『天山』4機は一八三〇に串良を発進、昨夜に引き続き沖縄周辺艦船攻撃を実施しているがその戦果は不明である。大分に兵力を分遣していた八〇一空も『一式陸攻』4機をもって夜間哨戒を行なったが、とくに異常は認められなかった。

こうして8月の戦いは推移したが、やはり詳細については不明な部分が多く、キレの良い記述とならない。

ただ、戦闘八一二では森 寛二中尉が『零戦』に転科したことなどが8月中の動きの一つとして伝えられている。これにより芙蓉部隊の海兵73期生ではただひとり戦闘機専修の『零戦』乗りであった中西美智夫中尉が「仲間が増えた」と喜んでいた様子を藤澤氏や岩間氏は覚えており、森中尉のペアだった小田正彰氏はペアがいなくなって一抹の寂しさを感じたと語ってくれた。

森中尉は藤枝にいた時から『零戦』での操訓を進めていたという。

終戦は突然やってきた

8月15日、岩川の芙蓉部隊はいつもと変わらぬ朝を迎え、いつもと変わらぬ昼を過ごしていた。

この日は月齢5の上弦の月を利用した薄暮攻撃が予定されており、芙蓉部隊では午前中に搭乗員を集めて敵機動部隊攻撃の図上演習をしていた。

ちょうど昼を過ぎたころ、美濃部少佐の下へ「大変なことになりました」と新聞電報を持ってきたのは芙蓉部隊とは建制が異なる岩川基地通信隊小隊長だったという。

少佐が目にした電文はポツダム宣言受諾を知らせる玉音の全文だった。

無条件降伏！

確かに美濃部少佐は太田少佐から和平の動きありとの話を聞いていた。しかし8月に入っても攻撃の手をゆるめず、つい昨日も敵機動部隊の索敵攻撃を実施したばかりの芙蓉部隊にとっては寝耳に水であった。関東地方やそれぞれの鎮守府、艦隊司令部に近い部隊は事前に何らかの雰囲気を感じ取ったところもあったようだが、九州南端の僻地ともいえる岩川ではその兆候は何ら得られなかった。

正午の玉音放送は図演中であったこと、もとより隊内にラジオがなかったことなども重なり、美濃部少佐以下多くの隊員が耳にしなかったようだが、「玉音放送は確かに聴きましたが、雑音が多くよく聞き取れなかったというのが実状です。ただ、負けたらしいことはすぐにわかりました」と川添 普氏が語るように当日の配置によって状況が異なるようだ。

さもあれ、先述した新聞電報が唯一、芙蓉部隊がこの日得ることのできた公式情報であった。肝心の五航艦司令部からは何も指示は来なかった。

こうなったら指揮官の判断で行動するしかない。30歳になったばかりの美濃部少佐は自らの全ての能力を動員して悩み抜いた結果、当日中にようやく次の4つを指示した。

(一) とりあえず今夕予定の沖縄攻撃を中止
(二) 全機戦闘準備を整え、明日以後は九州南部の哨戒索敵を行なう
(三) 通信隊はあらゆる電波の傍受を強化
(四) 隣接陸海軍部隊との情報交換を密にする

そうこうしている内に夕刻になって厚木三〇二空から「ポツダム宣言受諾は君側の奸（くんそくのかん）の仕業である。三〇二空は同志を集め断固として戦う」という内容の電文が岩川で受信された。

三〇二空は横須賀鎮守府や東京に近く中央の情勢に詳しいだけでなく、前述のとおり美濃部少佐の古巣。司令の小園安名大佐はやや思い込みが激しく頑固なところはあるものの私心のない人柄で、少佐にとっても海軍にあって尊敬できる指揮官のひとりであり、副長の西畑喜一郎少佐は自分が飛行学生だったころの教官。何より心強い同期生、山田九七郎少佐が飛行長として頑張っている部隊だ。

そこからの情報は確度が高く、信頼のおけるものと判断した少佐はすぐに終戦は何かの間違いだと判断し、

「三〇二空に呼応して、芙蓉部隊も九州において立つ」

という旨の決起電を海軍全部隊宛に発信した。

「あの時はこれからいよいよ決戦だ、ということで、下着から飛行服から全てとっておきの新しい物に換えて身支度を整えました」

とは坪井晴隆氏の談。隊内の士気が一気に揚がったという証言も聞かれる。

藤枝の戦闘812留守隊の操縦分隊長、丹藤敏夫大尉。乙飛2期の大ベテランで、戦闘901分隊長の小川次雄大尉とともに座光寺一好少佐（海機47期）や戦闘901隊長の江口大尉（海兵70期）の補佐をしていた。写真は藤枝の指揮所における丹藤大尉。

ただし、本件に関しても玉音放送の件と同様に、おかれていた立場や状況によって個人差が見られる。

一方、藤枝基地ではすでに終戦の動揺が起こりつつあり、もうひとりの飛行長 座光寺一好少佐がその収拾に奔走しているところだった。戦闘八一二では操縦分隊長の丹藤敏男大尉（乙飛2期）が幹部として藤枝にいたが、戦闘九〇一の偵察分隊長 小川次雄大尉とのふたりの超ベテランが、戦闘九〇一飛行隊長の江口 進大尉らをよく補佐して混乱を極力抑えていた。

8月15日夕刻、大分基地から五航艦司令長官の宇垣 纏中将が座乗、指揮する七〇一空の『彗星』11機が発進し、沖縄の空へ向かった。最後の特攻隊である。

これについては終戦直後のこととしてこれまで、そして現在でもいろいろと取り沙汰されているが、隊員たちは五航艦司令部の命令により出撃したものであり、宇垣司令長官の愚考蛮行との批評はさておき、その戦死は他の特攻隊員たちと同様に扱われるべきである（現在は体面上通常の戦死と同じく一階級昇進として扱われ、多くの特攻隊が戦後になってあと追いで全軍布告されているにもかかわらず、当該の対象とされていない）。

戦いは続いた

厚木の三〇二空や、ソ連国境に近く、終戦後の理不尽な戦闘に巻き込まれた北千島の北東空などを特殊な例として、8月15日以降の海軍航空部隊の行動は大きくふたつに分けることができる。

すなわち終戦により全くの作戦行動や飛行作業を中止した部隊と、指揮官所定により索敵や哨戒などを実施した部隊である。後者の場合は徹底抗戦のため積極的に敵を求めたというよりも、終戦という初めての事態に際し、周辺状況の把握のために行なわれたものといえるだろう。

8月16日、ようやく「大海令第四八号」により停戦命令が下ったが、この日は一七一空の『彩雲』3機、『紫電』1機が〇六三〇までに鹿屋などから発進、九州の陸岸から200浬圏内の哨戒を実施して敵を見なかった。

芙蓉部隊も高知航空隊からの「南方に米機動部隊らしきもの見ゆ」との情報により『彗星』12機、『零戦』8機が一七〇〇に岩川を発進、120浬索敵を行なった。川口次男上飛曹とのペアでこの索敵に参加した池田秀一上飛曹にとってはこれが最後の作戦飛行となる。これら各機は敵を見ず、さらに二二〇〇ころに大分から八〇一空T七〇七の『一式陸攻』4機が四国南方海面索敵に向かい、敵を見ずに2機が未帰還となっている。

明けて17日、〇六三〇までに一七一空の『彩雲』4機が200浬圏内の哨戒を実施して敵を見ず、芙蓉部隊は前日同様一七〇〇に『彗星』12機、『零戦』8機を発進させて120浬の索敵攻撃を行なって、こちらもいたずらに接近する艦艇を見なかった。

その後も18日、19日といずれも一七一空の『彩雲』が200浬圏内の哨戒を行ない敵影を認めず、これをもって一切の作戦行動は中止となるのだが、芙蓉部隊の作戦飛行はこの17日が最後となった。

8月18日、五航艦麾下各部隊の指揮官は大分の司令部へ参集を命ぜられた。芙蓉部隊指揮官美濃部少佐は自ら『零戦』の操縦桿を握り大分へ赴いた（美濃部氏の回想による。『彗星』に便乗して行ったという説もあり）。

会議の内容は終戦の詔勅に関する説明が主なもので、「聖断はまことに陛下の意思である」ということについて延々と話がなされた。

大分から岩川への帰途、敵機の来ない静かな空を飛行する機体からふと前方を見た少佐は、右手に3000年の歴史を伝える高千穂の峯が、また噴煙たなびく霧島が変わりなく横たわっている姿を目にして「国敗れて山河あり」

との思いを強くしたという。

芙蓉部隊の隊員たちに
「現存する飛行機の装備品一切を取り外し、機体番号は削り取って消せ」

との指示があったのはちょうどこの頃のようだ。

「裸の飛行機で突っ込めというのか!?」

「それならどこかに機銃を2、3挺、隠しておこうか」

などとワイワイ話しながら、整備員に混じってヤスリやコテで製造番号や尾翼の機番号を削り落とす作業を行なった搭乗員たち。

この時点で多くの隊員には終戦は伝えられていなかった。

岩川に帰り着いた少佐は早速総員を集合させ、終戦の通達を行なった。隊員たちの間から混乱のざわめきが起こる。当然である。

玉音放送ののちの昭和20年8月15日午後、大分基地から攻撃第103飛行隊の『彗星』11機を直率して沖縄の米艦艇を目指し出撃した第五航空艦隊司令長官 宇垣 纏中将。7月下旬には岩川の芙蓉部隊を訪れたばかりであった。後方は攻撃103分隊長 中津留達雄大尉（海兵70期）の操縦する『彗星』43型〔701-122〕。中将もこれより搭乗する。

美濃部少佐でさえ内心、何のためにこれまで戦ってきたのか、部下の戦死は何だったのかと気持ちの整理がついていないのだ。

芙蓉部隊最後の日

8月20日、五航艦司令部から命令伝達があるので各部隊は幹部をひとり寄こすようにとの指示があり、戦闘九〇一『零戦』分隊長の井村雄次大尉（予学10期）が大分へ飛び、口達で次のような指示を受けて岩川へ帰隊してきた。

一つ、兵器員は残し、隊員は速やかに復員さすべし。

二つ、全隊員は二十四時間以内に基地の二キロ圏外に退去すべし。

三つ、全ての武装を解除し一ヶ所に集めよ
指示はこれだけであった。精兵五航艦司令部、海軍最右翼の兵力を率いた組織の中枢としてはあまりに杜撰な命令であった。

隊員を復員させよと言われても具体的な手段が明示されていない。

周辺の鉄道の様子を見ていた美濃部少佐は、日本全国の交通網は大混乱に陥っているものと判断、部隊の装備機を使用して速やかに隊員たちを復員させる一計を案じた。復員の際、組織的に自隊の飛行機を使用した例は同じく南九州の鹿屋にいた偵察第四飛行隊など、他の部隊でも見られるのだが、横の連絡が充分でない当時としては当該指揮官の独断専行によるものが多く、美濃部少佐も大きな覚悟を決めての断行であった。その胸中は、ただただ長く戦い続けた隊員たちを早く父母の元に帰したいという一心であった。

なお、現代社会では「独断専行」という言葉は上司の許可を得ないで勝手な行動をとる、いわばスタンドプレーの意味で使われる傾向があるが、本来は〝将校（兵科の士官）が上官からのしかるべき命令、指示が受けられない状況下にあって、その時に考えられる最善の行動をとること、また自分の部下に最も適切な命令を下すこと〟を指すものである。

明けて21日朝、芙蓉部隊は戦没者の合同慰霊祭を行なった。海軍では大きな作戦が終わった節目に慰霊祭を行ない、戦死した隊員の霊を慰めるのが慣例であったが、沖縄戦以来、息をつく間もない作戦の連続でついにこれまでその機会を得ることがなかったものだ。

18日以来、美濃部少佐の元には行く末を案じる隊員たちが〝部隊に残してくれ〟と何人も訴えてきた。生き残りえた喜びよりも、これから生きていく

“よりどころ”を失った者ばかりであった。

「三年待って日本の行方を見定めよう。その時、どうしても生きる意味がなければ、それからでも遅くはない。鳥は嬉しい時も悲しい時も古巣へ帰るものだ。ともかく父母のもとへ帰れ」

少佐はそう各自を諭したが、空襲で家を焼かれ家族の行方がわからない者、沖縄や離島の出身で帰る手段のない隊員だけは残留を許し、自ら依頼して残ってもらった戦闘八〇四分隊長の大野隆正大尉（6月はじめに岩川へ進出した「時宗隊」の隊長）とともに今後の基地管理の手助けをしてもらうこととした。

正午を期して、分散秘匿されてきた『彗星』、『零戦』併せて40機あまりが林の中から飛行場へと引き出されてきた。数日ぶりの飛行のため、整備分隊員が昨夜から改めて入念な整備を実施したものである。

搭乗割も準備されており、各機には郷里の近い者同士、操縦員1名に偵察員、あるいは操縦員1名（飛行機より搭乗員の方が多い）と、整備員が1名という内訳の計3人のペアが組まれた。これは各機を整備した責任者が便乗するためと、これまでの整備員の苦労に報いたいという心配りからであった。搭乗員ばかり3人がペアを組んだ例もあった。逆に操縦員1名に整備員2名が乗ったケースもある。『零戦』の場合は操縦する1名と、操縦席後方の胴体にもう1名、もぐりこんで乗った。

飛行場に並べられた各機は機付整備員の手によりエンジンを始動。

「10年後、岩川で会おう」

を合言葉にそれぞれが機体に乗り込んでいく。

やがて1番機が離陸。

美濃部少佐はいつもの作戦出撃を見送る時と同じく、大きな青松を背にした指揮所に立ち、左手は腰に、右手を高く挙げて帽触れの姿勢で各機を見送っている。緩降下して去っていく機、名残惜しそうに幾度もバンクを振って去っていく機とさまざまであった。

これら各機は1機1機が間隔をあけて離陸し、およそ2時間あまりで全機の発進を終えた。

以後、美濃部少佐は米軍への引渡しの日まで、岩川基地での残務整理に奔走することとなる。

愛機のプロペラを抱いて

岩川基地を飛び立った戦闘八一二の隊員たちはどのような足取りで故郷までたどり着いたのであろうか？

ここで、わかる限りではあるが記述してみたい。

岩間子郎中尉は、ペアの安井泰二一飛曹ともう一人（整備員か？）を乗せて石川県の小松基地へ飛んだ。この日、西日本の天候は良好。瀬戸内海の海面がキラキラとまぶしく反射する様子を印象深く眺めながら、何らのトラブルにも見舞われず無事に日本海側へと飛行を続け小松に着陸。ここで安井一飛曹と別れ、山梨が故郷である中尉は鉄道で帰路についた。

島根県出身の小田正彰一飛曹（乙飛18期）は、同じく戦闘八一二の隊員で鳥取に帰る蒲生安夫一飛曹の操縦する『彗星』に同乗、島根県の美保空へ飛んでここから帰郷する。

恩田善雄（甲飛18期）一飛曹は空輸するという『彗星』に便乗することができて、やはり3人乗りで藤枝へ。

大阪出身の池田秀一上飛曹は、お世話になった下宿の坂口家の皆さんに、寺井 誠上飛曹（甲飛11期）、戦闘九〇一の宮崎佐三上飛曹（甲飛8期）と3人で前日のうちに別れの挨拶を済ませておいた。一四二〇、戦闘九〇一の河原政則中尉の操縦する『彗星』に黒田喜一中尉（予学13期）と戦闘八〇四の小林 弘上飛曹（乙飛16期）と同乗、まだ三三二空の『月光』が離着陸訓練を実施している鳴尾飛行場に降り立つや、有刺鉄線の柵をくぐり抜け家路についた。

「ただいま」

と玄関をまたいだ池田上飛曹の姿を見た御父上は、夢ではないかと疑ったように「秀一やな～」と息子の名前を呼んで確かめた。改めて、

「ただいま、戦争に負けてしもうた…」

と挨拶をしなおすと「挨拶なんかあとで良い…」と本堂に誘い、無事帰還できたのも御仏の加護のおかげとお経を唱えてくれた。池田上飛曹の実家はお寺で、御父上は住職と小学校長をしていた。

比島戦以来、1年弱の間に猛烈な戦いをくり返した池田上飛曹は帰宅して落ち着くや張りつめていた想いが一気に崩れ去り、空虚な数日を過ごすこととなる。

復員先が遠い者だけ飛行機、乗りきれない者、比較的近いところへ復員す

る者は陸路で復員するよう聞いていた川添 普中尉は22日になって、作戦飛行で何度もペアを組んだ戦闘九〇一の中川義正上飛曹（乙飛16期）の操縦する『彗星』に便乗することができた。中川上飛曹は福岡県出身。佐賀へ帰る中尉のために雁ノ巣まで飛んでくれるという話であった。

ところが、中尉にとっては飛行学生時代の古巣でもある宇佐で同乗の整備員を降ろして飛び上がると、やおら中川上飛曹が「エンジンの調子が悪くなってきましたね」と伝えてきた。このため、無理をせず築城（ついき）に降りたふたりはここで別行動をとることとなり、川添中尉は最寄りの駅から汽車に乗り込んで無事に復員先の佐賀県唐津へ帰ることができた。

同じく九州は福岡県出身の坪井晴隆飛長は（特乙2期）21日、戦闘九〇一の宮崎佐三上飛曹と戦闘八〇四の田崎貞平上飛曹（甲飛11期）を後席に乗せて岩川を離陸。これが最後、と地上の指揮所で帽振れの姿勢で見送る美濃部少佐に向かって緩降下を行ない、翼を振って北上。諫早空でふたりを降ろし、今度は八女の民間飛行場へ向かった。

ここは逓信省筑後地方乗員養成所（陸軍系）の岡山飛行場として昭和19年に急速造成されたところであった。坪井飛長にとっては、もちろん初めて行く飛行場であったが、不時着などに備えこういった各所の航空基地、飛行場の場所やその新設情報については常にチェックしておくのが搭乗員たちの慣わしだった。

途中、有明海がきらきらと反射する様を見て戦争が終わったことを初めて実感したという（戦中は敵機に対する見張りが第一であるため）。

やがて前方に見えてきた草原の飛行場に降着するや、機体を端の方へとタキシングさせた飛長は、ころあいを見てエンジンを止め、操縦席から地上に降り立った。

終戦から1週間ほどが経ったこのころ、すでに飛行場には人っ子ひとりの気配はなかった。

「普段だったら、飛行機を収容するためにすぐに整備の人たちがわーっと駆けつけてくれる。でも、今は誰も出迎えてくれる人がいない。自分を、じゃないですよ。飛行機を。そう思うと今乗ってきた愛機がとてつもなくかわいそうに思えて、せつなかったですね。」

気を取り直して操縦席の計器盤を破壊処分した坪井飛長は、復員時の数少ない指示のひとつとして〝戦犯に問われるかもしれないので搭乗員であったことを隠すように〟と言われていたことを思い出し、それまで着ていた飛行服を脱ぎ、愛機のタンクからガソリンを抜いてそれにかけ、焼却した。

その燃える炎と立ち登る煙を見ながら愛機のプロペラを抱いていた飛長の頬を、滂沱の涙が流れていった。

戦闘八一二を含む芙蓉部隊において、終戦による隊内での混乱はさほど大きなものではなかった。

それは情報が少ないながらも最善を尽くした若き指揮官美濃部少佐と、徳倉隊長以下の幹部の補佐による、それまでの指揮統率の不断の努力の賜物であったともいえるだろう。

わずか4ケ月半という作戦期間ではあったが、その間ほぼ休まずに戦い続けた海軍夜間戦闘機隊芙蓉部隊。

その一翼として力戦敢闘した海軍戦闘第八一二飛行隊の戦いもまた、終わりを告げたのである。

【第5章追補　比島残留隊員の戦い】

クラーク地区防衛部隊編成さる

ここでフィリピンに残留した戦闘八一二の地上員たちがその後どうなったかについて記述しておきたい。

飛行機隊の移動後もニコルスにいた戦闘八一二の整備員や一五三空地上員たちにクラークへの移動命令が出されたのは昭和19年12月末。ニコルスとクラークは飛行機であれば指呼の間であったが、陸路で大勢が移動するとなると大騒ぎである。とはいえ何とかトラックを手配して移動を実施し、無事全員がそろってクラーク地区で昭和20年の元旦を迎えることができた。

1月6日、戦闘八一二と戦闘八〇四の最後の『月光』が攻撃後に台湾へ脱出、その他の第一聯合基地航空部隊の最後の航空兵力も比島を飛び立っていくと（ただし、1月9日の時点ではツゲカラオに26機の兵力があった）、かねてからの計画に基づいてクラーク地区防衛部隊が編成された。

その編制は下の表の通り。

各戦区はマバラカット西方の赤山と呼ばれる高地に、北から時計回りに十三戦区、十四戦区、十五戦区、十六戦区、十七戦区の順で布陣（P.218図参照）。戦闘八一二の残留員は一五三空司令の和田鉄二郎大佐以下の人員とともに十六戦区に編入され、七六三空司令の佐多直大大佐の指揮下にクラーク西方山中に陣地を構築し、敵上陸軍を迎え討つ。

防衛部隊総指揮官となった二六航戦司令官の杉本丑衛少将（海兵44期）は、ラバウルやブインで活躍した二〇四空の司令や第二航空艦隊参謀長を務めた経歴が知られるが、航空戦のエキスパートではあっても地上戦の指揮経験は全くない。各戦区の指揮官に据えられた司令、副長クラスも同様であり、それがこの部隊の本質を体現していたといえる。

このため海軍側はクラーク地区海軍防衛隊を陸軍の指揮下において戦う調整をとっており、1月11日にクラーク方面の戦域を担う陸軍建武集団が編成されると、第一挺身集団長 塚田理喜智少将の統一指揮を受けることとなる。

1月9日、戦闘八一二飛行隊長の徳倉正志大尉が搭乗員を引率して台湾転進のため出発（第1章参照）。翌10日、搭乗員たちを送り出した一航艦司令

クラーク地区海軍防衛部隊編成

総指揮官：杉本丑衛少将〔二六航戦司令官〕
二六航戦（二〇〇）、第一航空艦隊残留員（三五〇）、第二航空艦隊残留員（二〇〇）
計一七〇〇名、火器一五〇挺

第十三戦区隊　指揮官：中村子之助大佐〔一四一空司令〕
一四一空（五〇）、三〇八設（五〇〇）、陸戦隊（二〇〇）、防空隊（八〇〇）、二〇一空の半部（五〇）、北比空の一部（一〇〇）
計一七〇〇名、火器八七〇挺

第十四戦区隊　指揮官：松本真実中佐〔七六一空司令〕
七六一空（一〇〇）、海没組（二〇〇）、三〇三設（五〇）、防空隊（一二〇〇）、二〇一空の半部（五〇）、北比空の一部（一五〇）
計二二〇〇名、火器一一四〇挺

第十五戦区隊　指揮官：宮本実夫中佐
二二一空（一〇〇）海没組（二〇〇）、三三二設・三三三設（五〇〇）、北比空の一部（二〇〇）、防空隊（一二〇〇）
計二二〇〇名、火器一一三〇挺

第十六戦区隊　指揮官：佐多直大大佐〔七六三空司令〕
七六三空（二〇〇）、防空隊（二五六〇）、一五三空（五〇）、一〇二一空の一部（五〇）、北比空の一部（六四〇）、三〇二設（五〇〇）
計四〇〇〇名、火器一八七〇挺

第十七戦区隊　指揮官：舟木忠夫中佐〔三四一空司令〕
三四一空（一〇〇）、防空隊（四〇〇）、北比空の一部（五〇〇）、三一八設（五〇〇）
計一五〇〇名、火器六八〇挺

雷部隊　指揮官：瀬戸口熊助
北比空の一部（二〇〇）、一〇三施設部の一部（台湾人二〇〇）、海没組（四〇〇）
計八〇〇名、火器六〇〇挺

後方部隊
一〇三航空廠（内地人一二五〇、台湾人五〇〇）、一〇三軍需部（五〇）、一〇三工作部（五〇）、一〇三施設部の一部（台湾人一〇〇）、スピク工廠員（支那人三〇〇）
計二二五〇名、火器一〇〇挺

総計人員一万五四〇〇名、火器六五四〇挺

※（　）内の数は人員。火器は主に小銃の類
※もともと十一戦区、十二戦区の指揮官として二〇一空司令玉井浅一中佐、二二一空司令八木勝利中佐が予定されていたが、八木中佐は搭乗員を引率してツゲカラオへ移動、1月下旬に比島を脱出した模様、玉井中佐も台湾に脱出し、十一戦区、十二戦区ともに消滅。残留人員は各部隊に振り分けられた。

部（二航艦は8日付けで解隊）はクラークから一足先にと空路で台湾へ転進。
1月13日、第十六戦区はクラーク西方の黄山地区に陣地を構築。このころになっても戦闘八一二の一部の整備員はクラーク中飛行場に留まり、飛行作業を続けていた。1月9日から始まった一〇二一空などの輸送機による人員台湾輸送はまだ続けられており、わずかばかりの離発着があったのである。こうした飛行作業従事中の1月中旬、敵機の銃撃を受けて胸部貫通銃創を受けた高橋光雄整曹長がヒバリ山治療所に入室した。

1月9日にリンガエンへ上陸してきた米地上軍は徳倉隊長たちが北上していった街道を南下、21日にタルラック、22日にはカパス、オードネルを攻略し、23日にはバンバンの飛行場を占領して翌日から同飛行場の使用を開始している。さらに26日にはマバラカット西、クラーク中飛行場に迫ったため、中飛行場に詰めていた基地員はいよいよここを撤収して陣地に移動。翌27日にはアンヘレスも占領され、クラーク地区の飛行場は全て失われるにいたった。

一方、クラーク地区日本陸海軍部隊に対して24日から米軍が攻撃を開始、バンバン西方の高地は26日までに占領される。陸上戦とはいえ戦いは歩兵戦闘ではなく、一方的に敵の砲爆撃を受けるという様相であった。

1月29日、夜間に指揮小隊の負傷兵輸送に従事していた戦闘八一二（以下、とくに部隊名を付さない場合は戦闘八一二の隊員）の大屋光義整長は自らも敵の砲撃を受け、弾片で膝部を負傷し入室。2月4日、佐藤某二整曹（正確な名不詳）はやはり黄山陣地で敵の砲撃により腹部盲貫銃創を受け、翌日戦死した。

こうして激しい戦いが展開される一方で、クラークの海軍部隊は布陣早々に深刻な食糧問題を抱えていた。

昭和17年11月の航空隊令改正、そして昭和19年3月ころから各方面で導入された特設飛行隊制の実施などで、海軍航空隊には順次空地分離制が定着していったが、これにより一五三空などの甲航空隊は、基地管理をつかさどる乙航空隊の支援を受けて航空戦を行なう態勢になっており、そのため朝、昼、晩の配食についても乙航空隊の主計科に頼るのが当たり前となっていた。甲航空隊は航空戦力の発揮に最善を尽くすためである。

ルソン島の海軍航空基地を管理していたのは北比空と呼ばれる乙航空隊で、前掲の編制表からもその隊員たちがそのまま各戦区に編入されていることがわかる。しかしそれは充分な食糧の補給、炊飯設備が整っている上で成り立つ制度であり、今や補給のあてもなく食糧の備蓄もないクラーク地区海軍部隊を苦しめる元凶となっていた。

二六航戦司令官 杉本少将の報告によれば、2月6日現在の麾下部隊の食糧保有量はひとり1日３００gとして約3ヶ月分しかなく、台湾の一航艦に物量投下を要請。2月10日に2機、19日5機で輸送作戦が実施されたが、それ以降は敵機の跳梁著しくなり、空輸は不可能となった。

火力に優る米軍が2月11日ころに十五戦区の複郭陣地に迫りくると、小銃程度の武器しかない海軍部隊は陸軍高山支隊の協力を得て、のち3月3日の陣地移動命令まで頑強に戦った。

しかし続いて2月15日から米軍との戦闘が始まった十四戦区は一夜のうちに敵戦車の蹂躙を受けるにいたり、26日には陣地を撤退。十三戦区には22日から米軍の攻撃が開始され、やはり戦車は登ってこられないと言われた断崖を2日で爆破整地されてその進撃を見た。27日に陸軍高山支隊が海軍側に無通告で北方に転進（この部隊はその後終戦までに全滅）したのち、十三戦区、十四戦区は北側から崩壊、食糧の搬出もできずに後退することとなる。

3月3日、十四戦区が撤退したあとの陣地高台に布陣した米軍は、頑強に抵抗を続けていた十五戦区の複郭陣地に側面攻撃を実施するにいたり、生き残った人員は陸軍高屋支隊とともに後退。この時の十五戦区海軍人員は１５０名に過ぎなかったという。7日には杉本司令官が十七戦区に移動、8日に深山に将旗を移した。

そして2月中旬にはいよいよ十六戦区、十七戦区にも米軍が迫ってきた。

2月中旬には小隊糧秣を輸送中であった池岡正司上整が清水谷付近で夜間砲撃に会い直撃弾により戦死。同じく2月中旬、入倉元三上整は黄山陣地での小隊糧食運搬中に砲弾弾片で腹部盲貫銃創により戦死した。残念ながらその日付けは判然としない。

2月下旬、黄山陣地の小隊警備地区で砲撃に会い、弾片で膝部貫通銃創を受けた森 虎男整長は野戦病院に入院。同じく下旬の内に青山国雄一整曹が過労と栄養失調により入院を命じられる。

武器もなく食べるものもないフィリピン山中での戦いはこのころから確実に戦闘八一二地上員たちの体力を消耗させ、その命を奪っていく。

3月5日、黄山陣地頂上付近を警戒中であった丹羽友三上整は狙撃されて戦死。3月9日には黄山陣地で敵の監視に当たっていた福田恭昌整長が肩に機銃弾を受けて負傷。この3月上旬のうちに松原平雄整曹長が過労と栄養失調で入院。第三野戦病院に入院中であった高橋光雄整曹長と、同じく赤痢と

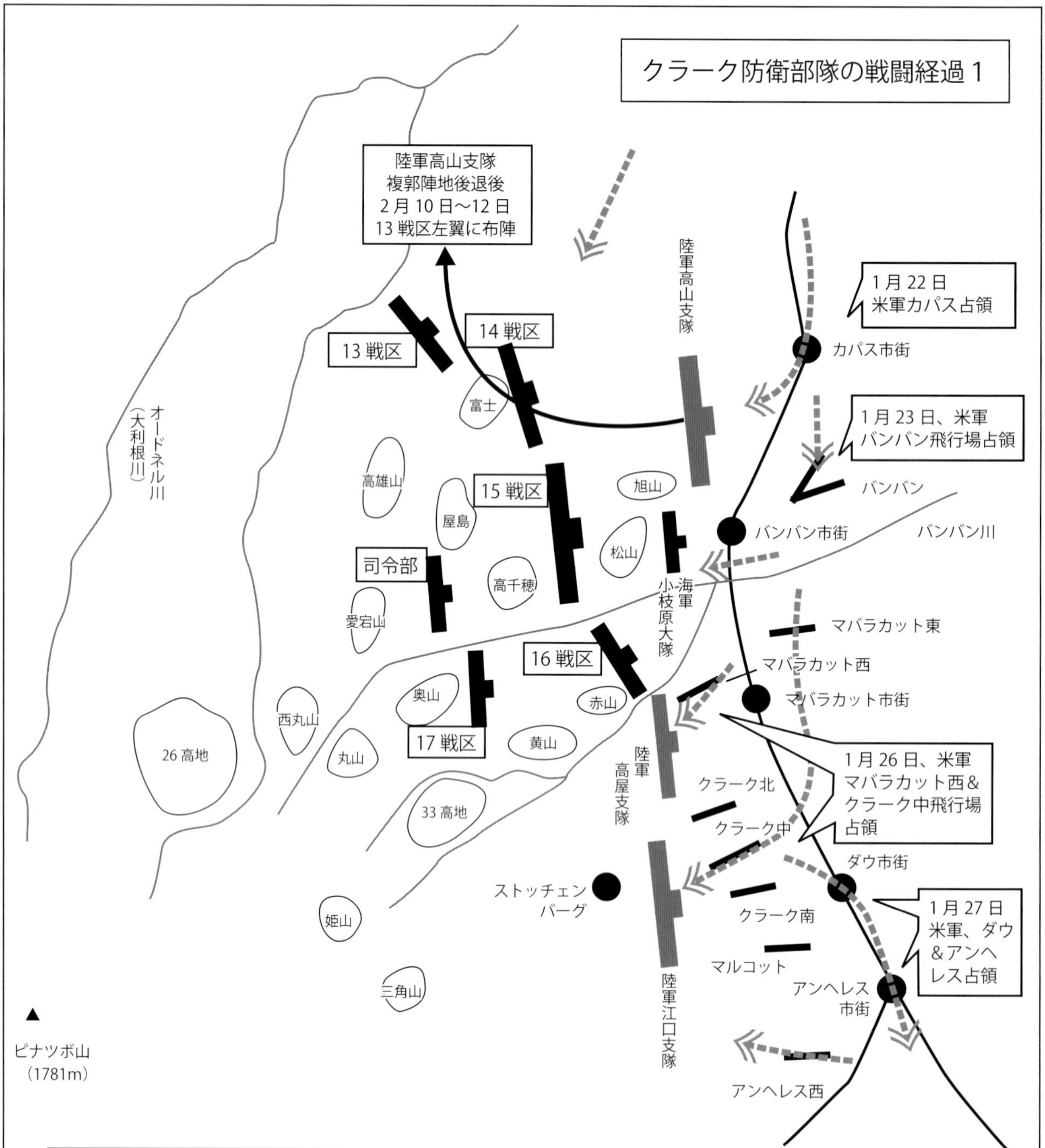

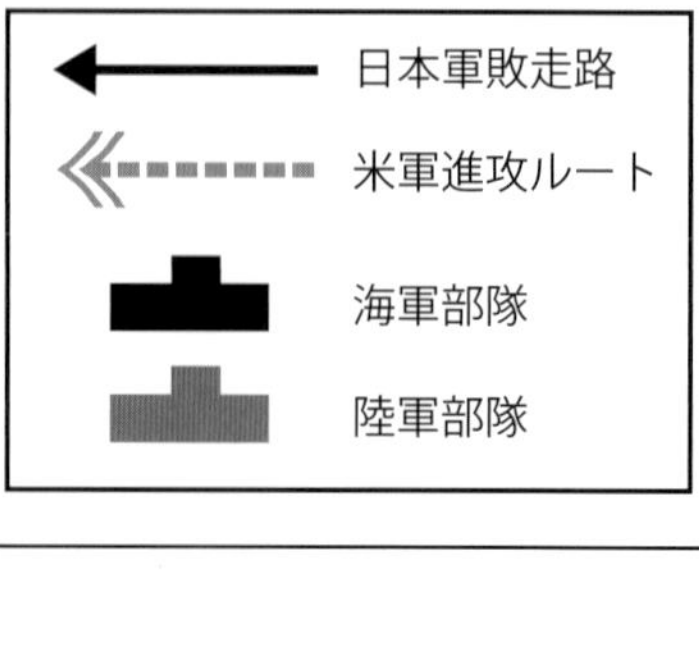

クラーク防衛戦は１月 23 日の米軍バンバン攻略から始まり、26 日、27 日には周辺の飛行場の全てと各市街が早くも占領されてしまった。ところが、陸軍の指導によりバンバン高地に構築された複郭陣地に立てこもった海軍防衛部隊はここから頑強な抵抗を見せることとなる。なお、小枝原大隊は 700 名からなる海軍唯一の精鋭といえる陸戦部隊であったが、1 月末までの戦闘で壊滅し、漸次 13 戦区に収容された。

栄養失調で入院中であった宮川清司整長も戦病死を遂げた。

3月15日、第三野戦病院が敵に包囲されると比較的軽傷な患者はその包囲網を脱出することとなったが、1月末に膝部に弾片を受けて歩行困難となっていた大家光義整長は病院で壮烈な自決を遂げ、脱出を図った松原平雄整曹長、青山国雄一整曹はそのまま行方不明となった。

続く3月18日、黄山陣地において敵の砲撃を受け、佐々木 弘整長が戦死。

この3月中旬の時点で十六戦区は約１３００名、十七戦区は約５００名の兵力を有し、なお陣地確保の見込みが立っていたが、ピナツボ西方山中にこもりゲリラ的戦闘を実施した方がより米軍を牽制できるのでは、と杉本司令官が塚田集団長に意見具申して3月20日に黄山陣地撤退が決定。各部隊は数少ない武器、弾薬、食糧を背負い、山を越え谷を渡り移動を開始したが、空には米軍の砲兵観測用飛行機が張り付いて間断なく砲撃が実施されている状況にあり、撤退作業中に沼倉壮一上整が戦死、柳沢利雄整長も戦病死した。

さらに撤退後に第二陣地として展開していた十の谷付近で柴田某二整曹と栗間 勇上整が栄養失調で戦病死。田中潤治一整曹は十の谷付近で陣地構築作業中に敵の砲弾により胸部盲貫銃創を受け野戦病院に入院。岩渕正義上整曹、福島 勇整長は赤痢により入院したが、のちに戦病死を遂げた。

戦車特攻のため2月下旬に出撃したまま行方のわからなくなっていた菅少尉が、目的地に向かって前進中に敵の砲撃を受け全身を負傷、ピナツボ山西北の海軍設営隊野戦病院に入院中であるのが確認されたのがこのころのことである。このように3月下旬は戦死者が続出した期間であった。

彼らが心待ちにしていた戦闘八一二の飛行隊は、内地帰還後わずか1ヶ月あまりが経った3月30日と31日にかけて、芙蓉隊として戦闘九〇一、戦闘八〇四とともに鹿屋へ前進し、沖縄航空戦へ参戦することとなった。

フィリピンに残してきた地上員たちにその姿を見せることは、かなわなかったのである。

ついに自活態勢へ

十六戦区が移動してきたピナツボ山西方は一面の草原地帯で食糧を得られる見込みはなく、また撤退とともに人力で懸命に輸送してきた食糧の備蓄も先が見え、一部の部隊ではあと数日分という有様であった。

このため、杉本司令官は再び塚田集団長に意見具申をして了解を取り、4月5日、各戦区指揮官に対して自活態勢の確立とゲリラ戦の実施を下令した。このころの二六航戦司令部の位置はイバ東方山中であり、各戦区との相互連絡を密にしての活動が実施されることとなる。

ちょうどこの5日、医薬品、糧秣が皆無となって機能を失った十六戦区の野戦病院は解散が決定、入院患者はリパ方面へ送り出されることとなった。この第1回目の内科患者の指揮官として戦闘八一二分隊士の渡辺三郎整曹長が引率する一行が出発したが、この集団はそのまま行方不明となる。

さらに4月8日、第2回目のリパ方面患者移動を実施。その際、田中潤治一整曹、保川和一上整、城地茂夫上整、加成源之助上整らも行方不明となった。

4月9日、入院中であった中川孝主上整曹、飯田忠男上整曹、鶴羽幸一一整曹、平川正夫整長、横山甚三郎整長、鈴木定男整長、森 虎男整長、福田恭昌整長が十の谷の第二陣地に復帰。田口義雄整長は3月4日から病院附として活動していたが、解散にともない同じく原隊に復帰してきた。

4月11日、復帰したばかりの森 虎男整長は戦闘に参加することができず陣地より後退を命ぜられた。

12日、第二陣地十の谷は有力な敵兵力に包囲されたため、早朝から撤退を開始。戦闘八一二はちりぢりになりながらも全員撤退に成功し、人員機材ともに異常がないことが確認された。

14日、仏谷付近に第三陣地を構築。15日、第三陣地一小隊警備地区を哨戒中であった飯田忠男上整曹、前田勝一一整曹、矢口隆一整長は狙撃を受けて戦死。横山甚三郎整長も負傷した。またこの混乱のなか中川孝至上整曹、小坂芳男上整曹、長田長七一整曹、堺堀文雄二整曹が行方不明となった。

16日、第三陣地を撤退、後方１０００ｍの地点に第四陣地を構築した。

17日、設営隊病院に入院中であった菅少尉が病院解散のため第四陣地の原隊に復帰してきた。しかしこの日、内藤克正上整曹、渡辺某上整曹、福田恭昌整長、吉田 勝上整は陣地を脱出し行方不明となった。

18日、平川正夫整長は栄養失調の症状が重く陣地より後退。また二連隊輸送隊に派遣中であった五十嵐芳信整長は電信機材の輸送に従事している際に砲撃に会い戦死した。この夜、第四陣地も敵の包囲を受けるにいたり、深夜その包囲陣を突破して撤退に成功。人員機材に異常なし。しかし、連隊本部（一五三空司令一行）の所在が不明であるため、行軍を続けること4日、22日になりようやくその展開場所がわかり、合流を果たした。

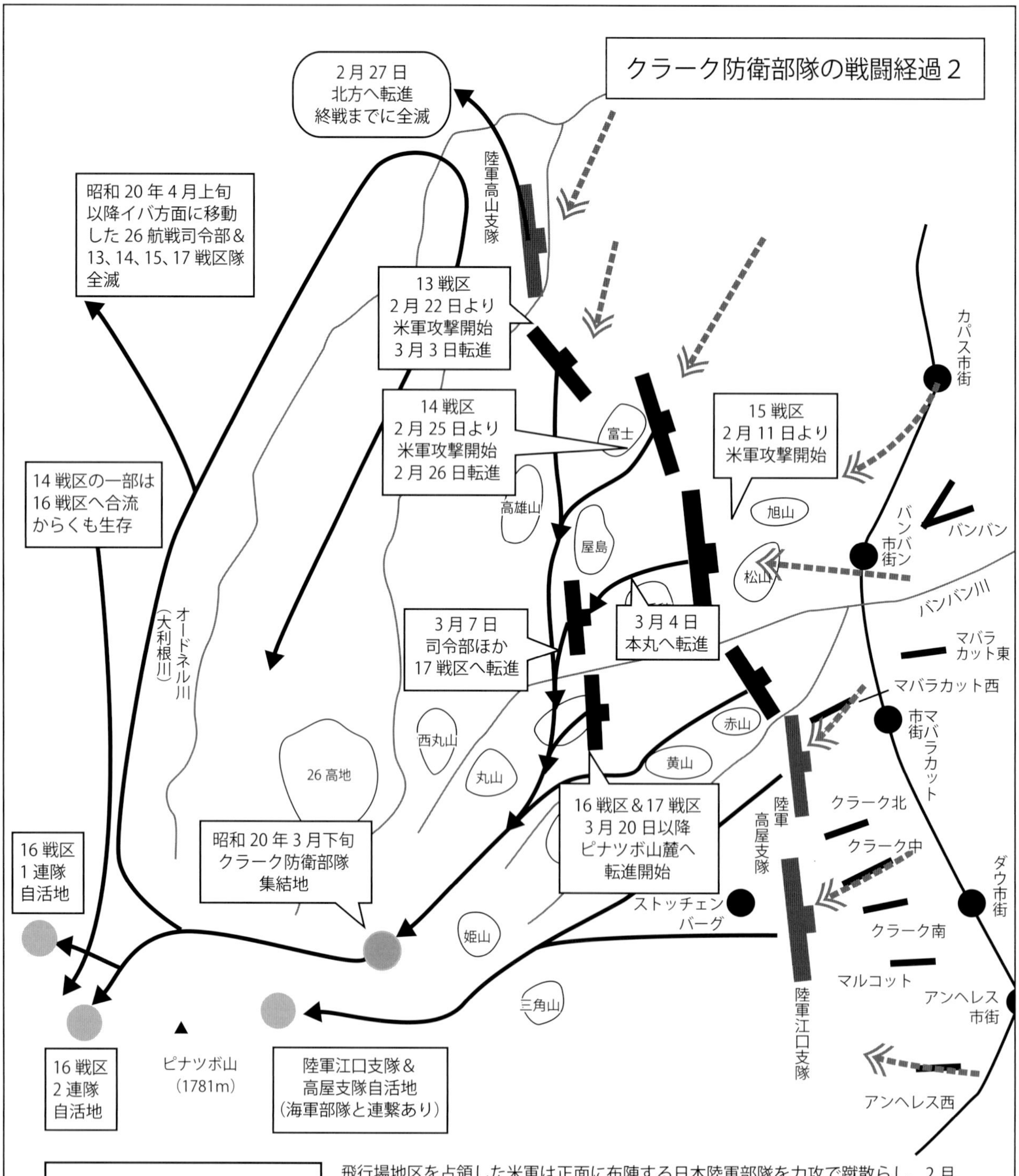

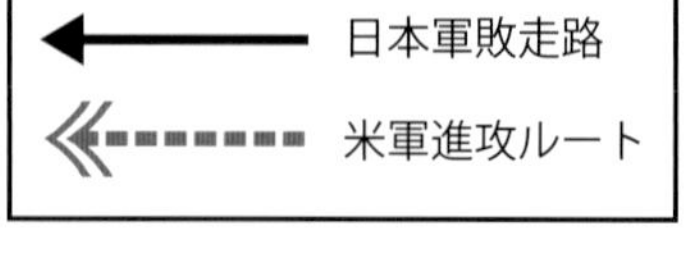

飛行場地区を占領した米軍は正面に布陣する日本陸軍部隊を力攻で蹴散らし、2月中旬以降、複郭陣地に対し東方だけでなく北方からも猛攻を開始し13戦区、14戦区、15戦区の順に戦線は後退。これにより突出した形となった16戦区が赤山から後方陣地へ移動したのは3月20日のことであった。日本軍の西方山中への敗走に対し米軍はバンバン川の南岸へ戦車道路を敷設しながら追撃。しかしそれは長い戦いの序章でしかなく、凄絶な飢餓戦は8月下旬まで続くのである。

この4月20日ころ、杉本司令官はクラーク海軍防衛部隊の編成を解き、各部隊の行動を戦区指揮官の判断に任せる指示を出している。

4月25日、鈴木定男整長が行方不明となる。

4月29日、ピナツボ山麓で天長節を祝い、皇居を遥拝。

5月1日、ピナツボ山頂に宿営。このころになると生き残った全員が病に伏せている状況。依然として食料はなく、自活態勢は強まっていく。

7日、飯田整曹長、山根一整曹、島田二整曹、田口二整曹、小野二整曹が農耕地探索のため出発、4日後に戻り、その報告によりピナツボ西方山麓に移動する。

16日、遠藤一郎二整曹、清水宗次二整曹、小野 昭二整曹、佐野政吉整長が行方不明となり、5月20日には福沢満司二整曹もまた行方不明となった。

これより6月、7月の間、十六戦区部隊は付近に散在していた海軍部隊を順次収容統合、その中にはからくも北方から脱出してきた十四戦区の人員１５０名も含まれていた。一五三空を基幹とする十六戦区第二連隊は指揮官和田大佐の直率する連隊本部を第一班、一五三空整備主任の桃田利雄少佐の指揮する輸送隊の第二班、一五三空通信長の阿世知大尉を指揮官とする第三班に分かれて自活。戦闘八一二の隊員たちはこの第三班を構成していた。

各班は〝せぶり〟と呼ばれる掘っ立て小屋を作り、タロイモなどを栽培して自活態勢確立の努力がされており、およそ10月ころには食糧自給ができる見込みとなった。とはいえ収穫期が来るまでは食糧不足のままだったが。

8月上旬になり、負傷が癒えず、また栄養失調となっていた菅少尉は自活地で静かに息を引き取った。8月19日には佐藤亮孝二主曹が過労と栄養失調により戦病死。

戦闘八一二を含む一五三空が終戦を知ったのはちょうどこのころ、上空を飛ぶ米軍機から撒かれた伝単（ビラ）を見てのことであった。十六戦区本部はこの頃なお、空三号電信機を稼働状態で保持していたが、戦区本部へ使いを出すとこちらでも内地の新聞電報を傍受していたところだった。

しかし、敵の目を逃れるためピナツボ山西方奥地に入っていた残存部隊は自力で米軍勢力圏までたどり着き、収容されなければならない。

軍使を出して米軍との降伏交渉がなされたのち、山中の各部隊は続々と徒歩での移動を開始する。9月8日、戦闘八一二の隊員たちも下山を開始。しかし平川正夫二整曹は栄養失調の症状が重く下山ができず、体力回復次第下山するものとして自活地に残留、ほかに12名ほどが自活地に残ったが、その後自力下山はかなわず、彼らはそのまま戦病死したものと推定された。

9月15日、クラーク地区発着広場で米軍に降下収容、武装解除された。各員はここで再編成され、故郷へ帰る日を待つこととなった。

なお、3月15日の野戦病院脱出の際に行方不明となった松原平雄整曹長はこの時に無事生還を果たしている。

十六戦区二連隊指揮官、一五三空司令の和田鉄二郎大佐も部下に担がれるようにして山を降り米軍に収容されたが、栄養失調からの体力の回復はままならず（結核を患っていた）9月25日に戦病死した。

和田司令は海兵51期出身。海軍艦爆隊の創設に尽力した操縦士官で、支那事変における活躍により「暁の鉄ちゃん」の通り名で海軍内部だけでなく新聞、ラジオなどを通じて全国にその名を轟かせた人物だ。一五三空司令となる前には五二三空「鷹」部隊の司令を勤めている。芙蓉部隊戦闘九〇一の整備分隊長であった佐藤吉雄大尉もまた、中尉当時に五二三空整備分隊士として和田司令に仕えたことがあり、因縁浅からぬ人物であった。

4月上旬から順次ルソン島西岸のイバ方面へ移動した十三戦区、十四戦区、十五戦区、十七戦区の各隊は終戦までに壊滅し、当初は約７５０名がいた二六航戦司令部部隊も3月下旬に約３００名、6月5日ころイバ東方山地に移動した際には約40名ほどにまで減っており、それも終戦までに全滅、杉本司令官も戦死した。

結果的に西方山地に留まった十六戦区隊のみが多くの生存者を残して終戦を迎えているが、戦闘八一二にとってはそれがせめてもの僥倖である。

彼らの戦いを「餓えて自滅しただけ」と辛辣に評する意見があるかもしれない。それはクラーク海軍防衛部隊の責任ではなく、むしろ艦隊レベル、戦争指導者レベルで話されるべきものだ。

ただ、米軍に第40、第37、第43、第38、第6の各師団を逐次この方面へ投入させ、一時なりともその兵力を釘付けにできたことで、比島戦全体の戦局にクラーク防衛部隊が果たした役割は大きかったと言えるのである。

正常な航空戦においてでさえ、整備員をはじめとする地上員の活躍は戦史の表舞台に出てくることはない。

最後に、比島に残留し、本来の配置ではない、苛烈極まりない地上戦に邁進して散っていった戦闘八一二地上員たちの名を掲げ、戦史の1ページに記録として留めることで、その冥福を祈りたい。

戦闘八一二比島残留隊員

戦死：
小高中尉、加藤静雄少尉、高橋光雄整曹長、岩渕正義上整曹、飯田忠男上整曹、前田勝一一整曹、佐藤某二整曹、大屋光義整長、五十嵐芳信整長、佐々木 弘整長、池田正司上整、入倉元三上整、中村光五郎上整、丹羽友三上整、沼倉荘一上整、矢口隆一整長

戦病死：
菅少尉、渡辺三雄整曹長、田中潤一一整曹、小林 明一整曹、青山国雄一整曹、井尾正広一曹、柴田某二整曹、平井清一二曹、平川正夫整長、宮川清司整長、福島 勇整長、柳沢利雄整長、高橋甲子郎整長、佐藤亮孝主長、森 光男二曹、保川和一上整、栗間 勇上整、城地茂夫上整、加成源之助上整、加茂源三郎上整

行方不明者：
小坂芳男上整曹、中川孝主上整曹、長田長七一整曹、堺堀文雄二整曹、渡辺武雄一整曹、福沢満司整長、福田恭昌整長、吉田 勝上整、内藤克正上整曹、遠藤一郎整長、清水宗次整長、鈴木光男整長、小野 明整長、佐藤江吉上整

生存降下：
岩垂 深中尉、石川教亮整曹長、飯田直吉整曹長、松原整曹長、渡辺辰一上整曹、鶴羽幸一一整曹、山根武雄一整曹、田口善雄整長、小野 博整長、横山甚三郎整長、関根喜知弥上整、中島熊芳上整

※この他、「丙飛出身戦没者名簿」によれば五一航戦司令部付夜戦隊時代からの搭乗員である土屋 勇二飛曹が一五三空戦闘八一二附で昭和20年4月24日付けクラーク地区玉砕の戦死認定となっている。

終章

忘れえぬ想い

戦後が始まった

それは昭和20年9月の終わり頃のこと。

「飛行靴に芙蓉隊と書いてある、海軍さんらしい人を見かけた」

といって一番下の弟さんが中学校から息せき切って帰ってきたのを佐藤正美さんは覚えている。佐藤さんは、戦闘八一二で未帰還となった佐藤 好中尉（戦死後進級）の実姉である。

すでに終戦から1ヶ月あまり。周囲では出征した家族の復員がちらほらと見られた時期。無事に終戦を迎えていれば九州のどこかの基地にいるという次弟もそろそろ帰ってくるのでは？ そう思いつつも、音信不通であるのが気がかりな毎日を送っていたところであった。

それを聞いた御父上は取るものもとりあえず、海軍さんが立ち寄ったという家を尋ね、早速その人物に連絡をとってもらった。

数日後に芙蓉隊と書かれた飛行靴を履いた青年が佐藤家を訪れた。玄関を入るなり「写真を見せてください」と言ったその青年は、渡された写真をしばしじっと見てから顔を上げ、

「佐藤分隊士は私と同じ飛行隊で、山崎兵曹とともに5月の沖縄夜間攻撃で未帰還となられました」

と言葉少なに、そして静かな口調でこう語った。表情からは事実を告げることが申し訳ないという心情が充分うかがえた。

その海軍さんが坪井晴隆氏であった。

4月中旬に佐藤 好少尉が芙蓉隊第2陣の一員として鹿屋へ進出してきた際、火傷を負った坪井飛長の姿を見て「今まで苦労かけたな」と、目を潤ませて語りかけてくれたエピソードは本書の第2章で述べた。同郷であるとはいえ、はからずもその佐藤少尉の御遺族にはじめに接したのが坪井氏となった。

「小さいころから勝気な気質だった弟は、中学四年で自ら予科練（筆者註、第三期甲種飛行予科練習生）を志願して、大空へと飛びたって行きました。長い間、各地の空でお国のために戦い続けていましたが、とうとう沖縄の空に散ってしまいました。今さらに惜しみて余る命でございました」

とは佐藤正美さんの回想である。

こうして遺族の戦後も静かに時を刻み始めていた。

「戦後」とは、単なる時間的刻みを表すものではなく、終戦前までとの価

〔佐藤 好 中尉〕

昭和20年5月14日の敵機動部隊黎明索敵攻撃で山崎里幸上飛曹（乙飛16期）とともに未帰還となった佐藤 好少尉（甲飛3期）の御遺族に、終戦後初めて接触したのが坪井晴隆氏だった。かつて遅れて鹿屋へ馳せ参じた青年分隊士は、坪井飛長の火傷を負った姿を気にかけてる心優しき一面を見せた。写真は昭和20年3月の藤枝基地における佐藤飛曹長（当時）。

〔甘利洋司中尉〕

昭和20年5月13日の敵機動部隊黎明索敵攻撃で藤田泰三上飛曹（予備練13期）とともに未帰還となった甘利洋司少尉（甲飛2期）の遺体は、黒潮の流れに乗って駿河湾へと流れ着き、やがて故郷へ無言の帰還を果たした。こちらの写真も昭和20年3月の藤枝基地における甘利飛曹長。左胸には兵曹長を表す△と、そのなかに頭文字「甘」を記入している。

〔P.223扉ページ写真〕
平成6年4月8日、藤枝基地の後身である航空自衛隊静浜基地での「芙蓉部隊戦歿者50年祭」を終えて、T-3練習機を囲んで勢揃いした慰霊祭参列者たち。最前列左から8人目に、芙蓉部隊指揮官 美濃部 正氏の姿が見える。

値観ががらりと変わった世界の訪れである。

佐藤中尉と同様、甲飛出身で戦闘八一二のベテラン分隊士であった甘利洋司中尉（戦死後進級）は、家族の下へ無言の帰還を果たしていた。

5月13日黎明の敵機動部隊索敵で都井岬の南東80浬の洋上で敵艦隊発見を報じて未帰還となった少尉の遺体は、黒潮の流れに乗って芙蓉部隊の母屋とも言える藤枝基地にほど近い駿河湾に到達、榛原郡吉田町から御前崎沿岸にかけての海岸を漂流しているその姿が発見され、大井航空隊に収容されて荼毘にふされたのち、藤枝基地に遺骨が届けられた。

その遺骨は終戦直後の9月上旬に藤枝から復員する芙蓉部隊の隊員の手によって長野県の甘利少尉の実家に突然の里帰りを果たす。いまだ戦死の公報は届いておらず、遺骨を抱いたご母堂も非常に驚かれたという。悲しみの対面であった。誰がどのような指示により甘利家へ届けたものか、詳細は今となってはわからない。

こうした事情で、雲こそ我が墓標とする未帰還搭乗員には珍しく、故郷の菩提寺天周院に甘利中尉の遺骨は葬むられ、今もその墓所で静かに眠っているのである。

なお、甘利中尉には甲飛12期に実弟昭彦氏がいたが、飛練を終えて輸送機隊の一〇二二空に電信員として勤務していた昭和20年1月7日、『零式輸送機』により人員21名、郵便50kgを登載して〇八三〇高雄基地を発進、鹿屋に向かう途中の一二五七以降連絡なく、未帰還戦死と認定されている。

岩川基地残照

ちょうどその頃、隊員たちが復員したあとの岩川では美濃部少佐以下の〝有志〟が残務整理を行なっていた。

「復員してから2週間くらいたった頃でしょうか、ラジオで『五航艦麾下部隊の隊員は速やかに原隊へ復帰すべし』といったアナウンスがしきりに流れたことがありました。海兵71期の兄がすでに復員していましたのでちょっと相談し、何はともあれと鉄道に乗り込んで岩川を目指しました」

川添 普氏は、ことの発端をこのように語ってくれる。

こうして9月初めのある日、川添氏が岩川に着いて見ると、すでに美濃部少佐は芙蓉部隊が使っていた大隅松山附近の本部にではなく、岩川駅のすぐそばにあった五代呉服店の別宅に居を構え、数人の隊員とともに残務整理に取りかかっていたところだった。復員せずに残った戦闘八〇四の大野隆正分隊長のほか、同隊の石田貞彦隊長、整備の2、3人の姿も見えた。

川添氏と前後して、同期生の藤澤保雄氏や岩間子郎氏も同様なラジオ放送を聴きつけて岩川へやってきた。藤澤氏は親戚を頼って長野県松本に復員したのち、何ら情報を得られないことがもどかしくて東京へ出た際に、くだんのラジオ放送を耳にし、満員列車を乗りつぎ3日ほどかかって岩川にたどり着いた。同期生の中西美智夫氏もしばらくして姿を見せている。

岩川基地にはまだ米軍は進駐しておらず、接収の待機中であった。

とはいえ、集まりえた彼ら73期生にとって、とりたてて何かすることがあったわけではなく、毎日ブラブラと過ごしていた状況。大野分隊長が美濃部少佐や石田隊長を相手に将棋を指す姿がよく見られた。

そんな中、川添氏は藤澤氏とふたりで岩川町役場へ出向き、ガリ版刷りでわら半紙のような紙に隊員の復員証明書を作成して印刷したことがあった。これが川添氏らが残務整理の手伝いで行なった唯一仕事らしい仕事であったという。

ラジオを聞いて岩川へやってきた元隊員は相当数に上っていたが、こうした状況もあり、各自の都合で順次岩川から引き上げることが許され、ひとり減り、ふたり減りしていった。

後日、川添氏が聞いた話では実際に残務整理に忙しかったのは美濃部少佐と兵器関係、食糧関係の物資などの保管に携わっていた分隊士など数名だったとのこと。当時は第一線の航空基地、軍港のほか、ありとあらゆる軍関係施設で武器弾薬からネジ1本にいたるまでの保有物リストが作られ、のち提出されているが、その引渡し目録の作成というのが大きな仕事のひとつであった。

もうひとつが退職金の処理。8月の復員の際、一時的な措置として隊員ひとりひとりには退職金２００円が支給されたが（ただしこれはもらっていないという人もいる）、改めて海軍当局から指示された退職金の計算式により正規の金額（給料の20ヶ月分という）を割り出し、その２００円を差し引いた金額を復員先に送金するという仕事である。これは、各自が復員する時に届け出た場所に実際に本人がいるとは限らないので、書留郵便にして発送するという手の込んだ作業であった。印刷された復員証明書も同様にして送付されたが、書留とともに宛先不明、受取人不明などでの還送が続いたという。

また当時隊内に備蓄していた食糧などの物資は当該自治体へ引き渡す措置が取られたため、必然的に兵器整備科、主計科の仕事が多かったのである。昼間の基地擬装の立役者である乳牛たちは県の畜産課に託し、美濃部少佐も別れを惜しんで愛馬3頭を引き取ってもらった。

こうして復員作業がひと段落すると、残る隊員たちもいよいよ岩川から立ち去っていった。岩間氏や中西氏が帰郷するときには先述の復員証明書が大いに役立ち、汽車賃は無料になったという。

その一方でここ岩川周辺を集団開拓する動きがあり、これに参加するため川添氏や藤澤氏は数名の隊員とともに芙蓉部隊本部を去り、月野村の赤松家へと下宿させてもらう。赤松家は芙蓉部隊が鹿屋から岩川へ移動した際、三角兵舎が整うまでの間にご厄介になったところである。兵舎ができたあとも下宿のように出入りしていた隊員もいた。

徳島に復員していた戦闘八一二の元隊員、名賀光雄氏が岩川に来たのはちょうどこの開拓事業が始まった頃のことだ。

「岩川での残務整理に携わったのはわずか2ヶ月足らずの間でしたが、もっと長い期間であったようにも感じます。大したお役には立てませんでしたが、終戦直後、将来の方針も決まっていない時、集団生活から急に放り出されて寂しい思いをしていただけあって、小さな集団とはいえその残務整理のグループに入って集団生活に戻れたというのは私にとっては大きな喜びでした」

川添氏は自らの残務整理参加経験についてこう回想する。

岩川基地が美濃部少佐の立会いで問題なく米軍に接収されたのは昭和20年10月7日のことである。

芙蓉之塔と芙蓉の碑

「坪井君、大人の顔になったね〜!」

終戦から20年あまりが経った芙蓉会の慰霊祭で、徳倉正志元隊長と再会した坪井晴隆氏が初めてかけられた言葉がこういったものだった。

「10年後に岩川で会おう」を合言葉に解散、復員した芙蓉部隊の面々が連絡を取り合い、ようやく慰霊祭の場を設けることができたのは昭和45年1月になってから。芙蓉会とはその名の通り、芙蓉部隊を構成した戦闘八一二、戦闘八〇四、戦闘九〇一の3個飛行隊とその母屋であった一三一空、そして関東空/東海空に籍を置いた搭乗員、整備員、主計科員などが中心となって発足した戦友会である。

なぜすぐに戦友の御霊を慰める機会が持てなかったのか。

それは戦争が終わり、銃弾が飛んでくる危険こそなくなったとはいえ、終戦直後の国民生活はいかに明日を生きるか、また今日のメシをどうするかといった毎日の連続であったからだ。飽食の時代を謳歌する現代人の想像の及ぶところではない。

戦後の復興、各自の仕事や生活に負われながら、有志が集まり、ささやかながら慰霊の機会が持たれるようになったというのが実状だった。

美濃部正氏らも列席する中、私有地となった本部通信壕の傍らに木柱を建てて挙行されたささやかな慰霊祭。参列した元隊員たちは在天の先輩、部下、同期生、同年兵の御霊安らかれと祈りながら、いつかはちゃんとした慰霊碑を建立したいとの思いを胸に抱いて家路に着いた。

戦後、岩川周辺の開拓事業に参加し、そのまま土着して平松家の婿養子となった平松光雄(旧姓 名賀)氏は、この慰霊祭が終わったのちも地元に在住の元隊員として、周辺の住民有志とこの木柱を護っていたが、次第にこの存在を知った遺族もお参りに現れるようになった。

その後も平松氏は年1回行なわれる慰霊祭の準備や挙行に並々ならぬ尽力をしていたが、やがて自ら神職となり、その祝詞(のりと)で戦没隊員の霊を慰める立場となった。

昭和52年11月11日、鹿児島県曽於郡大隅町八合原の片隅にひとつの石碑が建立された。ここはかつて芙蓉部隊が展開した岩川基地の跡である。

芙蓉部隊としての慰霊碑たるその石碑は富士山をかたどった御影石で、表面には「芙蓉之塔」と大きく刻まれ、その頂部には丸い石が据えられた。この頂部の石は戦死した隊員の崇高な魂と、平和な世界を象徴するものである。

先述した木製の忠魂碑は私有地に仮に建てさせてもらったもので、そこはあくまで私有地、いつまでもご厄介になっているわけにはいかなかった。また、木柱も風雨による傷みが激しく、遠く岩川を訪れる御遺族を案内するに忍びないとの想いが地元住民の間でもささやかれ始めていた。

そうして平松氏、地元有志の井上徹志氏を初めとする人々が町役場へ土地の借用を願い出て、また建設費の募金を呼びかけてようやく建立することのできた慰霊碑がこの芙蓉之塔なのである。同時に石碑の立つ周辺は、霊園と

昭和45年1月13日、悲願であった第1回芙蓉部隊慰霊祭が岩川基地跡で挙行された。写真は仏式の祭壇と参列者たちで右の集団の1列目左から美濃部 正氏、河原政則氏、竹内（旧姓 本田）春吉氏、三俣（旧姓 横堀）政雄氏、平松（旧姓 名賀）光雄氏。2列目左から坪井晴隆氏、山藤茂七氏、黒田喜一氏、不明、黒川数則氏、不明、平原郁郎氏。3列目左から井戸 哲氏、久米啓次郎（戦後 横尾啓四郎）氏、宮崎佐三氏、尾形 勇氏、不明、池田秀一氏。各隊とも西日本～九州方面に住んでいた元隊員が準備に奔走し、馳せ参じた。

式典を終えて「芙蓉隊忠魂碑」と書かれた木柱を指揮所跡に建立したところ。前列左から坪井氏、三俣氏、美濃部氏、黒田氏。2列目左から井戸氏、不明、山藤氏、河原氏、池田氏。美濃部氏の後ろは平原郁郎氏。そこは私有地であり、永年の慰霊の場としてのちに整備されたのが「芙蓉之塔」である。

しては小さい物かもしれないが、きれいに整地、芝が貼られ、慰霊祭当日には多くの人々が参列できるように整備された。

その場所はちょうど、戦没した隊員たちが帰りえなかった、無事にたどり着きたかったであろう岩川基地の降着接地点に当たるという。

一方、かつて芙蓉部隊の母屋であった藤枝基地は航空自衛隊操縦学校第二分校 静浜基地として整備されることとなり、昭和33年春に着工、9月には教官、学生も松島基地からここへ移動した。その教官の中には戦闘九〇一の飛行隊士として活躍した藤澤保雄氏がいた。自衛隊の発足に伴い、旧軍関係者の何人かはその創設に携わっているが藤澤氏もそのひとりである。

この時の藤澤氏の静浜基地勤務は半年ほどであったが、昭和45年の岩川基地跡の慰霊祭に続きここ静浜でも昭和50年に慰霊祭が挙行されるようになり、やがて昭和55年2月、慰霊碑が建立されることとなる。

「芙蓉之碑」と称されるその正式な名は「関東空芙蓉部隊記念碑」という。

その碑面には

芙蓉の華
この地に咲き
はるか南西の
大空に散る

と、かつてこの地で錬成に励み、沖縄の空に散華せし芙蓉部隊の隊員とそれを支えた地上員たちを偲ぶ言葉が刻まれている。

自衛隊内における旧軍部隊の慰霊碑の存在は異例なこと。戦後に自衛隊に勤務した美濃部氏、藤澤氏の尽力の賜物といえるかもしれない。

実は現在の芙蓉之碑は平成8年に建立された二代目で、風雨の影響を受けにくい黒みかげ石で作られており、台座の部分には芙蓉部隊の装備機である『彗星』と『零戦』があしらってある手の込んだものだ。

芙蓉之碑では主に芙蓉会の静岡県内在住者で作る「静岡県芙蓉会」（会長槇田崇宏氏）の主催で毎年4月～5月の日の良い時に慰霊祭が挙行されてきたが、近年は航空自衛隊静浜基地がそれを受け継ぎ、自衛隊での殉職者の慰霊とあわせ芙蓉部隊戦没者の霊をも弔っているという。

また、「芙蓉之塔」建立後しばらくは芙蓉之塔保存会の手により挙行されていた岩川基地跡の慰霊祭は、大隅町の外郭団体として結成された「大隅町

芙蓉部隊の第2回慰霊祭は懐かしい藤枝基地の後身である航空自衛隊静浜基地で昭和50年12月6日に挙行された。最前列右端に戦闘901の元分隊長、小川次雄氏がいるほか、2列目中央に美濃部氏、3列目右から6人目に坪井氏、その左に井戸氏、最後列右から5人目に岩間子郎氏、左へ川添 普氏、藤澤保雄氏らの顔が見えている。中央や2列目は御遺族の席となっているが、この頃はまだ戦没隊員の御両親も健在だった。

こちらが昭和55年に静浜基地内に建立された関東空芙蓉部隊記念碑、通称「芙蓉之碑」の初代。平成6年筆者撮影。

芙蓉之塔保存会」に平成7年に引き継がれて、以後は曜日に関係なく毎年11月11日に挙行されることとなった。御遺族、元隊員の高齢化により行く末を案じた当時の大隅町長、大隅町議会の温かな配慮のおかげである。

　ここにも忘れ得ぬ人々の存在があった。

終わらない「戦後」

　各自が連絡を取り合い、やがて芙蓉会が組織としての形を整えてゆくと隊員ひとりひとりの消息も徐々に判明していく。そんな中で無事復員したと思われた何人かが、乗機の墜落や鉄道事故などに見舞われ、復員先へ帰りえていない事実が判明した。

　そのひとつが、戦闘八一二の菊谷 宏中尉、鈴木久蔵中尉と戦闘八〇四の小林大二中尉の3人の13期飛行予備学生が復員の際に乗り合わせた1機の『彗星』が、岩川を離陸したまま消息不明となっていたことである。

　ちょうど菊谷中尉機の次に離陸した戦闘八〇四の及川末次飛長(特乙2期)は、離陸後しばらく前方を飛行していたその機が突如として機首を下げ、視界から消えたと証言する。及川氏は、同期生から「大ちゃん」と呼ばれ親しまれた小林大二中尉とペアだった操縦員だ。今も機体の残骸や3人の遺体は発見されていない。

「菊谷は、磊落で物事を苦にしない明るい人柄だった。岩川で防空壕を掘るとき、『俺は、こいつの方が性分に合う』と、壕を強い構造にするように作業指揮をしていたことを覚えている。鈴木は、神戸の水産関係の商社に就職が決まっていたらしく、戦争と世界経済の関係を、私たちに話してくれた。」

　在りし日のふたりをこう回想するのは第13期飛行専修予備学生の同期生の河原政則氏である。

　4月の作戦で負傷した原 敏夫中尉が霧島の海軍病院での入院を経て、転地療養のため栃木県の実家に帰ってきたのは終戦直前のこと。

「おい、こんなんなっちゃって帰ってきたよ…」

　火傷のため顔中に包帯を巻いて帰宅した中尉が、妹の美代子さんの顔を見るなり発した言葉はこんな内容だった。この年の3月まで、学徒動員により女学校の同級生たちと寮へ住み込みをして群馬県太田の中島飛行機の工場で陸軍の『百式重爆』、通称『呑龍』の機首窓枠部分を造っていた美代子さんは、小学校の助教になったばかりの頃であった。

　原中尉の名前に関しては不思議な話が残っていて、家族からは「よしお」と呼ばれ、また友人たちからは「よっちゃん」などと呼ばれていたという。今回、そんなことを思い出した美代子さんが古い友人たちに聞いてまわったところ
「てっきり〝義夫〟というのだと思っていた」

「敏夫を〝よしお〟とは読まないでしょう⁉」

という答えが返ってきたとのこと。

　もちろん、人名の読みというものは必ずしも漢字の音訓と一緒でなくて良いわけだが、漢和辞典などによれば確かに「敏」の名前用の読みを「ヨシ」とすることが記載されている。

　ただ、海軍兵学校同期生からはそういった話が聞かれないことから、生徒時代は「としお」で通したようだ。

　さて、中尉が帰宅したこの当時、すでに東京、大阪などの大都市だけでなく日本各地の地方都市への空襲も激化。原家がある栃木もたびたび空襲を受けている。その度に親族一同が防空壕へ避難、遠くで爆弾の音が聞こえるにつけ、みなが心細い思いをしたが「あれだけ音が遠ければここらは大丈夫だよ」などと中尉が幼い甥や姪たちを壕内で励ましていた姿が伝えられている。

　やがて8月15日終戦。玉音放送のその時、着物掛けの原中尉が玄関先を飛び出したときは家族一同その自決を案じ、一瞬緊張が走ったという。

「鈴木（昌康）だけ死なせてしまった。自分だけ生き残ってしまった。」

と、ポツリつぶやいた原中尉も、終戦しばらくすると容態が急変、昭和21年1月27日に急逝してしまう。いまだ戦後の混乱のさなかであった。

　戦後、郷里の愛知に帰った徳倉正志隊長は徳倉建設を創業、大きく事業を広げ、また社会貢献を果たした。折りをみて藤枝や岩川での慰霊祭にも顔を見せたが、戦時中の話はあまりしなかったといわれる。

　美濃部氏が平成9年6月に亡くなったあと芙蓉会の会長となった徳倉氏もまた、平成11年3月に亡くなり、芙蓉部隊を構成した3個飛行隊の隊長は全てこの世を去った（戦闘九〇一の江口 進氏は平成2年に、戦闘八〇四の石田貞彦氏は平成3年にそれぞれ逝去）。

　板付の米軍基地で働いたのち、タクシー会社を友人たちと協同で立ち上げた坪井晴隆氏は折りをみて縁ある戦没者の巡礼に赴いている。

　鈴木昌康中尉の実兄、鈴木順一郎氏と原 敏夫中尉の実妹、美代子さんは

昭和20年8月21日、附近の交通事情から芙蓉部隊ではその装備機による隊員の復員に踏み切った。写真は終戦後しばらく経過した熊本県の健軍（けんぐん）陸軍航空基地に『九七式戦闘機』と並べられた『彗星』一二戊型。全国へ復員していった各機も、こうして米軍による処分を待ったことだろう。

亡き両中尉の引き合わせか、縁あって結婚され、今は鈴木家の仏壇で鈴木、原両大尉が仲良く遺影を並べている。

そのふたりのもとを戦後しばらくして訪ねた坪井氏が「申し訳ありません、自分だけが生き残ってしまいました」と述べて、こうべを垂れたことを鈴木美代子さんは覚えている。

坪井氏は多くの上官、先輩、同期生との出会いと別れを独自の観察力で今も鮮明に覚えているが、とくに死なばともにと誓った鈴木昌康中尉と、自らの操縦する機で事故を起こし、負傷させてしまった原 敏夫中尉のことは片時も忘れたことはない。そして、その戦死、戦傷死が坪井氏の責任ではないことは、亡くなった鈴木中尉のご両親も、順一郎氏も充分理解しており、美代子さんもまた、承知している（ご両親は坪井さんみたいな好青年と一緒に戦えて、さぞ心強かっただろうとおっしゃっていたそうだ）。

また、戦後は郷里の大阪で住職となった池田秀一氏は健康上の理由もあって僧職を去り、平成4年に夫人の故郷でもある岩川へ移住。平松氏とともに慰霊祭だけでなく、地元自治体などの歴史調査に協力して、岩川基地跡の戦争遺跡としての保存などに活躍されている。

戦闘八一二の先任下士官であった井戸 哲氏は郷里の岡山で帰農して、平成18年に静かにその生涯を終えたが、晩年は「備州浪人 哲」の号で木彫りの仏像の製作に励み、亡き戦友たちの魂を弔っていた姿が伝えられている。

愛機『彗星』よ、永遠なれ

最後に、坪井氏が終戦直後に八女の飛行場で別れを告げた『彗星』のその後日談を紹介したい。

実は氏が忘れ得ぬ想いのひとつとして気にかかっていたのはその愛機の最後についてであった。

「戦死された先輩、同期生、ほか御世話になった忘れえぬ人々、また忘れ得ぬ想いというのは今でも様々、胸の内にありますが、そのひとつが愛機のその後についてでした。第一線の実用機、軍用機を戦後のどさくさに民間の飛行場に置き去りにしてしまったこと。地元の方々に大変な迷惑をかけてしまったのではないだろうか？　と、随分心配していました」

そうした気がかりから、坪井氏が意を決して八女市の近所に住む甥御さんに相談したのは平成20年初夏のこと。

「おじさん、それなら直接行った方が話が早いよ」と、甥御さんがすぐに八女市役所に相談に赴くと、幸いにも詳しい話を聞きたいとの好反応。

その年の7月24日に坪井氏自身が市役所人事秘書課を訪れ、ことの次第を話して聞かせると市の対応もこれまた迅速で、すぐに『公報やめ』平成20年8月号に坪井氏のインタビューとともに「その後『彗星』はどうなったのか知る人はいませんか？」との尋ね人を掲載、すると今も飛行場跡周辺に住む何人かが「見たことがある」と名乗り出てくれた。

8月になり、改めてコーディネイトをしてくれた市役所の職員の方と一緒に飛行場跡を訪ねると、現地で待っていてくれた古老（といっても坪井氏よりも年下だが）は、子供だった終戦直後、放置された飛行場で遊んだ時の様子、その片隅で見つけた『彗星』のことをまた、昨日のことのように語ってくれた。

しかし、戦後の鉄不足のおり、大人たちがその『彗星』から部品をはがして生活資材に利用していたこと、子供たちもまたいたずらに部品をはがして遊んでいたことに話が及ぶと、事前にその話を聞いていたのであろう市の職員さんが、気まずい顔をして話題を変えようとしたのを、そっと坪井氏は制止した。

古老が続ける話では、やがて全国の陸海軍機が焼却処分されたように、八女の岡山飛行場にあった『彗星』もまた、姿を消したという。

「職員の方は気を使って、『彗星』が残骸のようになって処分されたことを私に聞かせたくなかったのでしょうが、いいのです。先ほども言ったように、心配になっていたのは軍用機を民間の飛行場に置いてきてしまったことで関係者や地元の皆さんにご迷惑をかけてしまったのではないか、ということでした。それが、何がしか皆さんのお役に立ったという。ずっと気にかかっていましたが、終戦により飛ぶことを許されなくなった愛機も、そうしてお役に立てたことは本望だったかもしれませんねぇ。」

そう語ってくれた坪井氏の表情は少し晴れ晴れとしたものであった。

戦闘第八一二飛行隊を軸にしてその青春を過ごし、亡き戦友の分もと生きてきた群像。

もはや歴史となりつつあるその姿を、我々は決して忘れない。

八女の民間飛行場に愛機を置いたまま復員してしまった坪井晴隆氏にはその行くすえが長年気がかりとなっていた。そうした事情を八女市役所に相談したところ、市の対応も迅速ですぐに『広報やめ』で心当たりはないか訪ねる記事を掲載。名乗り出てくれた古老と引き合わせてくれたという。写真はその記事の一部。

当時の状況を語る坪井晴隆さん

その後「彗星」はどうなったのか知る人はいませんか。

平成20年7月4日、小郡市在住の坪井晴隆さんは昭和20年8月21日に岡山飛行場に置いて行った「彗星」がその後どうなったのかを調べに八女市役所を訪れました。「聞いても悲しいだけだと思い、ずっと胸の中にしまっていました。しかし、どうなったのかせめてうわさだけでも聞きたいと、思い切って問い合わせました。どなたか知っている方がいたら教えてくれませんか」と坪井さん。

戦闘第八一二飛行隊　戦没搭乗員名簿

年月日	配置	名前	没時階級	階級	期別	備考
19年5月13日	操縦	前原　眞信	飛曹長	少　尉	甲飛2期	占守島上空夜間邀撃 203空夜戦隊時代
	偵察	宮崎　国三	上飛曹	飛曹長	普電練52期	
19年12月19日	操縦	佐藤　忠義	上飛曹	飛曹長	乙飛12期	ミンドロ攻撃。偵察員生還。
20年1月3日	操縦	梶原　昇	上飛曹	少　尉	丙飛8期	神風特別攻撃隊第三十金剛隊誘導。 全軍布告第242号
	偵察	田中　竹雄	飛曹長	中　尉	偵練39期	
20年3月18日	操縦	中村　程次	中　尉	大　尉	予学13期	敵機動部隊索敵攻撃。
	偵察	久保田光亨	上飛曹	飛曹長	甲飛10期	
20年3月31日	操縦	野田　貞記	大　尉	少　佐	海機52期	芙蓉隊第1陣として鹿屋進出時、錦江湾墜落。
	偵察	倉原　芳直	飛曹長	少　尉	甲飛4期	
20年4月7日	操縦	宮田　治夫	上飛曹	少　尉	乙飛16期	菊水一号作戦。陸軍振武桜特別攻撃隊誘導。 全軍布告第173号
	偵察	大沼　宗五郎	中　尉	少　佐	予学13期	
20年4月12日	操縦	持田　熊夫	飛　長	二飛曹	特乙2期	菊水二号作戦。昼間電探欺瞞作戦。 持田飛長は戦闘901の隊員
	偵察	鈴木　昌康	中　尉	大尉	海兵73期	
20年4月21日	操縦	三箇　三郎	少　尉	中　尉	予学13期	藤枝基地にて訓練中殉職。
	偵察	矢崎　保	二飛曹	一飛曹	甲飛12期	
20年4月24日	操縦	酒井　義明	一飛曹	上飛曹	甲飛11期	藤枝基地にて訓練中殉職。
	偵察	北山　正三	上飛曹	飛曹長	乙飛16期	
	操縦	土屋　勇	二飛曹	一飛曹	丙飛17期	フィリピン地上戦戦死認定
20年4月27日	零戦	黒川　武二	中　尉	大　尉	予学13期	菊水四号作戦。戦闘901所属（旧戦闘812隊員）
	操縦	中島　嘉幸	上飛曹	飛曹長	甲飛10期	菊水四号作戦。4月27/28日、沖縄飛行場夜間攻撃未帰還。
	偵察	塚越　茂登夫	上飛曹	飛曹長	乙飛16期	
20年4月29日	零戦	本多　満男	少　尉	中　尉	予学13期	藤枝基地にて訓練中殉職。戦闘901所属（旧戦闘812隊員）
20年4月30日	操縦	鈴木　甲子	上飛曹	飛曹長	乙飛16期	菊水四号作戦。4月29/30日、沖縄飛行場夜間攻撃未帰還。
	偵察	玉田　民安	中　尉	大　尉	予学13期	
20年5月4日	操縦	宮本　英雄	上飛曹	飛曹長	乙飛16期	菊水五号作戦。5月3/4日、沖縄飛行場夜間攻撃を実施し、鹿屋上空帰着後、墜落。
	偵察	大澤　袈裟芳	少　尉	中　尉	予学13期	
20年5月13日	操縦	藤田　泰三	上飛曹	飛曹長	予備練13期	菊水六号作戦。敵機動部隊黎明索敵攻撃未帰還。
	偵察	甘利　洋司	少　尉	中　尉	甲飛2期	
20年5月14日	操縦	山崎　里幸	上飛曹	飛曹長	乙飛16期	菊水六号作戦。敵機動部隊黎明索敵攻撃未帰還。
	偵察	佐藤　好	少　尉	中　尉	甲飛3期	
20年5月27日	操縦	古谷　寅雄	上飛曹	飛曹長	乙飛16期	菊水八号作戦。奄美大島周辺黎明索敵攻撃未帰還。
	偵察	高橋　末次	二飛曹	一飛曹	特乙1期	
20年6月10日	操縦	芳賀　吉郎	飛曹長	少　尉	甲飛5期	菊水九号作戦。伊江島飛行場黎明攻撃未帰還。
	偵察	田中　栄一	大　尉	少　佐	海兵71期	
20年6月21日	操縦	米倉　稔	上飛曹	飛曹長	乙飛16期	菊水十号作戦。6月21/22日、伊江島飛行場攻撃発進後不時着水。偵察員は生還。
20年7月3日	操縦	小西　七郎	一飛曹	上飛曹	丙飛16期	7月2/3日、夜間伊江島飛行場攻撃未帰還。
	偵察	森　　利明	一飛曹	上飛曹	乙飛18期	
20年7月19日	操縦	菅原　秀三	上飛曹	飛曹長	丙飛16期	7月18日薄暮、伊江島飛行場攻撃未帰還。
	偵察	田中　暁	上飛曹	飛曹長	甲飛9期	
20年8月21日	操縦	菊谷　宏	中　尉	大　尉	予学13期	復員時事故。ほかに戦闘804の小林大二中尉（予学13期、偵察）が同乗。
	操縦	鈴木　久蔵	中　尉	大　尉	予学13期	
21年1月27日	偵察	原　敏夫	中　尉	大　尉	海兵73期	4月5日の作戦で負傷。戦傷死。戦闘901所属

註1：戦闘812隊員とのペアで戦没した他隊の搭乗員も含んでいる。
註2：菅原上飛曹-田中上飛曹ペアは7月18日1902に岩川発進後、連絡無く未帰還となっているが、19日付けで戦死認定されている。これは燃料切れの時間を想定してのことと思われる。
『彗星』であれば沖縄は1時間半の距離。

戦闘第八一二飛行隊　下士官隊員　飛行予科練習生と飛行練習生の関係一覧

飛練		予科練					
期別	期間（年月）	甲種飛行予科練習生		乙種飛行予科練習生		丙種飛行予科練習生	
1	15.04～16.04	甲飛3	佐藤　好　少　尉				
2 ∫ 8		飛練2期=偵練52期、飛練3期=操練54期、飛練4期=普電練49期、飛練5期=普電練52期、飛練6期=操練55期、飛練8期=普電練52期だが戦闘812には該当者はいない。					
9	15.09～16.09	甲飛4	倉原　芳直　飛曹長				
10	15.12～16.10			乙飛9	—		
11	15.11～16.10					操練51/丙1	—
12	16.01～16.11					操練52/丙2	—
13	16.03～17.01					偵練55	—
14	16.01～16.12					普電練52	井戸　哲　上飛曹 宮崎　国三　上飛曹☆
15	16.03～17.02	甲飛5	芳賀　吉郎　飛曹長				
16	16.06～17.02			乙飛10	—		
17 ∫ 20		飛練17期=丙飛3期、飛練18期=丙飛3期および4期、飛練19期=普電練55期、飛練20期=普電練55期と丙飛5期だが、戦闘812に該当者はいない。					
21	16.09～17.07	甲飛6	杉本　良員　飛曹長	乙飛11	—	丙飛4/丙飛5	—
22	17.03～17.07					丙飛4	—
23	16.11～17.09					丙飛6	—
24	17.01～17.11	甲飛7	—			丙飛7	
						丙飛8	梶原　昇　一飛曹☆ 山本　亨　一飛曹☆
25	17.03～18.01			乙飛12	佐藤　忠義　上飛曹☆	丙飛8	西村　実　一飛曹☆
						丙飛9/丙飛10	—
						普電練55	—
26	17.05～18.03			乙飛13	—	丙飛10	—
27	17.07～18.03	甲飛8	—	乙飛14	津村　国雄　上飛曹	丙飛11	—
28	17.09～18.07	甲飛8	—			丙特11/丙飛12	那須　幸七　一飛曹☆
29	17.11～18.09	甲飛9	—	乙飛15	—	丙飛13	—
30	18.1～18.11	甲飛9	—			丙飛14	—
31	18.03～	甲飛9	田中　暁　上飛曹 （飛練期不明だがここへ示した）	乙飛16	飯田　西三郎上飛曹 梶田　義雄　上飛曹☆ 北山　正三　上飛曹 鈴木　甲子　上飛曹 塚越　茂登夫上飛曹 山崎　里幸　上飛曹	丙特14	—
						丙飛15	蒲生　安夫　一飛曹
32	18.05～19.03	甲飛10	久保田光亨 中島　嘉幸 （いずれも飛練期不明）	乙飛16	古谷　寅雄　上飛曹 宮本　英雄　上飛曹 米倉　稔　上飛曹	丙飛16	小西　七郎　一飛曹 菅原　秀三　上飛曹 相馬　一　一飛曹
33	18.07～19.03	甲飛10	—	乙飛16	宮田　治夫　上飛曹	丙飛17	土屋　勇　二飛曹☆
34	18.09～19.07					特乙1	池田　武則　二飛曹 斉藤　文夫　二飛曹 白川　良一　二飛曹 高橋　末次　二飛曹
35		甲飛11（三重）	池田　秀一　上飛曹 右川　周平　上飛曹 金子　忠雄　一飛曹 酒井　義明　上飛曹 寺井　誠　上飛曹 平原　郁郎　上飛曹			特乙2	坪井　晴隆　飛長
36	18.11～19.07	甲飛11（土浦）		乙飛17	—		
37	19.02～19.09	甲飛12	恩田　善雄　一飛曹 笹井　法雄　一飛曹 矢崎　保　二飛曹 安井　泰二　一飛曹	乙飛17	平原　定重　上飛曹 細野　甲孔　上飛曹	特乙3	—
				乙飛18	—		
38	19.05～19.12	甲飛13	—	乙飛18	森　利明　一飛曹 小田　正彰　一飛曹 名賀　光雄　一飛曹	特乙4	—

註1：甲飛第3期が飛行練習生第1期となるまでは、例えば甲飛1期生の飛行練習生は「甲種第1期飛行練習生」などと単一で称されていた。
註2：飛行練習生は第42期まで教程が実施されたが、修業して実戦参加したのは第38期までと考えると整理しやすい。
註3：乙飛・甲飛予科練ともに入隊の時点では操縦偵察の専修は分かれていないが、海軍部内から選抜される丙飛の場合はあらかじめ操偵分けて採用されているケースがある。
註4：当初は予科練卒業後、操縦専修・偵察専修同時に飛練へ移行していたが、次第に偵察が先に卒業する傾向が見られた。
註5：同時に飛練へ進んだ場合でも、偵察専修のほうがより短い期間で教程を修了し、実施部隊へ配属された。特乙のうち、大型機の攻撃員に進んだ者は飛練期が1期早い。
註6：名前に☆印を付したのは芙蓉隊となる以前の戦闘812の隊員。

4月16日	4月17日	4月20日	4月21日	4月22日	4月25日	4月26日	4月27日	4月28日	4月29日	5月3日	5月5日	5月7日	5月8日	5月11日
							中島上飛曹-塚越上飛曹 未帰還							
	山崎上飛曹- 佐藤飛曹長		中島上飛曹-塚越上飛曹 大破											
				中川上飛曹- 加藤少尉	石井上飛曹- 平田少尉		中川上飛曹- 加藤少尉	藤田一飛曹- 甘利飛曹長	中川上飛曹- 加藤少尉	山崎上飛曹-佐藤少尉 25番陸				藤井少尉-鈴木上飛曹 25番陸
鈴木上飛曹- 玉田中尉				鈴木上飛曹- 玉田中尉	藤井少尉- 鈴木一飛曹		鈴木上飛曹- 玉田中尉		鈴木上飛曹-玉田中尉 未帰還					
	久米上飛曹- 横堀上飛曹	石井上飛曹- 依田少尉	石田大尉- 田崎上飛曹	山崎上飛曹- 佐藤飛曹長			山崎上飛曹- 佐藤飛曹長	石井上飛曹- 平田少尉			河原少尉- 宮崎上飛曹	山崎上飛曹- 佐藤少尉		
			早川上飛曹- 中村上飛曹		伏屋一飛曹- 鈴木上飛曹	高一飛曹- 近田少尉	早川上飛曹-中村上飛曹 未帰還							
			中川上飛曹- 加藤少尉				村上飛長- 布施少尉	村上飛長- 千々松少尉		村上2飛曹- 布施少尉		村上2飛曹-布施少尉 25番31号		村上2飛曹-布施少尉 25番陸
					鹿屋進出	宮本上飛曹- 大沢少尉	宮本上飛曹- 大沢少尉	宮本上飛曹- 大沢少尉	宮本上飛曹- 大沢少尉					
										鹿屋進出	菅原上飛曹- 田中上飛曹	寺井上飛曹- 川添中尉		
													村木飛長-松木1飛曹 25番陸	
					4月25日 鹿屋進出	藤田一飛曹- 甘利飛曹長	小田切飛長―高橋少尉 未帰還							
					鹿屋進出		菅原一飛曹- 田中上飛曹	菅原一飛曹 -田中上飛曹		石井上飛曹- 平田少尉				
					鹿屋進出		石井上飛曹- 平田少尉		石井上飛曹- 平田少尉	藤田上飛曹-甘利少尉 25番陸	石井上飛曹- 平田少尉		寺井上飛曹-川添中尉 25番陸	石井上飛曹-平田少尉 25番陸
									藤田一飛曹- 甘利飛曹長	宮本上飛曹-大沢少尉 6番3号/未帰還				
										鹿屋進出			斎藤2飛曹-津村上飛曹 25番陸	
											5/4不時着 大破全損			

戦闘第八一二飛行隊　『彗星』機番号表　その1：3月30日～5月11日

機番号	型式	製造番号	28号装備	27号装備	3月30/31日	4月2日	4月4日	4月5日	4月6日	4月7日	4月11日	4月12日	4月13日	4月14日	4月15日
31					鹿屋進出							岡野少尉-清原上飛曹 未帰還			
32					鹿屋進出		坪井飛長- 鈴木中尉								
33					鹿屋進出							飯田上飛曹-井戸上飛曹 水没			
34	12戊型				鹿屋進出	馬場飛曹長- 山崎大尉			馬場飛曹長-山崎大尉 斜め銃/28号	宮田上飛曹-大沼中尉 未帰還					
35					鹿屋進出										
36	12戊型	11空廠 3128	○												
37	12戊型		○		鹿屋進出			坪井飛長-原中尉 斜め銃&28号/大破							
39					鹿屋進出							持田飛長-鈴木中尉 未帰還			
39Ⅱ															
50															鹿屋進出
51											岡野少尉- 清原上飛曹	新原上飛曹- 岡本少尉			
52	12戊型	11空廠 3114	○												
53			○												鹿屋進出
54															鹿屋進出
55			○												
56			○												
57															
58															
59															
60															
61															
62	艦偵型														
63															
64	12型	愛知849	○												
65															
66															
67	12戊型	11空廠 3169	○												
68	艦偵型														
69	12戊型	11空廠 3168	○												
131	12戊型		○												
132			○												
133	12戊型	11空廠 3139													
134															
135	12戊型	11空廠 3189	○												
136	12戊型	11空廠 3107		◎											
137	12戊型	11空廠 3149		◎											
139	12戊型	11空廠 3153		◎											
150	12戊型	11空廠 3102		◎											
151	12戊型	11空廠 3177		◎											
152	12戊型	11空廠 3192		◎											
153	12型	11空廠 323													
154	12型	愛知3185 11型E換装													
155	12戊型	愛知 2568													

芙蓉部隊は3個飛行隊の機材を交互運用したことで知られるが、その装備機は各飛行隊ごとに厳密に管理されていた。当然といえば当然のことだが、ここでは戦闘812の『彗星』の仕様や活動状況について紹介したい。型式は特定できるものだけ記入。空白のものは12型か12戊型のいずれか断定できないもの。兵装についても、わかるものだけ記入してある。

各飛行隊への機番号の付番

01～29	：	戦闘804が使用
31～39	：	戦闘812が使用
40番代	：	未使用。欠番か？
50～69	：	戦闘812が使用
72～99	：	戦闘901が使用
101～112	：	戦闘804が使用
120番代	：	未使用だが戦闘804が110番台から続けて使用する予定だったと思われる
140番代	：	未使用で、戦闘812が130番台から飛ばして150番台を使用しているので欠番？
160番代	：	未使用だが戦闘812が150番台から続けて使用する予定だったと思われる
171～181	：	戦闘901（終戦後に撮影された187号機の存在があり）

- 7/22現在の在藤枝の戦闘812の『彗星』12型/12戊型は5機のみで、あとは11型。
- 〔131-33〕は5月27日の整備記録に鹿屋進出中の記述あるも、戦闘詳報に記述がない。〔131-34〕の記録が重複していることから、本表では4月12日の海没機を〔131-33〕とした。
- 〔131-36〕は整備記録の残る5月27日、6月3日の時点で空廠整備中となっており、早い時点で事故全損状態となったものと思われる。
- 〔131-134〕は整備記録の残る以前の5月4日に岩間子郎中尉-恩田善雄一飛曹の搭乗で不時着全損となった機だが、記憶と資料がピタリと一致する。
- 〔131-137〕については坪井晴隆氏のアルバムに「愛機137号機にて岩川前進」と記述があるのと、整備記録の「5月31日進出」とがやはり一致する。ただし、実戦では他の機体に搭乗。

6月9日	6月10日	6月20日	6月21日	6月25日	7月1日	7月3日	7月4日	7月5日	7月15日	7月18日	7月23日	7月28日	7月29日	備考
														還納
												中森上飛曹-加藤中尉 25番31号		
橋本上飛曹-松尾飛長 未帰還														
				岩川進出					笹谷中尉-近藤2飛曹 25番2号		白川2飛曹-荒木中尉 25番2号/中破			
			村上上飛曹-布施中尉 25番31号/中破											
			右川上飛曹-井戸上飛曹 25番31号	岩間中尉-安井1飛曹 25番31号		相馬1飛曹-横山1飛曹 25番31号						小林上飛曹-木内中尉 25番3号		
上田上飛曹- 中野中尉	菅原上飛曹-田中上飛曹 25番31号		及川飛長-小林中尉 25番31号			小西1飛曹-森1飛曹 25番31号/未帰還								
			寺井上飛曹-津村上飛曹 6番21号	右川上飛曹-井戸上飛曹 6番3号×2/大破										
			6月23日 岩川進出										斎藤2飛曹-太田少尉 28号	
伏屋上飛曹-鈴木上飛曹 未帰還														
				中川上飛曹-川添中尉 斜め銃								村上2飛曹-柿原少尉 25番31号		
		山田中尉-菅谷1飛曹 斜め銃&28号			山田中尉-菅谷1飛曹 斜め銃&28号									7/22現在 在藤枝
	中野上飛曹-清水少尉 斜め銃&28号		島崎上飛曹-千々松中尉 25番31号											
	川口上飛曹-池田上飛曹 28号													
														5/27現在大破 6/10現在還納
											鈴木中尉-笹井1飛曹 25番2号		鈴木中尉-笹井1飛曹 25番31号	
							白川2飛曹-荒木中尉 斜め銃&28号			斎藤中尉-菊地上飛曹 25番31号	菊谷中尉-名賀1飛曹 25番2号	菊谷中尉-名賀1飛曹 25番3号		
			深堀上飛曹-浜名2飛曹 25番31号			及川飛長-小林中尉 25番31号		及川飛長-小林中尉 27号		堀野2飛曹-守屋中尉 25番31号		及川飛長-小林中尉 25番3号		
						坪井飛長-平原上飛曹 25番31号						重田上飛曹-依田中尉 25番3号		
			斎藤中尉-菊地上飛曹 25番31号						佐藤中尉-三上1飛曹 25番2号			堀野2飛曹-守屋中尉 25番31号		
			岩川進出			萬石中尉-平原上飛曹 25番31号		相馬2飛曹-横山1飛曹 27号				岩間中尉-安井1飛曹 25番3号	森中尉-小田1飛曹 斜め銃&28号	
														7/22現在 在藤枝
														7/22現在 在藤枝
														7/22現在 在藤枝
														7/22現在 在藤枝

戦闘第八一二飛行隊　『彗星』機番号表　その2：5月12日〜7月29日

機番号	型式	製造番号	28号装備	27号装備	5月12日	5月14日	5月14日	5月23日	5月25日	5月27日	5月31日	6月3日	6月4日	6月6日	6月8日
31															
32															
33															
34	12戊型														
35															
36	12戊型	11空廠 3128	○												
37	12戊型		○												
39															
39Ⅱ															
50									藤井少尉-鈴木上飛曹					岩間中尉-安井1飛曹	
51															
52	12戊型	11空廠 3114	○												
53			○			菅原上飛曹-田中上飛曹 28号弾			久米上飛曹-中野少尉 岸野飛長-牟田飛曹長						
54															
55			○		岸野飛長-牟田飛曹長 25番陸		河原少尉-宮崎上飛曹 28号		佐久間少尉-長山2飛曹				鈴木中尉-笹井1飛曹 25番3号	萬石中尉-平原上飛曹	村上2飛曹-布施中尉 25番3号
56			○				山崎上飛曹-佐藤少尉 28号/未帰還								
57									右川上飛曹-池田上飛曹					藤澤中尉-横堀上飛曹	
58															
59												小西1飛曹-森1飛曹 25番3号			
60															
61								岩川進出	小西1飛曹-森1飛曹	寺井上飛曹-井戸上飛曹					小西1飛曹-森1飛曹 25番3号
62	艦偵型														
63								岩川進出		岩間中尉-安井1飛曹		佐久間中尉-長山2飛曹 25番3号	菊谷中尉-名賀1飛曹 25番3号		
64	12型	愛知849	○												
65								岩川進出	米倉上飛曹-恩田1飛曹	堀野2飛曹-守屋少尉			小林上飛曹-木内中尉 25番3号		米倉上飛曹-恩田1飛曹 25番3号
66						石井上飛曹-平田少尉 未帰還									
67	12戊型	11空廠 3169	○								岩川進出				
68	艦偵型														
69	12戊型	11空廠 3168	○												
131	12戊型		○				右川上飛曹-池田上飛曹 28号								
132			○					岩川進出					及川飛長-小林中尉 25番3号		
133	12戊型	11空廠 3139													
134															
135	12戊型	11空廠 3189	○								岩川進出				
136	12戊型	11空廠 3107		◎							岩川進出				
137	12戊型	11空廠 3149		◎							岩川進出				
139	12戊型	11空廠 3153		◎							岩川進出				
150	12戊型	11空廠 3102		◎							岩川進出				
151	12戊型	11空廠 3177		◎											
152	12戊型	11空廠 3192		◎											
153	12型	11空廠 323													
154	12型	v													
155	12戊型	愛知 2568													

御協力者一覧

本書の執筆にあたり次の方々に談話・資料・写真の御提供をいただきました。謹んで御礼申し上げます。
(取材後に御亡くなりになった方もそのまま掲載させていただいております。その御家族の皆様にも御礼申し上げます)

〈戦闘八一二戦没隊員及び戦後物故隊員御遺族〉
鈴木順一郎（鈴木昌康氏御実兄）、鈴木美代子（原 敏夫氏御実妹）、米倉米子（米倉 稔氏御義妹）、黒田 清（黒田喜一氏御令息）、馬場満寿子（馬場康郎氏御令嬢）

〈一三一空関係〉
美濃部 正

〈戦闘八一二隊員〉
徳倉正志、岩間子郎、川添 普、森 實二、杉本良員、井戸哲、津村国雄、細野甲孔、池田秀一、中山 明、小田正彰、平松光雄、坪井晴隆

〈戦闘八〇四隊員〉
佐藤正次郎、小林 弘、宇田勇作、三上 正

〈戦戦闘九〇一隊員〉
佐藤吉雄、藤澤保雄、尾形 勇、中森輝雄、上田友茂、槇田崇宏、内堀正男

〈海軍兵学校・海軍機関学校関係〉
海軍兵学校70期クラス会、森田禎介（海兵70期）、中川好成（海兵72期）、阿部三郎、深田秀明、松永 榮、柳澤三千雄（以上海兵73期）、小山敏夫（海機54期）

〈飛行予備学生・予備生徒関係〉
内田太郎、陰山慶一、山下慎三（予学13期）

〈乙種飛行予科練関係〉
予科練雄飛会、大野 忠（乙飛14期）、住友勝一、田中康俊（乙飛16期）、安田正清（乙飛17期）、川野喜一（乙飛18期）

〈甲種飛行予科練関係〉
吉野治男（甲飛2期）、前田 武（甲飛3期）、林 正一（甲飛4期）、白根好雄、田中三也（以上甲飛5期）、横溝 潔（甲飛6期）、石原司郎（甲飛9期）、大石孝明（甲飛11期）、竹内栄次（甲飛12期）、森 康夫（甲飛13期）

〈操縦練習生/丙種飛行予科練関係〉
廣瀬武男（操練41期）、丙飛会、大原亮治（丙飛4期）

〈乙種（特）飛行予科練関係〉
佐伯正明（特乙1期）、浅野善彦、大原親明、小野寺義雄、木村重夫（以上特乙2期）

〈その他団体・個人〉
芙蓉会、静岡県芙蓉会
航空自衛隊 静浜基地広報室
防衛省戦史図書館、米国立公文書館
潮書房光人社
伊沢保穂、原 勝洋、野原 茂、吉良 敢、平田慎二、本田大二郎

主な参考資料

- 水上機母艦『瑞穂』／横須賀空／三空／十四空／一三一空／一五三空／二〇二空／二〇三空／九〇二空／九三四空／九五八空行動調書
- 水上機母艦『神川丸』／五一航戦／一三一空／一五三空／二一〇空／七五二空／芙蓉空部隊戦時日誌・戦闘詳報
- 「神風特別攻撃隊布告綴」「海軍搭乗員戦死者名簿（各月）」「彗星製作に関する資料」「電報綴 補給」「柴田文三メモ」（以上、防衛庁戦史室収蔵資料）
- 「アメリカ海軍第三八任務部隊戦闘詳報」（国立国会図書館憲政資料室収蔵マイクロフィルム）
- 「芙蓉会会報」「海軍兵学校第七三期クラス会会報」「雄飛会戦没者名簿／予科練雄飛会本部発行」「丙飛戦没者名簿／丙飛会事務局編著」
- 藤田征郎手記／菊地敏雄手記

主な参考文献

- 『戦史叢書　マリアナ沖海戦』
- 『戦史叢書　捷一号作戦（上／下）』
- 『戦史叢書　大本営海軍部・連合艦隊（七）』
- 『戦史叢書　南西方面海軍作戦』
- 『戦史叢書　本土方面海軍作戦』
- 『戦史叢書　沖縄方面海軍作戦』
- 『戦史叢書　海軍航空概史』
（以上、防衛庁防衛研究所戦史室編著／朝雲新聞社刊）

- 『南海をゆく』（日高親男著／協楽社／1984年）
- 『彗星夜戦隊』（渡辺洋二著／図書出版社刊／1985年）
- 『豫科練外史（一巻〜六巻）』（倉町秋次著／教育図書研究会／1987年〜）
- 『芙蓉部隊戦いの譜』（芙蓉会編／非売品／1990年）
- 『第十三期海軍飛行専修豫備學生誌』（第十三期誌編集委員会編著／非売品／1993年）
- 『天山雷撃隊〜最後の攻撃二五六飛行隊』（内田太郎著／非売品／1995年）
- 『八月十五日の空〜日本空軍の最後』（秦 郁彦著／文藝春秋刊／1995年）
- 『首都防衛三〇二空（上／下）』（渡辺洋二著／朝日ソノラマ刊／1995年）
- 『世界の傑作機 No.69 彗星』（文林堂刊／1998年）
- 『大空の墓標〜最後の彗星爆撃隊』（松永　榮著／大日本絵画刊／1999年）
- 『夜の蝙蝠』（池田秀一著／非売品／2001年）
- 『いま甦る山陰海軍航空隊「大社基地」』（陰山慶一著／島根日日新聞社刊／2001年）
- 『海軍飛行科予備学生学徒出陣よもやま物語』（蔭山慶一著／光人社NF文庫／2001年）
- 『日本海軍夜間邀撃戦』（渡辺洋二著／大日本絵画刊／2005年）
- 『彩雲のかなたへ』（田中三也著／光人社刊／2009年）
- 『日本海軍の艦上機と水上機』（川崎まなぶ著／大日本絵画刊／2011年）

あとがき

本書をここまでお読みいただき、「あれ？　芙蓉部隊って特攻を拒否した部隊で有名だけど、この本はほとんどそのことに触れてないのでは!?」と気が付かれた方は、けっこうな海軍マニアであり、かつ賢明な読者のおひとりであることと思います。

確かに芙蓉部隊は終戦までに特攻作戦を行ないませんでしたが、その代償として昭和20年4月以降終戦にいたるまでの間に、他の部隊には見られないほどの昼夜間の作戦回数をこなしており、そしてその戦没者数は数度の特攻作戦で大きな犠牲を払った他のどの部隊にもひけをとらないものでした。

これは当然、その指揮官であった美濃部 正少佐がことあるごとに提唱していた継戦能力の保持という大命題の昇華とも評価することができますが、本書をご覧下されば、やはりそれを裏付けた若き隊員たちの、生命と青春を賭けた賜物であったと、ご理解いただけると思います。

また、芙蓉部隊の隊員たちは、当時自らの部隊が特攻編成下にあるのか否かもわからず、ただただ猛烈果敢に訓練し、黙々と、脇目も振らずに戦っていたというのが実状だったようです。

小田正彰氏、平松光雄氏は「自分たちは特攻隊だと思って毎日過ごしていました」と、別々に取材したにもかかわらず口を揃えて証言されていました。また、「自分たちが特攻隊ではないと線引きをされた記憶はないし、そんなこと当時公言したら大変なことでしたよ」という藤澤保雄氏の言は、平の分隊士とはいえ海軍兵学校出の士官搭乗員の立場でもそれが同じであったことの証左ともいえるでしょう（ただし、昭和20年2月中旬に一度、特攻編成となったという噂が隊内に流れ、これを美濃部少佐が否定した話は事実で、坪井晴隆氏ほか古くから藤枝にいた人は耳にしている）。

そうした隊員たちの主観的な心情に思いを馳せ、ぜひとも、「特攻を拒否した……」という先入観にとらわれずに、芙蓉部隊や戦闘第八一二飛行隊の若き隊員たち（一番古い山崎良左衛大尉だって、当時は30代半ば）の青春群像を記憶に留めていただければ幸いです。

さて、著者が芙蓉部隊の3個飛行隊のうち、とりわけ戦闘第八一二飛行隊に入れ込んでしまったのには、本書にも度々登場する坪井晴隆氏の存在に影響されるところが大です。

坪井氏は謙遜されますが、氏が、戦没者、生存者に関わらずに、在りし日の先輩搭乗員たちの頼もしい背中を、独特な観察眼で眺め続け、記憶に鮮明に留めてきたこと。それが本書の根底にあり、著者はそれに資料的な裏付けを書き加えたにすぎず、自身の研究著作というにはいささか言が過ぎることと思います（ただし、記述の責任の一切は著者にあります）。

もちろん前掲した御協力者の皆さん、おひとりおひとりの温かなご指導も忘れることはできません。

「吉野君の論文は、いつできるのかな～？」などと時おり冷やかしをいただいたことも忘れられない思い出です。

何人かの皆さんにご覧いただけなかったことはかえすがえすも心残りですが、遅ればせながらここに脱稿のご報告といたしたく思います。

それにしてもでき上がった草稿を振り返り思うのは戦闘八一二に関することでさえ「あれも書けなかった、これも盛り込めなかった」と、まだまだ書ききれないことばかりというのが偽らざるところです。

縁の下の力持ちとして普段脚光を浴びることのない整備関係者の方々の苦闘を伝えたいというのもそのひとつです。

いつかはそうした果たせずにいる約束も実現させることができればと思い、次の研究に取りかかっております。

最後になりましたが改めまして本書を最後まで読んでくださった読者の皆さん、そしてこうした機会を与えてくださった大日本絵画さんに御礼を申し上げます。

平成24年9月14日

吉野泰貴

【著者】

吉野泰貴（よしの・やすたか）

昭和47年(1972年)9月、千葉県生まれ。

平成7年3月、東海大学文学部史学科日本史専攻卒。

在学中から海軍航空関係者への取材をはじめ、とくに郷土である千葉県に関係の深い航空部隊の研究を行なってきた。現在は都内の民間会社に勤務のかたわら調査活動を続けている。著書に『流星戦記』、『真珠湾攻撃隊隊員列伝（吉良 敢共著）』『日本海軍艦上爆撃機彗星 愛機とともに』（いずれも大日本絵画刊)がある。

The Legend of I.J.N. Night Fighter SQ "Sen-To812" with photo & illustlated

海軍戦闘第八一二飛行隊
日本海軍夜間戦闘機隊"芙蓉部隊"異聞

写真とイラストで追う航空戦史

発行日　2012年11月29日　初版　第1刷

著者　吉野泰貴
カラーイラスト　佐藤邦彦
カラー塗装図　西川幸伸
デザイン・装丁　梶川義彦
編集担当　関口　巌

発行人　小川光二
発行所　株式会社 大日本絵画
〒101-0054
東京都千代田区神田錦町1丁目7番地
TEL.03-3294-7861（代表）
http://www.kaiga.co.jp

編集人　市村 弘
企画／編集　株式会社アートボックス
〒101-0054
東京都千代田区神田錦町1丁目7番地
錦町一丁目ビル4階
TEL.03-6820-7000（代表）
http://www.modelkasten.com/

印刷・製本　株式会社 リーブルテック

ISBN978-4-499-23096-4 C0076

内容に関するお問合わせ先：03（6820）7000　(株）アートボックス
販売に関するお問合わせ先：03（3294）7861　(株）大日本絵画